Le paradigme écologique du développement durable en Afrique subsaharienne à l'ère de la mondialisation

Publications Universitaires Européennes
European University Studies
Europäische Hochschulschriften

Série XXIII
Théologie

Series XXIII Reihe XXIII
Theology
Theologie

Vol./Band 874

PETER LANG
Bern · Berlin · Bruxelles · Frankfurt am Main · New York · Oxford · Wien

Noël Izenzama Mafouta

Le paradigme écologique du développement durable en Afrique subsaharienne à l'ère de la mondialisation

Une lecture éthico-anthropologique de l'écodéveloppement

PETER LANG
Bern · Berlin · Bruxelles · Frankfurt am Main · New York · Oxford · Wien

Information bibliographique publiée par «Die Deutsche Bibliothek»
«Die Deutsche Bibliothek» répertorie cette publication dans la «Deutsche Nationalbibliografie»; les données bibliographiques détaillées sont disponibles sur Internet sous ‹http://dnb.ddb.de›.

ISSN 0721-3409
ISBN 978-3-03911-511-2

Hochfeldstrasse 32, Postfach 746, CH-3000 Bern 9
info@peterlang.com, www.peterlang.com, www.peterlang.net

À mon père Igoya Matthias
et
À mon grand-oncle Kabangu Jean
Je dédie ce livre.

Remerciements

Notre première pensée va à notre Évêque Mgr Louis Nzala, qui nous a permis d'entreprendre et de mener à bonne fin cette recherche doctorale, grâce à la bourse d'études reçue généreusement de la Faculté de Théologie de Lugano.

Nous voudrions, en même temps, exprimer ici notre sentiment de profonde gratitude à Mgr Pier Giacomo Grampa, Évêque de Lugano, à son Vicaire général Mgr Ernesto Storelli, ainsi qu'aux Abbés Fabio Studhalter, Curé Prévôt d'Intragna et Centovalli et Carlo Scorti, Curé de Cristo Redentore dell'uomo de Bellinzone et de San Biagio de Ravecchia, pour nos trois ans de ministère pastoral accomplis au Tessin.

Nous remercions, de tout cœur, M. le Professeur Abbé André-Marie Jerumanis, qui a accepté, volontiers, d'assumer la direction de cette thèse. Ses judicieuses observations et conseils nous ont beaucoup aidé dans l'approfondissement et la précision de notre pensée.

Nous associons également à cette marque de déférence académique les Professeurs membres du Jury, Libero Gerosa, Recteur de la Faculté de Théologie de Lugano et Président du Jury, Ettore Malnati, Costante Marabelli, et Luca Crivelli de la Faculté des Sciences économiques de l'Université de la Suisse italienne (USI), pour la justesse de leurs avis et considérations scientifiques sur l'ensemble du travail.

Une bonne partie de la recherche de cette étude a été menée au Congo à la bibliothèque du CEPAS des Pères jésuites, dont nous saluons ici particulièrement l'esprit d'abnégation et de serviabilité de son personnel et de son ancien directeur, le R.P. Ferdinand Muhigirwa sj.

Nous remercions, enfin, tous nos amis et connaissances d'ici et d'ailleurs, dont le soutien multiforme nous a permis de tisser ou de resserrer des liens d'amitié et de solidarité dans la fraternité chrétienne. Parmi eux, nous voudrions nommer l'Abbé Hilaire Mitendo, les familles Roberto et Anna Nicoli de Carona, Christophe et Christelle Salabiaku de Cergy Saint Christophe, Isaia et Carmen Pedrazzi de Camedo, Adriano et Paola Coppa d'Italie, don Graziano Bassi de Locarno, Stefano Früh d'Intragna et Pirovano Ruggero, Katia Lepori, Engelbert et Hanny Rüegg de Bellinzone.

Nous serions très injuste, si nous ne mentionnions pas, au bout du compte, la filiale générosité de notre chère nièce Lucie Déborah Mazingu et de son mari papa Israël Pakasa de Zurich, qui nous a accompagné tout au long de notre séjour en Suisse.

Table des matières

Sigles et abréviations

ACP (pays)	Ensemble des pays d'Afrique, des Caraïbes et du Pacifique
AID	Aide internationale au développement
AOF	Afrique occidentale française
BM	Banque Mondiale
CEPAL	Commission économique pour l'Amérique Latine
CFC	Chlorofluorocarbures
CITES	Convention sur le commerce international des espèces menacées d'extinction
CIUS	Conseil international des Unions scientifiques
CMED	Commission mondiale sur l'environnement et le développement
CNR	Capital naturel renouvelable
CNUCED	Conférence des Nations unies pour le commerce et le développement
CNUED	Conférence des Nations unies sur l'envenimement et le développement
FAO	Organisation pour l'alimentation et l'agriculture
FMI	Fonds monétaire international
FNUAP	Fonds des Nations unies pour la population
GATT	Accord général sur les tarifs douaniers et le commerce
GEF	Fonds pour l'Environnement Mondial (FEM)
GES	Gaz à effet de serre
GIEC	Groupe intergouvernemental d'experts sur l'évolution du climat
G 7	Groupe des 7 (pays les plus industrialisés du monde)
G 77	Groupe des 77 (États pour la défense des intérêts du Sud)
G 8	Groupe des 8 (G 7 plus la Russie)
GS	Gaudium et spes
IDH	Indice du Développement Humain
IIED	Institut international pour l'environnement et le développement
IPCC	Intergovernmental Panel on Climat Change
INRB	Institut National des Recherches Biomédicales
NEPAD	Nouveau Partenariat pour le Développement de l'Afrique
OCDE	Organisation de coopération et de développement économique
OIT	Organisation international du travail
OMC	Organisation mondial du commerce
ONG	Organisation non gouvernementale
ONU	Organisation des Nations unies

OUA	Organisation de l'Unité africaine
PAS	Programme d'ajustement structurel
PED	Pays en développement
PIB	Produit intérieur brut
PNB	Produit national brut
PNUD	Programme des Nations unies pour le développement
PNUE	Programme des Nations unies pour l'environnement
PP	Populorum progressio
PPN	Production primaire nette
PVD	Pays en voie de développement
RN	Rerum novarum
SIDA	Syndrome d'immunodéficience acquise
SMSS	Summit mondiale dello sviluppo sostenibile
STF	Soutenabilité très forte
STf	Soutenabilité très faible
UA	Union africaine
UICN	Union internationale pour la Conservation de la Nature et des Ressources
UNESCO	Organisation des Nations unies pour l'éducation, la science et la culture
UNICEF	Fonds des Nations unies pour l'enfance
URSS	Union des Républiques socialistes soviétiques
USAID	Agence des États-Unis pour le développement international
VIH	Virus d'immunodéficience humaine
WWF	Fonds mondial pour la nature

Préface

Jusqu'à un passé assez récent, l'ensemble des populations des pays industrialisés étaient tout autant assurées de leur survie et de celle de leurs enfants. Mais l'émergence de la question écologique, au début des années 70, a conduit l'homme postmoderne à envisager dorénavant son «avenir doré», en pointillé. Nous vivons depuis dans une situation, pour le moins, paradoxale où l'homme, doté aujourd'hui plus que jamais d'un immense pouvoir d'action sur les mécanismes de la nature, apparaît en même temps très vulnérable, face aux risques et menaces insoupçonnés liés à cette ‹hyperpuissance› technologique.

On ne pourrait, bien entendu, minimiser les bienfaits de l'industrialisation dans les différents aspects de la vie des hommes et des femmes de notre temps. Il n'empêche, néanmoins, qu'il faille dénoncer sans mollesse les dérives avérées de l'usage indu de la science et de la technique, quant à la vie humaine et au devenir de notre planète Terre. En effet, l'absence d'une culture holiste de l'environnement, doublée d'une conception erronée des possibilités illimitées de la croissance économique et de l'ambivalence du comportement de l'homme à l'égard de la nature, est en permanence porteuse des nouvelles menaces pour l'homme lui-même et pour son habitat.

Comme le soulignait justement Jean-Paul II dans sa toute première encyclique *Redemptoris Hominis*:

> Le développement de la technique et le développement de la civilisation de notre temps marqué par la maîtrise de la technique exigent un développement proportionnel de la vie morale et de l'éthique. Ce dernier semble malheureusement rester toujours en arrière. Certes, ce progrès est merveilleux et il est difficile de ne pas découvrir en lui des signes authentiques de la grandeur de l'homme, dont la créativité se trouve révélée en germes dans les pages du livre de la Genèse, à commencer par la description de sa création; cependant ce même progrès ne peut pas ne pas engendrer des multiples inquiétudes. La première inquiétude concerne la question essentielle et fondamentale: ce progrès, dont l'homme est l'auteur et le défenseur, rend-il la vie humaine sur la terre plus ‹humaine› à tout point de vue? La rend-il plus ‹digne de l'homme›? (RH 15).

L'homme ne se voit-il pas ainsi menacé dans sa dignité?

Le sacro-saint principe du respect de la dignité et de la valeur de la personne humaine constitue bien la clé de voûte de l'édifice des droits fondamentaux de l'homme, proclamés dans le Préambule de la Charte des

Nations unies du 26 juin 1945. Or, une partie du monde est actuellement condamnée à vivre dans des conditions infrahumaines. On considère, qu'il y a atteinte à la dignité humaine, lorsque l'être humain est ravalé au rang d'objet et de simple moyen pour atteindre une quelconque fin. Ainsi donc, la diffusion insidieuse, à l'échelle planétaire, de l'utilitarisme comme paradigme éthique dominant contribue, à n'en pas douter, à la promotion d'un style de vie, qui relativise le principe de la dignité humaine.

Dans le contexte actuel de la marchandisation du développement par la mondialisation, la réflexion interdisciplinaire que nous offre l'ouvrage de Noël Izenzama, nous invite à nous interroger sur les limites manifestes du paradigme onusien du développement durable, par rapport à la situation scandaleuse de la misère de masse des populations africaines. Dans cette recherche rigoureuse, qui part de l'analyse du triple discours politique, économique et écologique dominant dans la problématique actuelle du développement, l'auteur propose, au bout du compte, un *modèle de développement intégral revisité* à la lumière de la tradition religieuse chrétienne, en dialogue avec la conception traditionnelle africaine de la vie.

Compte tenu de sa double formation universitaire et professionnelle antérieure dans le domaine des Sciences et techniques de développement à l'Université catholique de Kinshasa (1990-1995), à la tête de la Caritas diocésaine de Popokabaka (1996-2000) et à la Commission épiscopale Justice et Paix de la Conférence épiscopale nationale du Congo (2000-2001), le lecteur se voit ici introduire, de manière compétente et pittoresque, au cœur même de l'épineuse problématique du développement de l'Afrique.

Le modèle du *développement intégral à nouveaux frais* préconisé par Noël Izenzama se veut promoteur de la *valeur vie*, la *vie* conçue de manière *non réductive* et *inaliénable*. L'être humain n'est pas quelque chose d'inanimé, privé de vie corporelle et spirituelle. Il n'est pas une monade leibnizienne, mais bien un *être relationnel* appelé à la *communion*, à la *solidarité communautaire*. Le *développement intégral revisité* est donc un *développement humain intégral*, qui sauvegarde *l'originalité humaine* exprimée par la *diversité culturelle* et qui prenne en compte *l'écologie humaine* et *l'écologie sociale*, en plus de *l'écologie naturelle*.

Le livre nous invite, enfin, à porter un regard critique sur la situation du monde actuel et les mécanismes socio-économiques qui le constituent. Comme toute analyse critique, il peut prêter à des malentendus ‹idéologiques›. Telle n'est pas l'intention de l'auteur. À qui est habitué à réfléchir dans le cadre trop étroit d'une éthique purement séculaire, il convient, en l'occurrence, de rappeler, que la proposition kantienne d'une éthique séculaire fondée sur la raison énonce un principe, qui peut être admis par toute personne de bonne foi, à savoir: «L'homme possède une valeur intrinsèque que nul n'a le droit de manipuler».

Au fond, le *recours* ici de l'auteur à la tradition religieuse chrétienne ne fait que confirmer, ce que la raison naturelle est bien capable de concevoir par elle-même, mais qui, dans le contexte actuel de *l'utilitarisme ambiant*, requiert *le recours incontournable* à la *sagesse humaine multimillénaire*, cristallisée dans les grandes traditions culturelles et religieuses de l'humanité. Le christianisme offre certainement une voie non négligeable dans la sensibilisation de la conscience humaine mondiale, devant la souffrance engendrée par un style de vie ‹autoréférentiel›.

Je voudrais donc conclure ces lignes de la préface de ce bel ouvrage, avec cet éloge du Professeur Michel Schooyans, professeur émérite de Philosophie politique et d'Éthique des questions démographiques de l'Université de Louvain – qui a dû me passer la main, dans cet exercice, pour cause de maladie –: «C'est incontestablement une contribution de choix à la réflexion et à l'action théologico-pastorales en Afrique et d'ailleurs partout dans le monde».

André-Marie Jerumanis

Introduction générale

1. Problématique

Le concept onusien de *développement durable* popularisé par le Sommet de la Terre de Rio rentre dans le registre de la *sensation de connaissance générale* caractéristique de la notion de *développement*, qui en occulte, pour le grand public, les motivations et les enjeux pernicieux inavoués. Cette dernière trouvaille en date de l'ingénierie onusienne du développement est en soi *une idée neuve* de plus de trente ans[1], qui nous renvoie à la Conférence de Stockholm sur l'environnement humain de 1972, où, pour la première fois, environnement et développement étaient corrélés, au niveau de la réflexion globale.

Mais on parlait, à l'époque, de l'*écodéveloppement*, c'est-à-dire, d'un nouveau mode de développement susceptible de concilier la logique de la production économique et le progrès social, dans le respect de l'environnement naturel.

Stockholm fut, à ce propos, l'acte fondateur de la conscience écologique mondiale contemporaine. En effet, *huit principes* sur *vingt-six* de la *Déclaration de Stockholm*[2] font nommément référence à la nouvelle notion d'écodéveloppement. Cependant, cette notion qui est aujourd'hui au cœur du débat sur la mondialisation, sera très vite bannie du vocabulaire officiel onusien à la demande des États-Unis, au motif qu'elle remettait particulièrement en cause le modèle de développement américain basé sur la surexploitation et la consommation massive des ressources naturelles. Ainsi, pour les Américains, les *plus grands pollueurs*[3] de l'environnement

1 Loïc CHAUVEAU, «Développement durable. Une idée neuve de trente ans», in *Science & vie*, n° 1020, septembre 2002, p. 172-179.

2 Voir PNUE, *Déclaration de la Conférence des Nations unies sur l'environnement,* [DOC], 1972, http://www.unep.org/Documents.Multilingual/Default.asp?DocumentID=97&ArticleID=150&l=fr (Page consultée le 3 octobre 2006)

3 Les Américains sont, en effet, les plus grands producteurs mondiaux de gaz à effet de serre (GES) avec 20 tonnes de CO_2 par habitant par an, contre 10 tonnes par Allemand et 2,3 tonnes par Chinois. Lire à ce sujet sur la Toile: *Le Protocole de Kyoto*, «Le retrait des États-Unis», [En ligne], http://www.radio-canada.ca/nouvelles/dossiers/kyoto/kyoto2-page9.html (Page consultée le 5 octobre 2006)

devant l'Éternel, l'écodéveloppement est tout simplement incompatible avec la bonne santé de leur économie.

C'est en 1987, qu'apparaît le concept marketing de développement durable *(Sustainable development)* dans le Rapport Brundtland[4], *Notre avenir à tous («Our Common Future»)*, commandé par l'Assemblée générale des Nations unies. Ce néologisme est donc l'*euphémisme politiquement correct*[5] de la notion d'écodéveloppement vouée aux gémonies par l'Administration américaine. Il est défini, en substance, comme un développement susceptible de «répondre aux besoins du présent sans compromettre la possibilité pour les générations à venir de satisfaire les leurs»[6].

L'idée du développement durable s'est imposée, depuis lors, comme une nécessité mondiale à mettre en œuvre, à l'échelle nationale et locale, à travers *l'Agenda 21* de Rio. Elle repose sur trois piliers: la *justice sociale*, la *prudence écologique* et l'*efficacité économique*, auxquelles correspondent les différents problèmes préoccupants du monde actuel, résumés par le mot d'ordre pittoresque et mobilisateur de Rio *«Population, Plante, Prospérité»*.

Si le paradigme onusien du développement durable, ainsi défini, est l'objet d'un certain engouement dans les pays industrialisés, en Afrique, bien au contraire, ce nouvel impératif du développement soulève aujourd'hui plus d'interrogations existentielles qu'il n'apporte des solutions au drame quotidien de la misère de masse[7]. Le *Sommet mondial pour le développement durable* de Johannesburg de 2002, organisé sur le continent, a laissé intact ce problème crucial de la misère de masse.

Le développement durable a été phagocyté par l'idéologie sacrificielle de la mondialisation du *«marché paradis»*, destructrice des cultures, des vies humaines et de l'environnement naturel. La *préoccupation* fortement

4 CMED, *Notre avenir à tous*, Montréal, Éd. du Fleuve, 1988, 484 p.

5 Alain Lipietz, *Qu'est-ce que l'écologie politique? La grande transformation du XXIe siècle*, Paris, La Découverte, 1999, p. 22.

6 CMED, *Notre avenir à tous,* op. cit., p. 10.

7 Le *Principe 5* de la Déclaration de Rio mentionne justement l'éradication de la pauvreté comme la condition indispensable du développement durable: «Tous les États et tous les peuples doivent coopérer à la tâche essentielle de l'élimination de la pauvreté, qui constitue une condition indispensable du développement durable, afin de réduire les différences de niveaux de vie et de mieux répondre aux besoins de la majorité des peuples du monde» (CNUED, *Déclaration de Rio sur l'environnement et le développement*, Rio de Janeiro, 1992).

éthique de la notion originaire d'*écodéveloppement* issue de Stockholm a disparu de l'horizon du paradigme du *développement durable* de Rio, lequel *semble* plutôt *mettre en avant*, dans *l'ordre des priorités* du développement, la *préservation de l'environnement naturel* et le *droit des générations futures*. Tout bien considéré, comme le souligne Ignacy Sachs, «la solidarité avec les générations de demain ne prend de sens qu'en complément de la solidarité avec les déshérités d'aujourd'hui. Un contrat entre l'humanité et la Terre n'est qu'un complément au contrat social entre les hommes»[8].

À ce niveau, surgit l'interrogation éthique fondamentale sur le bien-fondé du paradigme du développement durable pour l'Afrique subsaharienne, où se concentre, de nos jours, le maximum de pauvreté, de violence et de désespoir du monde entier. En effet, comment à l'ère de la mondialisation néo-libérale triomphante, le paradigme écologique onusien du développement durable, adopté en fanfare à Rio et réaffirmé solennellement comme la voie royale pour le développement mondial, au Sommet de Johannesburg, entend-il et peut-il véritablement sortir le continent noir de son cortège de malheurs bien connus?

À cette interrogation sur les voies et moyens susceptibles de sortir l'Afrique de l'œil du cyclone de la misère, la réponse de l'ingénierie onusienne du développement est invariablement technicienne. Mais dans la *logique consommationniste* mortifère de l'idéologie du *«tout marché»*, on est seulement *citoyen* en termes de *producteur* ou de *consommateur solvable*, et l'on *investit* naturellement là où il y a un *marché solvable*[9]. Pour le dire autrement, le moteur du développement technologique et de l'appareil productif de l'économie mondiale ne tourne pas pour satisfaire la demande des besoins essentiels et éradiquer la misère dans le monde, comme le proclament les gourous du FMI et de la Banque mondiale, mais pour produire de plus en plus des biens superflus pour ceux qui vivent déjà dans le superflu.

À cet égard, «les 800 millions d'Africains n'existent pas, du fait qu'ils ne sont pas des consommateurs solvables»[10]. Ils font, ainsi, partie de la

8 Ignacy SACHS, *L'écodéveloppement. Stratégies pour le XXIe siècle,* Paris, Syros, 1997, p. 75-76.

9 Voir Ricardo PETRELLA, «Mondializzazione e sviluppo sostenibile», in Lavinia SOMMARUGA BODEO (a cura di), *Per un'economia di equità nella dignità. La globalizzazione creata dal basso,* Milano, Stampa Natura e Solidarietà, 2001, p. 23-24.

10 Ricardo PETRELLA, «Mondializzazione e sviluppo sostenibile», art. cit., p. 24.

cynique catégorie économique des *«populations non rentables»*, qui englobe les populations des 49 pays les plus pauvres de la planète, les PMA (pays les moins avancés) comme les appellent pudiquement le FMI et la Banque mondiale, en changeant le mot, à défaut de changer les choses. Pour l'ordre de grandeur, «la contribution actuelle de l'Afrique au produit mondial est de 0,8%, contre une contribution belge de 1,1%. En outre le pouvoir d'achat des 10 millions de Belges est quatre fois supérieur à celui des Africains»[11].

Comme le suggère judicieusement Michel Schooyans, ce «fait massif»[12], non seulement africain mais mondial de l'existence des plusieurs centaines de millions de pauvres et de misérables sur une planète aujourd'hui immensément riche, devrait interpeller particulièrement les moralistes et les spécialistes de la question sociale.

Le présent travail *s'inscrit* dans cette *perspective* de *prise en compte éthique* du *phénomène* hallucinant de la *misère de masse* indiquée par Michel Schooyans. Il s'agit d'une *recherche interdisciplinaire laborieuse*, qui essaie d'analyser, du point de vue éthico-théologique, le triple discours politique, économique et écologique dominant dans le débat scientifique contemporain sur la crise mondiale avérée de l'environnement naturel et humain.

La dimension éthique du développement durable est nettement affirmée par le premier principe de la Déclaration de Rio, qui proclame la *centralité* de l'homme dans le processus de mise en route de ce paradigme mondial du développement[13]. Le *Plan d'Action* du Sommet mondial pour le développement durable de Johannesburg situe également l'homme au cœur du développement. L'importance de l'éthique y est aussi soulignée dans le point 6 de l'introduction: «Nous reconnaissons l'importance pour le déve-

11 Ricardo PETRELLA, «Mondializzazione e sviluppo», art. cit., p. 24.

12 Michel SCHOOYANS, *Pour relever les défis du monde moderne. L'enseignement social de l'Église,* Paris, Presses de la Renaissance, 2004, p.157-159. L'auteur est professeur émérite de l'Université de Louvain (Belgique). C'est un spécialiste de la philosophie politique et des idéologies contemporaines, et membre de l'*Académie pontificale des Sciences sociales* (Rome), du *Population Research Institute* (Washington), de l'*Advisory Board* du *Platter College* (Oxford) et de l'*Institut de démographie politique* (Paris).

13 Principe 1: «Les êtres humains sont au centre des préoccupations relatives au développement durable. Ils ont droit à une vie saine et productive en harmonie avec la nature» (CNUED, op. cit., p. 1).

loppement durable des principes d'éthique et soulignons par conséquent la nécessité d'en tenir compte dans la mise en oeuvre d'Action 21»[14].

Le Cardinal Renato Raffaele Martino, à l'époque Observateur permanent du Saint Siège auprès des Nations unies, a bien résumé, au Sommet de Rio, la pensée du Saint Siège et de l'Église Catholique sur le paradigme du développement durable:

> La dignité de l'homme, qui est l'unique créature de ce monde en mesure de se préoccuper des diverses espèces, du milieu qui l'entoure, et de ses frères, doit le porter non seulement à protéger l'équilibre global de la terre mais à sauvegarder les conditions morales d'une authentique écologie humaine et d'une écologie sociale. Non seulement la terre a été donnée à l'homme par Dieu, affirme Jean-Paul II, mais Dieu a donné l'homme à lui-même. Aussi doit-il respecter la structure naturelle et morale dont il a été doté[15].

Le chef de la délégation vaticane a rappelé avec constance, au Sommet de Johannesburg, la même préoccupation éthique du Saint Siège concernant les valeurs de la personne humaine, de la société et du bien commun, qui doivent inspirer les décisions et les actions promotrices du développement durable.

> Les mesures juridiques, économiques et techniques sont insuffisantes. Car, beaucoup de problèmes qui entravent le développement durable sont des éléments de nature éthique et morale et requièrent un profond changement dans les modèles de consommation et de production caractéristiques des sociétés modernes, spécialement dans les pays industrialisés[16].

14 Sommet mondial sur le développement durable, *Plan d'Action*, [PDF], 2002, p. 9, http: //www.agora21.org/johannesburg/rapports/plan-action.pdf (Page consultée le 5 octobre 2006)

15 Renato Raffaele Martino, «Intervention à la CNUED de Rio», in *Documentation catholique,* 1992, n° 2053, p. 634-637.

16 Renato Raffaele Martino, «Intervento al SMSS», 2 settembre 2002, in *Osservatore Romano,* 4 settembre 2002, p. 2. Nitin Desai, Secrétaire général adjoint du Département des affaires sociales et économiques des Nations unies et futur Secrétaire général du Sommet mondial pour le développement durable de Johannesbourg partage la position du Saint Siège, à ce sujet, dans sa *note* de février 2001, relative aux séminaires préparatoires du Sommet de Johannesburg.

2. Intérêt de la recherche

Parallèlement à l'idéologie de la mondialisation, l'environnement – le thème fondateur du développement durable – est actuellement le terrain des enjeux croisés. L'Afrique est concernée, de manière particulière, par la problématique de l'environnement. Le continent, non seulement a été l'hôte du second Sommet de la Terre tenu en Afrique du Sud en 2002, mais il abrite aussi le siège général du Programme des Nations unies pour l'environnement (PNUE), créé dans la foulée de la Conférence de Stockholm et basé à Nairobi (Kenya).

Bien entendu, les défis de l'environnement ont fait l'objet de nombreuses recherches sur le continent depuis les années de sécheresse[17]. Mais il y a quand même une carence notable, en la matière, au niveau des Églises d'Afrique. Ici, l'environnement ne semble pas émerger comme un enjeu majeur dans la prise de parole de l'Épiscopat africain. Le sujet est notoirement absent de l'index thématique des écrits des évêques du continent entre 1969 et 1992. De même, la question écologique a été, avec la santé, un des parents pauvres du Synode africain tenu à Rome en 1994, soit deux ans après le Sommet de la Terre de Rio. À ces assises, seulement deux interventions en assemblée plénière, sur les deux cent dix, portent explicitement sur l'environnement[18]. Le Message final du Synode, ainsi que l'exhortation apostolique post-synodale *Ecclesia in Africa* de Jean-Paul II, ne font aucunement allusion aux défis écologiques du continent.

À coté de ces lacunes, il nous faut bien signaler l'heureuse initiative œcuménique du *Colloque international* de Batié sur *Éthique écologique et reconstruction de l'Afrique* organisé au Cameroun en juin 1996, par le Cercle International pour la Promotion de la Création (CIPCRE). Ce Colloque place la question écologique au centre de la reconstruction du con-

17 Voir, entre autres, L. TIMBERLAKE, *L'Afrique en crise. La banqueroute de l'environnement,* Paris, L'Harmattan, 1985; Paul HARRISON, *Une Afrique verte,* Paris – Wageningen, Karthala-CTA, 1991; David KABALA MATUKA, *Protection des écosystèmes et développement des sociétés. État d'urgence en Afrique, Paris,* L'Harmattan, *1994.*

18 Pour plus de détails lire Jean-Marc ELA, *Repenser la théologie africaine. Le Dieu qui libère,* Paris, Karthala, 2003, p. 117-132.

tinent, comme l'indique très clairement l'intitulé[19]. Notre étude entend bien ici contribuer, dans la ligne du Colloque de Batié, à la consolidation de la conscience écologique chrétienne sur le respect de la vie et de son milieu naturel, la terre nourricière.

À propos de l'environnement, on se doit donc d'être résolument vigilants, pour ne pas succomber aux sirènes des idéologies environnementalistes de tous bords. Au plan politique, l'environnement est devenu un grand enjeu de pouvoir, à la faveur de l'émergence et de l'aggravation de la crise écologique contemporaine. C'est l'or vert du XXIe siècle, dont les maîtres du monde entendent s'assurer le monopole par tous les moyens. Sa corrélation négative avec le mythe prométhéen de la croissance illimitée de l'idéologie développementiste a renforcé le réflexe hégémonique sécuritaire des pays nantis.

Ainsi, aux deux conditionnalités politique (démocratisation) et économique (privatisation) d'aide publique au développement du Tiers monde des années 1980, s'est ajoutée, depuis Rio, la conditionnalité écologique (préservation de la nature). Dans cette perspective environnementaliste hypocrite et de mauvais aloi, les pays du Sud ont vocation à demeurer les «sanctuaires» de la nature sauvage, pourvoyeuse des ressources dont les pays riches ont besoin pour leur croissance continue. Parallèlement, les sociétés multinationales occidentales règnent en maîtres, avec le concours de l'OMC, sur des vastes étendues de territoire conquis aux quatre coins du globe, où la pollution et la mise à sac de l'environnement ont étrangement droit de cité.

Au-delà de cet enjeu politico-économique d'appropriation privative de l'environnement, il y a l'enjeu éthique et religieux, qui «nous invite en ce nouveau temps écologique à un retour à la vie et à la terre comme à des biens communs»[20]. Au bout du compte, le paradigme écologique du développement durable nous oblige ainsi à répondre courageusement, dans le

19 Les résultats de ses travaux ont été transmis aux chefs d'État et de gouvernement du continent réunis à l'époque à Yaoundé pour le 32e Sommet de l'OUA, et publiés en 1997 sous l'intitulé même du Colloque *Éthique écologique et reconstruction de l'Afrique*.

20 Jeorge PEIXOTO, «Il recupero della vita. Per una sensibilità ecologica», in *Asprenas*, 2001, n° 48, p. 377. C'est nous qui soulignons. À ce sujet, voir J. L. Ruiz DELA PEÑA, *Teologia della creazione,* Roma, 1988; G. PANTEGHINI, *Il gemito della creazione. Ecologia e fede cristiana,* Padova, 1992; Leonardo BOFF, *Ecologia. Grito de la tierra, grito de los pobres,* Buenos Aires, 1996, p. 13-59.

contexte trouble du marché mondialisé, à cette triple interrogation vitale, qu'on ne peut aujourd'hui escamoter dans la problématique de l'environnement: À qui appartient la terre avec ses richesses? Comment et par qui est gouverné le monde? À quoi rapporte-t-on, enfin, la durée ou la notion de temps impliquée dans l'expression «développement durable»?

3. Approche méthodologique et structure de la recherche

Nous avons souligné, d'entrée de jeu, le caractère interdisciplinaire de cette étude. Pour son élaboration, nous avons recouru notamment à la recherche documentaire et à l'observation sur le terrain (fieldwork). Nous avons mis ici à profit notre formation universitaire antérieure spécialisée en Sciences et techniques du développement, ainsi que notre expérience de terrain de 5 ans, comme directeur de la commission diocésaine caritas-développement du diocèse de Popokabaka (1996-2000), et de 1 an, comme consultant à la commission épiscopale Justice et Paix de la Conférence épiscopale nationale du Congo (2000-2001).

Une attention particulière est accordée, dans l'analyse, à l'économie, en tant que lieu de la production et reproduction des conditions matérielles de la vie humaine. Sous l'angle de l'enseignement social de l'Église, la méthodologie suivie est celle de la triade classique:

Voir (en se servant judicieusement des instruments d'analyse des sciences sociales et en tenant compte de leur épistémologie).

Juger (à la lumière de l'anthropologie chrétienne des principes de la philosophie sociale, des fondements doctrinaux de l'enseignement social de l'Église).

Agir (en mettant en avant l'expérience dans l'engagement social, ainsi que sa reconnaissance explicite).

L'étude comprend quatre parties. La première partie donne un aperçu historique et thématique de l'évolution du concept de développement dans le contexte africain, allant des jalons du développement du système colonial à l'effondrement du mythe développementiste, en passant par l'affirmation du projet développementaliste des pères des indépendances.

La deuxième partie traite de l'émergence de la question écologique, de son évolution thématique et de sa récupération idéologique dans la problématique générale du développement.

La troisième partie est une herméneutique du paradigme du développement durable, qui dévoile les grands enjeux plus ou moins inavoués de l'impérialisme des pays industrialisés.

La quatrième partie analyse, à la lumière de l'anthropologie conciliaire de *Gaudium et spes* et de la conception traditionnelle africaine de la vie, le défi éthico-théologique lancé à la foi chrétienne par la vision anthropologique néolibérale du paradigme du développement durable, et suggère l'élaboration d'une éthique holiste de la vie garante du respect de la dignité de la personne humaine et de la préservation de l'environnement naturel.

Première Partie

L'Afrique dans les méandres de l'idéologie développementiste

Le mythe du développement qui a alimenté et accompagné la vague d'indépendances politiques sur le continent est, aujourd'hui plus que jamais, profondément ébranlé dans la conscience collective négro-africaine par le spectacle persistant de la misère de masse et des conflits armés. En effet, le développement a suscité un immense espoir des meilleures conditions de vie chez les populations africaines fraîchement libérées du joug colonial[1]. Et les multiples campagnes gouvernementales de développement menées tambour battant, au fil des ans, entretenaient inlassablement ce vrai faux espoir en promettant toujours et partout la prospérité matérielle pour tous, au bout des efforts et des sacrifices exigés par l'entreprise.

Aujourd'hui, c'est aux ONG humanitaires qu'incombe plutôt la charge du «développement» de l'Afrique, après la mise hors circuit des gouvernements disqualifiés par les bailleurs des fonds internationaux. Les deux grandes institutions traditionnelles de financement du développement, le FMI et la Banque mondiale, ont officiellement tourné le dos au vieux concept de développement, en devenant les acteurs autoproclamés de la mondialisation.

Dans cette première partie, nous examinerons, à grands traits, les discours et pratiques prégnants du développement en Afrique, depuis la période coloniale jusqu'à sa crise générale. Nous parlerons, ainsi, des jalons du développement du système colonial, du projet développementaliste des jeunes États indépendants et de la crise du développement proprement dite. Pour l'illustration de notre propos, nous nous appuierons, ici, davantage sur les données relatives à la République démocratique du Congo, l'ex-Congo belge.

1 Cf. Anna BONO, «Africa: lo sviluppo che non arriva», in *La Società* 11 (2001) 6, p. 785-806. L'auteur décrit ici, chiffres à l'appui, les situations critiques individuelles et collectives qui hypothèquent gravement l'avenir du continent. En effet: «Aujourd'hui, en Afrique, des dizaines de millions de personnes sont atteintes des graves maladies et souffrent de la sous-alimentation, des dizaines de millions d'autres sont en proie à des conflits sanglants ou fuient la guerre et la famine» (Ibid., p. 789); Cf. Michel CAMDESSUS, «Valeurs humaines et mondialisation économique», in *Bulletin de Littérature Ecclésiastique*, n°3, 2002, p. 227-248. L'ancien Directeur du FMI relève justement, à propos de la problématique du développement de l'Afrique, que «un tiers des pays africains est actuellement directement ou indirectement affecté par un conflit armé. Les conflits locaux sont aujourd'hui les obstacles majeurs au développement du continent» (Ibid., p. 243).

Chapitre 1

Les jalons du développement du système colonial

Le développement est apparu en Afrique, avant la lettre, avec la conquête coloniale européenne, qui en usera et abusera, à sa guise, sous le couvert de l'idéologie raciste de la «mission civilisatrice», comme en témoigne cet extrait lyrique du discours de Victor Hugo prononcé à l'occasion d'un banquet commémoratif de l'abolition de l'esclavage:

> La destinée des hommes est au Sud [...]. Le moment est venu de faire remarquer à l'Europe qu'elle a, à côté d'elle, l'Afrique [...]. Au XIXe siècle, le Blanc a fait du Noir un homme; au XXe siècle, l'Europe fera de l'Afrique un monde. Refaire une Afrique nouvelle, rendre la vieille Afrique maniable à la civilisation, tel est le problème; l'Europe le résoudra.
>
> Allez, peuple! Emparez-vous de cette terre! Prenez-la! À qui? À personne. Prenez cette terre à Dieu! Dieu donne la terre aux hommes. Dieu offre l'Afrique à l'Europe. Prenez-la! Où les rois apportaient la guerre, apportez la concorde! Prenez-la non pour le canon, mais pour la charrue! Non pour le sabre, mais pour le commerce! Non pour la bataille, mais pour l'industrie! Non pour la conquête, mais pour la fraternité! Versez votre trop-plein dans cette Afrique, et du même coup résolvez vos questions sociales! Changez vos prolétaires en propriétaires! Allez, faites! Faites des routes, faites des ports, faites des villes! Croissez, cultivez, colonisez, multipliez! Et que sur cette terre, de plus en plus dégagée des prêtres et des princes, l'esprit divin s'affirme par la paix et l'esprit humain par la liberté[1].

Le texte de Hugo décline en substance le volet économique du programme de la *mission civilisatrice* assignée à l'entreprise coloniale: commerce, industrie, agriculture, infrastructures urbaines, routières, portuaires, etc. Ce volet économique, qui constitue le *noyau dur* du *développement*[2], fut en fait l'objectif fondamental de la conquête coloniale. Le volet social du programme concerne les autres *bienfaits de la civilisation* que Paul Bairoch appelle joliment les «composantes positives» de la colonisation[3]. Il s'agit

1 Cité par Gilbert RIST, *Le développement. Histoire d'une croyance occidentale*, Paris, Presses des Sciences Po, 2001, p. 87-88.

2 Voir Paul BAIROCH, *Victoires et déboires. Histoire économique et sociale du monde du XVIe siècle à nos jours*, tome II, Paris, Gallimard, 1997, p. 784-785.

3 Cf. Paul BAIROCH, *Victoires et déboires*, tome II, op. cit., p. 791.

en effet de l'ensemble des mesures sociales favorables aux autochtones concernant, notamment l'éducation, l'hygiène et la santé. Ce chapitre préliminaire est consacré à l'examen succinct des trois institutions phares du système colonial considérées, à la fois, comme le moteur et le baromètre du développement de l'Afrique: l'école, le système médico-sanitaire occidental, et l'économie de traite. Nous insisterons particulièrement sur leurs vices rédhibitoires.

1. L'école coloniale

C'est l'initiative missionnaire de l'école de brousse qui a ouvert la voie à l'institution du système scolaire colonial. Les gouvernements coloniaux interviendront plus tard pour l'organisation et le fonctionnement du système. Comme nous le verrons dans les lignes qui suivent, l'objectif fondamental et primordial de l'école était de former, autant que faire se pouvait, des autochtones dévoués au service de la mère patrie. Dans tous les cas, «les colons ne trouvaient pas nécessaire que les Africains apprennent au-delà de ce qui leur permettait de satisfaire aux besoins des expatriés»[4].

1.1. L'organisation

Dans son ouvrage *2000 ans de christianisme en Afrique*, le Père John Baur distingue quatre périodes dans l'histoire de l'institution scolaire européenne en Afrique coloniale:

1. l'âge de l'école de brousse (1900-1920);
2. l'âge de l'école primaire (1920-1940);
3. l'âge de l'école secondaire (1945-1960);
4. l'âge de l'université (1960).

L'école de brousse a été donc la première institution scolaire coloniale. Elle fut entièrement l'œuvre des missions religieuses dévouées à la tâche d'évangélisation du nouveau continent. Les écoles de brousse resteront pratique-

4 John BAUR, *2000 ans de christianisme en Afrique*, Kinshasa, Éditions Paulines, 2001, p. 447.

ment les seules écoles des colonies jusqu'aux années 1920. Chaque station missionnaire ou presque avait son centre scolaire «dans lequel les élèves les plus doués pouvaient atteindre un niveau qui leur permettait de devenir catéchistes, d'apprendre un métier manuel ou de trouver un emploi dans l'administration ou chez les colons»[5]. Au total, ces écoles étaient de niveau médiocre. L'on y enseignait généralement les 3 R (lire, écrire, calculer) que bon nombre d'écoliers d'ailleurs ont oublié plus vite qu'ils ne les ont appris.

De toute manière:

> L'objectif missionnaire était de rendre les Africains capables de développer leur propre Église: les Luthériens exigeaient que les convertis soient capables de lire la Bible; les Anglicans voulaient, dès que possible, une Église autosuffisante; les Presbytériens et plus encore les Catholiques, cherchaient à répandre la civilisation chrétienne. C'est pourquoi ils édifièrent tous des écoles; malgré tout, le but immédiat de l'école était pour eux tous de convertir autant de personnes que possible[6].

Les écoles primaires furent créées dans les années 1920, sur l'initiative des gouvernements coloniaux qui avaient finalement pris conscience, pour ainsi dire, à la suite des missionnaires, de leur *«mission civilisatrice»* auprès des populations indigènes. Dans l'ensemble, la gestion de ces écoles fut confiée aux Missions moyennant l'octroi des subventions appropriées. Ainsi, par exemple, le gouvernement belge avait confié tout le secteur de l'éducation à la Mission catholique. À l'opposé, le gouvernement anticlérical français avait créé son propre réseau scolaire à côté des écoles de Mission. De sorte que:

> En 1957, au Congo belge, 53% de tous les enfants en âge scolaire étaient dans les écoles catholiques, mais seulement 10% en Afrique occidentale française, et à peine 2% en Angola et au Mozambique. Quant à l'Afrique britannique, en 1954, l'*African Survey* de Lord Hailey donne le pourcentage de 96,4% pour les écoliers dans les écoles de mission[7].

Au Congo belge, les principes directeurs de la politique scolaire coloniale établis en accord avec le Département des Colonies stipulaient que «l'enseignement doit avant tout être adapté au milieu indigène et viser l'éducation autant que l'instruction proprement dite. Il doit, dans les premières

5 John BAUR, *2000 ans de christianisme en Afrique*, op. cit., p. 447.

6 Ibid., p. 447.

7 Ibid., p. 447.

années, être donné dans la langue des indigènes»[8]. Ainsi, les écoles primaires du premier degré urbaines ou rurales étaient tenues généralement par des instituteurs indigènes et contrôlées par des Européens. Les jeunes enfants y apprenaient quelques rudiments d'écriture, de calcul et de lecture. On leur donnait des leçons d'intuition de même que quelques notions d'hygiène et de chant[9]. Celles du second degré, dont le cycle d'études était de 3 ans, comprenaient les élèves sélectionnés parmi ceux qui avaient terminé avec succès l'école du premier degré. Elles étaient situées dans les centres et placées sous la direction d'un Européen. Pour ce qui est de l'enseignement proprement dit, la partie littéraire était plus souvent développée dans ces écoles, néanmoins, l'activité scolaire restait orientée vers les professions manuelles.

Le projet de création des écoles secondaires a pris corps vers 1925, au moment de l'essaimage des écoles primaires. Les gouvernements coloniaux avaient décidé dès lors d'ouvrir une ou deux écoles secondaires par territoire, pour élever le niveau éducatif de leurs colonies. Néanmoins, c'est au lendemain de la Seconde Guerre mondiale que le besoin en écoles secondaires s'est imposé sur l'ensemble du continent, en prévision des indépendances qui pointaient à l'horizon. Comme pour les écoles primaires, les Missions seront largement mises à contribution dans la gestion des écoles secondaires qui nécessitera davantage de prélèvements en termes de fonds et de personnel.

L'enseignement supérieur a été pratiquement laissé à l'état programmatique. À tout prendre, c'était une entreprise à la fois onéreuse et périlleuse pour les puissances coloniales, qui avaient, sans doute, tout à craindre d'une élite intellectuelle africaine sortie de l'université et des grandes écoles. Il connaîtra son essor au tout début de la période coloniale. En effet, «vers 1960, on comptait probablement une vingtaine d'universités en Afrique Noire, mais rien qu'entre 1961 et 1965 s'ajoutèrent une dizaine d'autres»[10]. Pour mémoire, la toute première université d'Afrique Noire a été créée en 1851 à Monrovia, au Libéria, et elle comptait moins de 400 étudiants, un siècle après sa fondation. Le véritable démarrage des institutions universitaires a été enclenché en 1948, avec la création des universités d'Accra (Ghana) et d'Ibadan (Nigeria).

8 Francis LAMBIN, *Congo belge*, Bruxelles, Éditions Cuypers, 1948, p. 189.

9 Ibid., p. 189.

10 Paul BAIROCH, *Victoires et déboires,* tome II, op. cit., p. 800.

1.2. Les lacunes

Dès sa création, l'école s'est affirmée comme le foyer de la nouvelle société africaine en germe, au sein des populations entièrement analphabètes. Sous ce rapport, elle aura été globalement le plus grand service rendu par le système colonial aux nations africaines en formation. L'école a sans conteste élargi, par sa double formation scientifique et humaniste, l'éveil de conscience de la jeunesse africaine. L'on se rappellera, en l'occurrence, l'engagement de l'élite intellectuelle de la première heure dans le combat pour la décolonisation du continent, à travers les mouvements de la *Négritude* et du *Panafricanisme.* L'école coloniale a fourni le premier bataillon d'intellectuels africains qui ont pris en main la destinée de leurs pays, au moment des indépendances.

Cela dit, examinons, à présent, ce que nous pensons être les deux faiblesses majeures du système scolaire colonial, quant à son rôle supposé de fer de lance du développement de l'Afrique post-colonial, à savoir: la faible proportion de la jeunesse scolarisée et la marginalisation de l'enseignement technique. Nous analyserons ces deux éléments à la lumière de quelques statistiques mises en rapport avec les objectifs fondamentaux des *Perspectives de l'enseignement* définis par la *Conférence des directeurs de l'Enseignement d'Etat de l'Afrique Noire Française.* Selon cette instance, trois objectifs fondamentaux et conjugués commandaient les *Perspectives de l'enseignement* en Afrique Noire[11]:

1) *Atteindre toute la jeunesse*;
2) *Former la jeunesse africaine au monde moderne sans la déraciner du milieu africain;*
3) *Dégager les élites africaines.*

11 Cf. Robert DELAVIGNETTE, «Les problèmes de l'enseignement dans les territoires d'outre-mer», in *L'enseignement, problème social*, 45e Semaine Sociale de France, Versailles, Chronique Sociale, 1958, p. 341. M. Robert Delavignette fut Gouverneur général honoraire de la France d'Outre-Mer. À ce titre, son étude bénéficie du double éclairage d'homme d'État et de terrain.

1.2.1. Une infime minorité de jeunes instruits

Pour l'ensemble de l'Afrique Noire, Paul Bairoch estime, sur la base des statistiques existantes, à «environ 4,9 millions le nombre d'enfants autochtones scolarisés vers 1950, soit 1 enfant sur 7»[12]. La très grande majorité étaient des écoliers. L'enseignement secondaire comptait seulement quelques dizaines de milliers d'élèves. L'on est ici bien en deçà, on le voit, de l'atteinte du premier objectif fondamental de l'enseignement visant la scolarisation de toute la jeunesse. Cette situation prévaudra jusqu'à la veille des indépendances. Les statistiques ci-dessous de l'Afrique Noire Française et du Congo belge corroborent les estimations de Paul Bairoch. Selon l'étude ad hoc de Robert Delavignette[13], en 1957, l'Afrique Occidentale Française[14] – la plus grande entité géographique et démographique de l'Afrique Noire Française – comptait sur une population totale de 19 millions d'habitants, 2.820.000 enfants et adolescents d'âge scolaire, dont 376.500 seulement étaient scolarisés et fréquentaient l'école publique ou privée, à tous les degrés.

Sur ces 376.500 privilégiés, 356.800 appartenaient à l'enseignement du premier degré et 19.700 à l'enseignement secondaire et supérieur. En pourcentage, la proportion de la jeunesse aux études en A.O.F. en 1957, à tous les degrés de l'enseignement, était de 13,4%. Autrement dit, l'immense majorité de la jeunesse africaine de cette entité territoriale, soit 86,6% était laissée de coté par l'enseignement colonial. Il existait encore d'autres disparités criantes au niveau de cet enseignement, concernant notamment la scolarisation des filles et la localisation des établissements scolaires. À ce sujet, en 1958, l'école africaine était à la fois davantage une école des garçons et des centres urbains. En A.O.F., la proportion était de 31 filles pour 100 garçons dans l'Enseignement d'État et de 34 filles pour 100 garçons dans l'Enseignement missionnaire.

En esprit visionnaire, Robert Delavignette s'interrogeait déjà avec appréhension, en 1958, sur ce que serait en 1980, si cette proportion persistait, une Afrique où la majorité féminine demeurerait analphabète, à coté d'une

12 Paul BAIROCH, *Victoires et déboires,* tome II, op. cit., p. 792.

13 Robert DELAVIGNETTE, «Les problèmes de l'enseignement dans les territoires d'outre-mer», art. cit., p. 339-355.

14 L'ancienne Afrique Occidentale Française (A. O. F.) regroupait les actuels États de Côte d'Ivoire, du Bénin, du Burkina Faso, de Mauritanie, du Niger, du Sénégal, du Mali et de Guinée Conakry.

minorité d'hommes relativement instruits. «Comment la minorité masculine pourra-t-elle conduire l'évolution africaine sans la participation des femmes?»[15]. Ces considérations concernant l'A.O.F. sont tout autant valables pour l'ensemble de l'Afrique Noire Française et les autres colonies africaines. Toujours au registre de l'empire colonial français:

> Dans l'enseignement du premier degré, on recensait en 1956 pour l'ensemble des grands territoires d'outre-mer: Afrique Noire et Madagascar, un million d'écoliers pour 5 millions d'enfants en âge scolaire. En Algérie, 330.000 écoliers musulmans pour 2.000.000 en âge scolaire[16].

Au Congo belge, force est de reconnaître avec Francis Lambin que:

> L'œuvre réalisée en un demi-siècle par les Missions, efficacement et généreusement aidées par le Gouvernement belge, a dépassé toutes les espérances. En 1946, les Missions catholiques comptaient 17.804 écoles avec 801.305 élèves. Les écoles protestantes étaient au nombre de 11.455 avec 348.277 élèves. La population scolaire du Congo atteignait donc le beau chiffre de 1.149.582 élèves[17].

Mais, en réalité, ce nombre impressionnant des jeunes congolais aux études, en 1946, cache des graves disparités et concerne essentiellement l'enseignement primaire. De fait:

> Dès 1938, 220.000 élèves africains fréquentaient les écoles primaires; et en 1957, à la veille de l'indépendance, leur nombre s'élevait à 1,5 millions, ce qui devait représenter la moitié de la classe d'âge, probablement un des taux les plus élevés d'Afrique Noire[18].

Néanmoins, la proportion de filles scolarisées était ici particulièrement plus faible que dans d'autres colonies d'Afrique Noire. En outre:

> Seulement une dizaine de milliers d'Africains fréquentaient une école secondaire; et lors de l'indépendance, en 1960, il y avait moins d'une vingtaine de diplômés universitaires, et les rares universités y étaient de création récente[19].

15 Robert DELAVIGNETTE, «Les problèmes de l'enseignement dans les territoires d'outremer», art. cit., p. 342.

16 Ibid., p. 343.

17 Francis LAMBIN, *Congo belge,* op. cit., p. 191.

18 Paul BAIROCH, *Victoires et déboires,* tome II, op. cit., p. 799-800.

19 Ibid., p. 800.

À la différence d'autres colonies, au Congo, le réseau scolaire se trouvait à 90% entre les mains de l'Église catholique et couvrait l'ensemble du territoire. L'Église y apparaissait comme un organisme d'État.

> Le plus grand défaut du système fut qu'ensemble, fonctionnaires et missionnaires y étaient convaincus que l'éducation ne devait être diffusée qu'à un niveau élémentaire, en évitant la création d'une élite qui perdrait tout contact avec les masses – un euphémisme pour dire une élite qui critiquerait le système colonial. Ainsi donc, l'éducation post-secondaire fut limitée aux collèges qui formaient les maîtres et les maîtresses, et à un petit nombre de collèges de premier cycle et d'écoles techniques. La formation secondaire et académique proprement dite n'était disponible que dans les séminaires, et les futurs hommes politiques comme Kasavubu et Gizenga ne pouvaient être que d'anciens séminaristes[41].

Pour le système scolaire colonial belge, l'instituteur était la figure emblématique du progrès. Tant et si bien que «dans le village où il enseigne, le moniteur doit être le représentant et le promoteur du progrès et pour les élèves qu'il dirige et pour la population qui l'entoure»[42].

1.2.2. La marginalisation de l'enseignement technique

Le deuxième objectif des *Perspectives de l'enseignement* de la Conférence des directeurs de l'Enseignement d'État de l'Afrique Noire Française préconisait la formation de la jeunesse africaine au monde moderne sans la déraciner du milieu africain. L'insertion de l'Afrique dans la modernité impliquait nécessairement l'intégration de l'enseignement technique dans le système scolaire colonial trop axé sur l'enseignement général. Bien mieux, à l'Afrique du fer et de l'aluminium, des derricks et des grands barrages, il fallait des ingénieurs africains, c'est-à-dire des écoles d'arts et métiers et d'arts et manufactures[43]. Au contraire, l'enseignement technique a été le parent pauvre de l'enseignement colonial.

> Le décalage entre l'enseignement général et l'enseignement technique, écrivait, en 1958, le syndicaliste congolais Gilbert Pongault, est un scandale que nous ne voulons plus tolérer, alors que tout dans la vie devient de plus en plus technique et scientifique. On n'a pas préparé la jeunesse à une vaste campagne de relève du cultivateur, de

41 John BAUR, *2000 ans de christianisme en Afrique,* op. cit., p. 361.
42 Francis LAMBIN, *Congo belge,* op. cit., p. 191.
43 Cf. Robert DELAVIGNETTE, «Les problèmes de l'enseignement dans les territoires d'outre-mer», art. cit., p. 353.

> l'éleveur, du pêcheur et de tous les artisans africains, dont les méthodes et les instruments de travail sont restés au stade du moyen âge. On voit dans ce cas très mal comment la production du paysan africain pourra concurrencer avec des chances égales la production des paysans initiés aux techniques modernes[44].

De fait:

> L'enseignement professionnel au sens strict était tout à fait inadéquat: il y avait un bon nombre d'écoles ménagères pour les filles, relativement moins d'écoles techniques pour les garçons et presque pas d'école d'agriculture. En chiffres: pour 2.200.000 garçons de l'école primaire catholique en Afrique, il n'y avait que 180.000 places pour l'éducation secondaire et 20.000 pour les écoles techniques et 1000 en formation agricole en 1959, soit un total de 200.000 places[45].

Par contre, il y avait suffisamment d'écoles d'instituteurs et d'infirmières. Et les écoles secondaires fournissaient les commis pour l'Administration publique. Toujours est-il que, cette pyramide de l'éducation était nettement en proportion inverse des besoins actuels de l'économie. Pour le Père Baur, la persistance de l'économie de subsistance en Afrique est tributaire du désintérêt manifesté à l'époque par la jeunesse africaine vis-à-vis du vieux monde de l'agriculture et des simples artisans, identifié avec une vie arriérée et de brousse. Les jeunes étaient ainsi fascinés par

> le nouveau monde des villes, des machines, des employés, des enseignants et des salaires qui vous permettaient de porter de beaux vêtements, de couvrir vos maisons avec des tôles, et d'acheter des biens de consommation européens[46].

Et c'est pourquoi rien ne sera entrepris ou presque pour moderniser l'agriculture traditionnelle. Nous reviendrons sur cet élément plus loin, à propos de l'économie de traite.

Au Congo, plusieurs centres des missions possédaient des écoles professionnelles, principalement pour le travail du bois et du fer. Seuls les jeunes gens qui avaient achevé leurs études primaires étaient normalement admis à ces écoles. L'apprentissage par l'école avait surtout pour but la formation d'une classe d'artisans et de contremaîtres dont les chefs

44 Gilbert PONGAULT, «Les objectifs humains d'une politique de développement», in *La montée des peuples dans la communauté humaine,* 46e Semaine Sociale de France, Angers, Chronique Sociale, 1959, p. 221.

45 John BAUR, *2000 ans de christianisme en Afrique,* op. cit., p. 450.

46 Ibid., p. 450.

d'entreprise exigeaient avec des connaissances plus étendues, un sens plus profond de l'autorité et de la responsabilité. Les grandes sociétés industrielles formaient elles-mêmes leurs ouvriers dans leurs propres ateliers. La Belgique, convaincue du rôle capital de l'agriculture dans la vie économique du Congo, avait créé dans sa colonie des écoles spéciales d'agriculture où l'on enseignait la théorie qui complétait et contrôlait les travaux pratiques de terrain. Les élèves sortis de ces instituts étaient des aides précieux pour les agronomes de l'État et les exploitations agricoles de la colonie. Ils servaient également des guides aux populations autochtones dans l'organisation rationnelle de leurs cultures privées[47]. Par ailleurs, un enseignement agricole pratique et nécessairement limité était dispensé dans les écoles primaires aux enfants des deux sexes.

En ce qui concerne l'A.O.F. particulièrement, le système d'enseignement primaire en vigueur limité au faible pourcentage indiqué ci-dessus était incapable de produire la floraison d'écoles techniques dont l'Afrique manque cruellement aujourd'hui. En effet, comme le notait judicieusement Robert Delavignette:

> La formation d'ingénieurs et de cadres d'ouvriers qualifiés ne peut se contenter d'une assise scolaire réduite aux faibles proportions d'aujourd'hui. L'Afrique industrielle de demain exige dès maintenant une puissante infrastructure d'écoles du premier degré. S'il devait en être autrement, l'usine en Afrique, la mine en Afrique, le laboratoire en Afrique seraient en porte à faux sur le peuple africain. Les pôles de croissance industrielle seraient isolés, la promotion sociale de l'ouvrier africain et ses chances de qualification professionnelle seraient compromises[48].

Ce scénario catastrophe tant redouté par Robert Delavignette s'est effectivement réalisé au moment même des indépendances et la situation ne s'est guère améliorée véritablement depuis, comme l'indiquent les deux tableaux statistiques ci-dessous, respectivement relatifs aux effectifs scolaires de l'AOF et à l'évolution du taux d'analphabétisme de l'ensemble du Tiers-Monde.

47 Cf. Francis LAMBIN, *Congo belge,* op. cit., p. 192.

48 Robert DELAVIGNETTE, «Les problèmes de l'enseignement dans les territoires d'outre-mer», art. cit, p. 353.

Tableau 1. Répartition des effectifs par secteurs de l'AOF en 1958

Secteur	*Effectif*	*Pourcentage*
Primaire	381.753	95,10
Secondaire	15.814	3,90
Technique	*3.622*	*1,00*
Total	401.189	100,00

Source: Nous avons établi ce tableau à partir des données statistiques fournies par Gilbert PONGAULT, «Les objectifs humains d'une politique de développement», art. cit., p. 223. Ces données n'intègrent pas naturellement celles de la Guinée, déjà indépendante, à la date de leur établissement.

Tableau 2. Taux d'analphabétisme du Tiers-monde
(En pourcentage de la population âgée de plus de 15 ans ne sachant ni lire ni écrire)

	Afrique	*Amérique*	*Asie*	*Total*	*Chine*	*Ensemble tiers Monde*
1900	—	—	—	85	—	84
1930	—	55	86	82	—	78
1950	85	42	77	74	69	72
1960	82	32	64	63	53	60
1970	71	26	50	50	43	48
1980	61	20	48	46	35	42
1990	49	15	38	37	22	33
1995	44	13	35	34	19	30

Source: Paul BAIROCH, *Victoires et déboires. Histoire économique et sociale du monde du XVIe siècle à nos jours,* tome III, Paris, Gallimard, 1997, p. 748

2. Le système médico-sanitaire européen

Au Congo, la politique coloniale en matière de promotion humaine incluait, dans la perspective chrétienne, outre le développement économique, l'éducation et l'action médicale. Comme le notait, à l'époque, le docteur Fernandès, «l'action du médecin contre la maladie en pays tropical est de tout premier ordre, au point qu'il faut admettre aujourd'hui que nulle colonie ne peut espérer un large développement social sans la collaboration active et abondante du médecin. On peut ajouter que son action devient de tout premier plan par l'interdit que peuvent jeter sa présence et son activité sur l'influence délétère du sorcier comme sur le jeu de la sorcellerie, qui exerce, malheureusement, encore toujours sur l'âme du noir une emprise terrible»[49].

2.1. L'organisation

L'action médicale fut coordonnée, au Congo, en 1924. Le gouvernement colonial oeuvra conjointement avec des organisations de soutien missionnaire – comme l'Aide Médicale aux Missions[50] – pour le financement des hôpitaux et le paiement des médecins. Ainsi, les soins médicaux dénommés *«Assistance Médicale aux Indigènes»* étaient assurés, sur l'ensemble du territoire, dans des milliers de dispensaires urbains et ruraux par le Service Médical de la Colonie et par de nombreuses œuvres médicales privées[51]. Des millions de Congolais étaient accueillis chaque année dans ces dispensaires. Les malades graves étaient soignés dans les hôpitaux du Gouvernement ou des différentes œuvres médicales privées.

Pour l'ordre de grandeur:

> En 1946, les formations hospitalières de la Colonie comptaient 854 lits pour Européens, 21.278 lits pour indigènes. Les lazarets et colonies stables des lépreux comportaient 6.514 lits. Environ 10.000 autres lépreux étaient isolés dans des colonies agricoles de type provisoire[52].

49 M. FERNANDES, «L'action coloniale et les médecins catholiques», in *L'Action Coloniale*, Actes du VIe Congrès Catholique de Malines, tome VIII, VIe Congrès Catholique de Malines A.S.B.L., 1936, p. 72.

50 Cette organisation des médecins catholiques de Belgique avait pour but de porter aux Noirs les secours des derniers progrès de la médecine, tout en procurant aux vaillants missionnaires un allègement considérable dans leur apostolat.

51 Parmi ces œuvres médicales privées, il y avait entre autres les Missions religieuses et le Fonds Reine Elisabeth. Les sociétés industrielles, commerciales et agricoles avaient aussi leurs propres dispensaires pour leur personnel ouvrier. Cf. Francis LAMBIN, *Congo belge,* op.cit. p.183.

52 Francis LAMBIN, *Congo belge,* op. cit., p. 183.

De l'avis de tous, l'Administration coloniale et les Missions firent dans ce domaine précis de la santé, comme de l'éducation primaire, des efforts appréciables. De sorte que, «vers 1950, l'espérance de vie à la naissance de la population africaine du Congo était de l'ordre de 40 ans, alors que la moyenne de l'Afrique Noire était de l'ordre de 35 ans»[53].

Le système médical colonial, ainsi mis en place, bénéficiait en amont d'un réseau efficace de laboratoires de recherches scientifiques et d'écoles médicales pour la formation d'infirmières indigènes. Les laboratoires de recherches biomédicales étaient installés dans les grands centres urbains du pays, notamment à Kinshasa, Mbandaka, Kisangani et Lubumbashi. Ils étaient chargés d'«étudier les causes des maladies, les microbes et autres parasites et de trouver des méthodes toujours plus efficaces de guérison et de prévention des maladies»[54]. L'actuel *Institut National* des recherches biomédicales de Kinshasa (INRB) était le plus important de ces laboratoires. Ici, les recherches portaient spécialement sur l'amélioration constante des méthodes de traitement de la trypanosomiase et d'autres maladies contagieuses graves. Les mêmes laboratoires fabriquaient également des vaccins anti-microbiens pour la prévention contre la fièvre typhoïde, la méningite cérébro-spinale, la dysenterie, la fièvre jaune.

Les écoles médicales pour la formation d'infirmières étaient établies dans les grands centres urbains susmentionnés, ainsi qu'à Kisantu et à Yakusu. Et deux autres d'un niveau plus élevé pour la formation des assistants médicaux fonctionnaient à Kinshasa et à Kisantu, respectivement pour le compte de l'État et de la Fomulac[55]. Les assistants médicaux et les infirmiers indigènes congolais sortis de ces écoles ont contribué aux cotés des médecins belges au relèvement du niveau de l'état de santé de leurs populations. Francis Lambin relevait justement, à leur propos, qu'ils «sont des aides précieux qui se montrent habiles dans le maniement de la seringue et du microscope»[56].

53 Paul BAIROCH, *Victoires et déboires*, tome II, op. cit., p. 799.

54 Francis LAMBIN, *Congo belge,* op. cit., p. 184.

55 La Fondation Médicale de l'Université de Louvain au Congo, autrement appelée la «Fomulac», se consacrait à la formation de la future élite médicale congolaise appelée à remplacer graduellement les agents sanitaires européens devenus trop coûteux (Cf. M. FERNANDES, «L'Action coloniale et les médecins catholiques», art. cit., p.75).

56 Francis LAMBIN, *Congo belge,* op.cit., p. 184.

En aval du système, il y avait les structures prophylactiques comme le service d'hygiène publique, les soins de protection maternelle et infantile, les orphelinats. Ainsi, les centres urbains disposaient d'un service d'hygiène publique chargé plus particulièrement de la surveillance de l'état sanitaire des agglomérations et des ports. Ce service s'occupait également de la visite médicale des écoles et des vaccinations contre diverses maladies. À titre indicatif, «parmi les travaux urbains importants, il faut citer le drainage des eaux stagnantes dans le but de lutter contre la malaria, la destruction des rats dans les ports pour éviter la peste»[57].

La protection maternelle et infantile était prise en charge par de nombreuses œuvres médicales, à travers les maternités, les consultations prénatales et les consultations des nourrissons. Les consultations des nourrissons étaient très répandues et avaient généralement lieu au niveau des dispensaires et des hôpitaux. Elles étaient habituellement dirigées par des infirmières religieuses et parfois, çà et là, par des dames européennes. Enfin, certaines missions religieuses avaient des orphelinats qui hébergeaient des enfants de bas âge, privés de la tutelle parentale.

Dans les autres colonies, la promotion de la santé des populations autochtones était aussi, comme au Congo, une tâche prioritairement dévolue aux Missions. D'autant que:

> Les gouvernements coloniaux furent encore plus lents à prendre conscience de leur devoir de donner des soins de santé à leurs citoyens africains qu'ils ne l'avaient été à accepter leur responsabilité dans l'éducation. Leur soutien aux hôpitaux de mission se fit à nouveau sous forme de subventions[58].

Les services médicaux ont donc constitué, par la force des choses, le second volet de l'activité missionnaire, après l'éducation considérée naturellement comme l'accomplissement du mandat spécifique du Christ Maître et Prophète. D'où:

> Il n'est pas douteux que, pour le missionnaire pionnier, sa trousse médicale était comme une boîte magique accomplissant des miracles de guérison et gagnant la confiance des gens, là où son simple enseignement aurait échoué. [...] Dans les régions reculées, les soins médicaux simples faisaient partie de la routine quotidienne du missionnaire solitaire, jusqu'à une date récente[59].

57 Ibid., p. 185.

58 John Baur, *2000 ans de christianisme en Afrique,* op. cit., p. 451.

59 Ibid., p. 451.

Des congrégations religieuses médicales comme les Missionnaires médicales de Marie (MMM) et les Sœurs missionnaires médicales (MMS) s'étaient investies généreusement dans l'apostolat des malades, au niveau des dispensaires et des hôpitaux. Suivant les statistiques de la Congrégation pour l'Évangélisation, on avait enregistré en 1930, 11 millions de consultations effectuées dans 1.100 dispensaires missionnaires; 20 ans plus tard, on était passé à 30 millions de consultations enregistrées dans 1.500 dispensaires[60]. L'efficacité médicale des Sœurs dans le domaine de la protection maternelle et infantile a contribué à réduire de manière significative le taux de mortalité infantile. En effet:

> Vers 1950, il y avait en Afrique Noire 160.000 lits d'hôpital. La mortalité infantile, qui, à la fin du XIXe siècle devait être de l'ordre de 250 pour 1000, était descendue au-dessous de 170 pour 1000 dans de nombreux pays (notamment Botswana, Burundi, Ghana, Ouganda, Rwanda, Zambie, etc.), avec une moyenne pour l'ensemble de l'Afrique Noire de l'ordre de 190 pour 1000[61].

2.2. Les lacunes

Malgré et par-delà son arsenal technique impressionnant et ses nombreuses performances thérapeutiques, la médecine européenne s'était longtemps heurtée à une vive résistance de la part des populations africaines. Et pour cause. L'Afrique disposait d'un système des soins médicaux éprouvé, bien avant l'arrivée des Européens sur le continent. Ainsi, «trop souvent l'action sanitaire a été entravée par le refus des soins par les sujets contaminés et la résistance des communautés entières à se soumettre au contrôle sanitaire périodique»[62].

Le grand tort du système médico-sanitaire européen est d'avoir, sans doute, fait table rase de la médecine traditionnelle africaine assimilée sans discernement à la sorcellerie et au fétichisme ambiant, comme l'illustre fort bien ce propos du docteur Fernandez commentant l'action médicale conjointe du médecin et du missionnaire au Congo belge:

60 Ibid., p. 451.

61 Paul BAIROCH, *Victoires et déboires*, tome II, op. cit., p. 793.

62 Gilbert PONGAULT, «Les objectifs humains d'une politique de développement», art. cit., p. 220.

> Ce n'est que lentement, écrit-il, qu'on a pu voir s'affirmer les bienfaits de la collaboration du médecin et du missionnaire, tant est grande la méfiance de ces populations primitives, chez lesquelles la notion de remède, de guérison, comporte toujours la crainte du maléfice. En effet, autrefois, c'est au sorcier que l'indigène s'adressait pour guérir et son intervention engendrait généralement la crainte parce qu'elle aboutissait toujours à une menace et, souvent, à la désignation d'une victime, qui devait être l'holocauste offert à l'esprit guérisseur. [...] D'ailleurs, nous savons que le sorcier, qui conserve encore des pouvoirs occultes sur les malheureuses populations de notre Congo, est l'ennemi du blanc et, en particulier l'adversaire irréductible du missionnaire et du médecin[63].

En fait, la médecine des guérisseurs relève à la fois de la science séculaire des sociétés traditionnelles africaines et du domaine des croyances et de la religion qui lui confèrent une dimension spécifique. Ceci rejoint justement la définition que donne l'OMS de la médecine traditionnelle africaine entendue comme «l'ensemble des pratiques, mesures, ingrédients, interventions de tout genre, matérielles ou autres qui ont permis à l'Africain depuis toujours de se prémunir contre la maladie, de soulager ses souffrances et de se guérir»[64].

La médecine traditionnelle africaine est fondée sur une conception holiste de la santé et de la maladie incluant à la fois les dimensions physique (la vitalité biologique et sexuelle, la capacité d'agir), psychique (la maîtrise de soi, la paix intérieure), sociale (l'harmonie et la concorde dans les relations interpersonnelles), spirituelle (l'harmonie avec le monde invisible des ancêtres, des génies ou autres esprits censés influer sur le destin des vivants) et cosmique (l'harmonie avec les trois règnes de la nature: animal, végétal et minéral)[65].

Cette vision holiste de la santé explique bien le succès de la médecine des guérisseurs dans le traitement des maladies de la personnalité, un champ de préoccupations que ne rencontre pas ou trop peu la médecine moderne, comme le note Eric de Rosny.

63 M. Fernandes, «L'Action coloniale et les médecins catholiques», art. cit., p. 72.

64 Organisation mondiale de la santé, *Médecine traditionnelle africaine*, Brazzaville, OMS, 1976, p. 2.

65 Cf. Noël Izenzama Mafouta, *Étude et évaluation des possibilités de collaboration entre la médecine moderne et la médecine traditionnelle dans le cadre des soins de santé primaires*, Mémoire de licence en Sciences et techniques de développement, Facultés Catholiques de Kinshasa, 1995, p. 21.

> Les clients, s'ils s'adressent désormais à l'hôpital, dans la plupart des cas, ils réservent les maladies de la personnalité, qui ne peuvent être résolues que dans leur propre langage culturel, à des guérisseurs «indigènes». Certains médecins le savent qui laissent leurs malades, dans ce cas, rentrer au village ou au quartier[66].

Outre les maladies psychiques et psychosomatiques, bon nombre de tradipraticiens soignent merveilleusement certains types de pathologie comme la stérilité, les maladies de la peau, le diabète, les hémorroïdes, les fractures, les entorses, les maux de dents, etc. Néanmoins, les guérisseurs associent souvent, dans la pratique thérapeutique, la notion de savoir à celle de pouvoir qu'ils attribuent volontiers à des puissances tutélaires, notamment les ancêtres, les esprits, les génies et Dieu.

Au moment des indépendances, les pays africains ont opté, avec beaucoup d'enthousiasme, pour le système de santé moderne. Mais ce système de santé officiel est totalement en faillite, depuis des décennies. Les causes de la faillite sont notoires. On souligne notamment, l'insuffisance et la vétusté des infrastructures sanitaires, l'insuffisance du personnel médical et paramédical tant en qualité qu'en quantité, la pénurie de médicaments, le manque d'entretien des équipements, la faible part des dépenses de l'État consacrée à la santé, le coût élevé des soins médicaux, la mauvaise gestion. Les conséquences sont particulièrement alarmantes pour la majorité des populations africaines: faible proportion des populations ayant accès aux services de santé, taux assez élevés de mortalité maternelle et infantile, faible espérance de vie à la naissance, etc. Dans les centres urbains, les populations habituées jadis aux soins de santé modernes recourent aujourd'hui, par la force des choses, à la médecine indigène remise en honneur, mais de plus en plus livrée au charlatanisme.

3. L'économie de traite

L'exploitation économique constituait, avec les motivations philanthropiques et politiques, les trois piliers de la *doctrine* de *«la mise en valeur des colonies»* du grand stratège français de la colonisation de l'Afrique, Jules Ferry. Les impératifs économiques des puissances coloniales con-

66 Eric De Rosny, *Ndimsi. Ceux qui soignent dans la nuit*, Yaoundé, Clé, 1974, p. 134-135.

sistaient particulièrement à disposer en abondance des matières premières et de nouveaux débouchés pour l'industrie européenne en plein essor. Ils sont affichés clairement par Cecil Rhodes, l'idéologue et agent d'exécution de la colonisation britannique en Afrique du Sud:

> Nous devons trouver de nouvelles terres d'où nous pouvons tirer facilement des matières premières et en même temps exploiter la main-d'œuvre bon marché des habitants des colonies. Les colonies serviraient aussi de débouché pour le surplus des produits de nos usines[67].

Ainsi donc, l'exploitation économique de l'Afrique sera l'œuvre des sociétés commerciales européennes, et sera réalisée à travers deux modes principaux: les *plantations* et l'*économie de traite*. L'expression *«économie de traite»* est une trouvaille du géographe français Jean Dresch. Elle désigne primitivement les échanges saisonniers effectués entre produits du cru (produits agricoles et produits de cueillette) des population africaines et produits manufacturés importés d'Europe (essentiellement quincaillerie et pacotilles). Aujourd'hui, elle s'applique couramment à l'ensemble des économies africaines modelées toujours suivant la division du travail découlant du fameux *«pacte colonial»* leur imposant le rôle de fournisseurs des matières premières pour l'industrie des anciennes métropoles, dont elles constituent, en même temps, des marchés pour sa production manufacturière.

3.1. Le pacte colonial

Le néocolonialisme qui caractérise, pratiquement depuis les indépendances, les relations des pays africains avec leurs anciennes puissances coloniales, exprime justement une volonté manifeste de reconduction et de pérennisation du *pacte colonial* institué, sous la colonisation, par ces mêmes puissances, pour le compte de leurs intérêts économiques. Le *pacte colonial*, qualifié ainsi par les historiens, désigne donc l'ensemble des règles qui régissaient les rapports entre les métropoles européennes et

67 Cité dans Makhtar Diouf, *L'Afrique dans la mondialisation,* Paris, L'Harmattan, 2002, p. 36. Cecil Rhodes, un aventurier devenu homme d'affaires, a fait notamment fortune dans l'exploitation de l'or *(Goldfields of South Africa)* et des diamants *(De Boers).*

leurs colonies. Concrètement, «il s'agit essentiellement de règles et de pratiques en cours aux XVIIe et XVIIIe siècles, mais qui ont été largement intégrés dans les politiques coloniales du XIXe siècle»[68]. En rigueur de terme, on devrait plutôt parler de *‹diktat colonial›* en lieu et place de pacte, dans la mesure où les règles du jeu ont été définies d'autorité et imposées par le colonisateur.

D'une manière ramassée, le *pacte colonial* s'articule autour des *quatre règles* suivantes:

1) Seuls des produits en provenance de la métropole peuvent être importés dans les colonies. De surcroît, dans la plupart des cas, il faut que ceux-ci soient originaires de la métropole.
2) Les produits des colonies sont exportés exclusivement vers la métropole d'où, en général, ils peuvent être exportés. En contrepartie, la métropole offre en quelque sorte une préférence pour les produits de ses colonies eu égard à ceux d'autres provenances, ce qui peut aller jusqu'à l'interdiction de les importer.
3) La production d'articles manufacturés susceptibles de concurrencer ceux de la métropole est interdite dans les colonies.
4) Les relations commerciales et le transport entre métropole et colonies sont réservés aux citoyens de la métropole. Dans la majorité des cas, les navires doivent être également propriété des citoyens de la métropole[69].

De toute évidence, ce sont les deux dernières règles de ce pacte qui sont particulièrement à l'origine du déficit industriel et commercial actuel de l'Afrique. En interdisant la production d'articles manufacturés dans les colonies, le pacte colonial a favorisé une spécialisation des colonies dans la production des produits bruts, de surcroît, encouragée par les théories libérales du XIXe siècle. Pour la théorie libérale des avantages comparatifs, notamment:

> Les colonies (et le futur Tiers-Monde) étant localisées dans les zones tropicales ou chaudes, elles possédaient (et possèdent) un avantage absolu dans la production de produits agricoles impossibles (ou très onéreux) à cultiver en zones tempérées. Cela va du coton au jute, en passant par les épices, le café, le cacao, les bananes, etc., sans

68 Paul BAIROCH, *Victoires et déboires*, tome II, op. cit., p. 665.
69 Ibid., p. 666-667.

oublier le sucre de canne, le seul disponible avant la mise au point, au début du XIXe siècle, des procédés de fabrication de sucre de betteraves[70].

Cette théorie des avantages comparatifs avait aussi la faveur du père fondateur de la théorie protectionniste du début du XIXe siècle, Friedrich List, qui partageait le monde en deux zones climatiques, à savoir, la zone tempérée et la zone chaude. La première était «naturellement» orientée vers l'industrie manufacturière, tandis que la seconde avait un «avantage naturel dans la production de produits agricoles»[71]. Comme le relève par ailleurs, Paul Bairoch, aujourd'hui, l'on s'aperçoit nettement du caractère totalement impropre de la théorie libérale des avantages comparatifs d'Adam Smith, au vu des dégâts causés par la fameuse spécialisation du Tiers Monde.

Pour ce qui est du commerce précisément en Afrique, l'économiste sénégalais Makhtar Diouf nous dit que:

> À l'intérieur du continent, de part et d'autre du Sahara, le commerce de longue distance est pratiqué par les Haoussa et les Dioula, ce qui leur permet de pallier l'étroitesse du marché intérieur. Les prix sont formés sur des marchés régis par le jeu de l'offre et de la demande. Les monnaies africaines (cauris, manilles...) sont utilisées jusqu'à l'introduction des monnaies européennes qui sont facilement adoptées. L'intense activité commerçante des femmes Yoruba au Nigeria, au Bénin, au Togo, ne date pas d'aujourd'hui. Il existe pratiquement dans chaque pays africain un ou des groupes ethniques particulièrement réputés pour leur sens peu commun des affaires: en dehors des Yoruba et des Dioula, on peut citer les Bamiléké au Cameroun, les Soninké au Sénégal... Les villes de Kano, Sokoto, Zinder, Tombouctou, Djenné, Ségou, sont connues comme ayant été des centres d'intense activité commerciale. L'économie de subsistance n'a pas été aussi étendue, aussi importante qu'on le prétend. Le commerce est considéré comme une activité tout à fait normale par les Africains, et les opérateurs économiques ne sont jamais l'objet de discrimination d'aucune sorte, leur statut dans la société africaine n'est nullement différent de ce qu'il est en Amérique ou en Europe où le capitalisme commercial a aussi précédé le capitalisme industriel[72].

70 Paul BAIROCH, *Victoires et déboires,* tome II, op.cit., p. 667-668. Pour mémoire, la théorie des avantages comparatifs, élaborée par Adam Smith, postule qu'un pays doit se spécialiser dans les productions pour lesquelles il est le plus efficace; ou, si l'on préfère, dont la productivité est plus élevée.

71 List estimait, à ce sujet, que, dans le but d'un développement harmonieux du monde, il ne fallait pas que les pays des zones tempérées exploitent, ne fût-ce qu'indirectement, les terres des zones chaudes. Ce qui est une condamnation implicite de la colonisation directe.

72 Makhtar DIOUF, *L'Afrique dans la mondialisation,* op. cit., p. 57-58.

Les Africains ont donc été tout simplement évincés du monde des affaires dans la droite ligne de l'application du pacte colonial. En effet:

> L'essor du secteur privé africain s'est trouvé contrecarré par un certain nombre de contraintes qui ont pesé sur les opérateurs économiques africains. La concurrence des grandes firmes commerciales européennes est insoutenable; elles bénéficient des facilités bancaires, et grâce au chemin de fer, elles sont en mesure d'assumer les trois niveaux de commerce (gros, demi-gros et détail). Les Africains sont exclus des circuits d'exportation; ils sont obligés de se replier sur le commerce intérieur pour arriver à survivre; et même là, ils sont obligés de compter avec la concurrence des maisons de commerce qui peuvent vendre mois cher, et des petits commerçants non africains (Levantins, Indiens) dont l'arrivée en Afrique est encouragée par l'administration coloniale. [...] L'interventionnisme de l'Etat colonial est donc très poussé, et ne vise qu'à s'opposer au développement d'un capitalisme de type africain, par des tracasseries de toutes sortes. Le secteur privé est perçu par les autorités locales, à la fois comme activité impropre pour des Africains, et comme un danger politique et social. Les économies africaines doivent être verticalement intégrées à l'Europe, ce qui ne peut être que le fait d'opérateurs économiques européens. Il y va de la sécurité de l'approvisionnement des usines des métropoles[73].

3.2. L'exploitation agricole

L'exploitation agricole a démarré, au début de la colonisation, avec les produits agricoles locaux, notamment l'huile de palme du Gold Coast exporté pour la fabrication du savon, des lubrifiants, des bougies, et la gomme arabique du Sénégal destinée à l'industrie textile. Les cultures vivrières de manioc, maïs, mil, sorgho et igname, entre autres, sont reléguées au second plan, dans l'ordre des priorités de l'administration coloniale, au profit des cultures d'exportation. En général, les cultures de rente étaient pratiquées davantage par les hommes, tandis que les femmes s'adonnaient traditionnellement aux cultures vivrières. Les principales cultures d'exportation telles que l'arachide, le cacao, le café, le coton et autres ont été développées par la suite. Néanmoins, les exportations d'arachide en Sénégambie datent d'avant la Conférence de Berlin. Pour le Sénégal singulièrement, celles-ci passèrent de 15.000 tonnes en 1872 à 240.000 tonnes en 1908.

73 Ibid., p. 58-60.

Du reste:

> Le cacao est introduit avec le café au Cameroun et en Côte d'Ivoire, dans les années 1930, avec recours au travail forcé jusqu'en 1946. Vers la même période, sont introduites ou développées d'autres cultures d'exportation: le sisal au Tanganyika (Tanzanie), le thé au Kenya et au Nyassaland (Malawi), le sucre en Ouganda, alors que cultivé dans le Natal depuis le dix-neuvième siècle, le tabac en Rhodésie du Sud (Zimbabwe); le palmiste qui a toujours poussé à l'état naturel, devient culture de plantation lorsque le gouvernement belge au Congo, cède en 1911, 800.000 hectares de terres aux frères Lever[74].

Les cultures d'exportation ont nécessité partout l'aménagement de vastes étendues de terre pour les plantations des colons européens ainsi que l'emploi d'une main-d'œuvre salariée locale. Toutefois:

> Pour favoriser l'offre de cette main-d'œuvre dans des régions où, somme toute, les paysans, même dépossédés, pouvaient trouver des moyens d'existence vu la faible densité des terres, on pratique dans beaucoup de cas soit le travail forcé, un peu sur le modèle de l'Indonésie (où, en quelque sorte, ce système a été mis au point), soit la levée d'un impôt qui obligeait les paysans à se procurer des ressources monétaires[75].

Si les cultures vivrières n'ont pas vraiment souffert du développement des cultures d'exportation dans les régions forestières d'Afrique de l'Ouest et du Centre, en revanche, il y a eu un conflit réel entre les deux types de cultures dans les pays du Sahel, comme au Sénégal, par exemple, où l'intensification de la culture d'arachide amena l'administration coloniale à contrecarrer la culture vivrière du mil pratiquée sur les mêmes terres que l'arachide, par des importations massives de brisures de riz à bon marché d'Indochine et le recours à une main-d'œuvre d'immigrations saisonnières en provenance des pays limitrophes[76].

74 Makhtar DIOUF, *L'Afrique dans la mondialisation*, op. cit., p. 44.

75 Paul BAIROCH, *Victoires et déboires*, tome II, op. cit., 1997, p. 788.

76 Cf. Makhtar DIOUF, *L'Afrique dans la mondialisation*, op. cit., p. 44-45.

3.3. L'exploitation minière

Sans nul doute:

> La convoitise minière a été l'une des motivations les plus déterminantes de la colonisation à ses débuts. Entre le onzième siècle et le dix-huitième siècle, le Gold Coast est le principal producteur d'or de l'économie mondiale, l'or du Transvaal en Afrique du Sud n'étant découvert qu'en 1886. De 1987 à 1930, les sociétés minières britanniques sont créées: dans le Gold Coast pour l'or, en Sierra Leone pour l'or, le diamant, le fer, et au Nigeria pour l'étain. C'était aussi dans la même période que commence l'exploitation de l'or en Rhodésie, du cuivre au Congo belge avec l'Union Minière du Haut Katanga. Des produits comme le pétrole, l'uranium, les phosphates qui ne sont découverts que bien plus tard, à la veille ou au début des indépendances n'ont pu jouer aucun rôle dans les motivations de la colonisation[77].

Au Congo belge, les populations autochtones du Katanga exploitaient artisanalement le minerai de cuivre, bien avant l'arrivée des Européens. On en faisait, entre autres, des armes, des objets d'ornement et des croisettes qui servaient des pièces de monnaie. Les vestiges de cette exploitation artisanale furent trouvés sur le site du gisement de cuivre de Kambove découvert en février 1892 par le commandant Bia et le géologue Cornet. L'Union minière du Haut Katanga fut constituée en 1906 par le Comité spécial du Katanga, la Tanganyika Concessions Limited et la Société Générale de Belgique, principalement pour l'exploitation des gisements cuprifères du Katanga. Et de l'avis des techniciens de l'époque, les installations de l'UMHK figuraient parmi les plus remarquables et pouvaient soutenir la comparaison avec les plus puissantes réalisations américaines. Le personnel employé alors par la Société se chiffrait à un millier d'Européens et 16.000 travailleurs indigènes[78]. Le développement de l'UMHK fut donc à l'origine de l'essor économique extraordinaire passé de la province du Katanga. À titre indicatif, pour l'ensemble de l'exploitation minière, le Congo belge a produit respectivement, en 1955, 235.107 tonnes de cuivre-métal, 8.567 tonnes de cobalt, 114.167 tonnes de zinc, 3.083 tonnes de cassitérite et 165,9 tonnes de cadmium[79].

77 Makhtar Diouf, *L'Afrique dans la mondialisation,* op. cit., p.45-46.

78 Cf. Francis Lambin, *Congo belge,* op. cit., p. 103.

79 Cf. Jean Chardonnet, *Une œuvre nécessaire*: *L'industrialisation de l'Afrique*, Genève-Paris, Éditions Droz – Librairie Minard, 1956, p. 14-15.

Pour l'exploitation minière, tout est entièrement destiné à l'exportation. On a doté les colonies riches en minerais des usines d'extraction minière dont les produits bruts sont exportés vers les métropoles pour leur transformation en produits finis. Ainsi, par exemple, le raffinage du cuivre brut des gisements du Katanga est effectué en Belgique dans les usines de la Société Générale Métallurgique de Hoboken situées à Olen, en Campine. D'une manière générale:

> Des barrages hydroélectriques sont construits dans les années 50 pour fournir l'électricité à bas prix aux exploitations minières: Inga au Congo belge, Edéa au Cameroun, Samou en Guinée-Conakry, Owens Falls en Ouganda, Kariba en Rhodésie[80].

Dans tous les cas, c'est à l'activité minière que l'on doit en grande partie l'essentiel du réseau ferroviaire qui existe actuellement sur le continent. Les autorités coloniales ont recouru au travail forcé pour la construction du chemin de fer. Et en vertu précisément de l'extraversion caractéristique de l'économie de traite,

> le tracé des lignes est le même partout: une voie verticale reliant les zones agricoles et minières de l'arrière-pays aux centres portuaires d'exportation vers les grands ports européens de Bordeaux, Marseille, Liverpool, Hambourg ...: Dakar-Bamako (1881/1923), Secondi-Kumasi (1903), Lagos-Kano (1896/1911), Lomé-Atakpamé (1926), Pointe Noire-Brazzaville ou Congo-Océan (1922/1934), Lac Victoria (Ouganda)-Mombassa (Kenya) en 1902. Le tracé ferroviaire ne comporte aucune ligne latérale entre villes d'une même colonie, et encore moins, entre villes de colonies différentes. Les deux seules exceptions se rencontrent en Afrique Centrale et Australe: la zone minière du Katanga au Congo belge est reliée par voie ferrée au port de Benguela en Angola sur l'Atlantique; la ceinture de cuivre (Copperbelt) de la Rhodésie du Nord est reliée aux ports de Beira et Lourenço Marquès (actuel Maputo), au Mozambique sur l'Océan Indien. On remarquera que dans les deux cas, il s'agit de régions enclavées, pour lesquelles le seul débouché sur la mer est constitué par une autre colonie: un accord est alors vite conclu entre Belges, Britanniques et Portugais[81].

80 Makhtar DIOUF, *L'Afrique dans la mondialisation,* op. cit., p. 48.
81 Ibid., p. 46-47.

3.4. L'industrie

Pour des raisons bien évidentes, l'industrie, qui est le moteur le plus efficace du développement dans les économies modernes, a été le secteur laissé pour compte par la colonisation. En effet, dans le cadre conceptuel du pacte colonial défini plus haut, la perspective de l'industrialisation de l'Afrique suscitait naturellement bien des craintes dans les métropoles européennes. Des craintes à la fois économiques et politiques qui amèneront ces dernières à bloquer, en quelque sorte, l'industrialisation de leurs territoires africains. Ce refus conscient de l'industrialisation africaine est clairement exprimé par l'insuffisance traditionnelle des investissements dévolus à l'industrie et par l'absence de volonté d'industrialiser manifestée par les programmes de développement économique de l'après-guerre.

Pour en revenir aux craintes évoquées ci-dessus:

> Les craintes économiques se résument surtout dans l'appréhension d'une concurrence industrielle qui aurait pour triple résultat de diminuer les ventes métropolitaines de produits industriels, – les colonies subvenant par la création d'industries au moins en partie à leurs besoins –, de les faire concurrencer sur des marchés étrangers par les nouveaux produits industriels coloniaux, et de rendre plus délicat l'approvisionnement métropolitain en matières premières, puisqu'une partie serait retenue sur place pour l'industrie nouvelle. Ces craintes sont loin d'être vaines, semble-t-il; la seule industrie d'Afrique Noire Française, qui ait pris un certain essor, celle de l'huilerie, a provoqué, par sa concurrence en France même, une crise difficile dans l'industrie métropolitaine, spécialement à Marseille: le ravitaillement en arachides et palmistes est moins important, les débouchés en partie perdus par la concurrence de l'huile d'A.O.F. en France et en Europe occidentale[82].

Quant aux craintes politiques, elles concernaient, notamment le risque du développement du communisme en Afrique que favoriserait l'industrie par la création d'un prolétariat africain accessible aux idées extrémistes, la dangereuse conjonction de nationalismes exacerbés par des propagandes étrangères intéressées et du communisme international né dans les nouveaux centres industriels, et l'inéluctable processus de décolonisation du continent appuyé par les deux superpuissances de l'époque, les USA et l'URSS. Pour Jean Chardonnet justement, la réunion de ces deux séries de craintes économiques et politiques explique largement l'abstention des

82 Jean CHARDONNET, *Une œuvre nécessaire: L'industrialisation de l'Afrique,* op. cit., p. 43.

métropoles européennes vis-à-vis des politiques d'industrialisation de l'Afrique. Ainsi, à la veille des indépendances:

> D'une part, il n'y a pas d'industries valables en Afrique, susceptibles d'assurer une certaine autonomie économique à ce continent. D'autre part, certaines raisons techniques et humaines, certains arguments politiques, tendent à maintenir, en plein XXe siècle, cet état chronique de sous-développement[83].

À quelques exceptions près, les seules industries existantes en Afrique Noire, sous le régime colonial, sont des industries légères pour le marché local. Il s'agit pour l'essentiel d'industries agroalimentaires, d'industries textiles et d'industries du bois.

> L'Afrique ne compte aucune industrie métallurgique de base, en dehors des fonderies de zinc, de plomb et de cuivre du Congo belge et du Maroc; elle ne compte, en particulier, aucune des deux métallurgies essentielles à l'industrie moderne: sidérurgie et aluminium; on n'y trouve aucune production de fonte de haut-fourneau, depuis la fermeture du petit haut-fourneau de Fedhala, près de Casablanca, qui avait marché pendant les dernières années de la guerre; la production d'acier se limite à l'acier de deuxième fusion, et est d'ailleurs négligeable – 700 tonnes au Maroc, 516 tonnes en Algérie en 1954. La production d'aluminium se réduit jusqu'à maintenant à du métal de deuxième fusion: [...]: 500 tonnes au Maroc, par exemple[84].

Le cas du Congo belge tranche quelque peu sur la situation générale de l'ensemble de l'Afrique Noire, à cause de l'abondance de ses ressources minières. Ici, l'industrie emploie, en 1955, 18.000 travailleurs dans 4.277 établissements classés comme usines[85]. Celle-ci comprend, outre les industries classiques présentes dans les autres territoires d'Afrique Noire, des industries métallurgiques et chimiques suscitées par les besoins de l'extraction minière et du traitement des minerais. Il y a également les industries de la construction, notamment les cimenteries de Lukala (Cimental) et de Jadothville (Cimenkat), avec 405.000 tonnes de ciment en 1955. L'industrie agroalimentaire est assez diversifiée et comprend entre autres les brasseries (1.037.000 hl. de bière en 1955), la production de boisson gazeuse, de margarine et une sucrerie à Moerbeke (15.650 tonnes de sucre en 1955)[86].

83 Jean CHARDONNET, *Une œuvre nécessaire: L'industrialisation de l'Afrique,* op. cit., p. 45.
84 Ibid., p. 25.
85 Ibid., p. 14.
86 Ibid., p. 15.

Par rapport à cette époque coloniale, Makhtar Diouf classe les pays africains en trois groupes, en ce qui concerne le niveau d'industrialisation: les pays sans industrie, les pays relativement industrialisés, et les pays faiblement industrialisés. La grande majorité des pays rentre dans le premier groupe des pays sans industrie. Le second groupe est constitué par les colonies de peuplement comme l'Algérie, le Kenya, la Rhodésie du Sud, l'Afrique du Sud, y compris l'Egypte. Dans le troisième groupe, on trouve les colonies d'exploitation minière comme le Congo belge et la Rhodésie du Nord, ainsi que les colonies de contact plus ancien avec l'Europe, comme le Sénégal et le Gold Coast. Dans l'ensemble, pour ces colonies, la demande industrielle est stimulée par la population européenne qui y a élu domicile. Un bon nombre d'opérateurs économiques ont profité judicieusement de l'opportunité offerte, au moment de la première guerre mondiale, par les difficultés des métropoles d'assurer le ravitaillement des colonies en produits manufacturés, pour se lancer dans des petits projets industriels[87].

Il apparaît, sans doute, de l'examen de l'infrastructure du développement du système colonial que les conditions du développement ne sont pas au rendez-vous en Afrique dans les différents domaines, au moment des indépendances. Autrement dit, c'est d'une infrastructure de développement bancale dont hérite l'Afrique, à la fin de l'ère coloniale. Pour ce qui est de la promotion des ressources humaines:

> La scolarisation est restée faible à tous les niveaux d'âge concernés: 16% dans le cycle primaire, et 3% dans le secondaire, tout juste ce qu'il faut pour fournir à l'administration coloniale les auxiliaires dont elle a besoin. L'enseignement supérieur est pratiquement inexistant: les rares structures en place, les «University Colleges» des colonies britanniques sont loin du niveau des universités métropolitaines[88].

Dans le domaine de la santé, en dépit d'une amélioration notable de l'état de santé général de la population, plusieurs endémies graves bien connues et cataloguées comme le paludisme, l'onchocercose, la trypanosomiase et autres n'ont pas été éradiquées par le système médico-sanitaire colonial et constituent encore aujourd'hui de sérieux handicaps au développement socio-économique du continent. Quenum Comlan cite, à ce sujet, le cas du paludisme qui a entraîné en 1963, au Gabon, l'incapacité

87 Makhtar DIOUF, *L'Afrique dans la mondialisation,* op. cit., p. 49.
88 Ibid., p. 65.

au travail de 30.000 adultes et celui de l'onchocercose dont l'élimination au Mali a permis, en revanche, de réaliser des opérations agricoles rentables dans le foyer de Farako et entraîné parallèlement la mise en valeur spontanée des zones en bordures des rivières[89].

Dans l'agriculture:

> La situation alimentaire a été parfois désastreuse. En 1931, dans les colonies françaises, la famine fait 15.000 victimes (Ki-Zerbo 1978: 434). En 1943, près de 36.000 personnes sont mortes de faim au Rwanda-Urundi (Dumont 1964: 11). Ce qui permet aussi de comprendre qu'au début des années 60, l'Afrique se trouve importer 464.000 tonnes de riz, 394.000 tonnes de blé, 197.000 tonnes de maïs. Au cours de la période 1961/63, les importations africaines de céréales se chiffrent à 1.117.000 tonnes dans l'ensemble[90].

Pour l'industrie, au moment des indépendances, elle dépasse les 10% du produit intérieur brut, en Afrique subsaharienne, seulement en Rhodésie du sud (16%) et au Congo belge (14%), suivis par le Sénégal et le Kenya avec chacun 9,5%. Néanmoins:

> La situation est bien meilleure en Afrique du Nord: en 1971, l'Algérie, le Maroc, et la Tunisie interviennent pour 56% dans la production industrielle totale de l'Afrique. Mais dans son ensemble, le continent ne compte que 0,6% dans la production industrielle mondiale, et 8% dans la production industrielle des pays en développement (Huybrechts, 1977)[91].

Enfin, s'agissant des infrastructures économiques de base:

> Les infrastructures (chemin de fer, barrages, routes...) mises en place sont très insuffisantes, et parfois inadaptées aux exigences d'un véritable développement, parce que conçues pour les seuls besoins de l'économie de traite. Les Africains sont exclus de tous les secteurs stratégiques de l'économie (industrie, banques, commerce import-export, fret maritime, plantations...) qui sont largement sous contrôle étranger. Le bilan économique de la colonisation ne devrait, de toute façon, pas être apprécié en termes de développement ou de croissance qui n'ont jamais été des objectifs pour les colonisateurs. L'objectif, une fois les colonies conquises, était de les intégrer dans l'économie mondiale selon le scénario de l'économie de traite[92].

89 Cf. A. Quenum Comlan, *Santé, Nation et Développement. Curieux destin à travers l'itinéraire d'un Africain de ce temps*, Kinshasa, Éd. Saint Paul Afrique, s.d, p. 56-58.

90 Makhtar Diouf, *L'Afrique dans la mondialisation,* op. cit., p. 65.

91 Ibid., p. 65.

92 Ibid., p. 65-66.

Chapitre 2

Le projet développementaliste des jeunes États indépendants

L'impérialisme colonial avait instauré une vision anthropologique du monde fondée sur l'opposition *peuples civilisés/peuples sauvages*. Aussi la colonisation se présentait-elle allégrement dans son apologie, comme une *mission sacrée de civilisation*, une entreprise philanthropique entièrement dévouée au *bien-être matériel et moral des indigènes* s'inscrivant dans le cadre global du progrès de l'humanité. L'idéologie coloniale de la *mission civilisatrice* sera relayée au lendemain de la Seconde Guerre mondiale par l'idéologie développementaliste. Pour cette nouvelle idéologie émergente, le monde se structure, désormais, en termes du binôme *développés/sous-développés*. À l'ordre politique international de l'ère coloniale va se substituer de manière triomphante, sous l'égide du Système des Nations Unies, l'ordre économique mondialisé de l'idéologie développementiste[1].

> Ainsi, à partir de 1949, écrit Gilbert Rist, plus de deux milliards d'habitants de la planète vont – le plus souvent à leur insu – changer de nom, être considérés ‹officiellement›, si l'on peut dire, tels qu'ils apparaissent dans le regard de l'autre et être mis en demeure de rechercher leur occidentalisation au mépris de leurs propres valeurs; ils ne seront plus Africains, Latino-Américains ou Asiatiques (pour ne pas dire Bambara, Shona, Berbères, Quechuas, Aymaras, Balinais ou Mongols) mais simplement *sous-développés*[2].

1 La Charte des Nations Unies prévoit explicitement le principe d'aide au développement en faveur des pays moins développés, dans son chapitre IX, intitulé «Coopération économique et sociale internationale». Et deux résolutions intitulées «*Développement économique des pays* insuffisamment développés» (198 – III) et «Assistance technique en vue du développement *économique*» (200 – III) avaient été votées dans ce sens, en décembre 1948, par l'Assemblée Générale des Nations Unies.

2 Gilbert RIST, *Le développement. Histoire d'une croyance occidentale,* op. cit., p. 131-132.

1. Les fondements du développement

Le développementalisme puise ses références dans l'histoire économique des pays industrialisés. Il s'est articulé autour du paradigme de la modernisation axé sur l'industrialisation et le volontarisme politique[3]. En soi, le développement, au sens usuel du terme, est une notion à géométrie variable.

En effet, depuis sa popularisation, le développement désigne, dans le langage commun, «tantôt un état, tantôt un processus, connotés l'un et l'autre par les notions de bien-être, de progrès, de justice sociale, de croissance économique, d'épanouissement personnel, voire d'équilibre écologique»[4]. Le même malentendu sémantique prévaut également parmi les spécialistes de la question pour qui «la définition que l'on donne du phénomène «développement» change selon l'a priori implicite qui tient d'origine à la réflexion»[5].

Comme état, le développement est, dans l'imaginaire collectif, synonyme de jouissance des meilleures conditions de vie humaine. En tant que processus, il est perçu comme une série d'actions ou d'opérations censées assurer à terme le bien-être général de la communauté. Ainsi:

> Au nom de ce mot fétiche, qui est aussi un mot-valise ou un mot plastique, on édifie des écoles et des dispensaires, on encourage les exportations, on creuse des puits, on construit des routes, on vaccine des enfants, on récolte des fonds, on échafaude des plans, on redimensionne les budgets nationaux, on rédige des rapports, on engage des experts, on concocte des stratégies, on mobilise la communauté internationale, on construit des barrages, on exploite la forêt, on reboise les déserts, on crée de nouvelles variétés de plantes à haut rendement, on libéralise le commerce, on importe de la technologie, on implante des usines, on multiplie les emplois salariés, on lance des satellites de surveillance[6].

Du point de vue épistémologique, le mot développement appartient primitivement au champ conceptuel des sciences de la vie et spécialement de la biologie où il est synonyme de croissance. Il implique aussi, en soi, l'idée de perfection ou d'achèvement caractéristique de l'organisme parvenu à

3 Cf. Elsa ASSIDON, *Les théories économiques du développement*, Paris, La Découverte, 3e édition, 2002, p. 37-38.

4 Gilbert RIST, *Le développement. Histoire d'une croyance occidentale,* op. cit., p. 19.

5 Ibid., p. 12.

6 Ibid., p. 23-24.

sa pleine maturité. Transposé analogiquement dans le champ social et économique, le terme développement désigne donc le *changement social inouï* induit par le *processus économique*, depuis l'expérience novatrice de la *révolution industrielle*. Il s'identifie donc fondamentalement à la *croissance économique*, à l'*accumulation du capital*[7].

Et ce sont, en l'occurrence, les économistes qui furent les premiers à se pencher sur la problématique du développement dans le cadre de la relance des *économies arriérées* des anciens territoires coloniaux, qualifiées justement d'*économies sous-développées*. Le processus moderne d'industrialisation est, bien entendu, à l'origine de la production de masse qui a permis, conjointement avec la communication de masse, d'élever de manière significative le niveau de vie des populations en Occident et dans les nouveaux pays industrialisés du Sud de la planète.

Sous ce rapport, on peut donc définir avec Anders Arfwedson le *concept conventionnel onusien* de *développement* comme:

> Une série de changements plus ou moins linéaires, allant des méthodes de production primitives vers des méthodes plus sophistiquées, allant d'une vie quotidienne marquée par des souffrances et des privations vers une vie plus confortable grâce aux progrès technologiques, etc.[8].

On retrouve tous les ingrédients de cette notion onusienne dans le fameux Point IV du Président américain Harry Truman, qui constitue, en fait, l'acte inaugural de l'*‹ère du développe-ment›*[9]. Le développement, ainsi défini, repose sur la double idée de *croissance/progrès*, que l'on se doit de garder toujours présente à l'esprit dans toute analyse lucide de ce phénomène. Nous examinerons rapidement ces deux notions de croissance et de progrès impliquées par le développement.

7 «On peut dire que le développement moderne a commencé, du point de vue idéologique, au Siècle des lumières. Il est devenu tangible pendant la Révolution industrielle. Il est issu, dans une large mesure, du capitalisme, mais il a été adopté sans changement notoire par le socialisme marxiste.» (Anders ARFWEDSON, «Peut-il y avoir développement sans culture?», in André GUICHAOUA (sous la direction de), *Questions de développement,* Paris, L'Harmattan, 1996, p. 76).

8 Anders ARFWEDSON, «Peut-il y avoir développement sans culture?», art. cit., p. 75.

9 Gilbert RIST, *Le développement. Histoire d'une croyance occidentale,* op. cit., p. 129.

1.1. La croissance économique

On le sait, l'économique constitue une des dimensions essentielles de la vie humaine, depuis la nuit de temps. En effet, l'activité économique procure à l'homme les biens nécessaires à sa subsistance et à son développement physiologique. Et de ce point de vue, elle est une *activité de base* de la vie humaine[10]. Dans ce domaine, singulièrement,

> l'industrialisation représente la *grande mutation* inaugurée au sicle dernier dans la domination de la nature par l'homme; brusquement en l'espace de quelques décades la révolution industrielle a amorcé une étape radicalement nouvelle dans l'histoire de l'humanité; elle a alors posé en termes nouveaux l'exploitation des ressources de la terre, et a été à l'origine d'une nouvelle civilisation, entraînant dans son sillage tous les autres secteurs de l'économie, dont elle est l'élément moteur. C'est à partir de cette étape que l'on peut vraiment parler de *développement*, de *croissance économique* par *l'augmentation considérable* de la *productivité* qu'elle permet[11].

La croissance économique, au sens technique du terme, se ramène à un ensemble des notions mesurables. Elle désigne notamment l'accroissement du volume du Produit ou Revenu National par habitant. Selon Kuznets:

> La croissance économique apparaît comme un accroissement soutenu, durant 20 ou 25 ans au moins, dans la production totale nette, c'est-à-dire dans le revenu national ou produit national à prix constants; dans la population totale et dans le revenu ou la production par tête[12].

Il s'agit donc d'un phénomène quantifiable observable en termes d'augmentation du volume de la population globale, de la production globale, des revenus et de la consommation, au niveau d'une région ou d'un pays, voire à l'échelle planétaire. Ainsi:

10 «Une telle vérité doit être bien comprise, car trop souvent est répandue l'idée que la fin de l'activité économique est le profit; alors que son but immédiat est, devant la rareté et l'inadaptation des biens de la nature, de les produire en quantité suffisante et sous une forme utilisable, pour couvrir au maximum les besoins vitaux de tous» (Jean-Marie AUBERT, *Morale sociale pour notre temps*, Paris, Desclée, 1970, p. 23-24).

11 Jean-Marie AUBERT, *Morale sociale pour notre temps,* op. cit., p. 11-12.

12 Cité par Gilbert BLARDONE, «Avantages et coûts sociaux de la croissance économique», in *Les exigences humaines de l'expansion économique*, 43e Semaine Sociale de France, Marseille, Chronique Sociale, 1956, p. 50.

> Par exemple, un pays ou une région où la progression de la production globale serait de 3 pour 100 par an mais où la population augmenterait également de 3 pour 100 ne peut pas être réellement caractérisé comme étant en phase de croissance. En revanche, dans l'hypothèse d'une progression de 2 pour 100 de la production et de 1 pour 100 de la population, on est en présence d'une croissance[13].

Le Produit National Brut (PNB) est le concept classique le plus largement utilisé dans la comptabilité économique pour la mesure et les comparaisons de la croissance et des niveaux de développement. C'est la sommation de l'ensemble des productions de tous les secteurs incluant également l'autoconsommation. Toutefois, aujourd'hui, on a tendance à utiliser davantage la notion de PIB (Produit Intérieur Brut). Celle-ci exprime la somme des valeurs ajoutées (biens et services) réalisées annuellement sur le territoire national par les entreprises d'un pays, quelle que soit leur nationalité. Elle se distingue du PNB par la défalcation de ce dernier des «revenus nets versés au reste du monde». Ces deux indicateurs économiques sont exprimés, bien entendu, en dollars américains, et comportent l'un et l'autre quelques carences dans leur mode général d'élaboration et de calcul.

La plus grave lacune du PNB per capita, comme indicateur de croissance, concerne surtout la sous-évaluation dans la comptabilité nationale de ce qu'on appelle les *coûts externes de la croissance*, comme, par exemple, les coûts induits par la pollution et les nuisances (notamment l'alcool et le tabac). Paradoxalement, certains de ces coûts sont comptabilisés positivement dans les calculs du produit ou revenu national[14]. Vu sous l'angle du *développement*, le PNB contribue à perpétuer l'idée de la pensée économique dominante – aujourd'hui sérieusement mise en cause – réduisant le *développement* à la *simple croissance économique*, tout en insinuant que cette dernière est positivement corrélée avec les autres facteurs du développement[15]. Parmi d'autres lacunes préjudiciables du PNB, nous

13 Paul BAIROCH, *Victoires et déboires*, tome II, op. cit., p. 237-238.

14 «Par exemple, les dépenses impliquées par la congestion des villes, à savoir consommation accrue d'essence, usure des voitures, agents de circulation, etc., tout cela est porté au crédit du revenu national, alors que les effets négatifs sur la santé et le bien-être des habitants ne sont pas débités.» (Paul BAIROCH, *Victoires et déboires*, tome II, op. cit., p. 239).

15 Ceci est vivement démenti, aujourd'hui, par les faits. Les riches émirats du Moyen-Orient, par exemple, ont de hauts niveaux de PNB per capita avec leurs milliards de pétrodollars, alors qu'ils accusent en même temps de faibles taux d'instruction et d'accès aux services de santé. D'autre part, on trouve des pays à revenu modeste avec des bonnes performances, suivant d'autres indicateurs du bien-être.

pouvons signaler, en passant, la non prise en compte de la distribution de la richesse réalisée à l'intérieur d'un pays; le silence sur l'utilisation de cette richesse; la non comptabilisation des prestations non marchandes (comme les réseaux de solidarité dans les PVD) et des activités du secteur informel. Néanmoins:

> Malgré toutes ces carences et quelques tentatives pour proposer des concepts alternatifs, la notion de produit ou de revenu national (ou intérieur brut) reste le moins mauvais des indicateurs uniques pour mesurer le rythme de croissance des économies et les différences des niveaux de développement de celles-ci[16].

1.2. La notion de progrès

Tributaire du siècle des Lumières, la notion de progrès est une des idées-phares de la postmodernité. Elle est commune à l'homme de la rue, au savant et au technicien. Elle signifie, globalement, «*marche en avant*», «*dépassement*», «*passage* à *un plus* ou à *un mieux*», particulièrement dans les domaines scientifique, technologique, économique et social. Ainsi, on distingue schématiquement quatre types de progrès: le progrès scientifique, le progrès technique, le progrès économique, et le progrès social ou humain. Ces différents types de progrès sont soumis à des rythmes et à des critères d'appréciation particuliers. Nous nous intéresserons ici tout particulièrement aux trois derniers nommés. Le progrès scientifique est et demeure, sans doute, le premier maillon de la longue chaîne du progrès. Il est, comme le note le Père Laurent, le «phénomène majeur qui, à long terme, conditionne tout le mouvement. Il précède le progrès technique et en permet la prévision; il lui est nécessaire, quoique de nature différente»[17]. En bref, le progrès scientifique concerne et rythme la recherche fondamentale.

Quant aux trois autres formes du progrès, il importe de souligner, d'entrée de jeu, que:

16 Paul BAIROCH, *Victoires et déboires*, tome II, op. cit., p. 240.

17 R.P. LAURENT, «Progrès technique, progrès économique, progrès humain», in *Les exigences de l'expansion économique,* 43e Semaine Sociale de France, Marseille, Chronique Sociale, 1946, p. 100.

> Progrès technique, progrès économique, progrès humain, sont dépendants l'un de l'autre, et dans l'ordre indiqué, à la fois chronologiquement et logiquement. Pas de progrès économique sans progrès technique; pas de progrès social ou humain sans progrès économique; le progrès technique apparaît comme le phénomène initial, significatif du mouvement d'ensemble. Dès l'abord, le progrès technique se présente comme le moteur de tout progrès économique à long terme (et nous restons dans le long terme chaque fois que nous parlons de «progrès»)[18].

Le *progrès technique* s'inscrit dans l'optique de *maximalisation*. On recherche ici l'efficience, le *maximum* d'efficacité dans les résultats: *maximum* de vitesse; *maximum* de production; *maximum* de rendement. Le progrès technique dépend fondamentalement de la qualité des techniciens et des possibilités d'investissement. En l'occurrence, pour un pays:

> Une modernisation constante du matériel et des méthodes, un personnel nombreux de techniciens bien outillés en laboratoires de recherches et en bureaux d'études, des investissements opportuns et larges en ce domaine constituent la meilleure garantie d'une prospérité future[19].

Par ailleurs, les nouvelles technologies coûtent extrêmement cher, elles requièrent des capitaux colossaux tant pour leur mise au point que pour leur acquisition. De sorte que, au final, «seul, un pays riche a la possibilité de suivre ou mieux de dominer le rythme du progrès technique»[20]. En dernière analyse, le progrès technique règle les rapports économiques – et même politiques – entre nations. Une avance technologique assure, en effet, la suprématie tant économique que politico-militaire, comme le démontrent à l'envi les États-Unis d'Amérique, dans leur rôle de gendarme du monde autoproclamé.

À la différence du progrès technique, le *progrès économique* s'articule autour de la notion *d'optimum*, de la recherche du *meilleur équilibre* entre les divers facteurs de production. On est donc ici impliqué dans la logique *d'optimisation*. Ainsi:

> Il ne s'agit pas, par exemple, d'effectuer le maximum d'investissements, mais de trouver l'optimum souhaitable; niveau optimum tenant compte d'une consommation qui doit rester active et optimum et optimum de répartition entre les divers secteurs.

18 Ibid., p. 101.
19 Ibid., p. 101.
20 Ibid., p. 102.

Optimum de population pour la santé économique d'un pays. Optimum de répartition entre les activités agricoles et industrielles. Optimum dans le plein emploi lui-même: un emploi tendu au maximum amène une rigidité et cette absence d'élasticité, à un moment donné, d'un quelconque facteur de la production, peut provoquer une crise qui touchera l'ensemble. Optimum d'intervention des Pouvoirs publics par une politique économique d'ensemble; selon la conjoncture, le progrès économique sera assuré par un contrôle serré, par une coordination ou par une entière liberté laissée aux initiatives privées. Optimum encore de dimension d'une entreprise; ce n'est ni la plus grosse ni la plus petite qui aura la meilleure santé économique; mais, selon les techniques, les formes du marché, les structures financières, il y aura une dimension optima d'entreprise à un moment donné, pour chacun des secteurs professionnels; la concentration ne sera pas nécessaire partout, ni de la même façon[21].

Le progrès économique, ainsi identifié, renvoie à la croissance économique et ses indicateurs. Le *progrès humain* se démarque nettement des deux autres par trois traits essentiels. Premièrement, le progrès humain présuppose l'établissement d'une *hiérarchie* de *valeurs propres* à la *vision anthropologique* d'un *groupe social donné* et s'apprécie selon *un ordre de valeurs non matérielles*, donc *non quantifiables* et *non mesurables*. Deuxièmement, le progrès humain concerne *tout l'homme* et *tout homme*. Il embrasse l'humanité dans sa *totalité* et dans la *singularité* des *personnes* qui la composent. De sorte que, aucun chiffre global, aucune moyenne arithmétique ne pourraient, en tout cas, suffire à cerner le progrès humain. Autrement dit, «si le point de vue global reste légitime cependant, il ne devra jamais cacher la multiplicité et l'originalité des personnes dont il faut assurer singulièrement la promotion»[22]. Enfin, le progrès humain dépend foncièrement du libre consentement de l'homme, il ne peut lui être imposé de l'extérieur. Ce qui, du reste, le rend, pour le moins, incertain.

Cela dit, «l'économie est un acte; le monde économique n'est pas seulement celui de la production matérielle par l'homme pour d'autres hommes; il est beaucoup plus, un monde où la figure de l'homme se fait. Il n'y aura donc progrès humain, à l'occasion du progrès économique, non seulement si la quantité de biens disponibles mis à la disposition de la société augmente (progrès dans les résultats), mais si, à travers les acti-

21 R. P. Laurent, «Progrès technique, progrès économique, progrès humain», art. cit., p. 104.

22 Ibid., p. 105.

vités économiques auxquelles l'homme se livre pour accroître ces résultats, il arrive à dégager et à refléter sa nature profonde: c'est le progrès dans les structures»[23]. En définitive, l'expression «progrès humain» correspond mieux au concept de «développement intégral harmonisé» du Père Lebret[24].

2. Le Point IV du Président Truman

En effet, le célèbre *Point IV* du discours d'investiture pour le second mandat à la Maison Blanche du Président Harry Truman[25], prononcé le 29 janvier 1949, consacrait par l'autorité de son auteur le paradigme du développement, qui allait mobiliser l'humanité tout entière, particulièrement au cours des années 1950-1980. Celui-ci est présenté substantiellement comme un «programme d'actions», une «œuvre commune», un «effort mondial», une «entreprise collective» fondée sur la croissance de la production, une mise à contribution maximale des connaissances scientifiques et techniques modernes, une meilleure utilisation des ressources naturelles et humaines du monde. Le développement, ainsi conçu, discréditait fondamentalement le système colonial et allait justifier de ce fait le processus de décolonisation. Voici in extenso ce texte fondateur du paradigme du développement:

> Quatrièmement, il nous faut lancer un nouveau programme qui soit audacieux et qui mette les avantages de notre avance scientifique et de notre progrès industriel au service de l'amélioration et de la croissance des régions sous-développées. Plus de la moitié des gens de ce monde vivent dans des conditions voisines de la misère. Leur nourriture est insatisfaisante. Ils sont victimes de maladies. Leur vie économique est primitive et stationnaire. Leur pauvreté constitue un handicap et une menace, tant pour eux que pour les régions les plus prospères. Pour la première fois de l'histoire,

23 Ibid., p. 107.

24 Cf. Louis Joseph LEBRET, «La vocation des peuples au développement», in *La montée des peuples dans la communauté humaine*, 46e Semaine Sociale de France, Angers, Chronique Sociale, 1959, p. 148.

25 Pour mémoire, les trois premiers points de l'allocution présidentielle concernaient l'engagement solennel des États-Unis respectivement, à l'égard du Plan Marshall (Point I), de l'ONU (Point II) et de l'OTAN (Point III).

l'humanité détient les connaissances techniques et pratiques susceptibles de soulager la souffrance de ces gens.

Les États-Unis occupent parmi les nations une place prééminente quant au développement des techniques industrielles et scientifiques. Les ressources industrielles que nous pouvons nous permettre d'utiliser pour l'assistance à d'autres peuples sont limitées. Mais nos ressources en connaissances techniques – qui, physiquement, ne pèsent rien peuvent croître et sont inépuisables.

Je crois que nous devrions mettre à la disposition des peuples pacifiques les avantages de notre réserve de connaissances techniques afin de les aider à réaliser la vie meilleure à laquelle ils aspirent. Et, en collaboration avec d'autres nations, nous devrions encourager l'investissement de capitaux dans les régions où le développement fait défaut.

Notre but devrait être d'aider les peuples libres du monde à produire par leurs propres efforts, plus de nourriture, plus de vêtements, plus de matériaux de construction, plus d'énergie mécanique afin d'alléger leurs fardeaux.

Nous invitons les autres pays à mettre en commun leurs ressources technologiques dans cette opération. Leurs contributions seront accueillies chaleureusement. Cela doit constituer une entreprise collective à laquelle toutes les nations collaborent à travers les Nations unies et ses institutions spécialisées pour autant que cela soit réalisable. Il doit s'agir d'un effort mondial pour assurer l'existence de la paix, de l'abondance et de la liberté.

Avec la collaboration des milieux d'affaires, du capital privé, de l'agriculture et du monde du travail de ce pays, ce programme pourra accroître grandement l'activité industrielle des autres nations et élever substantiellement leur niveau de vie.

Ces développements économiques nouveaux devront être conçus et contrôlés de façon à profiter aux populations des régions dans lesquelles ils seront mis en en œuvre. Les garanties accordées à l'investisseur devront être équilibrées par des garanties protégeant les intérêts de ceux dont les ressources et le travail se trouveront engagés dans ces développements.

L'ancien impérialisme – l'exploitation au service du profit étranger – n'a rien à voir avec nos intentions. Ce que nous envisageons, c'est un programme de développement fondé sur les concepts d'une négociation équitable et démocratique.

Tous les pays, y compris le nôtre, profiteront largement d'un programme constructif qui permettra de mieux utiliser les ressources humaines et naturelles du monde. L'expérience montre que notre commerce avec les autres pays s'accroît au fur et à mesure de leurs progrès industriels et économiques.

Une production plus grande est la clef de la prospérité et de la paix. Et la clé d'une plus grande production, c'est une mise en œuvre plus large et plus vigoureuse du savoir scientifique et technique moderne.

Ce n'est qu'en aidant ses membres les plus défavorisés à s'aider eux-mêmes que la famille humaine pourra réaliser la vie décente et satisfaisante à laquelle chacun a droit.

Seule la démocratie peut fournir la force vivifiante qui mobilisera les peuples du monde en vue d'une action qui leur permettra de triompher non seulement de leurs oppresseurs mais aussi de leurs ennemis de toujours: la faim, la misère et le désespoir.

> C'est sur la base de ces quatre principaux trains de mesures que nous espérons contribuer à créer les conditions qui, finalement, conduiront toute l'humanité à la liberté et au bonheur[26].

L'aspect performatif du Point IV du Président Truman consiste bien dans l'innovation terminologique apportée par l'adjectif «sous-développé» apparaissant précisément au début du premier paragraphe du texte, comme synonyme de «régions économiquement arriérées» (economically backwards areas). Et c'est à partir de cet adjectif *sous-développé* que sera construit le substantif «sous-développement», corrélat de la notion classique de *développement.* Si le *développement* se caractérise donc par un *état d'abondance* et *de richesse de masse*, le *sous-développement* s'entend, en revanche, comme un *état* de *pauvreté de masse* caractérisé par une série de privations et de carences (faim, maladie, désespoir).

Ainsi:

> Sur le plan conceptuel le nouveau binôme *développement/sous-développement* introduit l'idée d'une continuité *substantielle* entre les deux termes, qui ne diffèrent entre eux que de façon relative. L'état de *sous-développement* n'est donc pas l'inverse du *développement*, mais seulement sa forme encore inachevée ou, pour rester dans la métaphore biologique, *embryonnaire;* dans ces conditions, une accélération de la croissance apparaît comme la seule manière logique de combler retard. La relation s'établit sur le mode quantitatif du plus ou moins, présupposant une unité fondamentale entre les deux phénomènes[27].

La mise en route de la stratégie proposée par le Point IV exigeait à la fois, d'une part le parachèvement du processus de décolonisation, et d'autre part la création d'institutions spécifiques consacrées à la promotion du développement. Ainsi, le processus de décolonisation sera accéléré notamment à la suite de la Conférence afro-asiatique de Bandung (18-24 avril 1955), tandis que les institutions de développement requises seront progressivement mises en place suivant les desiderata de Bandung[28], par le Système

26 Cité par Gilbert Rist, *Le développement. Histoire d'une croyance occidentale,* op. cit., p. 118-121.

27 Ibid., p. 123.

28 Bien avant la Conférence de Bandung, les Nations Unies avaient créé dans la foulée du Point IV, en novembre 1949, le *Programme élargi d'assistance technique* dont les fonds étaient destinés principalement au financement de l'envoi d'experts, à l'octroi des bourses et à la formation des cadres du Tiers Monde. Celui-ci fusionnera plus tard avec le *Fonds spécial des Nations Unies pour le développement économique* créé en 1958, pour former, en 1965, le *Programme des Nations Unies pour le développement* (PNUD).

des Nations Unies. Ce dernier articulera, en l'occurrence, son action autour des 3 «D»: droits de l'homme, décolonisation et développement[29].

3. La Conférence de Bandung

D'une manière générale, la Conférence afro-asiatique de Bandung du 18-24 avril 1955 marque, dans la géopolitique internationale de la guerre froide, l'émergence du Tiers Monde, en tant que nouvel ensemble géopolitique spécifique autoproclamé autonome, et futur «champ de bataille» idéologique des deux superpuissances de l'époque, les USA et l'URSS. Les 29 pays participant à cette conférence internationale afro-asiatique vont jeter les bases du futur mouvement des «Non alignés»[30], qui aura comme principal cheval de bataille la défense des revendications politiques et économiques du Tiers Monde, face aux deux blocs idéologiques Est-Ouest.

Sur le plan politique, Bandung sera au centre du projet de construction de l'État-nation en Afrique, porté par la première élite nationaliste issue du mouvement de libération nationale. Aussi, va-t-on s'atteler avec enthousiasme sur l'ensemble du continent, au cours de la décennie des années 60, à la création de l'État de Bandung «nationaliste» et «modernisateur», garant «du renouvellement des structures politiques et de la construction d'économies cohérentes et capables de satisfaire les besoins fondamentaux des populations»[31]. En effet, la Conférence de Bandung voua aux gémonies le colonialisme de tout bord et réclama l'indépendance pour tous les pays colonisés, ainsi que l'admission à l'ONU pour ceux de ses membres qui en étaient exclus. Elle permit également à la Chine populaire d'affirmer, depuis lors, son rang de grande puissance mondiale[32].

29 Cf. Gilbert RIST, *Le développement. Histoire d'une croyance occidentale,* op. cit., p. 148.

30 La notion de *«non-alignement»* sera définie officiellement lors de la Conférence de Belgrade dominée par Tito, Nasser et Nehru.

31 Hakim Ben HAMMOUDA, *Afrique*: *Pour un nouveau contrat de développement*, Paris, L'Harmattan, 1999, p. 113.

32 Cf. Gilbert RIST, *Le développement. Histoire d'une croyance occidentale,* op. cit., p. 136.

> Depuis la Renaissance, écrit Léopold S. Senghor commentant la Conférence de Bandoeng, depuis les grandes découvertes qui marquèrent les débuts de l'entreprise de l'Européen sur le monde, et singulièrement sur les peuples de couleur, aucun évènement ne revêtit une telle importance historique... La Conférence de Bandoeng, plus forte qu'un triomphe militaire... plus forte qu'une découverte scientifique... fut la victoire morale des peuples de couleur. Pour la première fois, ces peuples, hier méprisés et dominés parce que «hommes de civilisations sans machines», relèvent la tête, et, par la voix de leurs délégués, disent en commun leur dignité d'hommes. Conscients de représenter la majorité de l'humanité, ils assument la responsabilité de leur situation. Ils proclament *la morale qui doit régir les rapports entre les nations*, ils dénoncent la violence, proscrivent les inventions de mort, édictent la liberté et l'égalité pour tous les peuples comme condition *sine qua non* de la coexistence pacifique. Bandoeng, ...c'est la condamnation devant l'histoire du fait colonial, et par-delà, des peuples blancs d'origine européenne, y compris les Russes[33].

La doctrine du développement de Bandung est résumée dans le premier chapitre du communiqué final de la Conférence. Le développement est envisagé sous l'angle de la coopération économique. Car il s'agit bien, en effet, aux yeux des leaders afro-asiatiques, d'une affaire essentiellement économique, qui passe par la production et l'accumulation, fondées sur les investissements privés et sur l'aide extérieure. D'où:

> On cherche à développer l'industrialisation afin de transformer sur place les matières premières produites dans le Tiers Monde, on compte largement pour cela sur la mise en œuvre des techniques modernes (énergie nucléaire); enfin on préconise la liberté du commerce multilatéral en présumant l'existence d'«intérêts mutuels» entre tous les partenaires, quitte à souhaiter une stabilisation du cours des marchandises, ainsi que des mesures appropriées concernant le transport et certains privilèges pour les pays privés de débouchés maritimes[34].

Avant Bandung, le développement consistait donc en l'assistance technique fournie aux intéressés dans le cadre d'accords bilatéraux et multilatéraux, notamment avec le Programme élargi d'assistance technique des Nations unies. Les gouvernements bénéficiaires introduisaient, ainsi, leurs demandes d'assistance auprès de cette institution des Nations unies, où un bureau de l'assistance technique, composé des directeurs des agences

33 Léopold S. SENGHOR, *Liberté 2, Nation et voie africaine du socialisme*, Paris, Seuil, 1971, p. 271-272, cité par Axelle KABOU, *Et si l'Afrique refusait le développement ?*, Paris, L'Harmattan, 1991, p. 63.

34 Gilbert RIST, *Le développement. Histoire d'une croyance occidentale,* op. cit., p. 140-141.

spécialisées, organisait les programmes et vérifiait l'impartialité de l'allocation des fonds disponibles; tandis qu'un Comité permanent de l'assistance technique, composé des membres du Conseil économique et social, examinait, lui, les projets présentés, en s'assurant particulièrement de leur régularité[35].

C'est, à partir et à la suite de Bandung, que la doctrine onusienne du développement actuelle sera véritablement mise en musique, avec son support institutionnel technocratique. En effet, à la demande de Bandung:

> L'ONU créera en 1958 le Fonds spécial des Nations unies pour le développement économique [...]; la Banque mondiale consacrera progressivement la totalité de ses ressources aux pays du Tiers Monde et mettra sur pied, en 1956, la Société financière internationale pour favoriser les investissements privés; l'Agence internationale de l'énergie atomique verra le jour en 1957; enfin, des banques régionales de développement seront créées pour l'Afrique (1964) et pour l'Asie (1966). Quant aux mesures concernant la stabilisation des prix des matières premières et les problèmes de transport, elles feront partie des raisons de l'établissement de la CNUCED en 1964[36].

4. Le rêve de modernisation de l'Afrique post-coloniale

L'Afrique Noire, dans sa grande majorité, accède à l'indépendance au tout début des années 60. Et en 1962, U Thant, le Secrétaire Général par intérim de l'ONU fait proclamer à l'Assemblée Générale, par la Résolution 1710 / XVI, la décennie des années 60, Décennie des Nations Unies pour le développement. L'an de grâce 1962 marque, ainsi, l'entrée solennelle de la nouvelle Afrique indépendante dans l' «ère du développement». On assiste dès lors, au cours de ces années 60, à une floraison de travaux regroupés sous la catégorie générique de «sciences du développement», profitant justement de la double conjoncture favorable du fait de l'avènement des indépendances et de la diffusion massive des sciences humaines dans le grand public des pays occidentaux[37].

35 Gilbert Rist, *Le développement. Histoire d'une croyance occidentale*, op. cit., p. 146.

36 Ibid., p. 141-142.

37 «C'est avec les travaux d'Arthur Lewis sur le dualisme (coexistence d'un secteur de subsistance et d'un secteur capitaliste), que sont jetées les bases d'une économie du développement.» (André Guichaoua et Yves Goussault, «Sciences sociales et développement», in André Guichaoua (sous la direction de), *Questions de développement*, op. cit., Paris, L'Harmattan, 1996, p. 27-48).

Bien entendu:

> C'est l'époque assez exceptionnelle où des sociologues engagés assument des responsabilités importantes auprès des nouveaux pouvoirs, où des universitaires philosophes ou littéraires se convertissent à la sociologie, où des journalistes parent les récits de leurs activités professionnelles des attributs scientifiques du discours sociologique. Bref, où la profession, assez mal définie et assurant des fonctions diverses, ouvre des nouveaux terrains à la recherche, diffuse des nouvelles idéologies et se passionne pour des nouveaux concepts et théories[38].

Dans cette nouvelle ère des transformations politiques et économiques de la décolonisation, sans nul doute, «la problématique du sous-développement se transforme naturellement en problématique de la modernisation»[39]. De sorte que, indépendamment de la grille de lecture appliquée, «les conséquences du phénomène colonial sont désormais appréciées en fonction de la capacité du secteur et des élites modernes des pays émancipés à satisfaire les besoins que la colonisation n'a pas su ou voulu satisfaire»[40]. À cet effet, on peut donc dire, toutes proportions gardées, que les élites nationalistes africaines étaient relativement bien loties pour amorcer la modernisation du continent, à partir des jalons du développement du système colonial et avec l'aide des ressources mises à disposition par la coopération internationale[41].

Bien plus, comme le souligne Axelle Kabou:

> Les économistes tiers-mondistes ont mis (il n'est pas superflu de le rappeler en cette période de révisionnisme éhonté) à la disposition des gouvernements qui, au lendemain des indépendances se proclamaient engagés dans un processus pratique de développement, un formidable arsenal conceptuel qui n'a jamais été utilisé en Afrique noire qu'à des fins d'oppression (parti unique) ou de chantage («Retiens-moi ou je deviens communiste»)[42].

En effet, pour la théorie tiers-mondiste du sous-développement précisément, le *sous-développement* du *Tiers Monde* est lié à trois facteurs: *la désarticulation*, *l'extraversion* et *la dépendance* à l'égard de l'extérieur.

38 André GUICHAOUA et Yves GOUSSAULT, «Sciences sociales et développement», art. cit, p. 27-28.

39 Ibid., p. 28.

40 Ibid., p. 28.

41 Cf. Anna BONO, «L'Africa alle soglie del terzo millennio», in *La Società* 8 (1998) 4, p. 795-808.

42 Axelle KABOU, *Et si l'Afrique refusait le développement?,* op. cit., p. 49.

Ce qui a amené les tenants de cette théorie à concocter une stratégie économique de libération et de rupture conséquente préconisant notamment:

- la liquidation des monopoles rapatrieurs de gros bénéfices réalisés en peu de temps, à partir d'investissements, non seulement modiques, mais surtout concentrés parfois dans un unique secteur de production;
- la création, dans le cadre de grands ensembles régionaux, de structures économiques intégrées, seules capables de remédier au problème de l'étroitesse des marchés d'une Afrique balkanisée;
- la mise en œuvre d'une politique industrielle capable de produire des biens d'équipement nécessaires au développement et permettant de réduire la dépendance à l'égard de l'extérieur[43].

4.1. La construction de l'État-nation

La colonisation européenne avait fait voler en éclats les systèmes politiques traditionnels des territoires conquis, en y introduisant une fragmentation de l'espace politique local,

> entre un espace moderne ouvert aux colons, et à quelques intermédiaires locaux issus du système d'enseignement moderne, et un espace traditionnel régi par d'autres modes de soumission et de gestion du politique qui concernent l'ensemble des populations locales[44].

Les futurs mouvements de libération nationalistes africains vont s'inscrire totalement en faux contre cette fragmentation de l'espace politique local, en revendiquant purement et simplement l'accès à la modernité pour l'ensemble des populations autochtones, à travers l'indépendance politique et l'organisation de l'État-nation.

Ainsi, les Pères des indépendances africaines seront mobilisés, au sortir du joug colonial, par le projet de construction de l'État-nation comme cadre de réalisation de la modernisation politique et économique du continent. En effet, l'État-nation était non seulement la forme d'organisation et de gestion politique des anciennes puissances coloniales, mais aussi et

43 Axelle KABOU, *Et si l'Afrique refusait le développement?,* op. cit., p. 49-50.

44 Hakim Ben HAMMOUDA, *Afrique: Pour un nouveau contrat de développement*, op. cit., p. 111.

surtout la seule forme d'organisation de la société moderne agréée en droit international comme sujet et acteur des relations internationales. En outre, l'adoption du modèle de l'État-nation comme forme d'organisation politique devait permettre aux nouveaux pouvoirs africains de «dépasser les appartenances et les allégeances multiples des populations pour les unifier dans un cadre où l'exercice et la légitimation du pouvoir s'effectuent sur des bases nationales»[45]. Cependant, sa mise en place sera laborieuse à la fois par rapport à la volonté affirmée d'autonomisation et d'indépendance du Tiers Monde vis-à-vis des deux blocs géopolitiques Est-Ouest et par rapport aux pesanteurs culturelles des sociétés africaines.

L'État africain revêtira un double visage. Il s'agit en fait d'un amalgame, d'une insolite et précaire combinaison de structures occidentales importées et d'organisations traditionnelles de la société africaine. L'idée de «nation» comme communauté primaire d'identification et d'appartenance citoyennes fondatrice de l'État-nation, n'a jamais pu véritablement prendre corps en Afrique noire depuis les indépendances. Ainsi, les gens se sentent davantage unis par les liens familiaux, claniques et ethniques. Sous ce rapport, on assiste à l'émergence des «nationalismes ethniques» dans bon nombre de pays où les rênes du pouvoir sont tenus par les membres d'une ethnie majoritaire. Pour ce faire, l'État sera en permanence la source des conflits intercommunautaires, partout en Afrique[46]. En effet, après un court intermède démocratique, l'État-nation, en Afrique, va basculer tragiquement dans la dictature, avec la monopolisation de l'espace politique par l'appareil de l'État et l'institutionnalisation des partis uniques.

> Ainsi, comme le note Hakim Ben Hammouda, l'État supplante l'ensemble des acteurs et des institutions sociaux hérités de la lutte anti-coloniale, et s'installe au cœur de l'espace politique et social local. Il s'établit ainsi comme le vecteur du changement et de la modernisation politique et sociale[47].

Au fond, la monopolisation par l'État de l'espace politique et social national participait de la logique du discours dominant sur la lutte contre le sous-développement exigeant, pour les pays du Tiers Monde, le rassem-

45 Hakim Ben HAMMOUDA, *Afrique: Pour un nouveau contrat de développement,* op. cit, p. 113.

46 Cf. Alessandro ARUFFO, *L'Africa subsahariana*: *Stati, etnie, guerre* a *sud del Sahara*, Roma, Datanews Editrice, 2003, p. 28.

47 Hakim Ben HAMMOUDA, *Afrique*: *Pour un nouveau contrat de développement,* op. cit., p. 113.

blement et la mobilisation de l'ensemble des composantes de la population autour de l'État, agent neutre et *«missionnaire»* de la modernité. L'État entendait ainsi rallier l'ensemble des acteurs sociaux à son action, en transcendant les repères identitaires traditionnels ou naturels (clan, ethnie, religion). Ce faisant, l'État s'est engagé dans le processus de développement économique et social pour satisfaire les besoins fondamentaux des populations, en contrepartie de leur allégeance politique. Hakim Ben Hammouda parle ici d'un pacte social sui generis unissant l'État et les administrés.

> Il s'agit, dans ce contexte, remarque-t-il, d'un compromis où l'adhésion des gouvernés est déterminée par l'évolution des capacités distributives de l'État. Par ce compromis, les populations cédaient leurs droits politiques, en contrepartie de la satisfaction de leurs droits économiques et sociaux. Ce pacte social n'est pas, comme nous le remarquons, fondé sur les principes de l'égalité politique et de la représentation caractéristiques de la modernité politique, dont pourtant se réclament les États postcoloniaux d'Afrique. De ce point de vue, les ressources perçues servaient à acquérir la soumission et l'obéissance de la population[48].

Pour Hakim Ben Hammouda:

> Ce pacte social et cette allégeance au moins formelle des populations en contrepartie des droits économiques et sociaux étaient les conditions essentielles de la stabilité politique dans la plupart des pays africains. Le désengagement de l'État de la sphère de la satisfaction des besoins dans les années 80 suite à l'application des programmes d'ajustement structurel va rompre les conditions de cette stabilité. En effet, en dépit des engagements démocratiques de la plupart des pays africains, on assiste depuis la fin des années 90 à une montée de l'autoritarisme politique de la part des États que les programmes de stabilisation amènent à une plus grande rigueur, et à un désengagement de plus en plus marqué de la satisfaction des besoins fondamentaux[49].

Et c'est dans ce contexte de marasme social exacerbé qu'entrera en scène, comme nous le verrons plus loin, le paradigme onusien du développement durable censé garantir la satisfaction des besoins fondamentaux des générations présentes et futures.

Une fois, l'appareil étatique mis en place, les nouveaux gouvernements vont tenter de mettre en route les «politiques de développement» appropriées pour la modernisation de leurs pays. On recourt d'une certaine

48 Hakim Ben HAMMOUDA, *Afrique: Pour un nouveau contrat de développement,* op. cit., p. 114.
49 Ibid., p. 114.

manière au *plan* comme instrument de mobilisation des ressources extérieures pour le financement des projets. C'est l'ère des programmes de développement promus par les organismes internationaux et les coopérations bilatérales. Mais, comme le souligne Makhtar Diouf:

> La planification n'a eu aucun effet induit sur le développement des économies africaines. Elle est partout conçue sans la méthodologie appropriée, c'est-à-dire inventaire des ressources et inventaire des besoins, fixation des objectifs, mise en œuvre des moyens. L'inventaire des ressources ne peut que faire défaut en l'absence d'une comptabilité de patrimoine, caractéristique de toute économie dans laquelle le planificateur n'a pas la maîtrise de l'ensemble de l'appareil de production. Les besoins sont exprimés dans des termes imprécis, vagues, comme «l'amélioration du niveau de vie des populations», et sont rapportés à des objectifs qui ne sont jamais pleinement réalisés, du fait de l'insuffisance et de la mauvaise gestion des ressources extérieures, sur lesquelles on compte exclusivement[50].

4.2. L'industrialisation

L'industrialisation a été sans doute, pour les Pères des indépendances africaines, la modalité de mise en place du projet de modernisation nationaliste de Bandung la plus en vue[51]. En effet, historiquement, «l'industrialisation a été la voie par laquelle les «anciens» ont su mettre en œuvre une organisation toujours plus rationnelle de la production, croître plus vite et s'enrichir. La priorité à l'industrialisation ne pouvait être relativisée que dans quelques pays à forte densité de population, menacés par la famine»[52]. Ainsi, au moment des indépendances:

50 Makhtar DIOUF, *L'Afrique dans la mondialisation,* op. cit., p. 94.

51 Hakim Ben Hammouda distingue globalement dans l'étude des économies africaines post-coloniales, quatre modalités de mise en œuvre du projet de modernisation nationaliste de Bandung, à savoir: le mode agro-exportateur, le mode minier, le mode à rente pétrolière, et le mode en voie d'industrialisation. Au total, les économies africaines, selon l'auteur, n'ont pas du tout réussi à enclencher la dynamique du développement autocentré ni à réduire la dépendance de leur dynamique de croissance par rapport à la conjoncture internationale des produits de base. De sorte que, «les résultats économiques de l'Afrique subsaharienne sur l'ensemble de trois décennies de développement ont été médiocres comparés à ceux des autres régions du Tiers-monde» (Hakim Ben HAMMOUDA: p. 130).

52 Elsa ASSIDON, *Les théories économiques du développement,* op. cit., 2002, p. 102.

> À l'instar de l'URSS des années 1930 et 1950 et en particulier sous l'influence idéologique de celle-ci, la plupart des pays du Tiers Monde ont assimilé une réelle indépendance à un niveau convenable d'industrialisation. Beaucoup de pays du Tiers Monde ont même assigné, dans ce processus d'indépendance, un rôle trop important à l'industrialisation lourde. De plus, la notion que l'indépendance allait permettre cette industrialisation était très largement répandue, comme était répandue l'idée qu'il suffisait d'une industrialisation et d'un programme rapide dans le domaine de l'éducation pour atteindre rapidement un niveau économique et social avancé, le rattrapage en quelque sorte des pays développés[53].

De fait, il n'est pas un seul pays en Afrique qui n'a pas tenté de quelque manière l'expérience de l'industrialisation. Tous ou presque ont au moins expérimenté le modèle d'industrialisation de substitution d'importations, limité à l'industrie légère, avec partout, les mêmes limites[54]. Il s'agit des industries de biens de consommation finale destinés essentiellement aux populations urbaines, notamment des industries agroalimentaires comme les minoteries, les boulangeries industrielles, les huileries, les brasseries, les sucreries, les savonneries, les conserveries de légumes et fruits, les usines de traitement de café, et de l'industrie textile. Par ailleurs:

> On a noté la construction dans les années 70 de quelques unités sidérurgiques grâce au développement des aciéries électriques de petites dimensions. Enfin, on peut également enregistrer le développement d'autres activités industrielles telles que la fabrication du petit matériel agricole, d'articles de quincaillerie, d'industries de peinture et vernis, des ateliers mécaniques et de montage…[55].

Seulement, la croissance industrielle espérée singulièrement dans le secteur de l'industrie légère a été très éphémère du fait surtout de la faible articulation du tissu industriel et de sa forte dépendance de l'étranger pour son financement, ainsi que pour l'acquisition des matières premières, de la technologie et des biens d'équipement nécessaires. L'État a contribué à la promotion du développement industriel notamment à travers la création d'entreprises industrielles publiques et l'élaboration des codes d'investissement appropriés exigés par les bailleurs des fonds internationaux. Les gouvernements africains ont recouru, à cet effet, à l'endettement international proposé dans le cadre de l'économie de crédit international

53 Paul BAIROCH, *Victoires* et *déboires*, tome III, op. cit., p. 691.

54 Cf. Makhtar DIOUF, *L'Afrique dans la mondialisation,* op. cit., p. 97.

55 Hakim Ben HAMMOUDA, *Afrique: Pour un nouveau contrat de développement,* op. cit., p. 127.

qui prévalait dans les années 70. La croissance industrielle relative des années 70 résulte de trois acteurs principaux[56]:

- le secteur de la petite et moyenne industrie contrôlé par des nationaux et limité à l'artisanat et aux ateliers de réparation;
- le secteur industriel détenu par les FTN qui constitue le prolongement direct des grandes maisons de commerce colonial qui ont créé des filiales productives sur place pour échapper à la protection douanière mise en place par les pouvoirs locaux à l'indépendance. Ce secteur est totalement extraverti dans la mesure où il importe tous les inputs nécessaires à son processus productif, et n'a pas développé une politique d'intégration nationale. Ce secteur bénéficie dans le cadre de la stratégie d'import-substitution d'une position de monopole;
- le secteur d'État qui couvre la production d'énergie, le transport et quelques segments d'industrie lourde. Ce secteur, dont le développement est nécessaire à la valorisation du capital au moins pour le secteur contrôlé par les FTN, est largement subventionné par l'État qui n'a pu maintenir son appui que grâce à l'aide internationale et à l'endettement international.

Parallèlement au souci légitime de modernisation, l'engouement pour l'industrialisation, en Afrique post-coloniale, a donné lieu, çà et là, à des réalisations industrielles de prestige budgétivores. Beaucoup de dirigeants africains ont ainsi englouti d'immenses fortunes dans la construction des édifices grandioses à rentabilité douteuse, comme le gigantesque barrage hydroélectrique d'Inga au Congo-Kinshasa ou encore la construction en Zambie d'une énorme briqueterie de l'État dont les briques produites coûtaient cinq à dix fois plus cher que celles produites par les artisans locaux. Le barrage d'Inga constitue en effet, comme le note Serge Latouche, un cas inégalable à la fois de corruption et de gaspillage. Ce barrage a un potentiel énergétique fabuleux (1.810 MW en 1982) et a coûté près d'un milliard de dollars américains à l'État congolais, soit un peu plus de 10% de la dette extérieure du pays évaluée à 11,308 milliards de dollars américains en 1989; alors que le pays manque manifestement d'industries et d'activités susceptibles d'utiliser de manière optimale cet immense potentiel énergétique. Ainsi, face aux dépenses colossales quatre fois supé-

56 Ibid., p. 127-128.

rieures aux prévisions budgétaires, l'État a cru limiter les dégâts en décidant de transporter cette électricité aux mines du Katanga qui, à vrai dire, n'en avaient aucunement besoin[57].

Pour revenir à la briqueterie d'État zambienne, celle-ci a pu fonctionner seulement pendant trois semaines, juste le temps de mesurer son naufrage financier. Entre-temps, on attendait avec dépit l'arrivée d'un second équipement technique analogue commandé par l'entreprise. Serge Latouche cite également, dans ce même ordre d'idées, le cas d'installation au Bénin d'un système d'irrigation au compte-gouttes, avec des tuyaux en plastique et un moteur électrique pour la culture intensive du palmier. Installé vaille que vaille, ce système d'irrigation pimpant neuf ne fonctionnait plus du tout quelques heures après sa mise en marche. Et pour cause. Les taupes avaient troué la tuyauterie! Justement, selon un rapport ad hoc publié en 1985:

> Sur 343 grands projets réalisés dans le Tiers Monde, 274 continuaient péniblement leur bonhomme de chemin, tandis que 79 étaient tombés en faillite. Sur 100 usines implantées en Afrique après l'indépendance, un peu plus de 20% probablement n'ont jamais fonctionné[58].

Ce qui a conduit sans doute Fottorino, Guillermin et Orsenna à qualifier l'Afrique de «cimetière d'éléphants blancs», entendez:

> Des constructions somptueuses, inutiles, coûteuses, qui ont en prime la faculté d'aggraver la dette extérieure des pays africains, de fonctionner au rabais, de se transformer du jour au lendemain en ruines, en rouille ou en fantasmes. Barrages, cimenteries, hôtels dans le désert, sucreries, centrales électriques... Des troupeaux d'éléphants blancs qui saccagent l'Afrique, pillent les finances publiques et enrichissent allègrement les entreprise occidentales, avec la bénédiction tacite des organisations internationales[59].

57 La ligne à haute tension Inga-Shaba transportant l'électricité du barrage d'Inga vers la province du Katanga a coûté 771,4 millions de dollars américains, tandis que le coût total cumulé de construction et de production de l'électricité des barrages d'Inga et de Mobayi-Mbongo se chiffre à 478,4 millions de dollars américains. Le comble du paradoxe est que les populations des cinq provinces du pays traversées par cette ligne électrique vivent dans l'obscurité, en regardant le courant passer au-dessus de leurs têtes.

58 Serge LATOUCHE, *Il pensiero creativo contro l'ecoomia dell'assurdo*, Bologna, EMI, 2002, p. 35.

59 Cités par Serge LATOUCHE, *Il pensiero creativo contro l'economia dell'assurdo,* op. cit., p. 35-36.

En résumé, l'industrialisation a étalé au grand jour ses contradictions en Afrique, à la fin des années 70. En voici les 7 principales retenues par Hakim Ben Hammouda:

1) la crise de l'agriculture et de la paysannerie. Le développement industriel s'est traduit particulièrement par un affaiblissement du revenu paysan et un exode rural massif de la campagne vers la ville. Ainsi, le départ des paysans en l'absence de progrès significatifs de la productivité, a entraîné une baisse de la production agricole et une dépendance alimentaire de plus en plus importante vis-à-vis de l'extérieur;
2) la faiblesse de l'articulation agriculture/industrie s'est traduite au niveau de l'industrie par un rétrécissement relatif du marché urbain et le sous-emploi des capacités productives des entreprises
3) le développement industriel limité à l'industrie légère avait très peu d'effets d'entraînement sur le reste de l'économie et n'a pas permis de ce fait l'emploi de l'offre additionnelle de main d'œuvre due à l'exode rural et à la croissance démographique;
4) la forte désarticulation du tissu industriel a fait que la croissance de ce secteur a eu plutôt ses effets d'entraînement à l'extérieur et s'est traduite par une hausse des importations;
5) le recours massif à l'étranger pour l'importation des actifs technologiques nécessaires au développement industriel, en l'absence d'une capacité locale de maîtrise, s'est traduit par une dépendance vis-à-vis des FTN;
6) le secteur bancaire local cantonné dans une logique de rentier n'a joué aucun rôle dans le financement du développement. D'où le recours massif au financement externe et plus particulièrement à l'endettement pour réunir les moyens nécessaires au développement industriel;
7) le rôle des FTN n'a pas favorisé l'intégration nationale des activités industrielles à travers l'importation de tous les biens nécessaires à la production et a privé les pays africains de moyens financiers pour le jeu des prix de cession interne ou le rapatriement des profits[60].

60 Cf. Hakim Ben HAMMOUDA, *Afrique: Pour un nouveau contrat de développement*, op. cit., p. 129-130.

Au total:

> L'ensemble de ces contraintes, souligne Hakim Ben Hammouda, a entraîné le dysfonctionnement de l'équilibre externe et un recours de plus en plus massif à l'endettement international. L'action de ces contraintes était d'autant plus importante qu'elle coïncidait au niveau international avec le passage de l'économie de crédit international à l'économie de l'endettement international et l'éclatement de la crise de la dette. Cette conjoncture a entraîné une crise profonde de ces régimes d'accumulation qui s'est manifestée à travers une chute brutale de l'investissement de la croissance dans les années 80[61].

Tableau 3. Taux de croissance du PIB industriel en Afrique (en pourcentage)

Période	*Taux de croissance*
1970-1980	5,5
1980-1984	– 2,5
1984-1987	0,4

Source: O.I.T., «L'ajustement: un défi pour l'Afrique», Genève, 1989.

4.3. La satisfaction des «besoins fondamentaux» des populations

Après l'euphorie des indépendances, pour les nouveaux pouvoirs africains, «les problèmes du développement se posent en termes concrets de plans et de programmes pour répondre aux besoins croissants d'une population plus exigeante et en forte augmentation numérique»[62]. Parmi ces besoins, en particulier, la nourriture, le vêtement, le logement, l'éducation, la santé et l'emploi font partie des besoins dits fondamentaux érigés en droits sociaux et économiques par la Charte universelle des Droits de l'homme des Nations Unies, que les États se doivent de satisfaire en priorité pour l'ensemble de leurs citoyens. Il s'agit là, comme le souligne le Père Louis-Joseph Lebret, «des besoins de subsistance ou essentiels dont la satisfaction conditionne la vie des personnes et la création des biens répondant aux autres catégories des besoins»[63]. En effet, «pour vivre, c'est l'évidence, chacun doit manger, se loger, se vêtir, disposer d'un environnement

61 Ibid., p. 130.

62 Louis-Joseph LEBRET, «La vocation des peuples au développement», art. cit, p. 150.

63 Cité par Jean-Yves CALVEZ, *L'économie, l'homme, la société. L'enseignement social de l'Église*, Paris, Desclée de Brouwer, 1989, p. 80.

sain et, pour trouver un emploi – «gagner sa vie» –, avoir reçu une certaine formation»[64]. Et ces invariants de la «nature humaine» définissent les priorités du développement préconisées par la stratégie onusienne des «besoins fondamentaux».

Au fond, l'approche dite des *«besoins fondamentaux»*, remise aujourd'hui à l'honneur par le paradigme du *«développement durable»*, participe de la période d'effervescence tiers-mondiste des années 1970. La notion des *«besoins fondamentaux»* est utilisée, pour la première fois, dans le cénacle onusien par le Président du groupe de la Banque mondiale, Robert Mc Namara, dans son discours annuel devant le Conseil des gouverneurs de la Banque, en 1972. Il s'agissait à cette occasion, pour la Banque mondiale, de concilier dans son action l'«impératif» de la croissance et la justice sociale pour les populations misérables des pays du Sud incapables de subvenir à leurs *«besoins les plus essentiels»*. Plus concrètement, la Banque plaidait en faveur d'un accroissement substantiel de l'aide publique au développement censé motiver davantage les gouvernements des PVD à prendre à bras-le-corps le problème crucial de la satisfaction des besoins fondamentaux de leurs populations, par l'amélioration de la nutrition, du logement, de la santé, de l'éducation et de l'emploi[65].

Pour mémoire, cette idée de *«besoins fondamentaux»* avait déjà été affirmée auparavant par la *Déclaration de Cocoyoc* (1974) et par le *rapport* Dag Hammarskjöld *(Que faire?)* de 1975. Ce rapport ad hoc sur le développement et la coopération internationale rédigé à l'initiative de la Fondation Hammarskjöld et du PNUE considère le *«développement»* comme un *«processus global»* qui doit être *endogène* et *tourné* vers la *satisfaction des besoins essentiels* des populations les plus pauvres. Toutefois, c'est quatre ans plus tard, que l'approche des *«besoins fondamentaux»* acquit ses lettres de noblesse avec l'OIT, en 1976, lors de la Conférence mondiale de l'emploi. Selon la Déclaration de cette conférence:

> Les besoins essentiels, tels qu'ils sont définis dans le présent programme d'action, se composent de deux éléments. Ils comprennent en premier lieu le minimum de ce qui est nécessaire à une famille au titre de la consommation individuelle, à une alimentation, un logement et un habillement convenables, de même que certains articles ménagers et du mobilier. En second lieu, ils portent sur les services de base fournis et

64 Gilbert Rist, *Le développement. Histoire d'une croyance occidentale*, op. cit, p. 266.

65 Cf. *Discours* de Robert S. Mc Namara, Président du groupe de la Banque mondiale, Washington D.C., 25 septembre, 1972, p. 23.

utilisés par la collectivité dans son ensemble, par exemple l'eau potable, un système sanitaire, des moyens de transport publics, des services de santé et des possibilités d'instruction et d'activités culturelles[66].

Cette approche des *«besoins fondamentaux»* a donné lieu à une intense activité «empirico-théorique», quant à la définition précise de la notion même de *«besoins fondamentaux»*, ainsi qu'à la détermination des moyens devant être mis en œuvre en vue de leur satisfaction. Plusieurs listes des *«besoins fondamentaux»* seront, ainsi, proposées, à la suite de celles dressées par Robert McNamara et l'OIT. Certaines sont minimalistes et ramènent les besoins fondamentaux à leur plus simple expression: *«métro, boulot, dodo»*; tandis que d'autres donnent une énumération plus complexe des besoins fondamentaux, à l'instar de la liste de Johan Galtung, qui distingue quatre classes de «besoins»: les besoins liés à la sécurité, les besoins assurant le bien-être, les besoins liés à la liberté, et les besoins relevant de l'identité[67]. Au bout du compte, «les besoins essentiels sont associés à trois caractéristiques: ils seraient *universels* (quelle que soit la culture), *quantifiables*, et leur *satisfaction* serait *productive* (aurait des résultats positifs sur la croissance)»[68].

Aussi, dans son exercice de définition des besoins fondamentaux, l'OIT nous brosse-t-il un portrait-robot de l'*«homme de référence»*, pour le moins, très éloigné de celui du paysan africain. En effet, cet *«homme type»* défini à partir d'un document de la FAO doit consommer 3000 kilocalories et 17 grammes de protéines. Et ce n'est pas tout:

> Il est âgé de 20 à 39 ans et pèse 65 kilos. Il est en bonne santé [...] et physiquement capable de travailler activement. Chaque jour ouvrable, il est employé huit heures durant à un type d'occupation qui, normalement, entraîne une dépense énergétique modérée. En dehors de son travail, il passe huit heures au lit, de quatre heures à six heures en position assise ou ne se déplaçant que très peu, ce qui correspond à une activité très réduite; enfin, il passe deux heures par jour à se promener, à pratiquer un loisir actif ou à vaquer à des tâches ménagères[69].

66 Déclaration de principes et programme d'action adoptés par la Conférence mondiale tripartite sur l'emploi, la répartition du revenu, le progrès social et la division internationale du travail, Genève, 1-17 juin 1976, WEC/CW/F.1. (Programme d'action, I.2.).

67 Cité par Gilbert RIST, *Le développement. Histoire d'une croyance occidentale,* op. cit., p. 271.

68 Elsa ASSIDON, *Les théories économiques du développement*, op. cit., p. 89.

69 Cité par Gilbert RIST, *Le développement. Histoire d'une croyance occidentale,* op. cit., p. 272.

Dans le même ordre d'idée, on a estimé qu'au Bangladesh une femme adulte doit disposer de 10 m^2 de tissu par an pour être vêtue décemment, et qu'une famille de six personnes doit pouvoir se loger dans deux pièces de 18 m^2 chacune[70].

Avec ces chiffrages tatillons, on bascule fatalement dans la fastidieuse arithmétique onusienne des indices de la misère, servant de base des données préalable à l'élaboration et au financement des projets de développement. En effet, avec la définition des besoins essentiels, on en est venu aux modalités de la mesure de la pauvreté. À la base du calcul, il y a la fixation de ce qu'on appelle le *seuil de pauvreté*. Celui-ci est défini par un quantile déterminé. La *pauvreté absolue* est définie comme la dépense pour un minimum de biens alimentaires assurant la reproduction physiologique, plus un nombre conventionnel d'autres dépenses déterminées à partir des budgets familiaux les plus modestes. La *pauvreté relative* se calcule en tenant compte de la répartition du revenu d'une population donnée.

En ciblant singulièrement *«les plus pauvres»* des pays en développement, la stratégie des *«besoins fondamentaux»* s'inscrivait en faux contre les «bourgeoisies nationales» habituellement enclines à confisquer le «développement» à leur profit ou refusant de se plier aux injonctions des bailleurs de fonds. Les partisans de cette approche étaient, certes, convaincus d'avoir sous la main une stratégie permettant véritablement de lancer des projets de développement susceptibles d'atteindre la «base», les grandes masses de «damnés», de «laissés-pour-compte» du Tiers Monde. En revanche, l'attribution des crédits alloués à la mise en œuvre de cette approche du développement mettait en évidence la lutte d'influence des ONG et organisations internationales, acteurs et partenaires du développement. Ce qui montre bien, comme l'observe Gilbert Rist, que:

> Les «théories du développement» relèvent plus de la concurrence que se livrent, sur le plan idéologique, les divers acteurs du développement (qui se situent dans un champ réduit, délimité par le pouvoir que chacun est capable d'exercer sur les gouvernements ou l'opinion publique) que d'une pertinence réelle par rapport aux problèmes qu'affrontent les véritables victimes du ‹développement›[71].

70 Ibid., p. 272-273.
71 Ibid., p. 270.

Dans tous les cas, au bout de trente années consacrées officiellement à l'amélioration des conditions de vie des populations, on n'a vu nulle part en œuvre, en Afrique, une stratégie de développement impliquant activement ces populations avec des résultats durables et incontestables.

Même l'*Ujamaa* ou le modèle de *«développement autocentré»* tanzanien, considéré à l'époque de la Déclaration d'Arusha par un bon nombre de professionnels du développement comme la formule magique du développement adaptée à l'Afrique, n'a pu non plus échapper à la règle[72]. En effet, le Président Nyerere lui-même a dressé, avec lucidité, le bilan d'échec de son initiative de développement:

> Dix ans après la Déclaration d'Arusha, la Tanzanie n'est certainement ni socialiste ni autosuffisante. La nature de l'exploitation a changé, mais l'exploitation n'a pas été éliminée complètement. [...] La Tanzanie est toujours une nation dépendante et non une nation indépendante. Nous n'avons pas atteint le but: il n'est même pas en vue[73].

D'une manière générale, les gouvernements africains assureront les besoins fondamentaux de leurs populations au cours de l'embellie économique des années 1970, grâce surtout aux recettes des exportations agricoles et minières et à l'endettement international. En fait, cette décennie des années soixante-dix coïncide, sur le plan international, avec la dernière décennie des *Trente Glorieuses* caractérisées en Occident notamment, par l'euphorie de la société de consommation de masse, consécutive à la croissance économique extraordinaire de l'après-guerre (entre les années 1945 et 1975). En Afrique, ce fut l'éphémère période de l'État providence au cours de laquelle on put, au moins, nourrir à la fois, avec les miettes des riches, les nouvelles bourgeoisies nationales et des franges importantes des populations urbaines[74]. Et peu après, on commença très vite à importer les produits alimentaires, suite à l'incapacité de l'agricul-

72 L'Ujamaa est la version africaine de la self-reliance ou l'autonomie sociale prônée par le président tanzanien Julius Nyerere. Le principe de self-reliance est résumé par l'injonction «compter sur ses propres forces». Comme stratégie de développement, l'Ujamaa a minimisé le rôle du commerce international et de l'industrialisation et prônait le retour à la terre et un style de vie conforme aux valeurs traditionnelles. D'où l'idée des «villages ujamaa» lancée à partir de 1967 par le Mwalimu, comme le fer de lance de ce développement endogène.

73 Julius K. NYERERE, *La Déclaration d'Arusha, dix ans après. Bilan et perspectives*, Paris, L'Harmattan, 1978 [1977], p. 4.

74 Cf. Serge LATOUCHE, *Il pensiero creativo contro l'economia dell'assurdo*, op. cit., p. 31.

ture africaine à répondre aux besoins croissants de la population en pleine augmentation. Axelle Kabou parle, à propos de ce *«problème stomacal»* humiliant de l'Afrique, de la *«télé-alimentation»* et du *«télé-financement»* des populations et des régimes sous perfusion, dont on peut dire que «l'improvisation et l'endettement sont, avec la mendicité, les seules méthodes dégagées par l'Afrique depuis les indépendances pour satisfaire ses besoins fondamentaux»[75]. Néanmoins, la satisfaction des besoins fondamentaux des populations en Afrique, voire la mission socio-économique de l'État de Bandung vont se réduire comme une peau de chagrin au début des années 80, à la suite de l'imposition des programmes d'ajustement du FMI et de la Banque mondiale.

4.4. Les ajustement structurels du FMI et de la Banque mondiale

La troisième Décennie du développement des Nations Unies a été marquée en Afrique par l'adoption douloureuse des programmes d'ajustement structurel (PAS) des Institutions de Bretton Woods. Cet ensemble des mesures des réformes financières et économiques imposées aux gouvernements africains va dans le sens du libéralisme économique et de l'orthodoxie financière prônés par le *«Consensus de Washington»*[76]. Les gouvernements africains avaient cédé au cours des années 1970, comme la majorité des pays du Tiers Monde, aux sirènes de l'endettement massif et facile promu par les banques commerciales occidentales en situation de surliquidité due à l'afflux des pétrodollars du boom pétrolier. Cette politique de crédit international mise en oeuvre par les institutions financières des pays industrialisés a été totalement irresponsable dans la mesure où:

> Dès la seconde moitié des années soixante-dix, on prêta n'importe quoi à n'importe qui (pour faire n'importe quoi) et, comme les pays industrialisés s'accommodaient fort bien de l'inflation pour diminuer le coût réel des produits pétroliers, celle-ci entraîna une telle hausse des taux d'intérêt que les emprunteurs se trouvèrent en cessation de paiement[77].

75 Axelle Kabou, *Et si l'Afrique refusait le développement?,* op. cit., p. 25.

76 C'est l'appellation de l'accord conclu entre le gouvernement américain (Secrétariat d'État au Trésor), le Fonds Monétaire International et la Banque Mondiale, lors de l'éclatement de la crise de la dette extérieure du Mexique. Nous y reviendrons plus loin, avec force détails.

77 Gilbert Rist, *Le développement. Histoire d'une croyance occidentale,* op. cit., p. 280.

Ce fut, en effet, le cas pour les gouvernements africains au début des années 80. Le Fonds et la Banque vont donc utiliser la dette comme instrument de coercition dans leur stratégie de libéralisation des économies africaines[78].

C'est au tout début des années 1980, que sont lancées en Afrique les politiques économiques appelées programmes d'ajustement structurel, encore en vigueur sur le continent. Selon le décompte de la CNUCED[79], l'Afrique caracole en tête des régions du Tiers-monde ayant enregistré le plus grand nombre d'applications de programmes d'ajustement structurel depuis le début des années 80.

> En effet, trente-cinq pays d'Afrique subsaharienne ont mis en application 162 programmes d'ajustement avec la Banque Mondiale et/ou le FMI, depuis 1981. Durant la même période seuls 126 PAS ont été appliqués dans le reste du monde. Certains pays africains ont appliqué plusieurs PAS. Ainsi le Sénégal et le Togo ont eu quatre PAS, alors que le Malawi, la Côte d'Ivoire et la République Centrafricaine en ont eu trois chacun[80].

Du reste, ces programmes d'ajustement vont s'intensifier dans les années 90, avec des mutations monétaires et de nouvelles politiques de privatisation, et impliquer ainsi plus ou moins l'ensemble du continent.

Grosso modo, en Afrique:

> *L'ajustement structurel*, tel que proposé dans les programmes d'ajustement, est synonyme de *«rétablissement des grands équilibres»* (réduire le déficit du budget, de la balance des paiements et l'inflation). Il s'agit en réalité, ce qu'on ne dit pas, d'ajuster les politiques économiques des pays africains sur le modèle libéral des pays occidentaux; autrement dit, promouvoir une convergence mondiale libérale, en amenant les pays d'Afrique à se départir de leurs politiques interventionnistes de la

78 Ces deux institutions financières de Bretton Woods vont subir régulièrement les pressions des banquiers internationaux, notamment américains, pour qu'elles les aident à recouvrer les 50 milliards de dollars que leur devaient à l'époque les pays du Tiers-monde. Le nouveau Président de la Banque Mondiale nommé par le Président Reagan, *Walter Clausen*, était un ultra libéral notoire et avait dirigé auparavant la *Bank of America*, la plus grande banque commerciale des États-Unis. C'est lui qui sera l'artisan principal de la collaboration conjointe du FMI et de la Banque Mondiale dans la mise en œuvre des programmes d'ajustement structurel en Afrique.

79 Cité par Hakim Ben HAMMOUDA, *Afrique: Pour un nouveau contrat de développement,* op. cit., p. 17.

80 Hakim Ben HAMMOUDA, *Afrique: Pour un nouveau contrat de développement,* op. cit., p. 17-18.

période de fragmentation des années 60 et 70. C'est la même exigence qui va amener à modifier les concepts d'analyse de l'activité économique[81].

Ainsi, le FMI et la Banque Mondiale vont se répartir chacun son secteur de compétence, dans cette entreprise conjointe de libéralisation des économies africaines.

> Le FMI se charge de la libéralisation, c'est-à-dire, de la dérégulation conjoncturelle (à court terme) consistant à promouvoir l'économie de marché par la libéralisation des prix: les prix des biens de consommation par la suppression des subventions; le taux de change, prix de la monnaie, par la dévaluation. La BM s'occupe de la dérégulation structurelle (à moyen et long terme) en imposant la privatisation des entreprises publiques et la flexibilité du marché de travail, c'est-à-dire la déprotection des travailleurs[82].

Ces politiques d'ajustement auront, bien entendu, des conséquences fatalement dramatiques pour les populations africaines, car la rigueur budgétaire jointe à la libéralisation va entraîner des coûts sociaux et humains élevés: licenciements massifs des travailleurs, hausse des prix, sacrifice de l'éducation et de la santé.

En amont de l'entreprise, en revanche, c'est la fête. On se congratule. Et pour cause.

> Le développement a été un énorme succès, note Susan George: Les créanciers sont heureux, puisqu'ils reçoivent chaque année les rémunérations de leurs intérêts; les économies ont été réorganisées de manière à garantir le service de la dette; les banques sont heureuses; les firmes transnationales sont en liesse, en ce sens qu'elles ont libre accès à toutes les matières premières du monde; à la Banque Mondiale et au FMI, on jubile, car on n'a guère eu autant de pouvoir; les élites locales sont dans l'allégresse, puisque tout a été privatisé, ce qui est une gracieuse opportunité pour elles de réaliser des profits colossaux. Si, en effet, tout le monde est heureux, des élites locales aux firmes transnationales, en passant par les créanciers, les banques et les élites du Nord, qui sommes-nous donc pour nous en plaindre? Tout a fonctionné exactement comme prévu![83].

Comme on peut le constater, au vu de cette présentation schématique fortement contrastée, les politiques d'ajustement appellent une double grille

81 Makhtar DIOUF, *L'Afrique dans la mondialisation,* op. cit., p. 169.

82 Ibid., p. 167-168.

83 Citée par Serge LATOUCHE, *Il pensiero creativo contro l'economia dell'assurdo*, op. cit., p. 43.

de lecture pour l'évaluation de leurs résultats, selon que l'on se situe du côté des «ajusteurs» ou des «ajustés». Si au niveau des gouvernements africains on adopte unanimement le profil bas sur la question, ils ne sont pas légion au FMI et à la Banque Mondiale, ceux qui ont la probité morale pour battre leur coulpe comme B. Martins, ancien responsable démissionnaire de la Banque Mondiale, confessant: «Tout ce que nous avons fait depuis 1983 reposait sur le sens de notre mission qui était d'amener le Sud à être privatisé ou à mourir. À cette fin, nous avons de façon ignominieuse semé la pagaille en Amérique Latine et en Afrique»[84].

On est, sans doute, bien en droit de savoir pourquoi les gouvernements africains n'ont pas pu s'opposer à l'application de ces politiques d'ajustement structurel, somme toute, négatives et défavorables à leurs populations. Aujourd'hui, «l'ensemble des régimes politiques africains, ainsi que les experts sont persuadés de l'incapacité des PAS à répondre aux difficultés des économies africaines»[85]. Les PAS sont en soi une véritable épée de Damoclès pour les pays africains. De sorte que l'adhésion des gouvernements africains à ces programmes semble être plutôt une décision «tactique», aux yeux de certains économistes. En effet, il y a, quand même, quelques pays courageux comme le Sénégal (1984) et le Mali (1987 et 1988) qui ont tenté de mettre fin aux PAS, à cause de leurs effets dévastateurs. Seulement, ils ne pouvaient pas persister dans leur résistance, étant donné que l'arrêt de ces programmes s'est traduit par la cessation immédiate, à leur encontre, de toute assistance financière internationale.

Au bout du compte, c'est l'argent qui est à la fois l'arme et le nerf de la guerre économique livrée à l'Afrique, sous le couvert des PAS, par le Fonds Monétaire International et la Banque Mondiale. Ces deux institutions financières internationales ont eu, en fait, l'astucieuse idée de subordonner carrément leur assistance financière traditionnelle à l'application obligatoire des PAS, pour forcer l'adhésion des pays africains à ce nouvel «impératif» économique, vecteur de la *mondialisation*. Cela dit, les gouvernements africains se sont vus contraints d'accepter, dès le départ, les programmes d'ajustement structurel imposés, pour pouvoir bénéficier des

84 Cité par Makhtar DIOUF, *L'Afrique dans la mondialisation*, op. cit., p. 173; cf. B. MARTINS, «Gains witloof Frontiers», in *New Statement and Society*, 9 december 1994, p. 22-23.

85 Hakim Ben HAMMOUDA, *Afrique: Pur un nouveau contrat de développement*, op. cit., p. 137.

rééchelonnements de leur dette extérieure auprès des gouvernements occidentaux et des banques commerciales. Mais, par la suite, ils ont été amenés à négocier, dans la foulée, de nouveaux programmes et de nouveaux prêts à l'appui des réformes. En effet:

> À la différence des prêts traditionnels pour projets de la BM, les prêts d'ajustement structurel sont à décaissement rapide, ce qui ne peut laisser indifférents des gouvernements gaspilleurs, régulièrement confrontés à des difficultés budgétaires, même pour payer leurs fonctionnaires[86].

L'avènement des programmes d'ajustement structurel a sonné officiellement le glas du développement en Afrique. Les sceptiques nostalgiques doivent bien se rendre à l'évidence pour constater sans doute, à leurs dépens, que:

> C'est la *croissance* et non le *développement* qui est le terme *reconnu* et *mentionné* dans les documents de la BM et du FMI. Le terme «développement» ne fait pas partie du vocabulaire du FMI. Quant à la BM, elle utilise le terme, mais uniquement en titre de ses documents. Dans le Rapport Berg *Le Développement Accéléré en Afrique au Sud du Sahara* (1981), le développement n'est mentionné que dans l'intitulé, pour disparaître dans le corps du texte où il n'est question que de croissance[87].

Néanmoins, on doit à la vérité de signaler, ici, le flou artistique savamment entretenu autour de la notion de croissance par les experts de la Banque et du Fonds, dans la démarche biaisée de la convergence conceptuelle. On veut tout niveler par le haut, alors qu'il existe, au fond, des différences notables et irréductibles, en termes de performance économique, entre les pays industrialisés et les pays africains.

À proprement parler, la croissance économique est bien significative dans les pays industrialisés, puisqu'elle est induite par le dynamisme interne de l'économie, elle crée des emplois et se traduit par une élévation sensible du niveau de vie des populations. En Afrique, par contre:

> La croissance économique est une simple résultante de l'augmentation des recettes d'exportation lorsque les termes d'échange s'améliorent; elle ne crée pas d'emplois de façon significative, et s'accompagne d'une pauvreté en progression régulière depuis justement la mise en place des programmes d'ajustement[88].

86 Makhtar Diouf, *L'Afrique dans la mondialisation,* op. cit., p. 168-169.
87 Ibid., p. 169.
88 Ibid., p. 169.

Le même souci de convergence conceptuelle entache le nouveau mode de détermination de l'indicateur de croissance. Ainsi, les Pays en développement sont aujourd'hui obligés d'abandonner l'indicateur classique du *produit national brut* (PNB), pour s'aligner sur celui du *produit intérieur brut* (PIB) des pays de l'OCDE. Le problème est que:

> Dans les pays industrialisés qui abritent presque autant d'entreprises étrangères qu'ils ont des entreprises nationales à l'extérieur, la différence entre le PIB et le PNB est très faible (de l'ordre de 1%); dans les pays non industrialisés par contre, la différence est très importante, ce qui fait qu'ils peuvent se trouver crédités d'une augmentation tout à fait fictive de produit national, donc de taux de croissance sans grande signification[89].

Ce biais introduit dans le mode de calcul de l'indicateur de croissance dominant de l'OCDE est corrigé en quelque sorte, depuis 1990, par l'*Indice de Développement Humain* (IDH) du Programme des Nations Unies pour le Développement (PNUD).

Le FMI et la Banque Mondiale vont donc être les agents actifs de la nouvelle mondialisation en Afrique, à travers leurs programmes d'ajustement structurel présentés pompeusement comme la panacée aux problèmes de développement récurrents du continent[90]. Ainsi, après la conquête assurée de l'espace économique public, l'ajustement va s'étendre, à partir des années 90, aux institutions politiques et juridiques. L'ajustement politique est préconisé spécialement par la Banque Mondiale sous le terme de ‹bonne gouvernance›[91], et il sera imposé comme conditionnalité politique aux

89 Ibid., p. 170.

90 Les jalons de la première mondialisation furent posés en Afrique par les stratèges de la politique coloniale européenne comme Cecil Rhodes (Grande Bretagne) et Jules Ferry (France). La nouvelle mondialisation en cours a comme maîtres-d'œuvre de puissants groupes constitués, plus ou moins connus, ayant pour objectif commun d'unir les différentes nations dans un «gouvernement mondial»: la *Chambre de Commerce Internationale* (1919), le *Council on Foreign Relations* (1921), le *Groupe Bilderberg* (1954), de *l'OCDE* (1961), le *Club de Rome* (1968), la *Commission Trilatérale* (1973), le *Forum économique mondial* ou *Groupe de Davos* (1987), le *G 7* (1986). Ce sont donc ces organisations qui inspirent et concoctent les plans et les stratégies tentaculaires de mondialisation mis en œuvre par leurs agents d'exécution, le FMI, la Banque Mondiale et l'OMC.

91 La bonne gouvernance implique notamment de la part des pays candidats obligés à la mondialisation: un service public efficient, un système juridique adéquat pour la bonne exécution des contrats, le respect de la loi et des droits de l'homme, le pluralisme politique, l'audit public indépendant, la liberté de la presse, etc.

États africains par les partenaires traditionnels de la coopération, notamment l'Union européenne, la Francophonie et le Commonwealth. En effet, la quatrième Convention révisée de Lomé (Lomé IV) régissant aujourd'hui, à nouveaux frais, la coopération économique entre l'Europe et l'Afrique, a inscrit dans ses dispositifs la double conditionnalité économique et politique exigée conjointement par la Banque Mondiale, le FMI et l'OMC, en vue de l'intégration «en douceur» des pays ACP dans l'économie mondiale. C'est là, en tout cas, un des objectifs avoués du Traité de Maastricht en matière de coopération pour le développement: «[...] intégration douce et graduelle des pays en développement dans l'économie mondiale»[92].

Dans le cadre de Lomé IV (1995) précisément:

> Les gouvernements des pays ACP sont invités à élaborer eux-mêmes leurs programmes d'ajustement (au lieu qu'il leur soient imposés) et reçoivent à cet effet des dons de l'Union européenne (et non des prêts). Ces nouvelles dispositions contribuent à vaincre la résistance chez certains pour adopter des programmes d'ajustement, et surtout à les considérer comme incontournables[93].

Pour Samir Amin, justement, c'est sur base de la simple rhétorique de la Banque Mondiale, du FMI et de l'OMC que:

> L'Europe a souscrit sans réserves à l'ordonnance médicale universelle des programmes d'ajustement structurel pour l'immédiat et à l'illusion que l'investissement étranger privé réglerait les problèmes de développement à plus long terme. [...]. Or la confusion la plus grande caractérise ces injonctions, souvent gouvernées par les modes passagères et les humeurs du G7. Se succèdent dans cette ambiance des discours sur l'éradication de la pauvreté, le respect des droits de l'homme, le développement durable, la démocratie pluraliste, etc., sans que n'apparaisse le moindre souci d'analyser les contradictions entre ces nobles objectifs et la stagnation ou même les involutions que la mise en œuvre des régulations néo-libérales entraîne[94].

Cela dit, nous passons, à présent, au troisième et dernier chapitre de cette première partie, consacré à la crise du développement abordée, en pointillé, dans cette section relative aux programmes d'ajustement structurel.

92 Union Européenne, *Traité de Maastricht*, article 130 U du titre XVII: *Coopération pour le Développement.*

93 Makhtar Diouf, *L'Afrique dans la mondialisation,* op. cit., p. 176-177.

94 Samir Amin, «L'Afrique dans le système mondial en transition», in La Préface de *Afrique: pour un nouveau contrat de développement* de Hakim Ben Hammouda, op. cit., p. 25-26.

Chapitre 3

La crise du développement

La faillite de l'Afrique post-coloniale a été annoncée dès les indépendances par des observateurs avertis comme René Dumont. Ce dernier, en effet, mettait déjà clairement en garde, en 1963, les nouveaux pouvoirs africains contre l'adoption intempestive des politiques d'industrialisation au détriment de l'agriculture, dans son ouvrage prémonitoire *L'Afrique noire est mal partie*. Il n'est peut-être pas inutile de rappeler ici que le propos de ce livre unanimement mis à l'index, à l'époque, par les Pères des indépendances, a fini par donner raison à l'auteur envers et contre tous[1]. Il existe, depuis, une abondante littérature sur le cinglant échec du développement sur le continent. L'Afrique noire mal partie, puis *étranglée*[2], est, aujourd'hui, au bord de l'implosion. Elle plie sous le poids de la dette internationale et du diktat de la nouvelle mondialisation orchestrée par le FMI, la Banque Mondiale et l'OMC. La faillite de l'Afrique officielle est à la fois économique et politique. Et l'échec du développement apparaît bien ici, d'abord et avant tout, comme l'échec de l'industrialisation en tant que stratégie d'élévation de niveau de vie des populations[3].

1 En effet, certains chefs d'États courageux comme les anciens présidents tanzanien Julius Nyerere, sénégalais Léopold Sédar Senghor, et zambien Kenneth Kaunda ont fait amende honorable de leurs erreurs en la matière en invitant, quelques années après, René Dumont à venir faire chez eux l'état des lieux de leurs politiques de développement.

2 *L'Afrique étranglée* est le titre de l'ouvrage conjoint de René Dumont et Marie-France Mottin, publié en 1985. Il traite du mécanisme de la dette extérieure du continent.

3 Cf. Serge LATOUCHE, *La fine del sogno occidentale. Saggio sull'americanizzazione del mondo*, Milano, Elèuthera, 2002, p. 125. Le titre original de l'ouvrage est: *La Planète uniforme*, 2e édition revue et corrigée, 2000.

1. La faillite des théories de la modernisation et du développement

Rétrospectivement, les approches développementistes des années 1960 se structuraient autour des deux grandes orientations théoriques, à savoir: les théories de la modernisation d'une part, et d'autre part, les théories dépendantistes. Les premières comptaient parmi leurs représentants les plus connus, entre autres, Arthur Lewis, Gunter Myrdal, François Perroux, A.O. Hirschman et Walt Whitman Rostow. Les secondes comprenaient le structuralisme (École latino-américaine de la CEPAL) et le marxisme (Charles Bettelheim et Arghiri Emmanuel en France, Samir Amin en Afrique).

1.1. Le paradigme de la modernisation

Pour les théories de la modernisation, le *développement* est un *processus uniforme* et *rectiligne* sous-tendu par la *croissance durable* considérée comme la condition nécessaire d'accès au mode de consommation occidental. Autrement dit, la prospérité économique à la fois génératrice et garante du bien-être social dépend de la diffusion des techniques, de l'industrialisation et de l'exploitation de la nature. Quant au *sous-développement*, il ne serait qu'*un simple retard* assimilable au stade antérieur de l'évolution connue par les pays actuellement développés. Cette vision dominante du développement est exposée dans le célèbre ouvrage de Walt W. Rostow, *Les étapes de la croissance économique*[4], publié en 1960. Pour W.W. Rostow, les pays nouvellement indépendants pouvaient assurer leur développement, à la suite des pays européens, en passant par les «cinq phases suivantes: la société traditionnelle, les conditions préalables du démarrage, le démarrage, le progrès vers la maturité et l'ère de la consommation de masse»[5]. Dans cette optique, on peut dire de l'ensemble de

4 Le titre original de l'ouvrage est: *The Stages of Economic Growth. A non-Communist Manifesto*, Cambridge, Cambridge University Press, 1960. La traduction française date de 1963 et a été assurée par les Éditions du Seuil.

5 Walt W. Rostow, *Les étapes de la croissance économique*, Paris, Le Seuil, 1963, p. 13.

ces pays qu'ils étaient déjà en plein parcours au moment des indépendances, dans la mesure où la *période coloniale* correspondait à la seconde phase des *conditions préalables du démarrage;* la société traditionnelle plus ou moins désarticulée étant en quelque sorte, pour Rostow, le «degré zéro de l'histoire» correspondant à l'état naturel de «sous-développement» caractérisé particulièrement par un faible niveau de productivité dû à l'ignorance des techniques modernes[6].

Ainsi, la période des indépendances se devait de réaliser le *décollage* (ou le *démarrage*), c'est-à-dire:

> La période pendant laquelle la société finit par renverser les obstacles et les barrages qui s'opposaient à sa croissance régulière. Les facteurs du progrès économique, qui jusqu'ici n'ont agi que sporadiquement et avec une efficacité restreinte, élargissent leur action et en viennent à dominer la société. La croissance devient la fonction normale de l'économie. Les intérêts composés s'intègrent dans les coutumes et dans la structure même des institutions[7].

Une soixantaine d'années après le décollage, on était censé accéder à la *maturité*, au cours de laquelle l'économie montre qu'elle possède les ressources techniques et l'esprit d'initiative nécessaires pour produire, sinon tout ce dont l'industrie est capable, du moins tout ce qu'elle décide de produire»[8]. L'*«ère de la consommation de masse»* constitue la cinquième et ultime étape, qui boucle la boucle du processus de la croissance économique théorisé par Rostow. C'est la période «où la production des biens de consommation durables et les services deviennent progressivement les principaux secteurs de l'économie»[9]. Les États Unis furent les tous premiers à amorcer cette époque de jouissance de «bienfaits incontestables», avec l'avènement du fordisme en 1913-1914; mais elle n'atteindra sa forme la plus achevée qu'au cours des années 1946-1956. L'Europe occidentale et le Japon l'aborderont après 1950, et elle devait, à la longue, s'étendre au monde entier.

6 «Les colonies ont été souvent fondées, à l'origine, non pour atteindre un objectif principal de politique nationale, ni même pour exclure une puissance économique vitale, mais pour remplir un vide; c'est-à-dire pour organiser une société traditionnelle incapable de le faire elle-même (ou se refusant à le faire)» (Ibid., p.14).

7 Walter W. Rostow, *Les étapes de la croissance économique,* op. cit., p. 18-19.

8 Ibid., p. 22.

9 Ibid., p. 23.

En résumé, le paradigme de la modernisation axait

> le développement des pays non industriels sur trois piliers: les transferts massifs de capitaux, notamment d'origine privée, l'exportation des matières premières et le libre jeu du marché dans le cadre de la théorie des avantages comparatifs censés profiter à tous les échangistes[10].

Ce à quoi va s'opposer, terme à terme, l'École de la dépendance.

1.2. L'École de la dépendance

La pensée «dépendantiste» s'est constituée en Amérique Latine au lendemain de la Seconde Guerre mondiale, et a essaimé rapidement dans l'ensemble des pays du Tiers Monde, à partir de l'école latino-américaine de la *CEPAL* (Commission économique pour l'Amérique Latine) fondée par l'argentin Raul Prebisch, qui deviendra, en 1964, le premier secrétaire général de la CNUCED. Comme l'indique son appellation, l'École de la dépendance pensait le *développement* et le *sous-développement* actuels en termes de *centre* et de *périphérie*, à partir du postulat de l'existence d'une *dépendance économique historique* des *pays périphériques* (du Tiers-Monde) à l'égard du *capitalisme central* (des pays développés). Les pays développés exercent en permanence leur domination sur les pays du Tiers Monde en influençant les décisions qui y sont prises et en y menant également des actions de coercition.

Autrement dit, pour les auteurs tiers-mondistes d'inspiration marxiste (Gunter Frank, Susan George, Samir Amin, Arghiri Emmanuel, Celso Furtado), «l'influence des pays capitalistes développés ne s'arrête pas à leurs frontières, mais elle pénètre dans les pays du Tiers Monde par toute une série de voies (implantation de firmes étrangères, imposition des modèles culturels...). Ils préconisent pour ces pays un développement autocentré (self-reliance) pour échapper à l'attraction – jugée néfaste – des économies dominantes et pour éviter une subordination totale de leur politique intérieure aux contraintes extérieures de l'espace ouvert. Selon eux, le *Tiers Monde* n'est que la *périphérie* d'un *centre* constitué par les *pays développés*; les courants d'exportation et les flux de capitaux sont

10 Gilbert Rist, *Le développement. Histoire d'une croyance occidentale,* op. cit., p. 185.

créés en fonction des besoins du centre, ils sont composés de matières premières vendues selon les principes de *l'échange inégal*. Du fait de la ‹*dimension polarisante du capitalisme*› (Samir Amin), l'écart entre le Nord et le Sud ne cesserait de prendre de l'ampleur»[11].

Ainsi:

La dépendance est:

- *commerciale*. Les exportations sont concentrées sur un nombre limité de matières premières. Les cours de ces dernières sont fixés sur les Bourses des pays occidentaux (New York, Chicago, Londres);
- *technologique*. Les savoir-faire restent contrôlés par des multinationales étrangères;
- *financière*. L'endettement place les PED sous l'autorité des pays riches ou des organisations internationales contrôlées par ces derniers. Samir Amin présente la dette du Tiers Monde comme un ‹*drainage meurtrier*› réalisé au profit des banques occidentales[12].

Les *dépendantistes* rejettent en bloc les conceptions basées sur *«l'avantage comparatif»*, selon lesquelles tous les pays ont systématiquement intérêt à s'ouvrir au commerce international et aux capitaux étrangers, au nom de l'évidence incontestable de *l'échange inégal* et de *la détérioration des termes de l'échange* défavorables aux pays du Sud. À ce sujet, parmi les stratégies de *«déconnexion»* d'avec les pays du *Centre*, préconisée notamment par Samir Amin, figure en bonne place l'adoption d'un schéma d'industrialisation par substitution d'importations visant justement à remplacer progressivement les biens industriels importés par des biens produits localement. Toujours est-il qu'«on y adjoignit, dès la fin des années 1960, une stratégie de promotion des exportations et d'insertion dans l'économie mondiale»[13].

1.3. Quelques stratégies de développement des années 1950-1970

Par rapport à ces deux grands courants théoriques, plusieurs stratégies de développement se sont succédées dans les pays du Tiers Monde et, en particulier, en Afrique, sans grand succès. Voici, à titre indicatif,

11 Frédéric Teulon, *Les 100 mots-clés en sciences économiques et sociales*, Paris, Ellipses, 1999, p. 18-19.

12 Ibid., p. 18.

13 Bruno Lautier, «Développement», in *Dictionnaire de l'Economie*, Paris, Larousse – Le Monde, 2000, p. 195.

quelques-unes de ces stratégies, suivant l'ordre chronologique de leur mise en œuvre:

1948-1955: l'industrialisation comme alternative aux importations;
1960-1965: la promotion des exportations;
1966-1967: le développement agricole;
1967-1968: le contrôle de la croissance démographique;
1971-1975: la satisfaction des besoins fondamentaux[14].

Le moins qu'on puisse dire de l'ensemble des stratégies de développement onusiennes et autres élaborées jusqu'alors, c'est que:

> Les experts qui ont passé leur vie au chevet du malade, sont devenus réticents sur leurs beaux jours et avouent clairement leur scepticisme. La technique miracle du développement est comme le merle blanc: tous en parlent, mais personne ne l'a jamais vu[15].

Cela dit, les spécialistes du développement sont devenus, désormais, plus modestes, face aux impasses et échecs répétés de leurs trouvailles. Au total, dans le cas de l'Afrique, ces stratégies de développement ont souvent négligé les secteurs sociaux, avant d'être soumis aux restrictions de l'ajustement structurel des institutions de Bretton Woods. De sorte que:

> Malgré une lente amélioration de la plupart des indicateurs sociaux (le taux de mortalité infantile, par exemple, se réduit de 137% en 1970 à 105% en 1997), l'Afrique a pris un retard important en matière d'éducation et de santé – ce qui explique en partie la faiblesse de la croissance: le taux d'alphabétisation des adultes ne dépasse pas 59%, contre 71% en moyenne pour les pays en développement, et l'espérance de vie se situe à 49 ans en 1997, contre 64,4 pour les pays en développement en général. […]. Cependant, malgré les efforts entrepris, l'épidémie de sida progresse et se traduit par des baisses sensibles de l'espérance de vie, notamment en Afrique centrale[16].

En effet:

> L'accumulation des échecs des programmes de développement promus par les organismes internationaux ou les coopérations bilatérales joua, dès le milieu de la décen-

14 Mahbub UL-HAQ (expert pakistanais de planification, ancien fonctionnaire de la Banque Mondiale et membre de Forum du Tiers Monde), cité par Serge LATOUCHE, *La fine del sogno occidentale*, Milano, Elèuthera, 2002, p. 122.

15 Serge LATOUCHE, *La fine del sogno occidentale*, op. cit., p. 122.

16 Pierre LEVY, «Afrique», in *Dictionnaire de l'Economie*, Paris, Larousse – Le Monde, 2000, p. 49.

nie 1960, un rôle décisif. La disproportion des équipements réalisés, la multiplication des personnels d'assistance technique, l'incapacité d'assurer les entretiens et charges récurrents et, plus généralement, l'inadéquation des infrastructures par rapport aux besoins à satisfaire et aux conditions locales mettent rapidement en évidence l'importance de *‹l'infrastructure sociale›* qui avait permis aux pays d'Europe occidentale dévastés par la guerre de se relever dans des délais extrêmement brefs. Ainsi, dès le milieu des années 1970, le déclin des systèmes explicatifs globaux apparaît général et les théories de la modernisation et du développement, d'orientation anti-dépendantiste ou dépendantiste, connaissent un égal discrédit[17].

La notion de *«développement-rattrapage»*, à l'origine du lancement des décennies internationales de développement des Nations Unies, appartient, aujourd'hui, au passé. Le coup de grâce à été porté par l'entrée en scène remarquée de l'ajustement. Comme nous l'avons indiqué plus haut, le développement a disparu de l'horizon de la pensée de la Banque Mondiale et du FMI, qui prônent désormais la lutte contre la pauvreté et la nécessité pour tous de s'insérer dans l'économie mondiale. Mais le concept subsiste quand même pour l'heure, comme épiphénomène, dans sa double nouvelle version de *«développement humain»* et *«développement durable»*. Pour l'instant, nous nous limiterons, ici, à l'examen sommaire de la notion de «développement humain».

1.4. L'approche du «Développement Humain» du PNUD

Remarquons, d'entrée de jeu, que, du point de vue de la pensée de l'Église en la matière, la notion de «développement humain» proposée en 1990 par le Programme des Nations Unies pour le Développement (PNUD) comme nouvelle approche du développement, est une reconnaissance tardive de la part du Système des Nations Unies de la *vision authentique du développement* élaborée de bonne heure par la pensée catholique, qui a abouti à l'Encyclique *Populorum progressio*[18] du Pape Paul VI, publiée, en 1967.

17 André GUICHAOUA et Yves GOUSSAULT, «Le développement et les sciences sociales», art. cit., p. 32.

18 La réflexion autour de la place centrale de l'homme dans le processus du développement a été amorcée par la pensée catholique dans les années 60, sous l'impulsion du Père Lebret, à qui le Pape Paul VI rend notamment hommage, dans son Encyclique, à travers la célèbre formule de «développement de *tout homme et* de *tout l'homme*».

Car, comme le soulignait déjà le Père Lebret, à l'occasion de la 46e Semaine Sociale de France de 1959:

> La notion de développement, en effet, est corrélative de la notion de vocation, parce que la notion de développement, à la différence des notions d'enrichissement, de mise en valeur, de croissance, d'expansion, de maximisation, implique *l'humain*. [...] Le concept de développement, au contraire, ne peut faire abstraction de l'homme qu'en se qualifiant par l'adjectif *‹économique›*. De soi, le développement est *‹intégral›*, comme celui de l'être vivant. Tout chez le vivant qui se développe, doit croître en même temps, dans l'harmonie. Le seul développement authentique est le *‹développement intégral harmonisé›*, celui de *tout l'homme* et de *tous les hommes*, celui de toutes les unités territoriales et de toutes les couches sociales[19].

Dans le même ordre d'idée, Gilbert Rist qualifie justement la notion de *«développement humain»* du PNUD de «nouvel oxymore»[20] en se demandant, à bon droit: «À quoi bon le *‹développement›* s'il n'est pas *‹centré sur l'homme›*? Pourquoi a-t-il fallu attendre si longtemps pour proclamer une telle évidence? Est-ce à dire que, jusqu'ici, le *‹développement›* avait été *‹inhumain›*?»[21]. Selon lui, le qualificatif *‹humain›* accolé au mot développement était simplement un effet de mode, conforme à l'esprit du temps, tendant plutôt à donner l'impression qu'il y avait du nouveau sous le soleil du *«développement»*.

Cela dit, écoutons, à présent, la définition du «*développement humain*» du PNUD:

> Le développement humain est un processus qui conduit à l'élargissement des possibilités qui s'offre à chacun. En principe, elles sont illimitées et peuvent évoluer avec le temps. Mais, quel que soit le stade de développement, elles impliquent que soient réalisées trois conditions essentielles: vivre longtemps et en bonne santé, acquérir un savoir et avoir accès aux ressources nécessaires pour jouir d'un niveau de vie convenable. Si ces conditions ne sont pas satisfaites, de nombreuses possibilités restent inaccessibles.

19 Louis-Joseph LEBRET, «La vocation des peuples au développement», art. cit., p. 147-148.

20 Un *oxymore* est un procédé rhétorique qui consiste à rapprocher deux mots d'apparence contradictoire. Comme, par exemple, un *silence éloquent*. En l'occurrence, la notion de développement humain, telle que proposée par le PNUD est aux antipodes du développement réel, c'est-à-dire, celui en vigueur dans le monde, fondé plutôt sur la *Promotion* de *l'Avoir* en lieu et place de *l'Être*, des *Objets* en lieu et place des *Sujets*, des *Impressions* en lieu et place des *Valeurs*.

21 Gilbert RIST, *Le développement. Une croyance occidentale*, op. cit., p. 335.

> Mais le concept de développement humain ne se limite pas à cela. Il englobe également des notions aussi capitales que la liberté politique, économique ou sociale, et aussi importantes que la créativité, la productivité, le respect de soi et la garantie des droits humains fondamentaux. [...].
>
> Selon cette notion du développement humain, l'amélioration du revenu, pour importante qu'elle soit, n'est jamais qu'une aspiration parmi d'autres. [...] Le développement doit donc être bien plus qu'une accumulation de revenus et de richesses. Il doit être centré sur les personnes[22].

Néanmoins, il convient de relever, à l'actif du PNUD, notamment la mise au point de son *Indicateur de Développement Humain* (IDH). Ce nouvel indicateur composite de développement combine quatre variables: *le revenu, l'espérance de vie, le niveau d'instruction* et le *degré de liberté humaine*[23]. Il s'agit bien là d'une grande innovation, en ce qui concerne la mesure ou l'évaluation du développement. Car, l'IDH corrige la vision *économiciste* du développement fondée sur le paradigme monolithique de la croissance exprimée par l'indicateur classique du PNB. En d'autres termes, l'IDH relativise l'importance de la croissance économique comme indicateur de la *‹bonne vie›*, avec l'intégration d'autres composantes non économiques du développement que sont l'espérance de vie à la naissance, le niveau d'éducation ainsi que le degré de liberté humaine. En plus, la composante économique ou le revenu est apprécié, ici, davantage par rapport à sa distribution au sein de la population qu'au niveau de son volume. Ainsi, le *Rapport 1990* du PNUD affirme, à ce propos, sans ambages qu'«un niveau de vie modeste peut s'accompagner d'une bonne qualité de vie et qu'à l'inverse celle-ci peut être déplorable à de hauts niveaux de revenus»[24].

Autre innovation, l'*IDH* permet d'évaluer, sur le plan gestionnaire, l'allocation des fonds disponibles des budgets nationaux et de l'aide publique au développement et leur impact réel sur les tâches considérées comme prioritaires, notamment l'éducation de base, les soins de santé primaires et l'approvisionnement en eau potable. L'objectif visé est de dégager la proportion des dépenses sociales utilisée pour faire face aux

22 PNUD, *Rapport mondial sur le développement humain 1990*, Paris, Economica, 1990, p. 10.

23 Dans le *Rapport inaugural* de 1990, l'IDH englobait les trois premières variables énumérées (revenu, espérance de vie et instruction). L'indicateur de liberté humaine a été ajouté par le Rapport 1991.

24 PNUD, *Rapport mondial sur le développement humain 1990*, p. 10.

priorités sociales. Dans les meilleurs des cas, le taux des «dépenses de développement humain» se situe entre 5 et 10%.

> Si les taux sont inférieurs à 3%, il convient alors de restructurer les budgets publics, c'est-à-dire consacrer moins d'argent aux dépenses militaires, au maintien de l'ordre, aux entreprises publiques ou aux grands projets d'infrastructure et/ou freiner les dépenses concernant les grands hôpitaux et les universités, afin de réserver une part plus grande aux priorités sociales[25].

2. L'implosion de l'État mimétique

La faillite politique de l'Afrique post-coloniale est apparue dans toute son ampleur au début des années 80, avec l'émergence d'un mouvement démocratique contestant sur l'ensemble du continent l'autoritarisme de l'Etat et son emprise sur la société. Au fond, l'idéal nationaliste et moderniste de l'État de Bandung est sérieusement mis à mal, à la fin des années 70, par l'échec sans appel du *«projet développementaliste»* des Pères des indépendances. L'Etat post-colonial s'était assigné la noble et difficile mission de forger la nation, en Afrique, à partir d'une mosaïque des populations hétérogènes et des territoires arbitraires hérités de la colonisation. L'État «clé en main» reçu des colonisateurs avec tout son cortège d'institutions politiques, administratives et juridiques est, aujourd'hui, défaillant sur toute la ligne.

Dans tous les cas:

> Les espoirs placés dans le développement comme force d'intégration et de promotion de nouvelles identités culturelles ne se sont guère réalisés. La perte de crédibilité du discours développementaliste, seule source de légitimité des hommes politiques modernes, met à nu la vacuité du pouvoir. La dérive nationaliste condamne à la fois l'État mimétique au terrorisme et à l'impuissance. Sans ressources ou presque, sinon le contrôle des entrées extérieures, il fonctionne selon une logique néo-patrimoniale basée sur le clientélisme et la corruption, comme l'ont démontré les analyses des politologues[26].

25 Gilbert RIST, *Le développement. Histoire d'une croyance occidentale,* op. cit., p. 337-338.

26 Serge LATOUCHE, *La fine del sogno occidentale*, op. cit., p. 135-136.

Ce sont les universités qui furent le fer de lance du mouvement de contestation de l'État post-colonial, dès les années 70. La répression musclée de ce mouvement contestataire étudiant a conduit, sur le continent, à une opposition violente entre l'Université et les Pouvoirs publics. La contestation estudiantine va inspirer, par ailleurs, quelques mouvements de guérilla armée. La population considérée, généralement, comme acquise à la cause du pouvoir, est, bel et bien, partie prenante dans le mouvement de contestation de l'État, à travers sa panoplie de stratégies de résistance et de survie basées essentiellement sur l'entraide et la mobilisation des solidarités traditionnelles, familiales ou claniques.

> La mobilisation des solidarités infra-étatiques (régionales, religieuses, ethniques...), comme le relève Hakim Ben Hammouda, trouve des échos au sein des appareils de l'Etat qui, en dépit de son discours modernisateur, ne s'est pas totalement débarrassé du fait communautaire, et reste traversé par ces tentations de repli identitaire. Ainsi, en dépit d'une soumission formelle en contre partie de la satisfaction des besoins fondamentaux, les populations urbaines et rurales pervertissent, de manière insidieuse, faite de pressions amicales et communautaires, la logique de construction de l'État moderne. Cette altération des principes modernes est d'autant plus importante que les États ont, après un intermède relativement court, renoué avec les formes traditionnelles d'exercice du pouvoir. En effet, le fait infra-étatique (régional, ethnique...) qui a traversé le mouvement national, et a influencé la construction de l'État post-colonial, réapparaît et marginalise la matrice moderne de gestion politique. La survivance et la reproduction des formes néo-patrimoniales constituent une constante dans l'exercice du pouvoir dans l'ensemble des nouvelles entités territoriales africaines[27].

La vague démocratique qui a déferlé sur l'Afrique à partir de 1990, sous la forme de conditionnalité politique imposée par les bailleurs de fonds internationaux aux régimes autoritaires invétérés du continent, a ravivé la contestation de l'État post-colonial ayant abouti à sa déliquescence actuelle. En effet,

> la crise économique des années 80 avait préparé le terrain en délégitimant les régimes autoritaires qui justifiaient le recours aux partis uniques ou la prise de pouvoir des militaires par les nécessités du développement ainsi que de l'unité nationale. L'échec du développement, qui est aussi celui de l'État autoritaire, remet la démocratie à l'ordre du jour[28].

27 Hakim BEN HAMMOUDA, *Afrique: Pour un nouveau contrat de développement,* op. cit., p. 115-116.

28 Jean-François MÉDARD, «Les démocraties africaines», in *Questions de développement,* op. cit., p. 95.

Ainsi, parallèlement au lancement des programmes d'ajustement structurel, on va assister, sur la scène politique africaine, à l'avènement au pouvoir d'une nouvelle élite technocratique et gestionnaire, jouissant de l'appui et des faveurs des institutions internationales et des bailleurs de fonds. À l'opposé de l'ancienne élite nationaliste fortement politicienne, la nouvelle élite technocratique se fera résolument la championne de l'expertise économique, contribuant ainsi à la dévalorisation du politique taxé d'avoir loupé le coche de la modernisation de la société africaine, du fait de sa monopolisation par l'État post-colonial.

D'où:

> L'avènement des nouvelles élites se traduit par une forte coupure avec les idéaux et les objectifs des anciennes élites nationalistes qui avaient dominé l'État-nation dans la post-colonie. Cependant, en dépit de ces divergences, la nouvelle élite reste marquée par le même idéal déterministe et irréversible de la science classique. En effet, au niveau économique, la confiance placée dans l'État pour ses vertus modernisatrices est dorénavant située dans le marché. Ainsi, le désengagement de l'État et la généralisation des mécanismes marchands dans la gestion de l'économie assurera, selon les nouvelles élites, obligatoirement une progression rapide de la post-colonie vers la modernité économique. D'autre part, l'introduction du multipartisme dans la gestion du politique devait amener ces sociétés sans heurts sur le chemin de la démocratie libérale. Le temps de la post-colonie est encore une fois le lieu de l'écoulement linéaire et paisible des lois de la modernité économique et politique[29].

Contrairement à ses promesses tapageuses, le couple *démocratie/marché* de la nouvelle modernité des années 80, corrélat de la nouvelle globalisation, a élargi davantage, en Afrique, le fossé économique entre le petit monde de la «modernité» constitué par l'ensemble des organisations, des associations socioprofessionnelles et des partis politiques, et le *«méga-monde»* de la «marginalité» englobant l'immense majorité des populations exclues du mode de production et de consommation moderne. Nous y reviendrons plus loin, dans la dernière section consacrée à la faillite économique. Par ailleurs, au niveau politique, on est revenu à la case départ, avec le retour en force de l'autoritarisme politique, des conflits armés et des putschs militaires soutenus toujours par les mêmes «maîtres du monde», jouant, tour à tour, au pyromane et au sapeur-pompier.

29 Hakim Ben Hammouda, *Afrique: Pour un nouveau contrat de développement,* op. cit., p. 135-136.

3. La faillite économique

Comme l'indique Serge Latouche, la faillite économique de l'Afrique se lit à travers les chiffres. En effet, ceux-ci parlent d'eux-mêmes, dans tous les secteurs considérés:

> La production agricole est globalement faible, sa croissance est lente ou tout simplement négative pour certaines années, et dans tous les cas, inférieur au rythme de la croissance démographique qui est de l'ordre de 3% par an. Cette agriculture est, en outre, menacée par les catastrophes naturelles, elles-mêmes aggravées par l'incurie ou l'avidité des hommes. Les déboisements abusifs, l'usage inconsidéré d'engrais chimiques et de pesticides, le recours à l'irrigation inadéquate, l'introduction sans précaution des cultures de rente qui épuisent le sol (comme celle de l'arachide), augmentent les dommages de la sécheresse et contribuent à la désertification ou à la dégradation des terres arables, ainsi qu'à l'assèchement ou l'empoisonnement des nappes phréatiques.
>
> La production industrielle, non plus, ne se porte pas mieux. La majeure partie des économies africaines sont sinistrées. Plusieurs entreprises modernes ont dû fermer, faute de débouchés. Les entreprises publiques, accablées par le gaspillage et la corruption, alourdies par un personnel pléthorique et peu productif, et dépourvues de toute autre ressource, sont condamnées au démantèlement ou à la privatisation sauvage des plans de restructuration du Fonds Monétaire International. On compte des centaines de milliers d'ouvriers et employés touchés par la déflation et la conjoncture[30].

Globalement, au vu de l'indicateur du PNB per capita, l'Afrique Noire fait bien figure d'un sous-continent à la dérive, depuis le début des années 1970. En effet, d'après les statistiques de Paul Bairoch, l'Afrique a connu dans l'ensemble, en termes relatifs, une croissance économique assez positive du début du dernier siècle jusqu'à la fin des années 1960; celle-ci est entrée, par contre, à partir de 1972, dans une phase très négative marquée à la fois par des reculs du PNB par habitant et par l'aggravation de l'inflation démographique dont les taux annuels de progression a atteint 3,1% entre 1990 et 1995. Les reculs du PNB enregistrés sont donc la résultante de la conjoncture de l'évolution négative dans les domaines agricole et industriel.

30 Serge LATOUCHE, *La fine del sogno occidentale*, op. cit., p. 134-135.

Si on limite l'analyse à la seule Afrique Noire, l'évolution est encore plus négative. Ainsi, si l'on prend les données officielles, qui fournissent une image trop optimiste de l'évolution de 1980 à 1990, le recul du PNB par habitant pour ces dix années a été de l'ordre de 7 pour 100 en Afrique du Nord et de 12 pour 100 en Afrique Noire[31].

Les deux tableaux ci-dessous visualisent graphiquement l'évolution générale de la croissance économique de l'Afrique, de 1950 à 1995. Le premier indique l'évolution du taux de croissance du volume du PNB par habitant d'un échantillon de 10 pays. Ici, deux pays, particulièrement, le Ghana et la République Démocratique du Congo anticipent en quelque sorte, au courant de la décennie 1970, l'évolution négative de la décennie 1980, avec des reculs annuels de leurs PNB par habitant respectivement de 2,0 et 2,9%. Et au cours de la décennie noire 1980, sur les 10 pays considérés, 6 accusent un recul net de leurs PNB par habitant. Le second illustre la faiblesse chronique du niveau du volume du PNB par habitant du continent, par rapport à d'autres régions du Tiers Monde et aux pays développés.

Tableau 4. Taux de croissance du PNB par habitant d'un échantillon de 10 pays africains

Pays	*1900-1950*	*1950-1970*	*1970-1980*	*1980-1990*	*1990-1995*
Algérie	—	2,5	3,7	0,0	*-2,2*
Congo (R.D.)	—	0,6	*-2,9*	*-1,8*	*-12,6*
Côte d'Ivoire	0,2	3,0	2,0	*-4,1*	*-2,5*
Egypte	—	2,8	4,6	3,2	*-0,5*
Ethiopie	1,2	1,8	0,2	*-1,2*	*-5,2*
Ghana	—	0,4	*-2,0*	*-0,8*	1,4
Kenya	—	1,9	1,3	0,5	*-3,5*
Maroc	—	0,4	1,9	1,5	*-1,0*
Nigeria	—	2,5	2,6	*-0,6*	*-0,2*
Tanzanie	—	1,7	0,6	0,9	0,7

Source: Paul BAIROCH, *Victoires et déboires*, tome III, Paris, Gallimard, 1997, p. 1016.

31 Paul BAIROCH, *Victoires et déboires*, tome III, Paris, Gallimard, 1997, p. 1003.

Tableau 5. Volume du PNB par habitant des régions du Tiers Monde et pays développés (exprimé en dollars des États-Unis de 1995)

Pays	*1900*	*1939*	*1950*	*1970*	*1980*	*1990*	*1995*
Tiers monde Afrique	*650*	*800*	*900*	*1.350*	*1.350*	*1.250*	*1.150*
Amérique	1.550	2.000	2.350	3.050	3.900	3.750	3.950
Asie (Écon. de marché)	800	950	900	1.250	1.500	1.550	1.750
Tiers Monde (Écon. de marché)	850	1.050	1.100	1.550	1.850	1.850	1.950
Chine	900	950	850	1.550	2.100	2.900	3.650
Ensemble Tiers monde	850	1.000	1.000	1.550	1.950	2.150	2.400
Pays développés occidentaux	*3.300*	*5.350*	*6.300*	*13.050*	*15.750*	*19.700*	*20.100*
Ensemble Pays développés	2.700	4.300	5.200	11.400	14.500	17.300	16.600
Monde	1.500	2.200	2,450	4.400	5.250	5.750	5.500

Source: Paul BAIROCH, *Victoires et déboires*, tome III, op. cit., p. 1001.

4. Le Nouveau Partenariat pour le Développement de l'Afrique (NEPAD)

De nombreux plans et stratégies de développement ont été élaborés pour sortir l'Afrique du sous-développement. Mais toutes ces initiatives de développement volontaristes ont échoué jusqu'à ce jour. La première stratégie de développement concertée du continent a été le *Plan de Lagos*[32] adopté par l'OUA en 1981. Ce plan prônait une version africaine de la substitution des importations sur le modèle latino-américain, mettant en avant une intervention massive de l'État et une planification rigoureuse censées permettre de jeter les bases de l'industrialisation systématique de

32 Le *Lagos Plan of Action for the Economic Development of Africa 1980-2000* faisait suite à l'étude prospective sur l'Afrique de l'Institut international des sciences sociales (IIES), *Quelle Afrique pour l'an 2000?*, publiée à Genève, en 1979.

l'ensemble du continent. La même année, le *Plan Berg*[33] de la Banque Mondiale pour l'Afrique prenait le contre-pied du *Plan de Lagos*. Il plaidait pour le libre jeu des lois du marché et un rôle minimal de l'État. Autrement dit, il suggérait aux Africains de «laisser les forces du marché décider des avantages comparatifs de chaque pays et surtout d'éviter que l'État monopolise l'ensemble des ressources affectées au développement»[34].

Le NEPAD *(New Partnership for African Development/Nouveau Partenariat pour le Développement de l'Afrique)* est donc le nouveau «plan de sauvetage» de l'Afrique, adopté en grande pompe au sommet de l'Organisation de l'unité africaine (OUA) tenu à Lusaka en juillet 2001. Il a été solennellement présenté par ses concepteurs et leurs parrains comme l'*antidote* au sous-développement du continent hérité du colonialisme[35]. Nous en indiquerons ici les grandes lignes concernant, notamment, ses objectifs et son fonctionnement.

4.1. La présentation

Le NEPAD est le fruit de la fusion du projet de *Renaissance africaine* du président Thabo Mbeki (Afrique du Sud), du *Millenium African Plan (Programme millénaire pour le rétablissement de l'Afrique)* des présidents Olusegun Obasanjo (Nigeria) et Abdelaziz Bouteflika (Algérie), et du plan *Omega* du président Abdoulaye Wade (Sénégal). Il a été lancé au G8 de Gênes (Italie), en juin 2001, par le triumvirat Mbeki, Bouteflika et Obasanjo. Il a reçu, à l'occasion, le soutien formel de *James Wolfensohr*, président de la Banque mondiale, et des premiers ministres britannique et canadien Anthony Blair et Jean Chrétien. La fusion de ses trois composants a été réalisée le 3 juillet 2001. De cette fusion est apparue la *Nou-*

33 Son intitulé officiel est, en effet: *«Le Développement accéléré de l'Afrique au Sud du Sahara: Programme indicatif d'action»*. L'appellation *«Plan Berg»* fait référence à son principal rédacteur.

34 Christel Alvergne et Daniel Latouche, «Le NEPAD peut-il sauver l'Afrique? La difficile prise en compte de la dimension territoriale du développement», in *Futuribles*, n° 289, septembre, 2003, p. 49.

35 Voir Agnès Sinaï, «Douteux partenariat pour l'Afrique», in *Le Monde diplomatique*, n° 585, décembre 2002, p. 16-17.

velle initiative africaine (NIA), qui a été approuvée par le sommet des chefs d'État et de gouvernement de l'OUA, le 11 juillet 2001. Un comité des chefs d'État et de gouvernement s'est alors chargé d'un cadre stratégique qui a débouché sur la création officielle du NEPAD, le 23 octobre 2001.

Ainsi, lors de la session inaugurale de la nouvelle *Union africaine (UA)* tenue à Durban (Afrique du Sud) en juillet 2002:

> Le NEPAD est devenu le «plan directeur» unique pour le développement du continent. Le mois précédent, lors de la réunion du G8 au Canada, les pays du Nord s'étaient vus forcer la main pour passer de la parole aux actes et intégrer leurs promesses d'une aide accrue à ce nouveau cadre de développement[36].

> Le NEPAD est donc un cadre stratégique global, complet et intégré, visant le développement socio-économique de l'Afrique, à partir d'une *‹vision›*. C'est-à-dire, d'une liste des problèmes auxquels le continent africain doit faire face, et à laquelle répond un programme d'actions visant à résoudre ces problèmes et à réaliser la vision. Ce plan de développement a été pensé et conçu par les dirigeants africains; c'est un engagement qu'ils prennent vis-à-vis de leur propre communauté mais aussi de la communauté internationale, afin d'accélérer l'intégration du continent africain dans l'économie mondiale, tout en garantissant un développement durable[37].

4.2. Les objectifs

Le NEPAD poursuit *4 objectifs majeurs*: la *croissance accélérée*, le *développement durable*, l'*éradication de la pauvreté* et l'*arrêt de la marginalisation de l'Afrique* dans le processus de mondialisation. Ces objectifs ont été relayés par *10 priorités:*

1) une bonne gouvernance publique,
2) une bonne gouvernance de l'économie privée;
3) des infrastructures adéquates;
4) une éducation adaptée;
5) l'amélioration de la santé;

36 Christel ALVERGNE et Daniel LATOUCHE, *«Le NEPAD peut-il sauver l'Afrique? La difficile prise en compte de la dimension territoriale du développement»*, art. cit., p. 46.

37 *FUTURIBLES*, n° 289, septembre 2003, p. 47.

6) l'accès aux nouvelles technologies;
7) le rattrapage du retard sur le plan agricole;
8) une attention accrue envers l'environnement;
9) un meilleur accès à l'énergie;
10) l'accès aux marchés des pays développés.

Globalement, le NEPAD est un plan de développement fondé sur un objectif de croissance annuelle de 7%, dépendant largement de l'apport massif des investissements étrangers[38]. Il a donc l'ambition, sinon l'obligation, de faire renaître l'Afrique de ses cendres grâce à une plus grande compétitivité dans l'économie mondiale[39]. Mais l'enjeu est de taille et le pari semble très audacieux. Pour l'ordre de grandeur, on notera, comme le relèvent justement Christel Alvergne et Daniel Latouche, que:

> Pour atteindre son objectif de réduire de moitié le niveau de pauvreté d'ici 2015, le continent africain a besoin de flux financiers additionnels d'environ 54 milliards de dollars US par an. Même l'élimination de la dette complète africaine et un doublement de l'aide publique au développement n'apporteraient qu'environ la moitié de cette somme[40].

4.3. Le fonctionnement

Le NEPAD est un projet de l'UA. Il repose principalement sur un comité de mise en œuvre réunissant les chefs d'État et de gouvernement de l'UA. Ce comité est présidé par Olsegun Obasanjo (Nigeria), appuyé par deux vice-présidents, Abdelaziz Bouteflika (Algérie) et Abdoulaye Wade (Sénégal). Il rassemble 15 États, trois États par région de l'UA: Cameroun, Gabon, Sao Tomé-et-Principe pour l'Afrique centrale; Éthiopie, Maurice et Ruanda pour l'Afrique orientale; Algérie, Égypte et Tunisie pour l'Afrique du Nord; Afrique du Sud, Botswana et Mozambique pour l'Afrique australe; enfin Mali, Nigeria et Sénégal pour l'Afrique occidentale.

38 À ce propos, une réunion des chefs d'État tenue à Dakar en avril 2002 a permis de dresser une liste préliminaire des projets éligibles au titre du NEPAD et un programme définitif a été adopté lors de la réunion d'implantation du NEPAD tenue à Abuja, en mars 2003.

39 Voir Agnès Sinaï, «Douteux partenariat pour l'Afrique», art. cit., p. 16-17.

40 Christel Alvergne et Daniel Latouche, «Le NEPAD peut-il sauver l'Afrique? La difficile prise en compte de la dimension territoriale du développement», art. cit., p. 51.

Le comité directeur se compose des représentants personnels des cinq présidents des pays initiateurs du NEPAD: Algérie, Égypte, Nigeria, Sénégal et Afrique du Sud. Il élabore les mandats des programmes et des projets déterminés, et supervise le secrétariat.

Le secrétariat du NEPAD est basé à Midrand (Afrique du Sud), il assure une fonction de liaison et de coordination entre les États membres, ainsi qu'une fonction administrative et logistique. Notamment, il sollicite des organismes ou des experts africains en fonction des travaux de chantier[41].

4.4. La spécificité du NEPAD

Le NEPAD laisse sceptique un bon nombre d'observateurs avertis qui n'y voient qu'un autre «feu de paille», dans la sempiternelle entreprise de recherche des voies et moyens susceptibles de sortir l'Afrique de son sous-développement chronique, au vu surtout du peu d'intérêt manifesté à son sujet par les participants au sommet du G8 d'Évian en France, en juin 2003, ainsi que de son présumé manque d'originalité. De sorte que, «pour les partisans de l'abolition de la dette africaine rien ne pourra être accompli tant que les gouvernements africains n'obtiendront pas de véritables marges de manœuvre financières»[42].

Par ailleurs, les adeptes de l'approche communautaire critiquent justement le peu de cas qui est fait à la société civile dans la démarche du NEPAD. Pour ces derniers, en tous cas:

> Toutes les raisons sont bonnes pour expliquer l'échec annoncé d'une démarche jugée tantôt irréaliste et dirigiste, tantôt paternaliste et néo-libérale: la corruption généralisée, l'absence d'entrepreneurs, le faible taux d'épargne, la pauvreté endémique, les bureaucraties inefficaces, la main mise de la Banque mondiale, les luttes interethniques, sans compter la mauvaise volonté des pays du Nord[43].

Néanmoins, le NEPAD entend éviter les écueils de ses prédécesseurs notamment, en développant une réelle capacité de mise en œuvre et par l'existence d'une véritable volonté politique. En l'occurrence, la responsabilité

41 *Futuribles*, «Le NEPAD / NPDA», n° 289, septembre 2003, p. 47.

42 Christel Alvergne et Daniel Latouche, «Le NEPAD peut-il sauver l'Afrique? La difficile prise en compte de la dimension territoriale du développement», art. cit., p. 48.

43 Ibid., p. 48.

des actions à entreprendre et des programmes à réaliser a été confiée à des instances sous-régionales. Ce «réalisme territorial» a toujours manqué aux grandioses initiatives panafricaines antérieures. En outre, les concepteurs du NEPAD citent, entre autres différences clés, le fait qu'il a été élaboré par des Africains, et est géré et mis en œuvre par eux, qu'il se fonde sur le concept d'un nouveau partenariat (engagements, obligations, contributions et avantages mutuels, etc.) dont les termes ne sont pas imposés de l'extérieur[44].

En résumé, le NEPAD vise à enclencher une nouvelle dynamique de développement du continent s'appuyant sur des investissements importants dans les infrastructures (transports, énergie, eau, assainissement, télécommunications), en pariant que celles-ci exerceront un puissant effet d'entraînement. Les concepteurs du NEPAD se fondent ainsi sur les travaux d'évaluation menés par la Banque africaine de développement, la Banque interaméricaine de développement et l'OMS établissant de manière convergente une corrélation étroite entre la lutte contre la pauvreté et la qualité des infrastructures de transport, particulièrement en milieu rural.

Une étude du Département du développement international britannique va dans le même sens et conclut que:

> Les transports jouent un rôle essentiel, non seulement en ce qui concerne le développement économique classique, mais aussi pour tout ce qui touche l'agenda social, que ce soit la réduction de la mortalité infantile, la lutte contre le sida, le développement durable, l'enseignement primaire et la satisfaction des besoins fondamentaux[45].

44 Voir *Futuribles*, «Le NEPAD/NPDA», art. cit., p. 48.

45 Citée par Christel Alvergne et Daniel Latouche, «Le NEPAD peut-il sauver l'Afrique? La difficile prise en compte de la dimension territoriale du développement», art. cit., p. 50.

Conclusion

Le développement comme processus d'accès à la modernité occidentale a cours en Afrique depuis la colonisation européenne. Il a été mis partiellement en œuvre, au cours de la période coloniale, essentiellement dans les domaines de l'éducation, de la santé et de l'économie de traite.

Et il s'identifiait, en l'occurrence, à la civilisation. Ce processus d'occidentalisation de l'Afrique a abouti au dualisme économique et social que l'on connaît.

Sur le plan économique, il y a la *coexistence* des deux économies: *l'économie traditionnelle* ou *de subsistance* basée sur des techniques et des méthodes rudimentaires, et *l'économie moderne* ou *de marché* introduite par la colonisation. Il n'y a pas de délimitation franche entre les deux économies ni de secteur géographique propre à l'une ou à l'autre. Les deux sont, bien entendu,

> mêlées dans la même région, la même collectivité, la même famille, qui continuera, par exemple, à entretenir ses cultures vivrières traditionnelles selon la coutume des ancêtres, et qui pratiquera en même temps une activité nouvelle, une plantation de palmiers ou de cacaoyers, dont le produit sera rémunéré en argent et participera à un circuit commercial moderne[1].

Le dualisme social apparaît notamment, dans les domaines de l'éducation et de la santé. En ce qui concerne l'éducation, on a partout la grande masse d'analphabètes en expansion face à une minorité d'instruits. Par ailleurs, si l'éducation traditionnelle a pratiquement perdu du terrain devant l'école moderne, la médecine traditionnelle, elle, résiste bien face à la médecine occidentale, et constitue, pour l'heure, la seule planche de salut pour la majorité des Africains. En effet, le système de santé officiel est dans l'impasse. Il est confronté, en permanence, au problème de dysfonctionnement chronique dû, en grande partie, à l'insuffisance des moyens logistiques et financiers.

1 Robert DELAVIGNETTE, «Le développement économique et social des territoires d'outre-mer», in *Les exigences humaines de l'expansion économique*, 43e Semaine Sociale de France, Chronique Sociale, Marseille, 1956, p. 339.

C'est avec l'avènement des indépendances que l'Afrique est entrée officiellement dans l'ère du développement, sous l'égide des Nations unies. Le *«projet développementaliste»* aura été, d'ailleurs, la principale revendication de la décolonisation et, en même temps, l'objectif avoué des Pères des indépendances et de leurs épigones. Dans le contexte euphorique des indépendances, les élites africaines au pouvoir présenteront justement à leurs peuples le développement comme la solution à leurs problèmes socio-économiques issus de la colonisation. Tous et chacun étaient, désormais, assurés d'accéder au bonheur et au bien-être matériel promis par l'idéologie développementiste, au prix de l'effort collectif exigé par les pouvoirs publics. L'ingénierie onusienne du développement déploiera tout son savoir-faire, au cours de cinq décennies consacrées officiellement au développement, pour produire en série des stratégies plus ou moins contradictoires, censées sortir le Tiers Monde de sa situation de misère aggravée. Mais le développement semble, au contraire, s'éloigner de l'horizon des PVD, au fil des décennies.

Ainsi, la notion de développement est entrée en crise. Une crise particulièrement aggravée par l'émergence de la question écologique et que d'aucuns identifient ni plus ni moins avec la fin du développement. Depuis, le développement a été phagocyté par l'environnement. Il survit aujourd'hui, à titre épisodique, dans le *concept écologique* onusien de *développement durable,* que nous analyserons dans les parties suivantes de cette étude.

Deuxième Partie

L'environnement ou le nouvel étendard du développement

La crise écologique mondiale sans précédent, apparue au grand jour dans les années 1970 a tordu le cou au mythe du progrès linéaire et de la croissance illimitée de l'idéologie développementiste. Selon ce mythe de la promesse de l'abondance généralisée, les progrès de la technologie et la croissance illimitée de la production de biens et services assureraient, au bout du compte, la «bonne vie» de tous.

Invalidée systématiquement en Afrique au début des années 1980 par la mise en œuvre des programmes d'ajustement structurel, l'idéologie de la croissance génératrice et garante du bien-être matériel pour tous est pratiquement entrée en crise, avec l'émergence de la question écologique mettant en évidence, à la fois, les graves atteintes portées par le processus d'industrialisation à l'environnement naturel et les terribles dangers et menaces que la poursuite du modèle de développement industriel élargi à l'ensemble de la planète, fait peser sur la survie de l'humanité.

En effet, théoriquement reproductible ici et maintenant, le développement n'est pas, en fait, universalisable, essentiellement pour des raisons écologiques touchant à la finitude de notre planète Terre. Le Rapport du Club de Rome de 1972 sur *Les limites de la croissance* allait justement dans ce sens. Et l'on comprend aisément l'audience qu'il eut à l'époque. Il avait créé un véritable électrochoc auprès du grand public occidental, qui désormais devait accepter l'idée que le mode de vie consommationniste américain basé sur la surexploitation technique de la nature ne pourrait se maintenir indéfiniment, au nom de la sauvegarde de la planète et de la survie de l'humanité.

En juin de la même année 1972, la Première Conférence internationale sur *Environnement et Ressources* de Stockholm apporta la caution officielle, au niveau mondial, à l'impérieuse nécessité de la préservation de l'environnement humain. Après un passage à vide d'une quinzaine d'années, le débat écologique va resurgir en 1987, avec la publication du *Rapport Brundtland*, pour se poursuivre, de nos jours, dans la droite ligne des Sommets de la Terre de Rio (1992) et de Johannesburg (2002).

Chapitre 4

L'émergence de la question écologique

Les problèmes d'environnement apparaissent dans l'histoire de l'humanité au cours de la période néolithique, avec le passage décisif de l'Homo sapiens de l'état primitif de chasseur-cueilleur à celui d'agriculteur-pasteur. La pratique systématique de l'agriculture va provoquer des altérations significatives dans la structure des écosystèmes de la biosphère. En effet, comme l'indique Lester R. Brown:

> La révolution agricole a entraîné le défrichement d'un dixième de la surface émergée de la planète, qui était couverte d'herbes ou d'arbres, pour qu'il devienne possible de labourer. À la différence de la culture de la cueillette et de la chasse, qui avait peu d'effet sur la terre, cette nouvelle culture agricole a littéralement transformé la surface de la Terre[1].

L'introduction de l'agriculture correspond donc à la deuxième phase de la *transition écologique* dénommée *époque d'altération* et du *contrôle* de *la nature*. La première phase relative à la culture de la chasse et de la cueillette est considérée comme la période par excellence de l'*équilibre naturel*, où l'homme vit en *symbiose* avec son habitat. La troisième phase est celle de la *révolution industrielle*, encore en cours, dans certains pays. Elle est caractérisée particulièrement par l'expansion massive de l'activité économique et l'exploitation d'énormes quantités d'énergie fossile correspondant aux nouveaux styles de vie. Ce qui fait naturellement de l'ère industrielle l'époque la plus destructrice pour l'environnement de toute l'histoire humaine.

Ainsi, toutes les sociétés antérieures ont dû être confrontées, peu ou prou, aux problèmes écologiques. Déjà, «dans un passage du *Critas*, Platon décrit, assez précisément, le mécanisme qui conduit de l'agriculture à la déforestation puis à la désertification»[2]. La nouveauté ou l'originalité,

1 Lester R. BROWN, *Éco-économie,* Paris, Édition du Seuil, 2003, p. 143.

2 Dominique BOURG, «Face aux problèmes d'environnement, des scénarios divergents», in *Économie & Humanisme,* Dossier: «Développement durable», n° 360, mars 2002, p. 24.

en la matière, réside fondamentalement dans le fait, que les problèmes écologiques actuels sont globaux, à la différence de ceux du passé qui étaient, par définition, des problèmes plutôt locaux.

L'objet de ce chapitre est de situer de manière synthétique la genèse de la problématique écologique contemporaine. Cela dit, nous parlerons de l'évolution du rapport entre l'économie de l'homme et l'écologie de la planète, de l'homme en tant qu'acteur écologique global, et de la vision économique de l'environnement.

1. L'évolution du rapport entre l'économie de l'homme et l'écologie de la planète

Le développement de la pensée écologique a mis en évidence, à la fois, le rôle et la responsabilité accrus de l'homme, en tant qu'acteur écologique global, dans le devenir de l'équilibre naturel de la biosphère. Depuis son apparition sur la terre, l'homme a toujours eu, de toute évidence, une certaine perception de l'environnement. Mais celle-ci a évolué considérablement dans l'espace et dans le temps. Ainsi, par exemple, pendant que la nature est désenchantée, en Occident, depuis le 17e siècle, sous le mode de la *Nature objet* ou de l'*Univers chose*, corrélat de l'objectivité scientifique; la même nature demeure encore sacrée, aujourd'hui, dans certaines cultures dites vitalistes ou animistes d'Asie, d'Afrique, d'Océanie et d'Amérique Latine. Autrement dit, notre rapport à la nature est tributaire de nos conceptions anthropologico-culturelles.

1.1. L'invention de l'écologie

L'*écologie*, comme discipline scientifique constituée, est née dans les années 1930. Toutefois, elle doit son nom au biologiste allemand Ernst Haeckel, qui l'a inventé en 1866. C'est une science complexe située au carrefour dc nombreuses disciplines, comme la biologie, la physiologie, la génétique, la biogéographie, l'évolution, etc. Elle a surtout gagné en importance au fur et à mesure du développement urbain et industriel. De sorte qu'elle tire davantage son succès actuel de sa mise en perspective idéologique par le mouvement écologique que de sa signification purement scientifique[3].

L'écologie étudie les interactions entre les organismes et leur environnement ou *habitat*. Concrètement:

> Elle s'intéresse à tous les niveaux d'organisation du vivant supérieur à l'individu. Elle étudie l'*être vivant* dans son *environnement*, mais aussi l'*espèce* (l'ensemble des organismes capables de se reproduire entre eux), la *population* (les individus d'une même espèce occupant un même habitat), la *communauté écologique* (les diverses populations vivant dans un même lieu), l'*écosystème* (les communautés écologiques en relation avec les composantes physico-chimiques de leur environnement), et enfin la *biosphère*, constituée par la totalité des écosystèmes[4].

Ces différents paliers d'organisation du vivant – de l'individu à la biosphère – obéissent aux lois de la chimie et de la physique, et ont des propriétés spécifiques résultant des interactions entre les différents constituants d'un niveau. Les scientifiques spécialistes de l'environnement s'attachent donc à étudier minutieusement les relations qu'entretiennent les individus avec leur milieu de vie au niveau de chaque échelon, mais aussi à celui plus élargi de l'ensemble de la biosphère. La biosphère englobe tous les écosystèmes du globe. Elle est principalement constituée par les éléments chimiques du vivant: l'oxygène et l'hydrogène (éléments constitutifs de l'eau), le carbone (élément de base de la matière organique), l'azote, le phosphore, ainsi que le souffre et le fer, en faible proportion. Ces divers éléments chimiques impliqués dans la biosphère décrivent des *cycles* dits *biogéochimiques*, qui assurent, à la fois, la stabilité des écosystèmes et l'équilibre de la biosphère.

Mais cet équilibre naturel et fondamental de la biosphère est mis à mal, en permanence, par l'homme. Ainsi, par exemple, les activités humaines perturbent le cycle du carbone en puisant du pétrole et du charbon, puis en relâchant dans l'atmosphère les produits de leur combustion. Par ailleurs, ceux de l'azote et du phosphore sont principalement altérés par l'utilisation des engrais azotés ou phosphatés en agriculture. Selon certains chercheurs, «la stabilité des écosystèmes et l'équilibre de la biosphère tout entière semblent dépendre étroitement de leur richesse en espè-

3 Voir Claude RAFFESTIN, «Les ingérences paradoxales de la pensée écologique», in Fabrizio SABELLI (sous la direction de), *Écologie contre nature*, Paris, PUF, p. 41-42.

4 Isabelle BOURDIAL (sous la direction de), *La vie et l'écologie*, Paris, Éd. France Loisirs – Larousse Bordas, 2001, p.94.

ces, c'est-à-dire de leur *biodiversité*»[5]. Autrement dit, on pense que plus un écosystème est pauvre en espèces, plus il est fragile. Ce qui apporte, bien entendu, de l'eau au moulin des mouvements écologistes partisans de la lutte pour la sauvegarde des espèces animales et végétales en voie de disparition. Seulement, il manque encore des preuves, à l'appui de cette théorie sur la biodiversité.

Grosso modo, au premier stade d'étude de l'environnement, l'*écophysiologie* (ou «*autécologie*»), notamment, a mis en évidence la notion fondamentale de *facteur limitant*. Ce dernier désigne donc le paramètre physicochimique qui exerce l'action la plus efficace sur l'espèce considérée. De sorte que, s'il tombe sous un seuil, ou au contraire, le dépasse, l'espèce tend à disparaître. Dans le cas du désert, par exemple, c'est généralement l'humidité du milieu qui constitue le facteur limitant. Une autre notion importante, à ce niveau, est la *valence écologique* qui détermine la capacité d'une espèce à peupler les différents milieux. Elle dépend autant des environnements que des diverses adaptations des êtres vivants à ces environnements.

Au stade suivant, les écologistes focalisent leurs investigations sur le fonctionnement des diverses populations. On retiendra ici, notamment, les notions de *niche écologique* et *réseau trophique*. La *niche écologique* d'une espèce désigne l'ensemble des conditions alimentaires et autres qui conditionnent sa répartition dans un lieu. En d'autres termes, la niche écologique est à la fois l'*adresse* et la *profession* d'une espèce donnée au sein de l'écosystème. Quant au *réseau trophique*, il est constitué par l'ensemble des chaînes alimentaires d'un écosystème. En effet, «cette organisation des êtres vivants en réseau permet aux écosystèmes d'encaisser les perturbations. Par exemple, si une proie vient à manquer, un prédateur pourra reporter ses efforts de chasse sur une autre espèce»[6].

1.2. L'allégorie de l'économie du cow-boy et de l'astronaute

Depuis la Conférence mondiale de l'environnement de Stockholm en 1972, on est passé, dans les pays industrialisés, d'un état de «non-conscience» à celui d'«hyperconscience», quant à la question écologique surgie, parti-

5 Isabelle BOURDIAL, *La vie et l'écologie,* op. cit., p. 95.
6 Ibid., p. 95.

culièrement, à propos des effets funestes de l'ère industrielle pour l'environnement naturel. En effet, l'expansion de l'industrialisation a conduit çà et là à la surexploitation des ressources naturelles ainsi qu'à la pollution des écosystèmes locaux et globaux. La révolution industrielle constitue bien un tournant dans le rapport entre l'économie humaine et l'écologie de la biosphère.

Giorgio Ruffolo utilise, à ce propos, la métaphore bucolique de ‹l'économie du cow-boy› pour expliquer justement l'évolution sui generis du rapport entre l'homme et la nature impliquée par le processus d'industrialisation. Pendant longtemps, et plus précisément depuis l'apparition de l'Homo sapiens jusqu'à la révolution industrielle, l'économie de l'homme, c'est-à-dire, l'ensemble des transformations et de la valeur ajoutée produit par l'activité humaine avait une dimension nettement inférieure à celle de l'écologie planétaire, c'est-à-dire, de l'ensemble des transformations produites par la nature au niveau de la biosphère. Cela dit, jusqu'il y a deux siècles, l'économie de l'homme était un peu comme l'économie du cow-boy, qui se déplace à loisir sur d'immenses prairies et disposant des ressources naturelles à foison pour ses propres besoins et ceux de ses troupeaux.

> Dans la grande prairie l'air que le cow-boy respire, l'eau dont il s'abreuve, l'herbe que ses bêtes broutent sont des ressources inépuisables et gratuites. Dans la grande prairie, les déchets produits par le cow-boy et son cheptel sont facilement absorbés et recyclés. Dans la grande prairie, le cow-boy trouve aisément toutes les ressources nécessaires à la fois pour faire face aux impondérables et pour améliorer la production[7].

L'économie du cow-boy repose, selon Giorgio Ruffolo[8], sur deux faux théorèmes non démontrés, à savoir: le *théorème de la substituabilité illimitée* et le *théorème de la technologie inépuisable*. Suivant le théorème de la substituabilité illimitée, les ressources naturelles, même celles épuisables comme l'herbe du pré ou l'eau de source sont tellement abondantes qu'on ne se préoccupe guère de leur éventuelle pénurie. Et, en cas de nécessité absolue, on peut toujours recourir à des nouvelles ressources. En effet, «si la source d'eau tarit ou bien l'herbe d'un pré s'épuise à l'improviste, le cow-boy déplace son bétail vers une nouvelle source et un nouveau pré»[9].

7 Pietro GRECO (a cura di), *Lo sviluppo sostenibile. Dalla Conferenza di Rio alla Conferenza di Johannesburg,* Napoli, CUEN, 2002, p. 22.

8 Cité par Pietro GRECO, *Lo sviluppo sostenibile,* op.cit, p. 22.

9 Ibid., p. 22.

Le théorème de la technologie inépuisable, lui, affirme que la technologie humaine grâce à ses formidables progrès est à même de faire face à toute exigence, à travers l'augmentation de la productivité des ressources. Autrement dit:

> Notre cow-boy peut toujours recourir à une pompe pour puiser l'eau de la rivière, s'il en a besoin ou à l'engrais naturel, si l'herbe du pré est insuffisante pour nourrir son bétail. Si la rivière s'assèche, il utilisera une tarière pour puiser l'eau du sous-sol. Et si l'engrais naturel ne fait pas croître l'herbe, il y a les fertilisants naturels, etc.[10].

Bien entendu, ces deux théorèmes sont des postulats jamais démontrés. On sait, par contre, que dans uns système physique fini, les ressources épuisables finiront tôt ou tard par s'épuiser, si quelqu'un les exploite de manière systématique. Par ailleurs, le progrès de l'innovation technologique est loin d'être un acquis. En effet:

> Dans beaucoup de sociétés humaines l'innovation de la technique a connu de longues périodes de stagnation et parfois même de régression. [...] Même les connaissances scientifiques peuvent, à la longue, être oubliées: la conquête romaine détermina justement la régression de la science qui était née et s'était développée dans le monde hellénique[11].

Dans tous les cas, l'allègre économie du cow-boy s'avère durable, du fait qu'il est seul dans la grande prairie. Aussi, les ressources naturelles à sa disposition sont-elles si abondantes par rapport à ses besoins au point d'apparaître, en l'occurrence, inépuisables. De même, l'innovation technologique dont il a besoin est tellement minime qu'elle est toujours donc réalisable. Sous ce rapport, l'économie humaine était écologiquement durable, à l'image de l'économie du cow-boy, quand l'humanité entière et son économie étaient encore plus petites par rapport à la biosphère. Il s'agit bien là, en effet, de l'époque avant la révolution industrielle. Parallèlement à la métaphore du cow-boy, Giorgio Ruffolo recourt à la métaphore spatiale de l'astronaute pour illustrer la nouvelle donne de l'économie humaine de l'ère industrielle.

10 Ibid., p. 22-23.
11 Ibid., p. 23.

Figure 1. Dimensions écologiques de l'économie du cow-boy

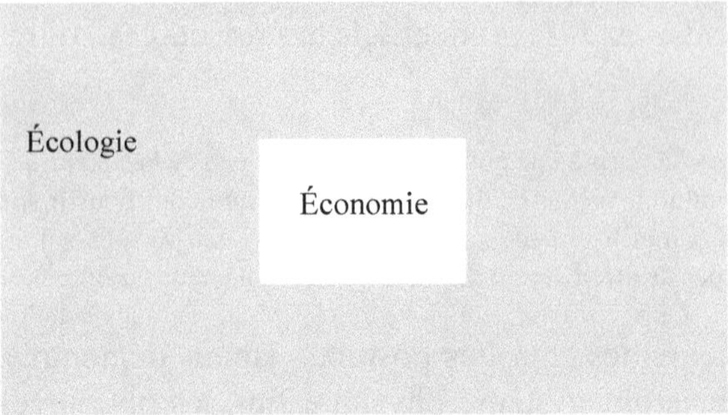

Source: Pietro GRECO, *Lo sviluppo sostenibile*, op. cit., 2002, p. 24.

À la différence du cow-boy bénéficiant d'un espace vital incommensurable doté de ressources naturelles quasiment inépuisables, l'astronaute est plutôt contraint à vivre dans un environnement assez réduit, avec des ressources fort limitées et une possibilité d'innovation technologique presque nulle.

> L'astronaute dispose à bord de sa navette spatiale des stocks limités de nourriture, d'eau et même d'air. Mais surtout, il n'a aucune possibilité de substituer ces ressources. Il ne peut donc s'approvisionner auprès d'aucun magasin pour la nourriture, ni se ravitailler à aucune source d'eau vive, il ne peut non plus respirer, dans l'espace clos, un autre air sinon celui qu'il est bien contraint de conserver jalousement et de recycler dans son vaisseau. L'astronaute constate, à chaque instant, que les ressources naturelles sont précieuses, par ce qu'elles sont dramatiquement limitées[12].

D'où pour sa survie, notre astronaute se doit d'être impérativement parcimonieux dans son mode de consommation de ces trois denrées rares que sont pour lui la nourriture, l'eau et l'air. Il ne peut d'aucune manière compter, ici, sur la mise au point éventuelle d'une quelconque technique susceptible de lui fournir une nouvelle nourriture, une nouvelle eau, un nouvel air. Il doit absolument faire confiance à la technologie qu'il a emmenée de la terre. En résumé:

> L'économie de l'astronaute a atteint des dimensions comparables à celles de l'écosystème restreint dans lequel il vit. Et quand les dimensions de l'économie humaine

12 Pietro GRECO, *Lo sviluppo sostenibile,* op. cit., p. 24.

deviennent comparables à celles de l'écologie, c'est-à-dire, de l'économie de le l'environnement, le mode de vie de l'homme doit nécessairement se modifier, parce que les deux théorèmes qui ont de fait fonctionné dans la période de l'insouciance ne peuvent plus fonctionner: les ressources sont épuisables, et la technologie, quelle que soit son efficacité, n'a pas une capacité infinie d'augmenter la productivité des ressources[13].

Figure 2. Dimensions écologiques de l'économie de l'astronaute

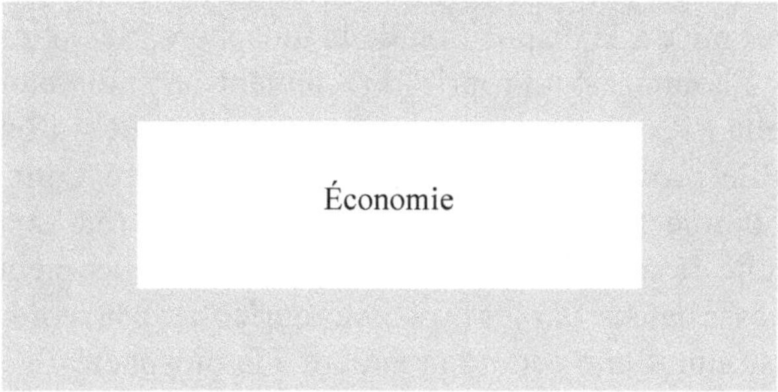

Source: Pietro GRECO, *Lo sviluppo sostenibile*, op. cit., 2002, p. 26.

La morale, si l'on peut dire, des deux métaphores de l'économie du cow-boy et de l'astronaute de Giorgio Ruffolo, illustrées par les deux figures ci-dessus, est que:

> Il est désormais évident que l'économie humaine a perdu les caractéristiques typiques de l'économie du cow-boy. Les dimensions de l'économie sont désormais comparables à celles de l'écologie globale et l'homme, à l'instar de l'astronaute, est contraint à prendre conscience des limites posées par l'environnement dans lequel il vit[14].

Les écologues posent ici leur diagnostic général sur l'état de santé préoccupant de la Planète à partir des données quantitatives relatives à la consommation de l'énergie biochimique de la biosphère. On le sait, tous les êtres vivants, de l'algue aquatique à l'homme, dépendent du soleil. Ils sont directement ou indirectement alimentés par l'énergie lumineuse du rayonnement solaire. Par le processus de la photosynthèse, cette énergie lumineuse est transformée en énergie chimique par les végétaux, les algues et quelques bactéries. La photosynthèse permet aussi à ces producteurs primaires de fabriquer des sucres ainsi que les diverses molécules

13 Ibid., p. 25.
14 Pietro GRECO, *Lo sviluppo sostenibile,* op. cit., p. 28.

organiques nécessaires à leur fonctionnement. Ensuite, ces organismes photosynthétiques fourniront à leur tour de l'énergie aux êtres vivants qui les consomment.

Et les écologistes appellent, en effet, *production primaire nette* (PPN), l'énergie solaire transformée par photosynthèse par les producteurs primaires déduite de la quantité d'énergie leur servant pour survivre et se reproduire. Autrement dit, la PPN est l'énergie biochimique produite par les algues et les plantes et mise à la disposition de la biosphère. Selon les calculs des écologistes, l'homme s'approprie directement ou indirectement, à lui seul, 25% de la PPN de l'ensemble de la biosphère. Et si l'on tient compte de la seule PPN produite par les écosystèmes de la terre ferme, la part du gâteau de l'homme se chiffre à 40%, dont 4% couvrent son alimentation directe et celle de ses animaux domestiques; 30% concernent la destruction de la biomasse causée par les processus agricoles; 6% représentent la biomasse soustraite d'une certaine manière à la biosphère[15].

L'on sait par ailleurs que:

> Sur près de 150 millions de km ^{2} de terres émergées, 2% sont désormais couvertes par les zones urbaines, 11% par des plantations et 25% sont utilisés comme pâturages. En plus, une autre partie notable des 30% de terres émergées est consacrée à d'autres types d'activité économique, comme la sylviculture. En bref, l'Homo sapiens utilise bien plus de 40% de la superficie terrestre. Pour les millions d'autres espèces, l'espace et l'énergie disponibles commencent à s'amenuiser et se réduisent trop rapidement[16].

Comme le visualise la figure ci-dessous, l'économie humaine, en expansion continue, avoisine les dimensions de l'économie de l'astronaute.

Figure 3. Appropriation de la production primaire nette (PPN)

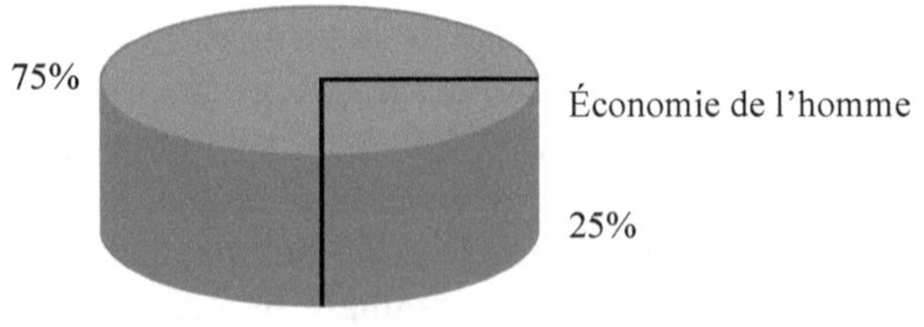

Source: Pietro Greco, *Lo sviluppo sostenibile,* op. cit, p. 27.

15 Cf. Pietro Greco, *Lo sviluppo sostenibile,* op. cit., p. 27.
16 Ibid., p. 28.

2. L'homme comme acteur écologique global

Depuis la révolution industrielle, l'homme est devenu un acteur écologique global par l'hypertrophie de son économie. Cette dernière a des effets tangibles mesurables non seulement au niveau des écosystèmes locaux, mais également à l'échelle du système écologique global. Les écologistes parlent, à ce propos, de l'*impact écologique* de l'homme sur la biosphère, mis en équation par Paul Ehrlich et John Holdren. Cette *empreinte humaine* est, en particulier, notable sur deux grands équilibres écologiques dynamiques globaux, à savoir: le changement climatique et l'érosion de la biodiversité.

2.1. L'impact écologique de l'homme

Avec l'appropriation des 25% de la Production primaire nette (PPN) d'énergie biochimique, l'homme est incontestablement à l'origine de l'accélération du changement climatique et de l'augmentation de la température moyenne de la planète, il est également responsable de l'érosion de la biodiversité et de la disparition phénoménale des espèces vivantes. C'est au duo Paul Ehrlich (écologiste) et John Holdren (spécialiste en énergie) qu'on doit les premières tentatives de formalisation de l'impact écologique des activités humaines sur l'environnement, au début des années 1970. Les deux auteurs ont publié une série d'articles ad hoc dans *Science* (1971) et *Bulletin of Atomic Scientists* (1972)[17].

Selon ces deux auteurs, l'impact humain sur la biosphère appelé (I), est le produit des trois facteurs: la population (P); l'afflux (A) mesuré en termes de consommation moyenne de biens matériels par habitant; et le dommage écologique (T) causé par l'usage des techniques nécessaires à la production des biens matériels consommés. Soit, la formule mathématique:

[I = P. A. T]

Néanmoins, cette formule originaire de l'*impact écologique* de l'homme a été revue et corrigée dans la nouvelle version de l'équation proposée par

17 Cf. Paul EHRLICH and John HOLDREN, «Impacts of Population growth», in *Science*, n° 171, 1971; Paul ERLICH and John HOLDREN, «On dimension of Ecology», in *Bulletin of Atomic Scientists*, n° 28, may, 1972.

Paul Harrison, où le terme (P) représente la population, le terme (C) désigne la consommation moyenne de matière et d'énergie par tête d'habitant, et le terme (i), l'impact écologique par unité de consommation. D'où, la nouvelle formule de l'équation écologique: [I = P. C. i]

On parle, par ailleurs, de l'*empreinte écologique* pour désigner la quantité de ressources naturelles renouvelables en termes d'hectares (ha) que chacun de nous consomme pour maintenir son style de vie. Pour mémoire, celle-ci est passée, selon les données statistiques de la WWW/World Resource Institute/ONU, de 7,62 ha en 1962 à 13,65 ha en 1999. Le nouveau mode de calcul de l'impact écologique proposé par Paul Harrison permet donc de mesurer l'intensité de l'incidence écologique des activités humaines au cours des deux derniers siècles.

En raisonnant en termes de la formulation initiale de l'équation de l'impact écologique (I = P. A. T]), l'analyse globale des trois facteurs impliqués indique clairement la croissance significative des deux premiers facteurs (P) et (A), au cours des deux siècles écoulés. Le premier facteur (P) a connu, en effet, une croissance exponentielle, avec le sextuplement de l'accroissement de la population de 1800 à nos jours. Ainsi, l'humanité qui comptait un million de personnes au début du 19e siècle, a dépassé les 6 milliards de personnes en 2000. Le deuxième facteur (A), relatif à la consommation par habitant, a connu aussi une croissance remarquable pour un grand nombre de biens. À titre indicatif, la consommation d'énergie par habitant a triplé de 1850 à aujourd'hui.

En revanche, l'analyse du troisième facteur (T), relatif à l'impact écologique par unité de consommation, s'avère plus compliquée du fait qu'il varie sensiblement d'un bien matériel à l'autre ou encore d'une activité humaine à l'autre.

> En général, note Pietro Greco, l'impact écologique par unité de consommation tend à diminuer dans le temps, surtout dans les économies de marché qui privilégient l'efficience. D'une manière générale, une plus grande efficience dans la production d'un bien s'accompagne d'un impact écologique mineur[18].

De fait, le facteur (T) est lié à la technologie et au niveau du revenu. Beaucoup d'études confirment que la production de polluants par habitant en fonction du revenu a la forme d'une courbe (∩), elle tend d'abord à

18 Pietro GRECO, *Lo sviluppo sostenibile,* op. cit., p. 37.

accroître et puis diminue avec la richesse. La production par habitant d'acide sulfurique et de poudre, par exemple, correspond environ à un maximum de 9.000 dollars de revenu par habitant, celle du monoxyde de carbone (CO) se situe autour de 11.000 dollars. Ainsi, dans les pays de l'OCDE, notamment, les émissions totales d'un certain nombre de polluants ont diminué ces dernières années, malgré la croissance plus ou moins lente de la population et la forte augmentation du revenu et de la consommation.

Du reste, dans tous les pays industrialisés à économie de marché avancée l'intensité énergétique (l'énergie consommée par l'unité de richesse produite) et l'intensité matérielle (la matière consommée par unité de richesse produite) ont diminué de manière constante dans les dix dernières années[19].

En l'occurrence, l'innovation technologique a permis de diminuer de manière significative l'impact écologique de la consommation d'énergie sur le climat global, avec l'exploitation des nouvelles sources d'énergie non génératrices d'émissions du dioxyde de carbone (CO_2) comme l'hydroélectricité, le nucléaire, le solaire et l'éolienne. On a assisté en particulier, depuis 1850, dans le domaine des combustibles fossiles à un passage progressif du charbon au pétrole et puis au gaz naturel. On le sait, à quantité égale d'énergie produite, le charbon dégage plus de gaz carbonique que le pétrole et celui-ci encore plus que le gaz naturel. Ainsi, le passage des combustibles fossiles plus polluants à ceux moins polluants, de même que le recours progressif aux énergies alternatives ont apporté une plus grande efficience écologique dans l'usage de l'énergie, par rapport à la quantité de carbone relâchée dans l'atmosphère par unité d'énergie consommée. L'impact écologique sur le climat global de l'usage de l'énergie a diminué, en effet, d'au moins un tiers de 1850 à nos jours[20].

2.2. Le changement climatique

Le changement climatique fait partie de ce qu'on appelle, depuis la Conférence de Rio, le changement global *(global change)* désignant les *trois éléments* qui affectent l'ensemble la planète: le *réchauffement* dû à l'effet de serre *(global warming)*, la *biodiversité*, c'est-à-dire le risque de dispari-

19 Pietro GRECO, *Lo sviluppo sostenibile,* op. cit., p. 37-38.
20 Ibid., p. 38.

tion d'espèces animales et végétales, et le *trou* dans la *couche d'ozone*[21]. De tous les problèmes environnementaux majeurs portés ces dernières années à la connaissance du grand public, le changement climatique global apparaît à la fois le plus dramatique et le moins réversible. Car, ce dernier pourrait avoir des répercussions profondes sur la santé de l'homme et des autres êtres vivants.

Le climat est un système dynamique et complexe d'interactions entre l'atmosphère, les océans, la surface terrestre, la couverture de neige et de glace, et la biosphère. À la différence des conditions atmosphériques soumises au changement perpétuel (comme, par exemple, le froid ou la neige), le climat, lui, demeure relativement stable. Et selon Lester R. Brown, le climat de la Terre a été étonnamment stable depuis la naissance de l'agriculture[22]. Mais depuis lors, la température de la terre monte apparemment en raison de l'effet de serre. Pour revenir à la différence entre changement climatique et variation des conditions atmosphériques, on notera que:

> Les perturbations atmosphériques durent de quelques heures à quelques semaines et peuvent s'étendre à une distance allant de 10 à 10.000 km à la ronde. Un régime climatique, par contre, peut durer des milliers d'années, avec une variation de la température et des précipitations typique d'un système climatique stable[23].

Les spéculations sur les variations climatiques ont commencé au début du 19e siècle, avec le mathématicien français Jean Baptiste Fourier (1768-1830), qui supputait, déjà, que l'atmosphère fonctionnerait comme les vitres d'une serre réchauffant la surface terrestre en empêchant la dispersion de la chaleur. En 1861, John Tyndall démontra que des légers changements dans la composition de l'atmosphère pouvaient élever de manière significative la température de la Terre. Toujours, au cours du 19e siècle, le prix Nobel suédois Svante Arrhenius avança, en 1896, l'hypothèse que l'emploi des combustibles fossiles augmentait le taux de dioxyde de carbone dans l'atmosphère, donnant ainsi lieu à des mutations climatiques influant en même temps sur les processus biologiques. Il calcula, à l'époque, qu'un doublement de la teneur du dioxyde de carbone dans l'at-

21 Hervé LE BRAS, *Les limites de la planète. Mythes de la nature et de la population*, Paris, Flammarion, 1994, p. 59.

22 Lester R. BROWN, *Éco-économie,* op. cit., p. 50.

23 Dale JAMIESON, «Le mutazioni climatiche. Problemi morali e politiche ambientali», in Giovanni RUSSO (a cura di), *Bioetica ambientale,* Torino, ELLEDICI, 1998, p. 102.

mosphère aurait occasionné une augmentation de 4 à 6 centigrades de la température moyenne de la surface terrestre. L'ingénieur britannique George Callendar exhumera la vieille théorie d'Arrhenius dans les années 1930, en soutenant que le réchauffement global était bel et bien en cours. Aux États-Unis, les travaux conjoints sur le réchauffement global de Roger Revelle et Hans Suess conduiront, en 1957, à l'institution de l'Observatoire de Mauna Loa dans les îles Hawaï, qui, dès 1958, inaugura la prise des mesures régulières de la concentration de CO_2 dans l'atmosphère[24].

Dans tous les cas, la possibilité des mutations climatiques était déjà un fait établi, à dater de la deuxième moitié des années 1970. Les anomalies climatiques de 1972, comme la sévère sécheresse survenue en Afrique sahélienne et en Union soviétique, le gel dévastateur des plantations de café au Brésil, et les variations de la température de l'eau de mer liées au phénomène climatique dit *El Niño*, ainsi que la famine à grande échelle de 1972-1973, éveillèrent l'attention du grand public au sujet du changement climatique. Le Secrétaire d'État américain Henry Kissinger évoqua la question dans son discours devant les Nations Unies en 1974. Au fond, la menace que constitue le changement climatique, sous son aspect purement physique d'altération de l'environnement planétaire, de *«global change»*, revêt des formes nombreuses allant de l'extinction d'innombrables espèces animales et végétales, de la pollution des mers, des fleuves et des nappes phréatiques à la pollution globale de l'environnement atmosphérique[25].

Néanmoins, aujourd'hui, la communauté scientifique reste divisée sur les causes et les conséquences du changement climatique. Au départ, l'incertitude scientifique liée à la question du changement climatique tient, entre autres, au fait que l'*épouvantail* du changement climatique était, au début des années 1970, la crainte d'un *refroidissement global*, dont la baisse de la température moyenne de la surface terrestre enregistrée, au cours de la période des années 1940 à 1960, aurait été le signe avant-coureur. Mais, depuis 1988, l'*épouvantail* du changement climatique est bien la crainte d'un *réchauffement global* exprimée officiellement, au niveau scientifique, par James Hansen de la National Aeronautics and Space

24 Ibid., p. 103.

25 Cf. André LEBEAU, «Et si Georges Bush savait tout faux? Le changement climatique, un défi planétaire», in *Futuribles*, n° 286, mai 2003, p. 71.

Administration (NASA), devant la Commission *«Énergie et Ressources naturelles»* du Sénat américain[26].

Plusieurs conférences et études ad hoc furent soutenues par un grand nombre d'organisations nationales et internationales au cours des années 1980, et l'ensemble de ce travail scientifique sera couronné par la publication, en 1991, du Rapport du *Groupe intergouvernemental d'experts sur l'évolution du climat* (GIEC / IPCC)[27]. C'est l'œuvre d'une équipe de 170 scientifiques ressortissants de 25 pays, mandatée par les Nations Unies pour sonder l'opinion scientifique internationale au sujet du changement climatique. Les résultats du rapport furent réexaminés par 200 autres scientifiques. Le rapport a abouti à la conclusion que:

> Si les émissions de «gaz à effet de serre» (principalement le dioxyde de carbone, le méthane, les chlorofluorocarbures et l'oxyde d'azote) étaient demeurées inaltérées, la température moyenne de la surface terrestre aurait pu augmenter de 0,2 à 0,5 centigrades tous les dix ans, avec une probable augmentation de 1 degré d'ici à 2025 et de 3 centigrades d'ici à la fin du 21e siècle. Cela représenterait le changement de climat le plus important jamais enregistré sur la terre au cours d'une période d'au moins 10.000 ans[28].

L'IPCC poursuit activement son effort de recherche et sert en même temps de cadre à l'effort de recherche international des différentes équipes mondiales.

Cependant, un certain nombre de scientifiques restent sceptiques sur les tenants et les aboutissants du changement climatiques. Les uns soutiennent qu'il y aurait plutôt un refroidissement au lieu du réchauffement global annoncé, tandis que d'autres croient dur comme fer qu'il n'y aura aucun changement. C'est le cas, notamment, de l'Académie américaine des sciences qui a publié, en juin 2001, un rapport qui prend acte d'un certain nombre d'indices troublants, mais «conclut qu'il n'est pas possible, en l'état actuel des connaissances, d'affirmer que le dioxyde de carbone (CO_2) est responsable d'un changement climatique, ni de prévoir ce

26 C'est le 23 juin 1988, que James Hansen appelé à témoigner devant le Sénat américain sur la sécheresse qui avait frappé les États-Unis, soutint qu'il était probable à 99% qu'un réchauffement global était en cours. Son témoignage fut repris et répercuté par les médias du monde entier. Voir Dale JAMIESON, «Le mutazioni climatiche. Problemi morali e politiche ambientali», art. cit., p. 102-103.

27 En anglais: *Intergovernmental Panel on Climate Change* (IPCC).

28 Cité par Dale JAMIESON, «Le mutazioni clematiche. Problemi morali e politiche ambirentali», art. cit., p. 104.

que sera ce changement dans le futur»[29]. Le démographe français Hervé Le Bras est également du même avis. Il soutient, en effet, que:

> Le changement climatique ne sera ni le plus grand ni le plus rapide des chamboulements actuels et futurs. On ne voit pas pourquoi l'espèce humaine n'y ferait pas face. On ne voit pas pourquoi il serait plus dur de reconvertir l'agriculture que les industries extractives. Les idées d'équilibre de la nature, d'homéostasie, de climax, de retour à l'équilibre, empruntées à une écologie savante des petits milieux bien délimités et transposés à l'échelle planétaire, servent à justifier des idées analogues dans le domaine social. Une représentation de la nature stable sert d'argument rhétorique, de miroir à la revendication d'une société immobile où les différences seraient pérennisées[30].

Ce qui est, tout à fait, certain dans ce domaine, c'est l'existence de l'effet de serre. Ce phénomène physique de réchauffement de l'atmosphère terrestre est induit par des gaz (notamment le gaz carbonique) qui rendent celle-ci opaque au rayonnement infrarouge émis par la Terre. Autrement dit, le gaz carbonique, le méthane et les autres gaz dits «à effet de serre» contribuent, dans l'atmosphère, à la régulation thermique de la planète. Ils laissent passer le rayonnement solaire qui éclaire et réchauffe à la fois la surface terrestre, tandis qu'ils absorbent le rayonnement infrarouge émis par la Terre vers l'espace. Ainsi, grâce à ces gaz et à leur effet calorifique, la température moyenne de la planète se maintient autour de 15° C. Et sans ces gaz, la température moyenne descendrait à –18° C et la Terre ressemblerait à une énorme boule de neige *(«snowball»)*[31]. Cela explique en partie les différences des conditions existant entre la surface de la Terre et celles de Vénus et de Mars. Vénus a une atmosphère extrêmement dense et riche en dioxyde de carbone qui absorbe tellement de chaleur, qu'elle rend la vie impossible sur la surface de la planète. Mars a une atmosphère très fine et pauvre en dioxyde de carbone. La température de la surface à moyenne latitude sur Mars correspond aux températures polaires hivernales de la Terre. Seule, la Terre, a donc la température la plus appropriée à l'évolution et au maintien de la vie[32].

29 Cité par Pierre BONNAURE, «Et si Georges Bush avait raison? La position américaine sur le Protocole de Kyoto», in *Futuribles*, n° 286, 2003, p. 66.

30 Hervé LE BRAS, *Les limites de la planète,* op. cit., p. 90.

31 Cf. Pietro GRECO, *Lo sviluppo sostenibile,* op. cit., p. 29-30.

32 Cf. Dale JAMIESON, «Le mutazioni climatiche. Problemi morali e politiche ambientali», art. cit., p. 105.

Il y a, à côté de cet *effet de serre naturel* tout à fait bénéfique dû à la composition physico-chimique de l'atmosphère terrestre, l'*effet de serre anthropique* induit par l'enrichissement de l'atmosphère en dioxyde de carbone et autres gaz apparentés provenant de l'activité humaine. C'est ce dernier qui serait responsable de la hausse de la température moyenne de la planète enregistrée, au siècle dernier. Une hausse comprise entre 0,3 et 0,6° C, soit la plus grande augmentation de la température terrestre enregistrée au cours du dernier millénaire. Les experts de l'IPCC affirment, en particulier, que la hausse de la température moyenne de la planète des 50 dernières années est en corrélation avec l'augmentation de la concentration atmosphérique du CO_2 et d'autres gaz à effet de serre. La hausse de la concentration du CO_2 a deux sources: les combustibles fossiles et le déboisement.

Selon Lester R. Brown:

> Chaque année, l'usage de combustibles fossiles envoie dans l'atmosphère plus de 6 milliards de tonnes de carbone. Les estimations de la production de carbone due au déboisement varient beaucoup, mais elles gravitent autour de 1,5 milliard de tonnes par an. Le dégagement de CO_2 émanant de ces deux sources dépasse tout simplement les capacités naturelles de fixation du dioxyde de carbone[33].

La concentration de CO_2 dans l'atmosphère se chiffre, actuellement, à 370 particules par million (ppm). Elle connaît une hausse extraordinairement régulière depuis 1958, l'année du début de la prise des mesures classiques. On est passé, en effet, de 315 ppm de CO_2 en 1958 à 355 en 1900. C'est bien sur la base de ces données et des modèles encore imparfaits de prévision que l'IPCC estime que:

> Si les émissions anthropiques des gaz à effet de serre continuent de croître, la concentration atmosphérique de CO_2 atteindra au cours de ce siècle une valeur comprise entre 540 et 970 ppm, déterminant ainsi une ultérieure hausse de la température moyenne de la planète comprise entre 1,4 et 5,8 °C (avec une future hausse du niveau des mers comprises entre 9 et 88 cm). Ce qui constituerait un changement sans précédent dans ces 10.000 dernière années[34].

33 Lester R. Brown, *Éco-économie,* op. cit., p. 50.
34 Cité dans Pietro Greco, *Lo sviluppo sostenibile,* op. cit., p. 30.

Le réchauffement général apparaît tout autant au niveau des mers. La hausse de la température moyenne de la planète s'est accompagnée de l'élévation du niveau moyen des mers due au réchauffement et à la fonte des glaciers terrestres. La hausse du niveau de la mer peut avoir des multiples conséquences, entre autres, la submersion des zones côtières, l'intrusion d'eau salée ou encore l'érosion des grèves. Pour mémoire:

> Au cours du XXe siècle, le niveau de la mer s'est élevée de 10-20 centimètres, c'est-à-dire de plus de la moitié de la hausse qu'il a connue pendant les deux mille ans précédents. Si la température continue à monter, il faut s'attendre à une accélération plus grande encore. Le modèle utilisé par le Groupement intergouvernemental sur l'évolution des climats (IPCC) lors de l'estimation de 2001 prévoit que le niveau de la mer pourrait augmenter de 1 mètre durant le XXIe siècle[35].

La courbe ci-dessous, issue d'un rapport de l'IPCC, représente la variation de la température à la surface de l'hémisphère Nord pour la période 1000-2100. Les valeurs pour la période 1000-1860 sont reconstituées à partir de données indirectes (cerne d'arbres, coraux, calottes glaciaires et données historiques). De 1860 à 2000, les données sont obtenues à partir de mesures instrumentales. De 2000 à 2100, les projections sont fournies pour six scénarios d'émission en utilisant un modèle de sensibilité moyenne. La montée de la température moyenne observée au cours du XXe siècle est clairement visible. Ainsi, l'éventail de scénarios élaborés par le GIEC permet de calculer l'élévation moyenne de la température selon les hypothèses d'émission de gaz à effet de serre. Dans le scénario du «laisser-faire», la température augmenterait de 5°C en 2100. Si les mesures les plus contraignantes étaient adoptées, l'élévation ne serait que de 2°C. Les hypothèses intermédiaires correspondent à différentes options de choix technologiques, fiscaux ou politiques (extension du nombre de pays acceptant les contraintes de réduction des émissions).

35 Lester R. Brown, *Éco-économie*, op. cit., p. 59.

Figure 4. Évolution possible des températures à l'horizon 2000 selon divers scénarios
Écarts de température (en °C) par rapport à la moyenne 1961-1990

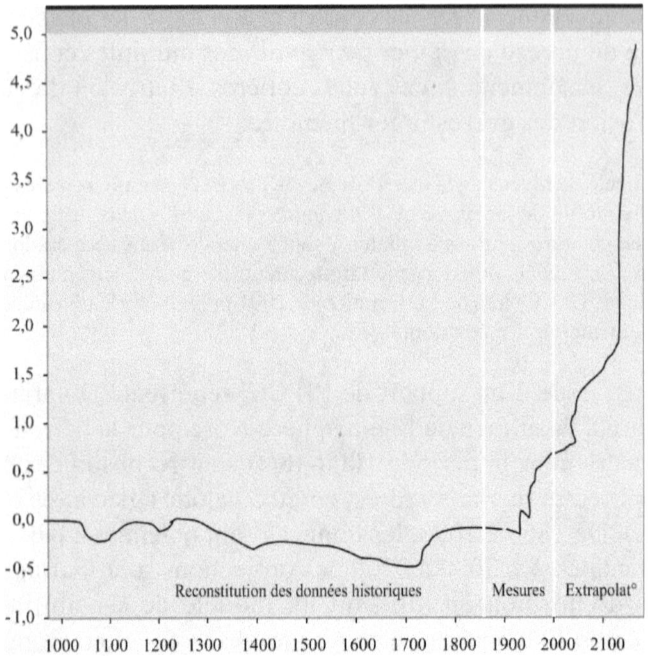

Source: *Rapport IPCC,* cité dans André LEBEAU, «*Et si Georges Bush savait tout faux? Le changement climatique, un défi planétaire*», art. cit., p. 73.

2.3. La biodiversité

L'action destructrice de l'homme, comme acteur écologique global, s'exerce également de manière significative sur les espèces animales et végétales de la planète. Le concept moderne de *diversité biologique* est né justement dans la mouvance écologiste des années 1970, lorsque les écologues comprirent que l'homme est bien à l'origine de la disparition accélérée des espèces. Le terme *biodiversité*, lui, est apparu en 1988 et recouvre trois aspects de la diversité biologique: *spécifique* (diversité globale des espèces), *écologique* (diversité des écosystèmes) et *génétique* (diversité des patrimoines génétiques).

En réalité, la biodiversité est fort mal connue. Sur les 30 millions d'espèces susceptibles d'exister, d'après les estimations des spécialistes, on en a recensé à peine 2 millions. Mais, malgré les incertitudes sur cette diversité biologique, on sait aujourd'hui, plus ou moins, que:

> Les plantes à fleurs dominent le règne végétal et plus de la moitié des espèces animales sont des insectes. Les micro-organismes et les champignons paraissent extrêmement nombreux mais restent fort mal connus. Il existe sur terre comme en mer, un gradient croissant de biodiversité qui va des pôles jusqu'à l'équateur: les espèces tropicales seraient deux fois plus nombreuses que celles des régions tempérées. La diversité biologique est cependant plus grande dans le milieu terrestre que dans les océans. Enfin, chaque grand milieu possède son oasis de vie: les forêts tropicales sur terre, les récifs coralliens en mer[36].

Selon l'examen archéologique, cinq grandes extinctions d'espèces se sont déjà produites depuis les commencements de la vie sur terre. La dernière de ces extinctions massives remonte à environ 65 millions d'années et a entraîné particulièrement la disparition des dinosaures et d'un cinquième au moins de toutes les autres formes de vie[37]. Ces extinctions préhistoriques furent causées par des phénomènes naturels. Mais nous sommes maintenant au premier stade de la sixième grande extinction, d'origine purement humaine. En général, de nombreuses espèces de toutes sortes sont menacées de disparition par la destruction de leur habitat, particulièrement sous les tropiques. D'après Lester R. Brown:

> Le taux actuel d'extinction des espèces est au moins mille fois supérieures au taux de base, bien que personne ne sache aujourd'hui combien il y a d'espèces de plantes et d'animaux, pas plus qu'il y a un demi-siècle, quand l'explosion des activités économiques humaines a débuté. Les estimations courantes oscillent entre 6 millions d'espèces et 20 millions, avec une moyenne située vers 13-14 millions[38].

Dans le même ordre d'idées:

> La quantité d'oiseaux, de mammifères et de poissons menacés ou en danger immédiat d'extinction se mesurent maintenant par des pourcentages à deux chiffres: 12% de près des 10.000 espèces d'oiseaux du monde; 24% des 4763 espèces de mammifères; et 30% des 25000 espèces de poissons[39].

36 Isabelle Bourdial, *La vie et l'écologie,* op. cit., p. 124-125.

37 Cf. Lester R. Brown, *Éco-économie,* op. cit., p. 107.

38 Ibid., p. 111.

39 Ibid., p. 108.

C'est donc, à travers la destruction et la pollution des habitats que l'homme tue pratiquement des centaines voire des milliers d'espèces vivantes chaque année.

Le problème posé par l'érosion de la biodiversité, c'est que, suivant les écologistes:

> Quand des formes de vie diverses disparaissent, l'écosystème de la Terre s'en trouve altéré, par la diminution des services que rend la nature, comme la pollinisation, la dispersion des graines, le contrôle des insectes et les cycles nutritifs. Cette disparition d'espèces affaiblit le tissu de la vie et, si elle se poursuit, elle pourrait y occasionner des trous énormes, menant à des changements irréversibles et potentiellement imprévisibles de l'écosystème de la Terre[40].

En d'autres termes, les menaces qui pèsent sur la biodiversité mettent en péril l'équilibre écologique de la planète dont elle semble être la garante, comme nous l'avons indiqué plus haut.

En Afrique, le plaisir de la chasse et la commercialisation des peaux d'animaux ont été les causes directes des massacres gigantesques, sous le régime colonial. Ainsi, par exemple:

> À la fin du XIXe siècle, les chasseurs abattaient annuellement 2 millions d'antilopes sur les territoires de l'ex-Union française. Un intérêt supplémentaire dérivait de la vente de la viande aux grandes concessions agricoles dont il fallait nourrir la main d'œuvre. Ce qui explique en partie la disparition du rhinocéros des territoires de l'ex-Union française, tout comme la régression considérable de l'hippopotame et de la girafe[41].

Les rhinocéros africains étaient chassés essentiellement pour la corne, tandis que la recherche de l'ivoire est responsable des massacres d'éléphants. Pour donner une idée de l'ampleur du massacre d'éléphants au cours de la période coloniale, Édouard Bonnefous signale que:

> En 1860, l'Angleterre importait, à elle seule, 550.000 tonnes d'ivoire, ce qui représentait 60.000 à 70.000 éléphants abattus annuellement. Ce rythme a perduré, puisque le sommet du trafic se situa entre 1880 et 1910 et la chasse toucha principalement l'Afrique orientale, le Tanganyika, le Kenya et le Congo belge[42].

40 Ibid., p. 107.
41 Édouard BONNEFOUS, *Dossier completo sull'ecologia nel mondo,* Roma, Città Nuova, 1972, p. 54.
42 Ibid., p. 54.

Quant aux oiseaux, ils furent victimes de la mode qui incitait, à l'époque, les dames de Paris et de Londres à se parer de chapeaux à plumes bigarrées. Cette mode avait donné lieu à une véritable organisation commerciale, avec deux marchés à Paris et à Londres, dont les Japonais étaient les principaux fournisseurs. Ce commerce avait périclité pendant la Seconde Guerre mondiale. Aux yeux des écologistes, les oiseaux sont un indicateur utile de la diversité de la vie, en raison de leur visibilité.

> Sur les 9.946 espèces d'oiseaux connues, indique Lester R. Brown, près de 70% baissent en effectif, et 1.183 sont en danger imminent d'extinction. La perte et la dégradation de l'habitat touchent 85% de toutes les espèces d'oiseaux menacées[43].

Près d'un tiers des espèces de poissons sont confrontées à une possible extinction, dans le monde entier. Les causes principales de ce risque sont la dégradation de l'habitat par la pollution et par le prélèvement excessif d'eau des fleuves et d'autres écosystèmes d'eau douce. Selon les estimations récentes, 37% des espèces de poissons qui peuplent les cours d'eau d'Amérique du Nord sont éteintes ou en danger de l'être. Dix espèces de poissons d'eau douce nord-américains ont disparu pendant la décennie écoulée. Dans les régions semi-arides du Mexique, 68% des espèces de poissons indigènes et endémiques ont disparu. En Europe, environ 80 espèces de poissons d'eau douce sur un total 193 sont menacées, en danger ou en situation préoccupante. Deux tiers de 94 espèces de poissons d'Afrique du Sud demandent une protection spéciale si l'on veut éviter leur extinction[44].

3. La pensée économique et l'environnement

La poussée écologique a conduit incontestablement à une certaine évolution de la pensée économique classique par rapport à la problématique de l'environnement. Ainsi, aujourd'hui, les économistes sont de plus en plus conscients des problèmes écologiques, et reconnaissent peu à peu que l'économie dépend fondamentalement de l'écosystème terrestre. Il ne pourrait, de toute manière, en être autrement devant l'évidence de la multiplica-

43 Lester R. Brown, *Éco-économie,* op. cit., p. 109.
44 Ibid., p. 109-110.

tion des sujets préoccupants qui ont peu ou prou partie liée avec l'expansion économique: disparition des forêts, avancée des déserts, érosion du sol, détérioration des pâturages, disparition progressive des espèces, augmentation des taux de dioxyde de carbone, chute des nappes phréatiques, hausse des températures, assèchement des fleuves, diminution de la couche d'ozone stratosphérique, tempêtes plus dévastatrices, fonte des glaciers, hausse du niveau de la mer, disparition des récifs coralliens[45].

3.1. Évolution de la pensée économique

Raffaello Zonin et Luca Ambrosi distinguent trois étapes significatives dans l'évolution du rapport entre la pensée économique et l'environnement[46].

Dans la première étape correspondant à la naissance de la science économique, l'environnement et/ou la nature sont considérés tout simplement comme un ensemble des ressources à utiliser et à gérer efficacement en fonction des désirs et des besoins de l'homme. C'est le début flamboyant de l'idéologie de la croissance visant l'accroissement du bien-être de tous, à travers l'augmentation soutenue du profit économique. Celle-ci trouve son expression la plus achevée dans les *Recherches sur la Nature et les causes de la richesse des nations* d'Adam Smith (1776). Il n'est donc nullement question ici des limites des matières premières ni de la prise en compte de l'éventualité des effets pervers de l'activité économique à la fois sur l'environnement naturel et sur l'homme. Bien au contraire, «les richesses naturelles, écrit Jean-Baptiste Say, sont inépuisables car sans cela nous ne les obtiendrons pas gratuitement. Ne pouvant être ni multipliées ni épuisées, elles ne font pas l'objet de la science économique»[47]. Et c'est dans ce sens que les manuels classiques d'économie politiques continuent d'enseigner, malgré le signal d'alarme de l'épuisement des ressources naturelles tiré par le Club de Rome, que l'air et l'eau sont des ressources illimitées et ne sont donc pas de biens économiques.

45 Cf. Lester R. BROWN, *Éco-économie,* op. cit., p. 9.

46 Cf. Raffaelo ZONIN e Luca AMBROSI, «Etica, ambiente ed economia», in *La Società,* 9 (1999) 4, p. 763-780. Nous nous sommes largement inspiré de ces deux auteurs dans la rédaction de cette sous-section.

47 Jean-Baptiste SAY, *Cours d'économie politique,* cité par Serge LATOUCHE, *Les dangers du marché planétaire,* Paris, Presse de Sciences Po, 1998, p. 69.

La notion de *«limites»* au sens d'insuffisance apparaît plus tard en économie, notamment chez Malthus (1798), Ricardo (1817) et Marx (1867). Malthus parle des limites absolues des moyens de subsistance (la production de la nourriture) imposées, à terme, à l'économie par la croissance exponentielle de la population. Autrement dit, Malthus soutenait qu'au cours de l'expansion économique, l'accroissement de la population dépasserait la croissance des moyens de subsistance et qu'on aboutirait fatalement à une situation de misère, appelée «état stationnaire». David Ricardo parle plutôt des limites relatives de la croissance économique. Pour lui, les limites sont imposées par l'augmentation des coûts au fur et à mesure que les meilleures ressources exploitées en premier (c'est-à-dire, les meilleures terres agricoles, les plus riches gisements miniers, etc.) s'épuisent et qu'elles doivent être remplacées progressivement par des ressources de qualité inférieure. Enfin, Karl Marx soutenait, au 19e siècle, la thèse selon laquelle le développement économique pouvait être limité par les agitations sociales et politiques. Le thème de *«limites sociales»* sera repris au cours des années 70 par certains économistes dans le cadre de l'économie de l'environnement[48].

La deuxième étape est celle de la reconnaissance tardive des effets négatifs du processus de production sur l'environnement naturel et humain, marquée notamment par l'introduction du concept de *déséconomie externe* ou *externalité* désignant justement l'effet sur l'environnement induit par le processus de production. En l'occurrence, la pollution de l'environnement consécutive aux activités productive est considérée comme une déséconomie externe (de production ou de consommation), puisqu'elle détermine un coût social pour lequel, d'une part, les entreprises ou les consommateurs responsables ne sont pas pénalisés, et d'autre part, les personnes victimes ne sont pas indemnisées. L'accumulation de déséconomies à grande échelle a conduit la pensée économique à élaborer un cadre théorique prévoyant une «internationalisation» des déséconomies externes, sous forme des coûts additionnels pour l'entreprise ou le consommateur.

La troisième étape dans l'évolution de la pensée économique, par rapport à l'environnement, est marquée par l'avènement de l'*économie de l'environnement*, qui définit le système économique actuel comme un système ouvert en amont, avec l'entrée des inputs épuisables, et en aval,

48 Fausto PELLIZZARI (a cura di), *Economia ambientale,* Bologna, Il Mulino, 2003, p. 15-17.

avec les outputs comprenant l'émission des déchets réutilisables, la dégradation de l'énergie disponible et l'altération des principaux facteurs de l'environnement (eau, air, sol). Selon cette nouvelle branche de l'économie appelée aussi *éco-économie*, le modèle de développement économique actuel n'est pas durable à long terme, puisqu'il produit des effets qui compromettent la capacité portante de l'écosystème, c'est-à-dire la capacité de l'environnement naturel de soutenir le processus de reproduction sociale.

> Une économie durable, écrit Lester R. Brown, respecte le rendement durable des écosystèmes dont elle dépend: les pêcheries, les forêts, les pâturages et les terres cultivables. Une pêcherie donnée peut supporter des prises d'une certaine taille, mais, si les demandes de la pêche excèdent le rendement durable – ne serait-ce que, disons, de 2% par an –, les stocks de poissons commenceront à diminuer et ils finiront par disparaître. En revanche, les prélèvements sont indéfiniment supportables tant qu'ils n'excèdent pas le niveau du rendement durable. Il en va de même pour les forêts et les pâturages[49].

Or,

> durant le dernier demi-siècle, poursuit le fondateur du célèbre Watch World Institute (Observatoire de la Planète), l'expansion qui a multiplié par sept l'économie mondiale a porté la demande envers les écosystèmes locaux au-delà du rendement durable dans tous les pays. Le quintuplement de la prise de poisson dans le monde depuis 1950 a accru la demande sur la plupart des pêcheries océaniques au-delà de leurs capacités durables à produire du poisson. Le sextuplement de la demande mondiale de papier fait rétrécir les forêts du monde. Le doublement des troupeaux mondiaux de bovins, de moutons et de chèvres depuis 1950 dégrade les pâturages et les transforment en déserts[50].

Globalement, l'éco-économie propose l'établissement des critères appropriés dans le processus de production, pour distinguer les biens essentiels et les biens non essentiels, ainsi que pour sélectionner les technologies adaptées, c'est-à-dire respectueuses de l'environnement.

49 Lester R. Brown, *Éco-économie,* op. cit., p. 125.
50 Ibid., p. 125-126.

3.2. Les politiques économico-environnementales

Nous énumérons ci-dessous les différentes politiques économiques de contrôle et/ou de correction des niveaux d'émission et de contamination élaborées, en vue de stabiliser les *‹niveaux sociaux optimaux de pollution›*. Elles sont groupées en trois catégories[51]:

a) *Instruments normatifs de commandement et de contrôle*

1. *Modèle d'émission*: cet instrument prévoit l'évacuation des décharges publiques lorsqu'elles dépassent un certain seuil de stabilité.
2. *Modèle de corps récepteur*: niveau désiré de la qualité de l'environnement.
3. *Modèle de procédé*: caractéristiques imposées des installations fixes; instrument jugé vexatoire par les entreprises, par rapport aux standards d'émission.
4. *Modèle de produit*: niveaux de pollution admis dans les produits.

b) *Instruments correcteurs, de réglementation indirecte*

1. *Droits d'émission négociable*
   Système proposé en 1968 par Dales et introduit aux États-Unis à partir de 1978 dans le but de rendre moins rigides les normes d'émission et de procédé relatives aux installations fixes, en permettant des compensations au sein des entreprises, entre les entreprises et au niveau territorial. Ces instruments ont introduit des éléments de flexibilité et sont, pour ce faire, très appréciés par les entreprises qui les ont mis en oeuvre. Ils sont également expérimentés en Allemagne.
2. *Taxes environnementales*

- *taxes et redevances sur les émissions*: le niveau de la taxe doit être fixé de manière à correspondre au niveau requis d'internationalisation de la différence entre le coût social et le coût privé. Les coûts marginaux effectifs de dépollution de chaque entreprise déterminent son choix de dépolluer ou de payer;
- *taxes sur les produits*: par exemple, les produits contenant des substances déterminées: soufre dans les combustibles, chlorofluorocar-

51 Cf. Raffaelo ZONIN e Luca AMBROSI, «Etica, ambiente ed economia», art. cit., p. 769-771.

bures (CFC) dans les spray, carbon-tax, taxe sur les sachets en plastique, etc.;
- *taxes ou redevances pour service rendu*: par exemple, taxe pour la collecte des déchets.

c) *Instruments de prévention*

1. *Marque écologique ou éco-label*
   Instrument facultatif concédé aux produits qui développent un faible niveau de pollution au cours du processus de production, pendant l'usage et en fin d'usage, en minimisant la quantité et la dangerosité des déchets finals, en prévoyant éventuellement leur recyclage. Cet instrument est adopté notamment par un bon nombre de pays, comme l'Allemagne, la France, les pays scandinaves, le Japon, le Canada.
2. *Éco-bilan*
   Analyse du cycle de vie du produit – de la production au démantèlement – généralement nécessaire pour la demande de l'éco-label. C'est un instrument pour l'analyse complète de l'entreprise. Elle prévoit la comptabilisation des flux d'entrée et de sortie des matières premières (terre, eau, air, énergie), des biens intermédiaires, des produits finis, des déchets, et leur vérification par rapport aux normes contre le risque industriel et pour la sécurité du lieu de travail.
3. *Audit environnemental*
   Certification volontaire de conformité de l'entreprise par rapport aux normes environnementales, rédigée par l'entreprise elle-même ou par les entreprises spécialisées. Cet instrument promotionnel est souvent adopté par les entreprises.
4. *Certification des procédés et des produits biologiques*
   Adoption des procédés de production qui excluent l'usage des substances chimiques de synthèse. En Europe, elle est réglementée pour les produits agricoles, au niveau communautaire, depuis 1991.

Chapitre 5

La conférence de Stockholm et la naissance de l'écodéveloppement

En juin 1972, des scientifiques, des organisations non gouvernementales et des représentants des États membres de l'ONU se retrouvèrent à Stockholm, «pour exprimer une angoisse diffuse et faire émerger la prise de conscience des effets funestes de l'ère industrielle sur les milieux naturels»[1]. La Conférence de Stockholm sur l'environnement humain constitue, en effet, l'acte fondateur de l'émergence de la conscience écologique mondiale contemporaine. Elle a mis en évidence l'étroite relation d'interactivité entre environnement et développement, et lancé, à cet effet, le concept d'*écodéveloppement*, rebaptisé plus tard *développement durable* par les chercheurs anglo-saxons[2]. Nous examinerons dans ce chapitre le concept d'*écodéveloppement* issu de la Conférence de Stockholm, à la lumière du rapport de Founex (1971) et des déclarations de Stockholm (1972) et de Cocoyoc (1974). Nous parlerons, en préambule, de l'organisation de la Conférence de Stockholm proprement dite.

1. La Conférence sur l'environnement humain de Stockholm

L'engagement de l'ONU en matière d'environnement a commencé en août 1949, avec l'organisation à Lake Success (États-Unis) de la Conférence scientifique et technique internationale pour la protection de la nature. À l'époque, bien entendu, la problématique de l'environnement se réduisait à la protection des animaux sauvages, des espèces de flore et de faune rares et en voie de disparition, ainsi qu'à la création des réserves et des parcs nationaux.

1 Loïc Chauveau, «Développement durable. Une idée neuve de trente ans», op. cit., p. 174.

2 Le terme *écodéveloppement* est encore largement utilisé aujourd'hui par les chercheurs et les gouvernements comme synonyme de *développement durable,* dans plusieurs pays d'Europe, d'Amérique Latine et d'Asie.

De nombreux organes de l'ONU et en particulier ses institutions spécialisées, comme le Conseil économique et social, la FAO, l'UNESCO, l'OMS, ont participé plus activement à la protection du milieu naturel.

Néanmoins:

> Le problème de l'environnement dans sa conception actuelle a été posé à l'ONU à la Conférence intergouvernementale d'experts sur les bases scientifiques de l'utilisation rationnelle et de la conservation des ressources de la biosphère, organisée à Paris en 1968 par l'UNESCO avec la collaboration de l'OMS, de la FAO et la participation de l'Union internationale pour la conservation de la nature et de ses ressources (U.I.C.N.) et du Conseil international des Unions scientifiques (C.I.U.S.)[3].

Cette conférence a conduit à la mise en route d'un des plus grands programmes scientifiques de recherches écologiques du système des Nations unies: le Programme sur l'homme et la biosphère (P.H.B.). La tâche principale de ce programme interdisciplinaire intergouvernemental *«L'homme et la nature»* est l'élaboration des bases scientifiques de l'utilisation rationnelle et de la conservation des ressources de la biosphère dans son ensemble et dans certains types d'écosystèmes (monts, tropiques, déserts, etc.).

La question du maintien de l'équilibre écologique de la planète Terre avait occupé en 1968 le devant de la scène des sessions du Conseil économique et social et de l'Assemblée générale de l'ONU. La résolution du C.E.S. sur cette question avait souligné la nécessité d'adopter immédiatement des mesures au niveau national et international, en vue de résoudre les problèmes de l'environnement humain constituant la plus grande menace pour l'humanité. La résolution de l'Assemblée générale des l'ONU, adoptée le 3 décembre 1968, insistait sur la nécessité de convoquer en 1972 une conférence internationale de l'ONU sur l'environnement. L'Assemblée générale a accepté la proposition du gouvernement suédois d'organiser cette conférence à Stockholm. La même résolution de l'Assemblée générale créait un comité préparatoire chargé de l'organisation de cette Conférence des représentants de 27 pays du monde[4].

3 R. Novikov et al., *Problèmes économiques et politiques de l'environnement dans le monde,* Moscou, Éditions du Progrès, p. 398-399.

4 Ibid., p. 399-400.

1.1. Préparation et organisation

La Conférence des Nations unies sur l'environnement humain réunie à Stockholm du 5 au 16 juin 1972 a connu la participation de quelque 10.000 personnes venues de tous les horizons. Cent treize pays y étaient représentés officiellement. Les pays de l'Est avec l'URSS en tête avaient boycotté ce sommet pour des raisons non de procédure internationale. Toutefois, ils ont participé à l'adoption du texte fondamental de la Déclaration de Stockholm, au niveau de l'Assemblée générale de l'ONU.

Le Comité préparatoire a tenu quatre sessions, de l'automne 1970 au printemps 1972, au cours desquelles furent examinés en profondeur les principes fondamentaux et le contenu des initiatives indispensables à la solution du problème de l'environnement. Les institutions spécialisées de l'ONU et de nombreuses ONG internationales ont contribué largement à la préparation de la conférence.

Les travaux du Comité préparatoire ont étalé au grand jour la divergence des vues et des intérêts des principaux groupes de pays représentés, par rapport aux objectifs et aux tâches de la Conférence, et de manière générale, par rapport à la coopération sur le problème de l'environnement au sein de l'ONU. Ainsi, le groupe constitué par les Etats-Unis, la Grande Bretagne, le Canada et d'autres pays industrialisés tout en reconnaissant à la fois l'actualité et l'urgence du problème de l'environnement, le dramatisait excessivement en le présentant comme le problème le plus important de notre temps. Ce groupe de pays s'est prononcé pour une approche globale de la solution du problème de l'environnement préconisant la création d'un nouvel organisme spécialisé de l'ONU et l'organisation des systèmes supranationaux de contrôle de l'environnement.

Les pays en voie de développement ont posé des conditions pour leur participation effective à la Conférence de Stockholm. Ils estimaient dans l'ensemble que la protection de l'environnement concernait essentiellement les pays industrialisés. Ils ont, en l'occurrence, exigé et obtenu, du Comité d'organisation, l'assurance que la lutte pour l'environnement ne serait pas un prétexte pour limiter leur développement. Au fond:

> Ils exprimaient la crainte que la mise en œuvre des mesures en vue de protéger l'environnement n'influe négativement sur leur développement économique, ne con-

duise à une réduction de l'exportation et, en général, du volume de l'aide provenant des pays développés[5].

Le groupe des pays socialistes s'est prononcé notamment, au niveau des travaux du Comité préparatoire, pour l'élargissement des compétences des Nations unies dans l'organisation de la coopération internationale dans le domaine de la protection de l'environnement humain, pour la création auprès des établissements centraux de l'ONU d'un organe aux effectifs restreints, mais efficace qui serait chargé de coordonner toute l'activité du système de l'ONU dans ce domaine, ainsi que pour la mise au point d'un programme tenant compte des aspects les plus importants du problème de l'environnement et en orientant simultanément l'ONU vers la réalisation des mesures pratiques en vue de résoudre certains problèmes concrets de la biosphère[6].

Du reste, le déroulement de la Conférence a fait ressortir en particulier des divergences, dans le camp des pays industrialisés, entre les États-Unis et les pays du Marché commun portant sur l'appréciation de la situation écologique d'ensemble, du caractère et du volume des obligations que les États devraient assumer. Les plans américains vivement critiqués par la France visaient à imposer à d'autres pays, par l'intermédiaire de l'ONU, des charges excessives dans le domaine de la politique de l'environnement ainsi qu'une extension démesurée des droits de contrôle de l'ONU dans ce domaine. Le représentant du gouvernement français et ancien secrétaire d'État chargé de l'environnement, R. Poujade estimait, à bon droit, à l'encontre des Américains, qu'il était peu réaliste de vouloir imposer à l'ensemble de la communauté internationale des règles universelles qui ne tiendraient pas compte des intérêts légitimes propres à chaque pays, et qui tendraient en fait à généraliser certaines dispositions déjà en vigueur dans quelques États. Cela dit, il lui paraissait plus réaliste de reconnaître que la plupart des actions en matière de protection de l'environnement sont de la seule compétence des États[7].

5 R. NOVIKOV et al., *Problèmes économiques et politiques de l'environnement dans le monde,* op. cit, p. 401.

6 Ibid., p. 401.

7 Robert Poujade cité par R. NOVIKOV et al., *Problèmes économiques et politiques de l'environnement dans le monde,* op. cit, p. 403-404.

1.2. Résultats et suivi

La Conférence de Stockholm avait pour tâche de rechercher et de proposer des solutions adéquates au problème de l'environnement humain, censées permettre à la Terre de demeurer ce milieu approprié pour la vie non seulement des hommes d'aujourd'hui, mais aussi des générations futures. Parmi les principales décisions et les principaux documents adoptés par la Conférence, figure, au premier chef, la *Déclaration sur l'Environnement*, dite la *Déclaration de Stockholm*, entérinée par la session d'automne 1972 de l'Assemblée générale des Nations Unies. Ce document fondamental de 26 articles détermine les principes, les tâches et les objectifs de l'activité dans le domaine de la protection du milieu naturel sur la Terre, et les obligations des États et les principes de leur comportement dans les questions touchant à l'intégrité de la biosphère.

La Déclaration de Stockholm contient, çà et là, quelques affirmations qui permettaient théoriquement tous les espoirs. Ainsi, par exemple, l'article 2 du préambule affirme:

> La protection et l'amélioration de l'environnement est une question d'importance majeure, qui affecte le bien-être des populations et le développement économique dans le monde entier: elle correspond au vœu ardent des peuples du monde entier et constitue un devoir pour tous les gouvernements.

Et ce préambule conclut:

> Un nombre toujours plus élevé de problèmes d'environnement, de portée régionale ou mondiale ou touchant au domaine international commun, exigeront une coopération étendue entre les pays et une action de la part des organisations internationales dans l'intérêt de tous. La Conférence demande aux gouvernements et aux peuples d'unir leurs efforts pour préserver l'environnement, dans l'intérêt des peuples et des générations futures[8].

Le texte insiste particulièrement sur la corrélation entre l'interdiction de l'arme atomique et la solution des problèmes cardinaux de l'écologie mondiale: «Il faut épargner à l'homme et à son environnement les effets des armes nucléaires et de tous les autres moyens de destruction massive». En

8 Cité par C.M. VADROT, «*Les actions internationales de protection de l'environnement*», in *Encyclopédie de l'Écologie. Le présent en question,* Paris, Librairie Larousse, 1977, p. 383.

outre, la *Déclaration* appelle les États à éviter de prendre des mesures, dans le domaine du contrôle de l'environnement, qui pourraient avoir des effets négatifs pour la situation économique des pays en voie de développement et la souveraineté nationale des États en matière d'utilisation de leurs ressources naturelles[9]. Du reste, le document consacre le concept d'*écodéveloppement* élaboré par le Séminaire préparatoire de Founex. Il apparaît en filigrane dans huit des vingt-six articles de la Déclaration.

La Conférence a également adopté un *Plan d'action* dans le domaine de la coopération internationale sur les problèmes de l'environnement et des ressources naturelles. Ce *Plan d'action* détermine toutes les orientations de l'activité de l'ONU dans ce domaine. Il comprend 100 recommandations et, est divisé en 5 orientations: aménagement et gestion des lieux d'habitation en vue d'assurer la qualité de l'environnement; gestion des ressources naturelles du point de vue de l'environnement; détermination des polluants d'importance internationale et lutte contre ces polluants; aspects éducatifs, sociaux et culturels des problèmes de l'environnement et question de l'information; développement et environnement.

En plus de ces deux documents susmentionnés, la Conférence a pris 3 Résolutions concernant respectivement l'élaboration d'une *Carte mondiale* des droits de la nature, la création d'une *Commission mondiale* sur l'environnement et le développement, et la constitution d'un *Fonds monétaire mondial* pour le financement des études sur l'environnement. En réponse au vibrant appel de la Conférence sur «la nécessité d'une mise en œuvre rapide et efficace, par les gouvernements et la communauté internationale, des mesures conçues pour sauvegarder et améliorer l'environnement au bénéfice des générations humaines actuelles et futures»[10], on a créé dans la foulée le *Programme des Nations Unies pour l'Environnement* (PNUE), qui a son siège général à Nairobi (Kenya). Pour l'essentiel, le PNUE est appelé à élaborer et à coordonner au sein de l'ONU des mesures relatives à l'environnement.

Le PNUE doit également avoir la possibilité d'aider, dans le cadre des ses objectifs généraux, les gouvernements qui s'attachent à résoudre les problèmes de l'environnement. Il est dirigé par le Conseil des Responsables

9 Cf. R. NOVIKOV et al., *Problèmes économiques et politiques de l'environnement dans le monde,* op. cit., p. 405.

10 *Rapport de la Conférence de l'ONU sur l'environnement,* document de l'ONU A/CONF. 48/14, 3. VII. 1972, p. 61.

composé de 58 membres élus par l'Assemblée générale pour 3 ans, selon la répartition géographique suivante: 16 membres des pays d'Afrique, 13 des pays d'Asie, 10 des pays latino-américains, 13 des pays d'Europe occidentale et d'autres, 6 des pays d'Europe orientale.

La *Carte mondiale de la nature* sera adoptée, en 1982, par l'Assemblée générale des Nations Unies. Elle prévoit la protection du milieu naturel comme *partie intégrante* dans la planification et l'exécution des activités de développement économique. Autrement dit, on devra, en particulier, dans la coopération internationale pour le développement et l'élaboration des plans à long terme, tenir compte de la capacité des écosystèmes naturels d'assurer de manière durable la survie et l'établissement des populations.

Par ailleurs, c'est en décembre 1983 que le Secrétaire général des Nations Unies institua, à la demande de l'Assemblée générale, la Commission mondiale sur l'environnement et le développement. Comme le PNUE, celle-ci a également son siège central à Nairobi. Cette Commission s'est particulièrement illustrée par la publication de son célèbre Rapport *Notre avenir à tous (Our Common Future)*, connu populairement sous l'appellation de *Rapport Brundtland,* du nom de son président. Elle a publié aussi, en 1988, un *Plan mondial 1990-1995 pour la Sauvegarde de l'Environnement.* Enfin, un *Fonds Monétaire permanent* a été mis en place et finance des travaux et des études sur l'environnement menés dans certains pays et régions du monde.

2. La naissance de l'écodéveloppement[11]

C'est à Founex, une petite ville du canton de Vaud, en Suisse, que la notion d'*écodéveloppement* apparaît, en juin 1971, au Séminaire sur l'environnement et le développement réunissant des scientifiques et des économistes chargés de préparer la Conférence des Nations unies sur l'environnement humain de Stockholm. Le concept d'écodéveloppement est né

11 La rédaction de cette section s'inspire des deux ouvrages phares d'Ignacy Sachs: *Stratégies de l'écodéveloppement* (1980) et *L'écodéveloppement. Stratégies pour le XXIe siècle* (1997). Spécialiste des économies brésilienne et indienne, et directeur d'études à l'École des Hautes Études en Sciences Sociales de Paris (EHESS), Ignacy Sachs est le célèbre architecte du concept d'*écodéveloppement.*

fondamentalement de la vive préoccupation éthique et anthropologique d'endiguer le *maldéveloppement* des pays dits développés et les conséquences désastreuses qu'il génère sur le reste du monde du fait de la domination, des effets d'entraînement et de l'imitation du modèle.

Ainsi, l'échec avéré des programmes de développement mis en œuvre dans les PVD, la critique de la société de consommation et de promotion sociale par l'argent déclenchée en Occident et la multiplication, à l'époque, des accidents environnementaux ont obligé les «têtes pensantes» de la Conférence de Stockholm à se pencher à fond sur la problématique de la croissance en indiquant clairement «de quelle nature doit être la croissance et à quelles conditions elle est valable sur le double plan social et écologique»[12].

2.1. Le Séminaire de Founex

Le rapport du Séminaire de Founex a identifié les thèmes majeurs de la problématique de la relation entre environnement et développement et a élaboré, à l'occasion, la notion d'écodéveloppement présentée comme un juste compromis entre la logique de la production économique et le progrès social humain dans le respect de l'environnement.

En effet, deux idéologies étaient en confrontation à Founex à savoir, d'une part l'*écologisme intransigeant* représenté par les tenant du malthusianisme et de l'écologie profonde, et d'autre part, l'*économisme étroit* incarné par les chantres de l'abondance illimitée de la nature. Dans tous les cas, ces deux idéologies subsistent et continuent encore d'alimenter le débat écologique au grand dam, dirions-nous, des braves militants de l'écodéveloppement. Nous présentons ici, de façon schématique, les deux positions.

Les tenants du *malthusianisme* croient résolument que le monde est déjà surpeuplé et donc condamné au désastre, soit par l'épuisement des ressources, soit par la surexploitation des systèmes naturels. Ils fondent ainsi leur argumentation sur une évaluation foncièrement pessimiste du progrès scientifique et technique, écartant du coup une vision plus dynamique à la fois de la capacité de charge de notre planète Terre et du rôle

12 Ignacy SACHS, *Stratégies de l'écodöveloppement,* Paris, Les Éditions Ouvrières, 1980, p. 15.

possible d'une action régénératrice de l'homme. Leurs partenaires de la *Deep ecology*, eux, accordent à la nature une valeur intrinsèque, indépendamment de toute référence à un bien pour les hommes.

À l'opposé, les partisans de *l'économisme étroit* croient en la capacité fondamentale des hommes à vaincre, par la seule technique, les raretés physiques et les effets destructeurs des déchets sur la biosphère. D'après eux, «tout élément du capital naturel – ressources et services (pouvoir épurateur d'un milieu naturel…) –, une fois épuisé ou détruit, peut être remplacé par du capital créé par l'homme»[13]. Au total, il n'existe donc pas de capital naturel irremplaçable, aux yeux des adeptes de la croissance illimitée.

Face à ces deux positions extrêmes et à la gravité du défit à la fois social et environnemental lancé à l'humanité entière, le rapport du Séminaire de Founex préconisait la voie médiane et viable de l'écodéveloppement. Cette notion d'écodéveloppement sera adoptée et consacrée, en 1972, par la Conférence de Stockholm. La Déclaration de Stockholm, puis la Déclaration de Cocoyoc, issue d'un symposium PNUE/CNUCED au Mexique en 1974, souligneront:

> La nécessité, mais aussi la possibilité de concevoir des stratégies et de mettre en œuvre un développement socio-économique équitable, respectueux de l'environnement, en un mot un écodéveloppement rebaptisé ensuite *‹développement durable›* par les chercheurs anglo-saxons[14].

La *Déclaration* de Stockholm incitait, au premier chef, les pays industrialisés du Nord à inventer des modes de consommation et de production économes en ressources et susceptibles de préserver les milieux naturels. Cette autolimitation devait permettre, en particulier, aux pays du Sud de bénéficier des ressources nécessaires à leur développement. Par ailleurs, les pays du Sud étaient encouragés, à leur tour, à prendre en compte l'environnement et à opter pour d'autres modes de consommation et de production que les modèles occidentaux. Ce qui fait dire à Loïc Chauveau, que:

> L'appel de Stockholm est un texte aux accents mystiques, essentiellement soucieux de la protection de la nature. Il s'agit de sacraliser les espaces vierges, de les préserver

13 Philippe Blancher, «Humain, parce que durable», in *Économie & Humanisme*, n° 360, mars 2002, p. 315.

14 Ignacy Sachs, *L'écodéveloppement. Stratégies pour le XXIe siècle*, nouvelle édition, Paris, Alternatives économiques – Syros, 1999, p. 16.

strictement des activités humaines, de marquer des frontières fortes au-delà desquelles les pollutions induites par la civilisation industrielles seraient interdites[15].

En effet, l'environnement est apparu, à Stockholm, comme une préoccupation des seules sociétés occidentales en proie, à l'époque, à l'état de plus en plus déplorable de leur environnement naturel, notamment, de l'air, des eaux et des sols. Ainsi, la nouvelle notion d'écodéveloppement consacrée, pourtant, par le texte de la déclaration finale, passera largement inaperçue, dans l'atmosphère générale d'affrontement idéologique et de diabolisation de l'appareil de production et de ses serviteurs (le *grand capital*).

Le mot écodéveloppement sera même banni du vocabulaire des organisations internationales en raison de la mauvaise humeur des Américains, à la suite de la Conférence de Cocoyoc. Les Nations unies y adoptèrent un nouveau manifeste au ton particulièrement engagé remettant fondamentalement en cause le mode de développement américain. Le gouvernement américain manifesta, aussitôt, sa vigoureuse désapprobation dans un télégramme envoyé par le chef de la diplomatie Henry Kissinger au directeur du Programme des Nations unies pour l'environnement (PNUE). Du reste, ce n'est un secret pour personne, les États-Unis sont entièrement hostiles à l'écodéveloppement pour la bonne et simple raison que, «pour les Américains, l'écodéveloppement n'est pas compatible avec l'économie américaine»[16].

2.2. Le statut du concept d'écodéveloppement selon Ignacy Sachs

L'écodéveloppement avait attiré à ses débuts des critiques tous azimuts. Certains voyaient dans ce nouveau concept une diabolisation de la civilisation industrielle, d'autres un retour en arrière vers un mode de vie bucolique. Ces critiques étaient en partie justifiées du fait de l'interprétation restrictive donnée, à l'origine, au concept.

En effet, l'écodéveloppement se voulait, au départ, une stratégie de développement, fondée sur l'utilisation judicieuse des ressources locales et du savoir-faire paysan applicable aux zones rurales isolées du Tiers

15 Loïc CHAUVEAU, «Développement durable. Une idée neuve de trente ans», art. cit., p. 175.

16 Ibid., p. 176.

Monde. Cette conception de l'écodéveloppement s'appuyait sur l'existence des vestiges d'une économie traditionnelle écologiquement équilibrée fournissant ainsi à ces régions une occasion de ne pas s'engager dans la croissance déprédatrice des ressources et du milieu, de récuser les modèles venus du dehors et plus particulièrement du Nord – qu'il fût capitaliste ou socialiste – et de faire mieux[17]. En d'autres termes, ces régions du monde pouvaient assurer à leurs habitants un mode de vie et un niveau de consommation satisfaisants sans pour autant exploiter jusqu'à complet épuisement la nature et sans compromettre l'avenir des générations futures.

La *Déclaration* de Cocoyoc formulera une interprétation plus générale et plus riche du concept d'écodéveloppement. Elle insiste particulièrement sur la nécessité d'aider les populations à s'éduquer et à s'organiser en vue d'une mise en valeur des ressources spécifiques de chaque écosystème pour la satisfaction de leurs besoins fondamentaux. C'est dans cette ligne que s'inscrit naturellement la stratégie du *développement endogène* proposée en 1975 par le rapport *Que Faire?* de la Fondation Hammarskjöld. Il s'agit d'un développement dépendant de ses propres forces (self-reliant), soumis à la logique des besoins de la population entière et non de la production érigée en fin en soi, conscient de sa dimension écologique et recherchant une harmonie entre l'homme et la nature. Le concept d'écodéveloppement au sens d'Ignacy Sachs, est très proche du paradigme du développement endogène évoqué ci-dessus.

2.2.1. Définition globale de l'écodéveloppement

Avant de proposer sa définition globale du concept d'écodéveloppement, Ignacy Sachs remet à plat la notion controversée de croissance économique à l'origine de la dégradation de l'environnement naturel. Pour mémoire, à l'époque même où se réunit la Conférence sur l'environnement de Stockholm, un fort courant de pensée entreprit à démontrer, à la suite du célèbre rapport du Club de Rome *Halte à la croissance*, que:

> L'humanité ne pouvait échapper à l'apocalypse que par l'arrêt de la croissance, faute de quoi, nous avions le choix entre mourir par manque de ressources, suffoquer sous les pollutions, ou encore griller ou geler à cause des changements climatiques entraînés

17 Cf. Ignacy SACHS, *Stratégies de l'écodéveloppement,* op. cit., p. 11.

> par la surchauffe de l'atmosphère (les physiciens ne pouvant se mettre d'accord sur les conséquences ultimes de l'usage abusif des carburants fossiles et l'accumulation du CO_2 dans l'atmosphère)[18].

Ce courant de pensée dit *«zégiste»*[19] prônait, dans l'ensemble, la *croissance zéro* de la population, de l'économie, de la pollution et de la consommation des énergies non renouvelables. Si ce courant apocalyptique eut, sans doute, le mérite d'attirer singulièrement l'attention du grand public à la fois sur la finitude du *«vaisseau terre»* et l'existence des *«limites ultimes»* à ne pas franchir, néanmoins, certains auteurs, comme Barry Commoner, mirent à nu le caractère fallacieux des arguments démographiques en montrant notamment que la dégradation de l'environnement était essentiellement le fait des techniques industrielles employées et qu'il était par conséquent difficile d'expliquer la pression sur les ressources par l'explosion démographique des non-consommateurs du Tiers Monde[20].

Mais, cela n'a pas empêché du tout Paul Ehrlich de proposer aux pays africains de freiner l'industrialisation et de devenir une réserve récréationnelle pour le reste du monde en attendant que les pays riches se désindustrialisent. De toute évidence, la thèse zégiste, comme le souligne Ignacy Sachs, apparaîtra «inacceptable aussi longtemps que subsisteront les disparités sociales et matérielles à l'intérieur des pays et entre les pays»[21]. En revanche, il faut aussi dénoncer, avec raison et sans mollesse, l'optimisme technologique sans rivages prôné par le parti opposé de la croissance pure et dure. Autrement dit, la croissance exponentielle désirable et valable ne devrait, d'aucune manière et sous aucun prétexte, s'affranchir allègrement de la règle d'or de la prudence écologique imposée, en l'occurrence, par le sens commun et le bon sens scientifique.

Ignacy Sachs introduit les notions de *gaspillage* et de *maldéveloppement* dans le débat sur la croissance et le développement en insistant sur le fait, on l'oublie souvent, que «la croissance économique, même forte et accompagnée par la modernisation rapide des structures de production, n'est pas encore le développement, peut s'en faut»[22]. Au fond, le maldéveloppe-

18 Ignacy SACHS, *Stratégies de l'écodéveloppement,* op. cit., p. 27.

19 Ainsi appelé, parce que ses partisans préconisaient le taux de croissance zéro, en anglais: *«Zero growth»*.

20 Ignacy SACHS, *Stratégies de l'écodéveloppement,* op. cit., p. 28.

21 Ibid., p. 72.

22 Ibid., p. 30-31.

ment est plus répandu dans le monde que le développement. Et il est, tout comme le développement, le sous-produit de la croissance.

Le concept de gaspillage s'entend ici dans une optique sociale et finaliste où, à la lumière d'une échelle de valeurs explicitées par rapport à des objectifs sociaux bien déterminés, il est loisible de juger le bien-fondé de l'allocation des ressources.

> On dira alors qu'il y a gaspillage chaque fois que des ressources sont utilisées à la production de produits jugés superflus. Et symétriquement, on parlera de gaspillage lorsque des ressources abondantes ou potentiellement abondantes ne sont pas valorisées en vue de la production de biens et services jugés essentiels[23].

Sans rentrer, toutefois, dans la polémique sur la détermination des besoins humains, il y a lieu de rappeler ici certains besoins indéniables généralement non satisfaits ou à peine, en particulier dans les PVD: manger à sa faim, s'habiller convenablement, habiter sous un toit décent, avoir accès aux soins de santé et à l'éducation, etc. Ces différents besoins constituent des droits fondamentaux pour chaque habitant de cette planète.

S'agissant de la production de biens et services, les sociétés industrielles ont développé, sous la pression de leur système de production, des formes de consommation à la fois artificielles et superflues, qui pèsent sur le bilan de certaines ressources et ont par conséquent des effets dévastateurs sur l'environnement. Le système productif de la société *«acquisitive»* absorbe une énorme quantité de ressources physiques en produisant sans cesse pour inciter le changement de la mode et accélérer le rythme des innovations techniques pour assurer au maximum le bien-être matériel de la minorité affluente qui y participe. Au final:

> Cette société *‹acquisitive›* fait le malheur de la majorité misérable des habitants de la planète qui, privés de l'accès aux ressources, ne sont pas en condition de pourvoir à leurs nécessités les plus élémentaires. [...] Ces gens-là sont réduits à la malédiction de l'oisiveté forcée qui est le contrepoint tragique de la civilisation des loisirs. Gaspillage doublement répréhensible parce qu'il comporte une *dimension morale* – il y va de la *dignité humaine foulée* – et il s'agit là d'une ressource qui ne se stocke pas: *les vies humaines passent*[24].

23 Ignacy SACHS, *Stratégie de l'écodéveloppement,* op. cit., p. 20.

24 Ibid., p. 21. Les mots en *italiques* dans cette citation ont été mis en relief par nous, pour *souligner* la *perspective éthico-anthropologique* fondamentale du concept d'*écodéveloppement.*

Pour Ignacy Sachs, c'est bien le *maldéveloppement* qui est à l'origine des fortes *inégalités sociales* et *régionales* et du *gaspillage* des *ressources naturelles* et *humaines* aussi bien au Sud qu'au Nord de la planète. L'auteur parle justement des deux gaspillages, le gaspillage des pays riches et celui des pays pauvres. Les riches gaspillent dans la *surconsommation* qui draine l'essentiel des ressources disponibles et les pauvres dans la *surexploitation* des rares ressources auxquelles ils ont accès.

La corrélation entre le maldéveloppement et la destruction de l'environnement sur les deux pôles, ainsi établie, Ignacy Sachs en vient à énoncer sa définition globale de l'écodéveloppement: «L'écodéveloppement est un développement des populations par elles-mêmes utilisant au mieux les ressources naturelles, s'adaptant à un environnement qu'elles transforment sans le détruire»[25]. Ce mode de développement doit s'appuyer, selon l'auteur, sur trois piliers:

- l'autonomie des décisions *(self-reliance)* et la recherche des modèles endogènes propres à chaque contexte historique, culturel et écologique;
- la prise en charge équitable des besoins de tous les hommes et de chaque homme; besoins matériels et immatériels, à commencer par celui de se réaliser à travers une existence qui ait un *sens*, qui soit un *projet;*
- la prudence écologique, c'est-à-dire la recherche d'un développement en harmonie avec la nature[26].

L'écodéveloppement, ainsi défini, n'est pas une doctrine, mais plutôt un outil heuristique qui permet au planificateur et au décideur d'aborder la problématique du développement sous le double angle de l'écologie naturelle et de l'écologie culturelle. Pour ce faire, il se démarque nettement «de l'économisme abusif qui n'hésite pas à détruire la nature au nom des profits économiques immédiats et de l'écologisme non moins outrancier qui rejette le bien-fondé de l'anthropocentrisme en érigeant la conservation de la nature en principe absolu»[27].

Il faut noter ici que Sachs identifie l'écodéveloppement au développement tout court, qu'il définit comme un vaste jeu d'harmonisation où la poursuite des objectifs socio-économiques doit être subordonnée au respect de la prudence écologique.

25 Ignacy SACHS, *Stratégies de l'écodéveloppement,* op. cit., p. 37.

26 Ibid., p. 32.

27 Ibid., p. 32.

Ce jeu d'harmonisation donne une très grande importance à la planification locale, rurale et urbaine, mais en même temps impose à l'État la mise en place d'un ensemble cohérent de politiques capables d'orienter et d'articuler entre elles les initiatives prises au ras du sol en veillant à ce que les ressources et l'espace soient utilisés de façon à sauvegarder le long terme et à maintenir la qualité du milieu physique[28].

2.2.2. Dimensions et critères de l'écodéveloppement

Le concept et l'idée d'écodéveloppement se sont affinés au fil du temps, avec l'apport des divers travaux spécialisés, entre autres, le *rapport* Brundtland, qui a conduit au Sommet de la Terre de Rio de Janeiro, dont nous parlerons un peu plus loin, dans la troisième section du chapitre. Depuis, les avancées conceptuelles[29] apparues en économie écologique et dans la recherche interdisciplinaire sur la biodiversité ont permis de déterminer, à la fois, les dimensions et les critères de l'écodéveloppement rebaptisé dorénavant *développement durable.*

2.2.2.1. Les cinq dimensions de l'écodéveloppement

Les 5 dimensions de l'écodéveloppement exposées ci-dessous découlent de la définition de la *durabilité écologique* proposée par R. Costanza. Selon cet auteur, «la durabilité est le rapport entre des systèmes économiques dynamiques et des systèmes écologiques dynamiques plus grands mais aux changements plus lents dans lesquels: la vie humaine peut continuer indéfiniment; les individus peuvent s'épanouir; les cultures humaines peuvent se développer; mais dans lesquels les effets de l'activité humaine restent à l'intérieur de certaines limites afin de ne pas détruire la diversité, la complexité et la fonction du système qui sert de base à la vie écologique»[30].

Voici donc les cinq dimensions de la durabilité à prendre nécessairement en compte dans tout processus de planification du développement à tous les niveaux:

28 Ibid., p. 33.

29 Notamment l'introduction du concept de *capital naturel* dans la théorie économique en ce qui concerne l'*éco-économie*, et l'élargissement des critères d'évaluation des ressources biologiques, pour ce qui est de la *biodiversité.* On parle aujourd'hui, à propos des ressources biologiques, des *valeurs* d'*option* et d'*existence*, en plus des *valeurs traditionnelles* d'*usage* et d'*échange.*

30 Cité par Ignacy SACHS, *L'écodéveloppement. Stratégies pour le XXIe siècle,* op. cit., p. 27.

1) *La durabilité sociale*
Ce terme recouvre la mise en œuvre d'un processus de développement fondé sur une autre croissance et alimenté par une autre vision de la société. Le but est de construire une civilisation de l' «être» fondée sur un partage plus équitable afin d'améliorer substantiellement l'accès aux richesses et de réduire l'écart de niveau de vie entre les riches et les pauvres.

Le développement doit être vu dans sa multidimensionnalité, couvrant tout le champ des besoins matériels et non matériels, comme le souligne justement le rapport sur le développement humain du PNUD (ce qui n'apparaît pas toutefois dans l'indicateur, trop réducteur, du développement humain proposé par cette étude).

2) *La durabilité économique*
Elle dépend d'une répartition et d'une gestion des ressources plus efficaces et d'un flux constant d'investissements privés et publics. Ce qui nécessite de venir à bout des contraintes externes actuelles: le fardeau du service de la dette et le flux net de ressources financières du Sud vers le Nord, les termes de l'échange défavorables, les barrières protectionnistes imposées par les pays industrialisées et, enfin, l'accès limité à la science et à la technique. En outre, il faut évaluer l'efficacité économique en termes macrosociaux plutôt qu'à travers les seuls critères micro-économiques de profit de l'entreprise.

3) *La durabilité écologique*
Elle peut être renforcée à l'aide des leviers suivants:
- augmenter la capacité de charge du vaisseau spatial Terre en s'ingéniant à intensifier la mise en valeur du potentiel des ressources des différents écosystèmes, à des fins socialement utiles, et en minimisant les atteintes portées aux systèmes naturels dont dépend la vie sur notre planète;
- limiter la consommation des combustibles fossiles et des autres ressources et produits facilement épuisables ou nuisibles pour l'environnement, en les remplaçant par d'autres renouvelables ou abondants et sans nuisance pour la nature;
- promouvoir l'autolimitation de la consommation matérielle de la part des riches et des couches privilégiées du monde entier; intensifier la recherche des techniques propres et efficaces au plan de l'utilisation des ressources naturelles pour le développement urbain, rural et industriel;

- définir les règles pour une protection adéquate de l'environnement, et à cette fin mettre sur pied les dispositifs institutionnels nécessaires et procéder au choix de la combinaison d'instruments économiques, légaux et administratifs.

4) *La durabilité spatiale*
Il faut assurer un meilleur équilibre villes-campagnes et une meilleure répartition spatiale des établissements humains et des activités économiques, avec un accent mis sur les problèmes suivants:
- concentration excessive dans les métropoles;
- destruction des fragiles mais importants écosystèmes, par des colonisations incontrôlées;
- promotion d'une agriculture moderne régénératrice et de l'agrosylviculture auprès des petits paysans en leur fournissant les moyens techniques appropriés, du crédit et un accès au marché;
- possibilité d'industrialisation décentralisée liée à la nouvelle génération des techniques (spécialisation flexible), en particulier des industries de transformation de la biomasse capables de créer des emplois ruraux non agricoles;
- établissement d'un réseau de réserves naturelles et de biosphère pour protéger la biodiversité.

5) *La durabilité culturelle*
Cherchant des racines endogènes aux modèles de modernisation et aux systèmes intégrés de production, il s'agit de promouvoir le changement dans la continuité culturelle, traduisant le concept normatif d'écodéveloppement en une pluralité de solutions locales, propres à chaque écosystème, à chaque contexte culturel et à chaque site[31].

2.2.2.2. Les critères de l'écodéveloppement

Il s'agit ici d'un ensemble de 8 groupes d'indicateurs permettant d'apprécier la viabilité du développement à l'aune des 3 critères fondamentaux de la durabilité définis par la Conférence de Rio: la justice sociale, la prudence écologique et l'efficacité économique.

31 Cf. Ignacy SACHS, *L'écodéveloppement. Stratégies pour le XXIe siècle,* op. cit., p. 27-30.

1) *Critères sociaux*
- un niveau de vie acceptable d'homogénéité sociale;
- la distribution équitable des revenus;
- le plein emploi ou une sécurité d'emploi assurant un niveau de vie acceptable;
- l'accès équitable aux ressources et aux services sociaux.

2) *Critères culturels*
- le changement dans la continuité (équilibre entre le respect des traditions et l'innovation);
- la possibilité de concevoir un programme national de façon indépendante: l'autonomie personnelle, l'endogénéité (plutôt que la confiance aveugle dans les modèles étrangers), la confiance en soi alliée à une ouverture sur le monde.

3) *Critères écologiques*
- la protection des capacités de renouvellement des actifs naturels;
- le contrôle des limites d'utilisation des ressources non renouvelables.

4) *Critères environnementaux*
- la protection et l'amélioration des capacités d'autoépuration des écosystèmes naturels.

5) *Critères territoriaux*
- l'instauration d'un équilibre entre les aménagements ruraux et urbains (renverser les tendances favorisant l'allocation des fonds publics aux zones urbaines);
- l'amélioration des paysages urbains;
- la lutte contre les disparités régionales;
- l'application des stratégies de développement respectueuses de l'environnement pour les zones écologiques fragiles (conserver la biodiversité par la pratique de l'écodéveloppement).

6) *Critères économiques*
- le développement équilibré des différents secteurs de l'économie;
- la sécurité alimentaire;
- la capacité de moderniser sans cesse l'appareil de production;
- un degré d'autonomie suffisant en matière des recherches scientifiques et technologiques;
- l'intégration au marché international dans le respect des souverainetés nationales.

7) *Critères politiques*

- l'application universelle (et nationale) de principes démocratiques fondés sur l'ensemble des droits de l'homme;
- la capacité de l'État à partager avec tous ses partenaires sociaux la mise en œuvre de projets de développement;
- un niveau de cohésion sociale acceptable.

8) *Critères internationaux*

- une Organisation des Nations unies (ONU) capable d'empêcher les guerres, d'assurer la paix mondiale et de promouvoir efficacement la coopération au plan international;
- un pacte Nord-Sud pour un partage du développement fondé sur le principe de l'équité (la juste redistribution du fardeau pris en charge par les partenaires plus faibles);
- le contrôle institutionnel efficace des finances internationales et du commerce mondial;
- le contrôle institutionnel efficace des mesures de protection de l'environnement et des ressources naturelles, la prévention des impacts négatifs des changements prévisibles à l'échelle du globe, la conservation de la diversité biologique (et culturelle) et la gestion du patrimoine mondial en faveur des générations futures;
- un système efficace de coopération scientifique et technologique internationale, l'appréciation de la science et de la technologie en tant qu'héritage commun de l'humanité[32].

32 Cf. Ignacy SACHS, *L'écodéveloppement. Stratégies pour le XXIe siècle*, op. cit., p. 84-85.

Chapitre 6

L'entrée en scène du développement durable

À la suite de l'appel de Stockholm, des groupes d'économistes et d'experts de l'environnement[1] s'étaient mobilisés, à travers le monde, pour étudier de manière approfondie la corrélation entre la croissance démographique, la détérioration de l'environnement naturel et le développement économique. Ainsi, les Nations unies organiseront successivement une *Conférence mondiale sur la Population* (1974), une *Conférence sur l'Eau* (1977) et la première *Conférence mondiale sur le Climat* (1979).

En décembre 1983, le Secrétaire général de l'ONU, Javier Perez de Cuellar nomma la ministre norvégienne de l'environnement Mme Gro Harlem Brundtland à la tête de la Commission mondiale sur l'environnement et le développement créée à la demande de l'Assemblée générale des Nations unies et la chargea de lui produire un rapport circonstancié sur les problèmes globaux de l'environnement et le développement socio-économique. Le rapport en question est rendu en 1987. Il doit en partie son succès à sa notion galvaudée de *développement durable (sustainable development)*, popularisée par le Sommet de la Terre de Rio de Janeiro et reprise en grande pompe par la Conférence de Johannesburg en 2002.

1. Le Rapport Brundtland

La Commission Brundtland comprenait en son sein des membres du personnel politique des différents pays et une quinzaine de spécialistes de l'environnement familiers des divers travaux publiés en la matière depuis la Conférence de Stockholm. Les politiques étaient, pour la plupart, des

1 Parmi ces spécialistes figuraient, entre autres, Ignacy Sachs, fondateur du *Centre international des recherches sur l'environnement et le développement* auprès de l'École des Hautes Études en Sciences Sociales de Paris, Barbara Ward, fondatrice de l'*International Institute for Environnement and Development* (IIED) de Londres, et Maurice Strong, Secrétaire général de la Conférence de Stockholm et futur Secrétaire général de la Conférence de Rio.

anciens hauts fonctionnaires de l'ONU, à l'instar des Africains, Mansour Khalid du Soudan, ancien président du Conseil de Sécurité; Bernard Chidzero du Zimbabwe, ancien président du Comité de développement de la Banque mondiale et du FMI et ancien secrétaire général adjoint de la CNUCED; et Mohammed Sahnoun d'Algérie, ancien diplomate chargé du dossier somalien.

Cette Commission travailla pendant quatre ans et rencontra de nombreux représentants des associations écologistes, au cours des audiences publiques organisées dans diverses régions du monde. Le travail commandé par le Secrétaire général Javier Perez de Cuellar fut achevé en mars 1987 et sera publié en 1988 par la *Commission mondiale sur l'environnement et le développement* sous le titre *Notre avenir à tous*. Le Rapport dresse un état des lieux quasi exhaustif des problèmes qui menacent l'équilibre écologique de la planète, au premier rang desquels, on peut citer la déforestation, la dégradation des sols, l'effet de serre, l'élargissement du trou d'ozone, la démographie, la chaîne alimentaire, l'approvisionnement en eau, l'énergie, l'urbanisation, l'extinction des espèces animales, le surarmement, la protection des océans et de l'espace, etc.

Il s'agissait, en particulier, pour la Commission de mettre en évidence les diverses manières dont les différentes sociétés du monde, riches ou pauvres, portent atteinte à l'environnement. À ce propos:

> Le rapport Brundtland identifie deux risques susceptibles d'affecter concrètement la planète tout entière: les changements climatiques, dus à l'accumulation des gaz à «effets de serre», et les graves atteintes à la couche d'ozone de la stratosphère par les produits fluoro-chlorés[2].

L'identification de ces deux dangers a apporté ainsi la preuve qu'un développement mal maîtrisé et écologiquement irresponsable mène l'humanité à sa perte. D'où, le rapport Brundtland propose le concept de *développement durable* pour souligner que le développement nécessaire doit désormais respecter les ressources de la Terre.

Voici comment la Commission Brundtland définit donc ce terme clé de son rapport:

2 Loïc CHAUVEAU, «Développement durable. Une idée neuve de trente ans», art. cit., p. 177.

> Le genre humain a parfaitement les moyens d'assumer un développement durable, de répondre aux besoins du présent sans compromettre la possibilité pour les générations à venir de satisfaire les leurs. La notion de développement durable implique certes des limites. Il ne s'agit pourtant pas de limites absolues mais de celles qu'impose l'état actuel de nos techniques et de l'organisation sociale ainsi que de la capacité de la biosphère de supporter les effets de l'activité humaine. Mais nous sommes capables d'améliorer nos techniques et notre organisation sociale de manière à ouvrir la voie à une nouvelle ère de croissance économique. La Commission estime que la pauvreté généralisée n'est pas une fatalité. Or, la misère est un mal en soi, et le développement durable signifie la satisfaction des besoins élémentaires de tous et, pour chacun, la possibilité d'aspirer à une vie meilleure. Un monde qui permet la pauvreté endémique sera toujours sujet aux catastrophes écologiques et autres.[3]

Avant d'en arriver à sa proposition d'une politique mondiale pour un *développement durable* sur le double plan *écologique* et *social* pour *notre avenir* à *tous*, la Commission Brundtland reconnaît clairement dans son rapport que le développement économique des peuples a produit, jusqu'à ce jour, des dégâts environnementaux qui ont atteint désormais une envergure planétaire. Pour autant, il n'est pas possible ni même souhaitable de bloquer le développement économique pour sauvegarder l'environnement. Le développement économique est nécessaire à la fois pour éliminer la pauvreté et augmenter l'équité sociale, soutient la Commission.

La pauvreté porte atteinte à l'environnement. Éliminer la pauvreté signifie donc satisfaire les besoins essentiels de tous les hommes.

> Le développement durable, c'est s'efforcer de répondre aux besoins du présent sans compromettre la capacité de satisfaire ceux des générations futures. Il ne s'agit en aucun cas de mettre fin à la croissance économique, au contraire. Inhérente à cette notion est la conviction que nous ne pourrons jamais résoudre les problème de pauvreté et de sous-développement si nous n'entrons pas dans une nouvelle période de croissance dans le cadre de laquelle les pays en développement auront une large part et pourront en tirer de larges avantages[4].

Autrement dit, la *durabilité sociale* suppose et requiert un *développement économique* accompagné d'une *répartition plus équitable* de la *richesse commune*. Et c'est aux systèmes politiques q'il incombe d'assurer cette

3 CMED, *Notre avenir à tous,* [DOC], 1987, http: //fr.wikisource.org/wiki/Rapport_. Brundtland_-_Introduction#Introduction (Page consultée le 25 mai 2006)

4 CMED, *Notre avenir à tous,* [DOC], 1987, http://fr.wikisource.org/wiki/Rapport_ Brundtland_-_Introduction #3._Le – d.C3.A9veloppement durable (Page consultée le 25 mai 2006)

équité sociale à travers la participation effective des citoyens au processus décisionnel et démocratique tant au niveau des choix nationaux qu'internationaux.

Pour la Commission Brundtland, le développement durable est l'affaire de tous et impose donc des «choix douloureux», au Nord tout comme au Sud de la planète. Ainsi, les plus riches sont invités à avoir des styles de vie compatibles avec les systèmes écologiques de la planète, tandis que les pauvres, eux, doivent, surtout et avant tout, changer leur style de vie, au plan démographique, étant donné que:

> Une croissance démographique trop forte peut accroître les pressions qui pèsent sur les ressources et freiner l'amélioration du niveau de vie; le développement durable n'est donc possible que si la démographie et la croissance évoluent en harmonie avec le potentiel productif de l'écosystème[5].

En dernière analyse, le développement durable se veut un processus dynamique fondé sur un double pacte intra et intergénérationnel, dans lequel les membres de l'actuelle génération reconnaissent le droit de tout un chacun à vivre dans un environnement sain et à satisfaire ses besoins, ainsi que celui des générations futures d'hériter d'un environnement sain dans lequel, elles peuvent, elles aussi, satisfaire leurs besoins[6]. En effet:

> Le développement durable n'est pas un état d'équilibre, dit le Rapport Brundtland, mais plutôt un processus de changement dans lequel l'exploitation des ressources, le choix des investissements, l'orientation du développement technique ainsi que le changement institutionnel sont déterminés en fonction des besoins tant actuels qu'à venir[7].

Le terme *développement durable* est l'objet de nombreuses critiques, depuis la publication du Rapport Brundtland. L'essentiel de ces critiques porte sur l'ambiguïté même de l'expression, que Gilbert Rist qualifie d'«oxymore de second ordre» voire de «pseudo oxymore» qui n'échappe à l'absurdité de la contradiction que par la subordination d'un terme à l'autre[8]. En effet, selon qu'on se situe du côté des écologistes ou de la

5 CMED, *Notre avenir à tous,* [DOC], 1987, http://fr.wikisource.org/wiki/Rapport_Brundtland_-_Introduction#Introduction (Page consultée le 25 mai 2006)

6 Cf. Pietro GRECO, *Lo sviluppo sostenibile,* op.cit, p.13.

7 CMED, *Notre avenir à tous,* [DOC], 1987, http://fr.wikisource.org/wiki/Rapport_Brundtland_-_Introduction#Introduction (Page consultée le 25 mai 2006)

8 Gilbert RIST, *Le développement durable. Histoire d'une croyance occidentale,* op. cit, p. 316.

pensée ordinaire, le développement durable signifie, à la fois et contradictoirement, le maintien de la vie sur la planète et une invitation à faire durer le «développement», c'est-à-dire la croissance.

Aux yeux de Gilbert Rist, c'est bien le *«développement»* qui est le principal responsable des atteintes à l'environnement et qui menace, de ce fait, la *«durabilité»* de l'écosystème souhaitée par tous. Aussi, considère-t-il le développement durable comme une pure mascarade, où l'on s'ingénie à dissimuler le «développement» sous la qualité essentielle de la durabilité que l'on attend naturellement de l'environnement, pour justifier la poursuite de la croissance. D'où sa mise en garde:

> *La contradiction surgit dans l'ordre des pratiques et non pas dans celui des mots.* L'enjeu du rapport Brundtland et de la conférence de Rio n'est donc pas de réconcilier deux phénomènes antagonistes dans une synthèse hégélienne qui les dépasserait l'un et l'autre, mais de faire croire à la nécessité du «développement» en lui attribuant la valeur suprême que l'on reconnaît à l'environnement. De ce point de vue, *le «développement» apparaît comme une opération de camouflage;* il apaise les craintes provoquées par les effets de la croissance économique pour empêcher sa radicale remise en question. Même si le leurre est séduisant, il ne faut pas s'y tromper: ce que l'on veut faire durer, c'est bien le «développement», non pas la capacité de l'écosystème ou des sociétés à le tolérer[9].

On entend le même son de cloche chez Serge Latouche, l'autre héraut intransigeant de la mort consommée du développement. Pour ce dernier, en effet, nous sommes désormais entrés dans l'ère des développements «à particules». Et pour cause.

> On a vu des développements *autocentrés*, *endogènes*, *participatifs, communautaires*, *intégrés*, *authentiques, autonomes* et *populaires, équitables*, sans parler du *développement local*, du *micro-développement*, de *l'endo-développement* et même de *l'ethno-développement*! Les humanistes canalisent ainsi les aspirations des victimes. Le développement durable est la plus belle réussite dans cet art de rajeunissement des vieilles lunes. Il constitue un bricolage conceptuel visant à changer les mots à défaut de changer les choses, une monstruosité verbale par son antinomie mystificatrice. Le «durable» est alors ce qui permet au concept de survivre[10].

Jean-Marie Harribey relève aussi cette «ambiguïté congénitale» du concept de développement durable, devenu une référence obligée des respon-

9 Gilbert Rist, *Le développement. Histoire d'une croyance occidentale,* op. cit., p. 317.

10 Serge Latouche, «En finir, une fois pour toutes, avec le développement», art. cit., p. 7.

sables politiques et des institutions internationales. Pour lui, il s'agit là, sans doute, d'une «contradiction insurmontable», qui renvoie à la distinction établie autrefois par l'économiste français François Perroux entre croissance et développement, fondatrice de l'économie du développement dans les années 1950 et 1960.

> Dans l'esprit de ses promoteurs institutionnels, le développement durable doit concilier trois impératifs: la croissance économique, la réduction de la pauvreté et la préservation des écosystèmes. La poursuite de la croissance est considérée comme une condition nécessaire de la réussite des deux autres. [...] La distinction entre croissance et développement souffre d'une faiblesse logique grave: la croissance amène in fine les changements de structures économiques et sociales qui, précisément, font la caractéristique du développement selon Perroux. D'où, la contradiction: d'abord, la croissance est considérée comme une simple condition nécessaire du développement; avec le temps, elle devient une condition suffisante (rendant sans objet la distinction). Le développement est ainsi assimilé à l'augmentation, bien sûr éternelle, de la production. Le tour de passe-passe libéral peut alors s'opérer: justifier la conformité du développement de tous les peuples à celui des pays riches et les soumettre aux injonctions des instances internationales parées de durabilité[11].

Cela dit:

> On aurait tort, conclut Jean-Marie Harribey, de rejeter l'idée de développement. En effet, les besoins primordiaux d'une bonne moitié de l'humanité restent insatisfaits. Les pays pauvres doivent donc pouvoir connaître un temps de croissance de leur production. Car pour faire disparaître l'analphabétisme, il faut bâtir des écoles; pour améliorer la santé, il faut construire des hôpitaux et acheminer l'eau potable; pour retrouver une autonomie alimentaire, il faut encourager l'agriculture vivrière. L'échec du développement au XXe siècle est davantage le produit des rapports de force qui ont tourné à l'avantage exclusif des nantis que l'échec du développement en lui-même. Il faut donc se dégager des pièges du «développementisme», de ceux de l'«anti-développementisme» et du consensus mou autour de la durabilité. [...] Car, même si l'intensité de la production en énergie et en ressources naturelles diminue, le développement nécessaire des plus pauvres implique le renoncement au développement illimité des riches, compte tenu des limites de la planète[12].

Mis à part, ces considérations sémantiques, Ignacy Sachs indique qu'il existe à tout le moins, au niveau de la réflexion, un accord assez large sur les points suivants, concernant la mise en route du développement durable:

11 Jean-Marie HARRIBEY, «Une contradiction insurmontable», in *Le Monde diplomatique,* n° 585, 2002, p. 18.

12 Ibid., p. 19.

- La nécessité d'arrêter la surconsommation s'applique d'abord aux pays industrialisés (et aux riches minorités dans les sociétés du tiers monde); nos modèles d'utilisation des ressources se révèlent inacceptables à la longue, les riches doivent dégager par un développement qualitatif les ressources nécessaires pour les pauvres.
- Au lieu de considérer les objectifs écologiques comme opposés aux objectifs économiques, nous devons nous rendre compte que les systèmes économiques dépendent des systèmes naturels qui rendent possible la vie sur notre planète. Il faut incorporer dans notre pensée et nos actes la notion de complémentarité entre le capital naturel et le capital créé par l'homme.
- Pour éviter le Piège de Faust, nous devrions sous-estimer plutôt que surestimer le pouvoir des solutions purement techniques et commencer immédiatement la transition de l'écodéveloppement, en dépit des incertitudes qui prédominent. Aucune analyse des coûts et avantages ne saurait trancher si nous décidons d'agir maintenant ou d'attendre de plus grandes connaissances.
- D'importantes avancées conceptuelles sont apparues en économie écologique par l'introduction du concept de capital naturel dans la théorie économique.
- Un autre progrès significatif a surgi de la recherche interdisciplinaire sur la biodiversité, amenant l'élargissement des critères d'évaluation des ressources biologiques. Elles ont une valeur d'usage de consommation quand elles sont directement consommées par les producteurs, et une valeur d'usage de production (valeur d'échange dans l'économie standard) quand elles sont commercialisées. Il faut y ajouter une valeur d'usage non économique, comme la régulation du climat, la protection des bassins hydrographiques, la photosynthèse et la protection des sols, une valeur d'option (qui garde des options ouvertes sur l'avenir) et une valeur d'existence (savoir seulement que telle espèce existe)[13].

13 Ignacy Sachs, *L'écodéveloppement. Stratégies pour le XXIe siècle,* op. cit., p. 26-27.

2. Le Sommet de la Terre de Rio de Janeiro

La mégapole brésilienne, Rio de Janeiro, fut la capitale du monde, du 3 au 12 juin 1992, avec la réunion de la *Conférence des Nations unies sur l'environnement et le développement* (CNUED), surnommée le *Sommet de la Terre.* Cette conférence internationale suggérée par le Rapport Brundtland réunit près de 30.000 personnes venues de tous les pays du monde, dont 117 chefs d'État et de Gouvernement, 1.400 ONG et 8.000 journalistes. Elle fut dirigée par le canadien Maurice Strong, ancien Secrétaire général de la Conférence sur l'environnement humain de Stockholm.

Aux termes du Rapport Brundtland, ce colloque avait donc pour mandat,

> d'examiner les progrès accomplis et de susciter des arrangements qui continueront d'être nécessaires pour poser les jalons sur la voie du progrès humain et le maintenir dans des normes en harmonie avec les besoins de l'homme et les lois naturelles[14].

Pour ce faire, on attendait donc de cette conférence des décisions concrètes et opérationnelles avec des échéances précises sur la mise en œuvre du développement durable.

Le Sommet de Rio a été préparé par 4 sessions d'études. La dernière s'est tenue à New York du 3 mars au 4 avril 1992 et a rédigé les 5 documents qui seront discutés et approuvés à Rio de Janeiro. La CNUED a procédé, à l'occasion, à une évaluation globale de la crise écologique apparue au grand jour.

2.1. Le diagnostic onusien de la crise écologique contemporaine

Il a été unanimement établi à Rio que la crise écologique en cours est une crise générale et globale, qui touche l'ensemble de la biosphère. Les principales causes de cette crise sont au nombre de trois, à savoir:

1) *L'énorme quantité de gaz à effet de serre* (surtout le gaz carbonique et le méthane) déversée dans l'atmosphère par la combustion des carburants fossiles, le pétrole et le carbone. L'accumulation de ces gaz dans l'atmosphère forme une espèce de couverture nuageuse qui absorbe la

14 CMED, *Notre avenir à tous,* op. cit., p. 41.

chaleur émise par le rayonnement solaire, en produisant *l'effet de serre* qui a pour effet *l'augmentation de la température du climat terrestre* altérant la *périodicité des saisons astronomiques* et *surchauffant l'atmosphère* avec des effets perturbateurs moins prévisibles. L'émission dans l'atmosphère des *chlorofluorocarbures* (CFC) produit l'*amenuisement* et la *disparition* de la *couche d'ozone,* appelés *trous d'ozone.*

2) *La déforestation.* Les arbres ont un rôle majeur dans l'équilibre écologique de la biosphère. De sorte que *l'abattage des forêts* provoque *l'érosion* des terrains, la *sécheresse*, la *désertification* des sols et *augmente* la *quantité* de dioxyde de carbone (CO_2) dans l'atmosphère. Il détruit en outre l'*habitat* de nombreuses *espèces animales* et *végétales*, et provoque l'*extinction* d'une *multitude* d'entre elles.
3) *La pollution des eaux des fleuves, des lacs et des mers.* Cette pollution est due à l'emploi des *pesticides* dans *l'agriculture*, aux *ordures* des *déchets industriels*, des *eaux usées* des *villes* et d'*hydrocarbures* provenant des *navires pétroliers.* Les pollutions ont presque toujours des *conséquences irréversibles* sur la *santé humaine* ainsi que sur celle des *animaux* et des *poissons*[15].

S'agissant de la responsabilité de cette crise, toutes les statistiques établies indiquent les pays industriels comme les plus grands pollueurs de la planète, par leur modèle de développement basé largement sur le gaspillage et le superflu. Les PVD ont également leur part de responsabilité dans cette crise, notamment en ce qui concerne la déforestation, dont les effets destructeurs sont aujourd'hui manifestes au niveau des pays tropicaux. Néanmoins, la Conférence accorde des circonstances atténuantes à ces pays, dans la mesure où la dégradation de l'environnement ici est tributaire du combat pour la survie. Pour subvenir à leurs besoins essentiels, les populations sont ainsi bien obligées de disposer de plus de champs à cultiver, de plus de pâturages pour le bétail, de plus de bois de chauffe ou pour la cuisine.

Pour remédier à ce maldéveloppement responsable de la détérioration de l'environnement naturel, la CNUED préconise, au premier chef, l'usage conjoint à grande échelle des nouvelles sources d'énergie non polluantes, comme l'éolienne, la géothermique, la marine et des systèmes d'épuration

15 Cf. Giobbe GAZZONI, *Nuovi temi di teologia morale. Cultura, cominicazione, ecologia, chiese e religioni,* Roma, Città Nuova, 1994, p. 144-146.

appropriés, ainsi qu'un large transfert des technologies non polluantes vers les PVD à des prix convenables et des aides efficaces solidaires pour le démarrage du développement durable[16].

2.2. Les documents de la CNUED

Cinq documents sont issus de la CNUED «officielle» de Rio organisée par les Nations unies.

1) La *Déclaration de Rio*, dite aussi la «Charte de la Terre». Elle proclame 27 principes concernant l'environnement et le développement. Le premier principe situe bien l'homme au cœur du développement: «Les êtres humains sont au centre des préoccupations relatives au développement durable. Ils ont droit à une vie saine et productive en harmonie avec la nature». D'autres concernent, notamment, le droit pour tout État d'exploiter ses ressources naturelles en fonction de sa politique propre, le droit au «développement», la nécessité de réduire les modes de consommation contraires au «développement durable», la mise en place des «politiques démographiques appropriées», le *principe de précaution*[17] et le *principe du pollueur-payeur.* Ce texte fut approuvé par tout le monde, malgré les réticences des États-Unis.
2) La *Convention sur le changement climatique*. Elle concerne essentiellement la réduction de l'effet de serre et prévoit des aides financières pour permettre aux pays du Sud de prendre les mesures nécessaires et un mécanisme institutionnel de suivi. Le texte ne mentionne aucun délai précis sur la mise en application de la convention en raison de l'opposition radicale des États-Unis, néanmoins, il fut signé par 153 États.
3) La *Convention sur la biodiversité*. Elle vise à conserver et à utiliser de manière raisonnable (ou «durable») la diversité biologique et à partager de façon équitable les profits liés à l'exploitation du capital génétique. Elle suscita un débat autour du financement des pays du Sud, du

16 Ibid., p. 146.

17 Selon lequel, «il vaut mieux agir tout de suite sans que la communauté scientifique soit unanime sur un sujet donné, plutôt que d'attendre une certitude et agir plus tard». Lire à ce sujet l'article de Philippe MONGIN, «Le développement durable contre le principe de précaution?», in *Esprit,* n° 297, 2003, p. 163-171.

partage des bénéfices et des règles applicables à la biogénétique. 153 Etats signèrent la convention, sans les États-Unis.

4) Une *Déclaration sur la forêt.* Il s'agit d'un document constitué des 17 principes cadres dépourvus de force obligatoire, concernant toutes les forêts du monde.
5) L'*Agenda 21*. C'est l'ordre du jour ou le plan d'action pour le XXIe siècle du Sommet de la Terre de Rio. Ce document de 800 pages constitue, en quelque sorte, le «bréviaire du développement durable», selon l'expression de Gilbert Rist. Il contient au total 2.500 recommandations dont la mise en œuvre incombe à la fois aux gouvernements et aux agences ad hoc, invités à les traduire, partout, en Agendas 21 nationaux et locaux de développement durable adaptés aux réalités de terrain. Le texte s'articule autour des 4 thèmes majeurs: 1) *dimensions économiques et sociales du développement durable*; 2) *conservation et gestion des ressources pour le développement;* 3) *participation et responsabilité des différents groupes impliqués dans les décisions*; 4) *moyens de mise en œuvre*[18]. Pour chacune de ces quatre rubriques, il définit les objectifs et les priorités, identifie les questions institutionnelles et évalue le coût des mesures proposées[19]. À l'Agenda 21 a été associé un nouvel organe des Nations Unies: la *Commission pour le Développement durable,* chargé du suivi de l'évolution sur terrain de la mise en application des recommandations de l'Agenda 21. Selon les estimations du secrétariat de la CNUED, la mise en œuvre de l'Agenda 21 nécessiterait ainsi un financement de 625 milliards de dollars par

18 Voir *Action 21,* [DOC], http: //www.un.org/french/ga/special/sides/agenda21/

19 Le contenu des 4 thèmes se décline comme suit: 1) *Dimensions économiques et sociales* (développement durable au Sud, pauvreté, changement des modes de consommation, dynamique démographique, santé, habitat humain durable, environnement, développement et processus de décision); 2) *Conservation et gestion des ressources pour le développement* (atmosphère, planification et gestion des sols, déforestation, désertification, développement des zones de montagne, agriculture et développement rural, diversité biologique, biotechnologies, océans, eau, produits toxiques, déchets dangereux, déchets solides et épuration, déchets radioactifs); 3) *Renforcement du rôle des groupes importants* (femmes, enfants, jeunesse, peuples indigènes, ONG, syndicats, milieux d'affaires, scientifiques, agriculteurs, etc.); 4) *Moyens de mise en œuvre* (ressources financières, transfert des technologies, science, éducation et opinion publique, appui institutionnel, accords institutionnels internationaux, instruments juridiques internationaux, information pour la décision).

ans, y compris le transfert du Nord au Sud de 125 milliards de dollars sous forme d'aide publique au développement[20].

2.3. Les travaux du Forum mondial

Il s'est tenu à Rio, parallèlement à la CNUED «officielle» de l'ONU, le Forum mondial, dit la CNUED «officieuse», organisée par les ONG[21]. Cette dernière a rassemblé près de 20.000 participants venus du monde entier. Les trois mille ONG environ présentes à Rio ont produit 39 accords sur des sujets divers allant de l'économie «alternative» aux peuples indigènes, en passant par les déchets toxiques et nucléaires, et la sécurité alimentaire. Ces accords traduisent à la fois l'engagement et l'intérêt porté par les ONG et la société civile au thème du développement durable lancé par l'ONU. Ils ont été élaborés au niveau des collectifs. Nous en mentionnons ici quelques-uns, pour mémoire .

1) La *Charte de la Terre.* C'est un document parallèle à la Déclaration de Rio. Elle comprend huit principes.
2) Le *Collectif sur la coopération et l'appui institutionnel entre ONG.* Il a mis au point des conventions sur la technologie, le code de conduite des ONG, le partage des ressources entre ONG et la convention sur les peuples des Amériques.
3) Le *Collectif sur les enjeux de l'économie «alternative».* Il a rédigé des conventions sur les modèles économiques «alternatifs», les sociétés transnationales, le commerce, la dette, la consommation et les styles de vie.
4) Le *Collectif sur les principales questions d'environnement.* Il a produit des conventions sur le climat, les forêts, la biodiversité, l'énergie, les océans, les déchets toxiques et nucléaires.

20 Voir Ignacy SACHS, *L'écodéveloppement. Stratégies pour le XXIe siècle,* op. cit, p. 65.

21 Celles-ci comprenaient, entre autres, des groupes des citoyens pour l'environnement et le développement, des mouvements de défense des droits humains, des organisations féminines, des communautés religieuses et interreligieuses, des associations des jeunes, des syndicats, des groupes des représentants des peuples indigènes, des organisations industrielles, des associations professionnelles, des instituts scientifiques et de recherches, etc.

5) Le *Collectif sur la production alimentaire*. Il est l'auteur des traités sur l'agriculture «durable», la sécurité alimentaire, l'eau potable, la pêche.
6) Le *Collectif sur les enjeux transversaux*. Il a proposé des conventions sur le racisme, la militarisation, les femmes, la population, les jeunes, l'éducation à l'environnement, l'urbanisation et les peuples indigènes.

2.4. Les limites du Sommet de Rio

La Conférence de Rio de Janeiro a accru, sans conteste, l'éveil de conscience de la communauté internationale à la problématique de l'environnement. Sa très large couverture médiatique a permis au monde entier d'avoir et de suivre en temps réel la quintessence de l'information des différents travaux et réunions. Ainsi, le concept de *développement durable* popularisé par ce Sommet de la Terre «est désormais entré dans la langue de tous les ‹développeurs›: aucun projet n'est désormais pris au sérieux (c'est-à-dire financé) s'il ne comporte un ‹volet environnement›»[22].

Néanmoins, la Conférence de Rio est restée bien en deçà des espoirs suscités au Sud par le message politique du Rapport Brundtland concernant le partage de la croissance mondiale et la réduction des inégalités[23]. Ces deux impératifs du développement durable figurent sans doute dans le volumineux Agenda 21, qui n'a jamais fait l'objet d'une traduction pour le grand public. De sorte que, aujourd'hui, au Nord, «le public a donc du mal à comprendre que, dans son esprit, le sommet de Rio incite à un partage des ressources. Et, partant, à un effort immense des populations des pays riches vers les pays pauvres»[24].

Loïc Chauveau nous résume fort bien l'esprit dualiste de la Conférence de Rio de Janeiro:

> Le sommet de la Terre fut plutôt celui de deux mondes: l'un développé, l'autre dit en voie de développement. Les débats sur la limitation des gaz à effets de serre ont révélé cet antagonisme entre un monde soucieux de préserver la vitalité de son appa-

22 Gilbert RIST, *Le développement. Histoire d'une croyance occidentale,* op. cit, p. 313.
23 Cf. Loïc CHAUVEAU, «Développement durable. Une idée neuve de trente ans», art. cit., p. 178.
24 Loïc CHAUVEAU, «Développement durable. Une idée neuve de trente ans», art. cit., p. 178.

reil productif (et les emplois qui vont avec) et un autre désespéré de ne pas accéder, sinon à la richesse, du moins à un seuil supérieur à celui de la pauvreté. [...] Aujourd'hui, 50 milliards de dollars de capitaux vont des pays riches vers les pays pauvres, 242 milliards vont en sens inverse au titre du remboursement de la dette. Deux ans après Rio, pays riches et pays pauvres se sont retrouvés au siège de l'Unesco, à Paris, pour ratifier la Convention sur la désertification décidée au Sommet de la Terre. Après dix jours des travaux, cette convention a été adoptée in extremis, mais au prix d'une amère défaite des pays en voie de développement. Sujet du litige: l'argent. Car les pays ‹donateurs› n'ont finalement rien lâché aux pays du Sud. Ne voulant plus rien donner, les pays développés ont exigé des pays en voie de développement qu'ils mettent de l'ordre dans leurs circuits financiers[25].

En fait, le bilan officiel de la Conférence de Rio fut dressé, cinq ans après, en juin 1997, par une session spéciale de l'Assemblée générale des Nations unies réunie à New York («Rio + 5») pour évaluer la mise en œuvre des résolutions du Sommet de la Terre de 1992, et pour débattre de la suite à leur donner[26]. Celle-ci a dû constater, en effet, l'absence générale de progrès dans la mise en oeuvre de l'Agenda 21, le fer de lance du développement durable proclamé par le Sommet de Rio. Dix ans après Rio, comme l'indique Christopher Flavin dans la présentation du nouveau rapport sur l'état de la planète du Worldwatch Institute de Washington, le constat est le même:

Au cours de ces dix années, les émissions globales de dioxyde de carbone ont augmenté de 9%, malgré la *Convention sur le climat;* les barrières coralliennes en danger ont augmenté de 10 à 27%, pendant que la *Convention sur la biodiversité* signée à Rio reste lettre morte; quant à la pauvreté, une décennie de croissance économique sans précédent a laissé substantiellement immuable le nombre de personnes, entre un et deux milliards, incapables de satisfaire leurs besoins primaires: boire de l'eau potable, se laver avec de l'eau propre, manger, vivre dans des conditions hygiéniques acceptables, pouvoir s'instruire[27].

En 2000, le Sommet du Millénaire organisé par l'ONU établit 8 objectifs du développement: éradiquer la pauvreté extrême et la famine; donner à tous la possibilité d'accéder à un niveau d'instruction primaire; promouvoir l'égalité des sexes et donner le pouvoir aux femmes; réduire la mortalité infantile; améliorer la santé des mères; combattre le VIH/SIDA, la malaria et les autres maladies; garantir la durabilité de l'environnement et

25 Ibid., p. 178.
26 Cf. Ignacy SACHS, *L'écodéveloppement. Stratégies pour le XXIe siècle,* op. cit., p. 81.
27 Cité par Pietro GRECO, *Lo sviluppo sostenibile,* op. cit, p.14-15.

développer un partenariat global pour le développement[28]. Dans son Rapport du Sommet du Millénaire, le Secrétaire général de l'ONU Kofi Annan annonça la tenue, en 2002, d'une conférence internationale faisant suite au Sommet de la Terre de Rio de Janeiro. C'est ainsi que sera convoqué le *Sommet Mondial pour le Développement Durable* de Johannesburg, qui se réunit sur le continent africain du 26 août au 4 septembre 2002, sous la direction de l'économiste et historien indien Nitin Desai, Secrétaire de la Commission pour le développement durable.

3. Le Sommet Mondial pour le développement durable de Johannesburg

Ce second Sommet de la Terre a battu tous les records de participation des différents forums onusiens, avec la présence de 60.000 personnes, soit le double du nombre de participants du Sommet de Rio. Comme pour Rio, le choix du continent africain et de la mégapole sud-africaine Johannesburg est emblématique. En effet, l'Afrique est le continent le plus terriblement affecté par la paupérisation, les épidémies et les drames écologiques[29]. Elle est également le lieu où abondent les exemples d'un développement non durable, apanage d'une infime minorité. Johannesburg, ancienne cité dortoir des mineurs d'or, construite par des ouvriers noirs à moindres frais et avec l'énergie polluante du charbon, incarne, à sa manière, l'image d'une ville populeuse où la violence chronique qui terrorise la population et parfois ensanglante la rue, la pénurie de moyens de transport publics, l'absence d'égouts et de services de base dans certains quartiers populaires et le contraste criant entre quartiers nantis et quartiers pauvres, sont autant d'indicateurs du modèle de développement non durables répandu en Afrique[30].

28 Cf. Michael CZERNY, «Il Vertice di Johannesburg», in *La Città Cattolica,* n° 3662, 18 gennaio, 2003, p.119.

29 Vincent TARDIEU, «Johannesburg: un sommet pourquoi faire?», in *Science & Vie,* n° 1020, septembre 2002, p. 108-109.

30 Michael CZERNY, «Il Vertice di Johannesburg», art. cit., p. 120.

3.1. Les enjeux et attentes du Sommet

Comme l'indique clairement son intitulé, le Sommet de Johannesburg avait pour tâche de réaffirmer à la fois la nécessité et l'urgence du développement durable à l'échelle planétaire. Pour ce faire, les participants à ce Sommet se devaient donc d'adopter des mesures concrètes et significatives en vue de l'application de l'Agenda 21. Le slogan populaire du développement durable *«Population, Plante, Prospérité»* invitait, à l'occasion, à un examen approfondi des problèmes globaux préoccupants débattus à Rio.

L'organisation du Sommet de Johannesburg était confiée à la Commission de l'ONU pour le développement durable. Elle a connu quatre réunions préparatoires ou *Prep-Com*. La troisième *Prep-Com* se réunit à Bali (Indonésie) en juin 2002 et rédigea l'ébauche du *Plan d'Action* de 152 paragraphes, qui sera peaufiné et débattu à Johannesburg. Deux autres conférences internationales de l'ONU lui ont déblayé le terrain: la Conférence internationale sur le financement du développement de Monterrey (Mexique, mars 2002) et le Sommet de la FAO à Rome (World *Food,* juin 2002). En mai 2002, le Secrétaire général de l'ONU précisa les 5 thèmes-clés des travaux du Sommet: eau potable, énergie, santé, agriculture et biodiversité. À mi-juillet, le président sud-africain Thabo Mbeki, en sa qualité d'autorité hôte du Sommet, organisa une *réunion* spéciale des délégués de 27 pays pour trouver un terrain d'entente devant permettre aux pays participants au Sommet de Johannesburg de dépasser rapidement leurs divergences[31].

Ignacio Ramonet, l'éditorialiste du journal français *Le Monde diplomatique*, avertissait à la veille de l'ouverture du Sommet de Johannesburg, au vu de l'exacerbation continue de la situation socio-économique mondiale actuelle, que pour sauver la planète, il était indispensable que

> les puissants de ce monde adoptent, à Johannesburg, au moins sept décisions capitales: 1) un programme international en faveur des énergies renouvelables; 2) des engagements en faveur de l'accès à l'eau et de son assainissement en vue de réduire de moitié, d'ici à 2015, le nombre de personnes privées de cette ressource vitale qui

31 La réunion spéciale des délégués des 27 pays convoqués par le président Thabo Mbeki est connu sous le nom de *Friends of the Chair* (Les «Amis du Siège»). Parmi les 27 pays participants, il y avait les USA, le Canada, la Russie, la France, la Chine, le Danemark, l'Allemagne et le Japon.

est un bien commun de l'humanité; 3) des mesures pour protéger les forêts, comme prévu par la convention sur la biodiversité adoptée à Rio en 1992; 4) des résolutions pour mettre en place un cadre juridique instituant la responsabilité écologique des entreprises et réaffirmant le principe de précaution comme préalable à toute activité commerciale; 5) des initiatives pour subordonner les règles de l'Organisation mondiale du commerce (OMC) aux principes des Nations unies sur la protection des écosystèmes et aux normes de l'Organisation internationale du travail (OIT); 6) des règlements pour exiger des pays développés qu'ils s'engagent à consacrer un minimum de 0,7% de leur richesse à l'aide publique au développement; 7) des recommandations impératives, enfin, pour annuler la dette publique des pays pauvres[32].

Nous reviendrons plus loin sur l'avertissement d'Ignacio Ramonet, à propos des résultats du Sommet proprement dit.

3.2. Le déroulement des travaux

Le Sommet s'est ouvert avec plus d'un quart de l'esquisse du *Plan d'Action* en suspens, pour cause de dissensions. Ainsi, les travaux de négociation menés au cours de la semaine du 28 août au 1er septembre ont consisté à surmonter les dissensions en reformulant les points controversés, de manière à obtenir le consensus des États membres. Le point focal de la dissension était le chapitre sur la *globalisation*. Ici, 94% du texte étaient controversés. Dans les chapitres sur la *finance* et le *commerce*, la proportion du texte en suspens était respectivement de 89 et 85%. Les autres problèmes soumis à la négociation concernaient les principes de Rio, les droits humains; le fond de solidarité; l'énergie; les modèles de production et de consommation; les ressources naturelles et la biodiversité; les changements climatiques; les biens publics communs; et les dimensions sociales du développement durable[33].

Ce sont les délégués des gouvernements qui se sont occupés du travail de toilettage des textes au cours des sessions à huis clos. Les principaux protagonistes étaient les chefs des délégations officielles dont la dimension dépendait du nombre de délégués présents. Les plus riches avaient 300 membres, avec des experts pratiquement dans tous les domaines de la discussion. Les alliances entre pays ou groupes des pays variaient suivant

32 Ignacio RAMONET, «Sauver la planète», in *Le Monde diplomatique,* n° 581, août 2002, p. 1.

33 Cf, Michael CZERNY, «Il Vertice di Johannesburg», art. cit., p. 122.

les sujets traités. Ainsi, les États-Unis souvent soutenus par l'Australie et le Japon étaient les plus forts opposants aux décisions fixant des buts, des échéances et des moyens définis. L'Union européenne, alliée avec les États-Unis sur les problèmes commerciaux, financiers et de la globalisation, était plus proche du *G77* sur la question de la pauvreté et de l'environnement. Quant aux pays en voie de développement regroupés désormais dans le G77, ils étaient en tout cas unis sur la majorité des problèmes, excepté l'environnement. Par ailleurs, la Chine faisait bande à part, dans l'ensemble, même si elle soutenait certaines positions du G77. Ce qui explique l'expression *«G77 + Chine»*[34] apparue au cours de ce Sommet.

Comme il fallait s'y attendre, en l'occurrence, les divergences les plus difficiles à aplanir, au cours de ce Sommet, étaient naturellement celles relatives au *pouvoir* et à l'*argent roi*. L'on s'est bien arrangé quand même, pour parvenir à un semblant de consensus, en adoptant, comme de coutume, des formulations intermédiaires plus diplomatiques et moins significatives, afin surtout d'éviter un cuisant échec qui aurait pu beaucoup compromettre la crédibilité des Nations unies, de l'Afrique du Sud et de bien des pays impliqués.

Johannesburg a été également la vitrine des *entreprises multinationales*. En effet, plus de 200 multinationales regroupées sous le label ostensible d'*«Organisation entrepreneuriale pour le développement durable»*, étaient au rendez-vous de Johannesburg et avaient pour porte-parole l'ex- président de la compagnie pétrolière Shell. Elles ont brillamment mené leur campagne de séduction et de lobbying auprès des délégués des gouvernements et du public sud-africain, à grand renfort de publicité, comme le décrit de manière pittoresque Agnès Sinaï, l'envoyée spéciale du journal *Le Monde diplomatique*.

> Le long des voies rapides, les pancartes publicitaires ont célébré le Sommet: des images de villages alimentés en eau et éclairés grâce à l'électricité, des visages en gros plan d'hommes et de femmes reconnaissants: un slogan généreux, *«Some, for all, forever»* («Un peu, pour tous, pour toujours»), résumait le projet d'un développement équitable et durable. Chrysler et BMW sont aussi allés de leur engagement: dans une ville qui propose très peu de transports en commun, on ne comptait plus les

34 L'expression *G 77* désignait, jusqu'à l'effondrement du communisme, le groupe des *pays non-alignés,* constitué dans la mouvance de la Conférence afro-asiatique de Bandung. Actuellement, elle désigne l'ensemble des PVD et englobe à ce jour 132 pays.

publicités de circonstance en faveur d'une *«mobilité durable»*, résumée par une ostentatoire BMW à piles à combustible exposée à quelques dizaines de mètres du centre de conférences où se tenait le Sommet de la Terre. Le diamantaire De Boers, qui, dès la fin de l'apartheid, a transféré son siège en Grande-Bretagne, ne lésinait pas plus sur ses messages: *«Ecology forever»*[35].

Les expositions des entreprises multinationales et d'un bon nombre de pays étaient organisées sous une vaste tente montée dans un parc à *Ubuntu Village*, à proximité de Sandton, le siège des rencontres officielles du Sommet mondial. C'est là aussi que s'était tenu le *Forum de la Science*. Celuici a montré à travers la présentation d'une série de prototypes fonctionnels, qu'un *développement durable* est tout à fait *possible*, du *point de vue scientifique*, et qu'il est dorénavant nécessaire de réaliser à grande échelle des projets basés sur les énergies alternatives et renouvelables. Ce *Forum de la Science* était sponsorisé par des grandes industries. Et il est donc, à cet égard, de bonne augure, comme le relève Michael Czerny, qu'«il existe une partie du monde économique et scientifique qui voit dans le développement durable plutôt une opportunité qu'une menace pour le commerce et le profit»[36].

Les ONG n'étaient pas en reste, à Johannesburg. Elles y étaient même plus nombreuses et mieux organisées qu'à Rio. La majorité d'entre elles avaient commencé leurs travaux, une semaine avant l'ouverture officielle du Sommet. Elles étaient basées à Nasrec, un grand complexe d'activités sportives et foraines, situé à environ 25 km de Sandton, entre Johannesburg et le très célèbre quartier de *Soweto*. Ce site s'était transformé, pour la circonstance, en siège général du *Forum global* («Global Forum») de la *Société civile*, parallèle au Sommet officiel de l'ONU et institutionnellement indépendant de ce dernier. Ainsi, avant et durant les deux semaines des travaux du Sommet, des centaines d'ONG, d'associations et de mouvements y ont exposé leurs différentes activités dans les stands, les forums, les séminaires, les laboratoires et les salles de spectacle. Il y avait

35 Agnès SINAÏ, «Douteux partenariat pour l'Afrique», in *Le Monde diplomatique*, décembre 2002, p. 16.

36 Michael CZERNY, «Il Vertice di Johannesburg», art. cit., p. 120-121. Le *Water Dôme*, un superbe édifice situé dans la périphérie sud de Johannesburg avait abrité une exposition consacrée au thème de l'*eau*. Des entreprises provenant des divers horizons y ont exposé des produits hydrauliques et des projets pour l'amélioration de l'approvisionnement en eau potable et la construction des systèmes d'égouts.

aussi des produits artisanaux en vente et des activités de promotion touristique. Ce dernier aspect mercantile a donné du Sommet de Johannesburg davantage l'image d'un lieu d'exposition mondiale sur le développement durable. Ce sont, en fait, les ONG émergentes plus petites et plus pauvres de l'hémisphère Sud, qui avaient élu domicile à Nasrec, avec le vain espoir de se faire entendre auprès des négociateurs gouvernementaux. Elles étaient littéralement ignorées, si bien que, découragées et déçues, elles n'ont pu élaborer ni présenter aucun texte commun au Sommet officiel.

Les ONG occidentales, américaines et européennes, étaient domiciliées à Sandton, un nouveau quartier cossu de Johannesburg, siège des rencontres officielles du Sommet mondial. Le lieu était particulièrement difficile d'accès. Sept grandes ONG[37] internationales s'étaient réunies dans une coalition baptisée *«Éco-équité»*, pour accroître à la fois leur audience et leur capacité d'intervention. L'«Éco-équité» a, pour sa part, analysé tous les points laissés en suspens dans l'ébauche du Plan d'Action du Sommet et préparé des propositions alternatives. Ainsi, durant le Sommet officiel, elle a pu fournir d'excellents rapports journaliers à la presse, aux autres OGN, ainsi qu'aux délégués officiels perdus dans le labyrinthe des négociations[38]. D'autres ONG bien préparées et expertes ont réussi également à faire entendre leur voix à travers les conférences de presse et la publication de leurs positions.

3.3. Résultats et évaluation

Le Plan d'Action de Johannesburg adopté à l'issue du Sommet se résume en une brève déclaration politique en 7 points:

1) Une réduction significative d'ici 2010, mais sans objectif précis, du taux actuel de perte de la diversité biologique;
2) Interdire d'ici 2015, autant que faire se peut, la pêche des espèces de poissons susceptibles de régénérer le patrimoine piscicole, et maintenir et/ou ramener celui-ci à des niveaux tels qu'il puisse assurer le maximum de rendement durable;

37 Entre autres, Friends of the Earth, WWF, Green Peace, Oxfam.

38 Cf. Michael CZERNY, «Il Vertice di Johannesburg», art. cit., p. 123.

3) Réduire de moitié, d'ici 2015, le nombre de personnes privées d'accès à l'eau potable (1,1 milliard) et à l'hygiène de base (2,4 milliards). Cela signifie que 200.000 personnes supplémentaires, par jour, pourraient avoir ainsi l'accès à l'eau potable au coût de 180 milliards de dollars US;
4) Produire et utiliser, d'ici 2020, des substances chimiques sans effets nuisibles significatifs pour la santé humaine et l'environnement;
5) L'Afrique et le NEPAD (*New Partnership for Africa's Development*) ont été identifiés comme sujets d'attention particulière et de soutien de la part de la communauté internationale, de manière à mieux concentrer les efforts en vue de satisfaire les nécessités de développement du continent;
6) On encourage la mise en œuvre d'un programme décennal visant à promouvoir des modèles de production et de consommation durables améliorant l'efficience de l'usage des ressources, en réduisant leur détérioration et leur gaspillage. On rappelle ici les principes de base d'une *«économie durable»*, capable d'enclencher un modèle de développement socio-économique compatible avec la durabilité de la biosphère;
7) Il a été institué un fond bénévole, dénommé «*Fonds mondial de solidarité pour l'élimination de la pauvreté et la promotion du développement humain et social dans les pays en voie de développement*». Les modalités de concrétisation de ce Fonds seront définies par l'Assemblée générale de l'ONU, afin d'éviter le dédoublement avec les fonds déjà existants.

L'essentiel des résultats de ce Sommet de Johannesburg est résumé de manière prégnante dans cette formule de l'épilogue de la Déclaration finale: «L'escargot avance à petits pas. Il évolue dans la bonne direction, mais il devrait avancer plus vite et avec plus de détermination». La question énergétique a été, en l'occurrence, un des dossiers épineux des négociations de Johannesburg, en raison de la vive résistance conjointe des pays producteurs du pétrole, des firmes multinationales et des États-Unis.

Pour mémoire, la Convention sur le changement climatique signé à Rio par 153 États prévoyait, en raison du réchauffement global et des changements climatiques, le maintien d'ici l'an 2000 des émissions des gaz à effets de serre à leur niveau de 1990. Après le refus américain à Rio, cette clause sur la réduction des émissions des gaz à effet de serre a été reconduite par le Protocole de Kyoto en 1997, qui prévoit justement de réduire ces émissions, d'ici 2012, d'au moins 5%, par rapport au niveau de 1990.

C'est bien l'Union européenne et le Brésil qui ont ouvert la voie à la signature du Protocole de Kyoto, en proposant dans la foulée d'augmenter de 15%, d'ici 2015, la quantité d'énergie provenant des sources d'énergie renouvelable sur le total de la production énergétique mondiale. Jusqu'à la tenue du Sommet de Johannesburg, un bon nombre de pays grands pollueurs, avec les États-Unis en tête, n'avaient pas encore signé le Protocole de Kyoto. Quatre pays, le Canada, la Chine, l'Inde et la Russie ont annoncé du haut de la tribune du Sommet qu'ils le ratifieront dès que possible. On le voit, la possibilité d'un monde viable et plus humain dépend dans une large mesure de la capacité de la communauté internationale et de tous les États de prendre et d'appliquer des bonnes décisions.

Il y a unanimité sur l'évaluation finale du Sommet de Johannesburg. Le Père jésuite Michael Czerny estime, en effet, que:

> Le Sommet a été honnête et a donné une représentation fidèle du monde tel qu'il est: il n'a pas été un succès. L'accord substantiel obtenu au niveau des travaux préparatoires montre comment on arrive à se mettre d'accord sur tout, sauf sur les problèmes économiques. De ce point de vue, Johannesburg reflète la domination et le pouvoir croissant du commerce et de ses exigences. [...] Johannesburg n'est donc pas «Rio – 10», quoique dix ans se soient écoulés depuis le Sommet de Rio et que bien des problèmes identifiés à l'époque soient restés, plus ou moins intacts, jusqu'à ce jour. Johannesburg, c'est «Rio +10», non pas dans le sens d'une décennie de progrès facile, mais plutôt en référence à une décennie difficile sujette à des changements considérables, dont le grand *business* a su tirer de gros avantages, pendant que les gouvernements et la société civile essaient de s'adapter à grand peine[39].

Pour Agnès Sinaï,

> Johannesburg n'aura pas seulement été un sommet où la règle du plus petit dénominateur commun l'aura emporté quasiment à tous les chapitres. Le «Plan d'action de Johannesburg sur le développement durable», adopté le 4 septembre 2002 au terme de deux semaines de négociations, propose en filigrane une réinterprétation du développement durable, qui achève de le détourner de son sens initial en l'annexant à la globalisation libérale. Résultat le plus affiché du sommet, l'engagement de réduire de moitié le nombre d'individus privés d'eau d'ici à 2015, aura l'avantage, pour les multinationales du secteur, de ne pas impliquer de modification des modes de production puisque l'eau est une matière première, certes, mais privatisable. En revanche, aucun engagement concret n'aura été pris en faveur des énergies renouvelables, pourtant les mieux adaptées pour fournir gratuitement de l'électricité aux populations des pays pauvres, sans accroître l'effet de serre et le risque de changement climatique[40].

39 Michael CZERNY, «Il Vertice di Johannesburg», art. cit., p. 131.
40 Agnès SINAÏ, «Douteux partenariat pour l'Afrique», art. cit., p. 17.

Enfin, Jean-Paul Atega qualifie le Sommet de Johannesburg de «non-événement», tout au moins, pour l'Afrique. Et l'éditoraliste-rédacteur en chef d'*AfriquÉducation* persiste et signe:

> Les dirigeants africains n'avaient concrètement rien à faire au Sommet de la terre à Johannesburg. Si cette conférence a été organisée en terre africaine, rien par contre n'a été prévu qui puisse aider l'Afrique et les Africains: fortement représentée, la Commission de Bruxelles, par exemple, a refusé, à cette occasion, d'accroître son aide au développement en faveur des pays ACP; les ONG du Nord quant à elles sont venues en grand nombre pour se faire de la publicité. Bref, les dirigeants africains auraient mieux fait de laisser les Occidentaux se congratuler entre eux. [...] Mais comme d'habitude, il ne s'est agi une fois de plus que d'un catalogue de vœux onusiens, c'est-à-dire, sans suite. Pourtant, on a bien trouvé 80 millions d'euros (50 milliards de F CFA), soit les 2/3 du budget de l'État malien, pour organiser ce non-événement. L'eau et l'assainissement, l'énergie qui conditionne le développement, la productivité agricole, la biodiversité et la gestion des écosystèmes, la santé, sont autant de priorités qui nécessitent une réelle solidarité entre les pays du Nord et du Sud. Malheureusement, on se rend compte tous les jours que le Nord et le Sud n'ont pas les mêmes intérêts. Plus grave, c'est comme si tout était mis en œuvre pour que le Sud et singulièrement l'Afrique ne puisse jamais se sortir de sa misère et de sa pauvreté[41].

41 Jean-Paul ATEGA, «Sommet de Johannesburg. De l'argent et du temps perdus», in *AfriquÉducation,* n° 115, du 1er au 15 septembre 2002, p. 3.

Conclusion

La crise de l'environnement a mis en lumière la finitude de la nature longtemps ignorée par la pensée économique expansionniste. Les économistes guidés professionnellement par la logique mercantile de maximisation du profit ont toujours considéré la nature comme un simple objet exploitable au gré des désirs et des besoins de l'homme. Ainsi, l'industrialisation massive a conduit à la surexploitation de la nature et à la perturbation de certains de ses équilibres fondamentaux dont les effets dévastateurs sont bien visibles, aujourd'hui, à travers les catastrophes écologiques dites souvent naturelles.

L'on sait à présent, grâce à l'écologie scientifique, que l'environnement physique ou naturel est un écosystème dynamique constitué des flux continus d'énergie et de matière régis par des cycles biogéochimiques, qui lui assurent une stabilité durable, en dehors des interventions humaines. Avec l'hypertrophie de son économie, l'homme est donc devenu un acteur écologique global, dans la mesure où son action peut désormais influer de manière significative sur les équilibres écologiques planétaires.

À propos de la mise en œuvre du développement durable, il y a bien un *net décalage*, entre les *bonnes intentions* ou le *discours politique convenu* des Nations unies et le *comportement ambivalent* de certaines de ses institutions spécialisées et de la plupart des pays industrialisés[1]. Aujourd'hui, l'économisme outrancier dénoncé par les partisans de l'écodéveloppement a, plus que jamais, le vent en poupe avec le triomphe de la mondialisation néo-libérale et parfois même sous le label du développement durable, comme ce fut le cas au dernier Sommet de la Terre de Johannesburg.

1 Par exemple: «À la Commission des droits de l'homme des Nations unies, comme le relève le Suisse Jean Ziegler – Rapporteur spécial des Nations unies pour le droit à l'alimentation – Les États-Unis votent avec constance contre toutes les mesures destinées à concrétiser les droits économiques, sociaux et culturels, notamment contre le droit à l'alimentation, contre, le droit à l'habitat, contre le droit à l'éducation, contre le droit à la santé, contre le droit à l'eau potable et, bien entendu, contre le droit au développement» (Jean ZIEGLER, *Les nouveaux maîtres du monde,* Paris, Librairie Arthème Fayard, 2002, p. 48).

Or, par définition:

> Le développement viable demande une régulation accrue des marchés et la subordination des objectifs économiques à l'impératif social, alors que la doctrine néo-libérale, telle que nous la voyons en action, prône la déréglementation tous azimuts, l'affaiblissement – voire le démantèlement – des États et la primauté de l'économique centré sur le profit. La mondialisation érigée en idéologie et les impératifs de la compétitivité sont invoqués par les partisans de la croissance pure et dure pour reporter à un avenir incertain les considérations d'ordre social et environnemental[2].

L'*herméneutique occidentale du développement durable*, que nous proposons dans la troisième partie de cette étude, nous révélera la *face cachée* de ce *paradigme écologique* onusien du *développement planétaire.*

2 Ignacy SACHS, *L'écodéveloppement. Stratégie pour le XXIe siècle,* op. cit., p. 87.

Troisième Partie

L'herméneutique occidentale du développement durable

Chapitre 7

Les principales approches théoriques du développement durable

Au total, le développement durable aujourd'hui, à l'échelle planétaire, est tout sauf réel[1]. Néanmoins, le concept a fait l'objet d'un certain approfondissement théorique en Occident, où il a donné lieu, depuis, à une pluralité d'approches. Ces approches théoriques et idéologiques du développement durable ont des incidences éthiques dans la planification globale du développement du Tiers monde.

Dans leur ouvrage remarquable *Blueprint for a Green Economy* paru en 1989, D. Pearce, A. Markandya et E. Barbier ont recensé plus de *25 acceptions* du terme *développement durable*! Au fond, la pluralité des définitions de ce concept est tributaire du sens qu'on donne tantôt au substantif *développement*, tantôt au qualificatif *durable*. Le retour à l'étymologie anglo-saxonne du concept nous donne un meilleur éclairage sur sa densité sémantique.

En effet, le terme *développement durable* est la traduction française consacrée de l'expression anglaise *sustainable development*[2] proposée par la Commission Brundtland, pour désigner le nouveau paradigme mondial du développement devant répondre au triple impératif social, économique et écologique de la planète. Mais cette traduction française populaire est malheureusement bancale et confirme, en l'occurrence, le vieil aphorisme italien *Traduttore, traditore* («Traducteur, traître»).

De fait, l'équivalent français approprié, conforme à l'esprit et à la lettre de la locution anglaise *sustainable development*, est plutôt l'expression

1 Voir Dominique Bourg, «Face aux problèmes d'environnement, des scénarios divergents», art. cit., p. 27.

2 Cette expression a été utilisée pour la première fois dans une perspective essentiellement écologique en 1980, lors d'un congrès de l'*Union Internationale pour la Conservation de la Nature* (UICN). Elle apparaît clairement dans l'intitulé de l'étude conjointe de l'UICN, du PNUD et du WWF publiée la même année: *World Conservation Strategy, Living Resource Conservation for Sustainable Development.* Cf. Philippe Blancher, «Humain parce que durable», in *Economie & Humanisme*, n° 360, mars 2002, p. 14-18.

développement soutenable, utilisée d'ailleurs, à bon escient, dans la traduction officielle de la version française du Rapport *Our Common Future («Notre avenir à tous»)* réalisée par l'ONU. Qu'est-ce donc ce «développement soutenable» prôné par la Commission Brundtland? Et pourquoi ce vocable a-t-il été littéralement occulté dans l'univers francophone? Nous tenterons de répondre à ces questions dans les lignes qui suivent.

1. Le développement durable à la lumière du concept écologique de soutenabilité

Dans la vision de la CMED, l'idée de *soutenabilité* jointe au vocable développement est tout un programme. Elle est normative et indique donc, que le modèle de développement viable et souhaitable aujourd'hui, à l'échelle planétaire, se doit d'être *soutenable*, dans le double sens de *supportable* et *durable*. Ces deux dimensions de la soutenabilité *introduisent* ainsi la *justice sociale* et la *viabilité écologique* au cœur du *développement durable*.

En optant officiellement pour le terme *développement durable*, la traduction française a jeté au panier le premier volet de l'idée de soutenabilité relatif à la justice sociale, renforçant, du même coup, dans les milieux francophones les interprétations divergentes de cette notion étymologiquement tronquée[3].

L'économiste vert français Alain Lipietz nous explicite ici les deux dimensions constitutives du *développement soutenable* susmentionnées:

> *Dans le temps présent*, pour qu'un modèle de développement soit *soutenable*, il faut qu'il permette à chacun de *satisfaire ses besoins*. *Au long du temps*, il faut que ce modèle de développement puisse *durer*. Par exemple, les pays développés ont connu après 1945 un modèle dans lequel le pouvoir d'achat de tous augmentait rapidement au même rythme que la productivité du travail (ce qui assurait le plein emploi, et la croissance du «bonheur matériel brut» par personne). Mais c'était un modèle *insoutenable*. Si l'on avait continué ainsi, si l'on avait étendu ce modèle de développement à

3 Voir à ce sujet Gilbert Rist, *Le développement. Histoire d'une croyance occidentale*, op. cit., note 1, p. 294. Alain Lipietz, *Qu'est-ce que l'écologie politique?*, op. cit., p. 29.

> l'ensemble de l'humanité, on aurait épuisé toutes les réserves terrestres et, par exemple, la saturation de l'atmosphère en gaz carbonique aurait été rapide[4].

De toute manière, la question de la soutenabilité n'est pas nouvelle. Elle était déjà posée à l'aube de la civilisation occidentale dans la célèbre tragédie d'*Antigone* de Sophocle, opposant Créon, l'homme roi de la cité représentant la fausse justice de la raison d'État, et Antigone, la femme défendant, la «loi non-écrite» du devoir moral. Dans un chœur spécifique de cette œuvre tragique, qu'Alain Lipietz qualifie de «premier hymne à l'humanisme prométhéen», Sophocle pointe nommément la mort et la surexploitation de la terre comme les deux points d'arrêt à l'expansion de la civilisation humaine:

> Il est bien des merveilles en ce monde
> Il n'en est pas de plus grande que l'homme
> Il est l'être qui tourmente la déesse Terre
> La Terre éternelle et infatigable, avec ses charrues qui chaque année
> La sillonnent sans répit.
> La mort seule il ne l'évite point
> Mais avec son savoir ingénieux qui passe toute expérience
> Il peut prendre ensuite la route du Mal comme du Bien[5].

Pour notre époque, la question de la soutenabilité a émergé en Occident à partir des années 1970, avec l'apparition des crises de la *surconsommation* liées au modèle du développement fordiste de l'après-guerre, dont les symboles sont l'*embouteillage* et la *destruction de l'environnement*[6].

> Ces *crises écologiques de surconsommation* ont des effets d'abord locaux (les embouteillages, la contamination de l'air, le bruit, la destruction des paysages ruraux, etc.), contre lesquels déjà l'écologie politique, comme mouvement social, se mobilise dès les années soixante. Puis, dans les années quatre-vingt, on prend conscience des crises «globales»: pluies acides, érosion de la couche d'ozone, dérive de l'effet de serre. Dans ces crises *globales*, les «responsables» du développement insoutenable peuvent vivre dans une société (en Europe, aux États-Unis à la fin du XXe siècle), alors que les «victimes» vivent dans une autre société (au Bengladesh, au milieu du XXIe siècle)[7].

4 Alain LIPIETZ, *Qu'est-ce que l'écologie politique?*, op. cit., p. 29. Le soulignement en italique est de nous.
5 Ibid., p. 19.
6 Ibid., p. 55.
7 Ibid., p. 56.

Depuis lors, la question est surtout abordée en économie dans une perspective essentiellement malthusienne, comme nous le verrons plus loin.

Dans une étude ad hoc du concept de soutenabilité G. Klaassen et J.B. Opschoor[8] dégagent deux principales approches théoriques de ce concept: l'approche *fonctionnaliste* et l'approche *évolutionniste*.

Du point de vue *fonctionnaliste*, la *soutenabilité* concerne à la fois la *croissance économique*, le *développement économique* et l'*usage des ressources naturelles*. Dans les cas précisément de la croissance et du développement économique, la *soutenabilité* signifie donc *le maintien dans le temps des niveaux actuels de consommation* ou de *bien-être per capita pour les générations présentes et futures*. Ainsi, une *croissance économique soutenue* et/ou *soutenable* signifie en effet que les niveaux de production et de consommation ne doivent pas diminuer ou qu'ils doivent augmenter.

Pour le dire encore autrement:

> La croissance économique soutenable signifie que le PNB réel per capita augmente dans le temps et que cette augmentation n'est pas menacée par «l'effet de retour» résultant de l'impact biophysique (pollution, problèmes d'épuisement des ressources) ou de l'impact social (désagrégation sociale)[9].

De même, *un développement économique soutenu* et/ou *soutenable* signifie que le niveau d'utilité ou de bien-être des individus ne doit pas diminuer dans le temps. Il s'agit, dans les deux cas, de maintenir constant le bien-être matériel de l'humanité, au sens large.

Pour ce qui est des ressources naturelles, la soutenabilité signifie qu'il faut «conserver et transmettre aux générations futures le stock actuel des ressources naturelles»[10]. Ici, est invoqué particulièrement le droit au dédommagement «en nature»[11] des générations à venir, pour toute perte de ressources naturelles occasionnée par les générations présentes.

8 G.A.J. KLAASSEN & J.B. OPSCHOOR, «Economics of Sustainability or the Sustainability of Economics: Different Paradigms», in *Ecological Economics*, 1991, p. 2. Cf. Mecedes BRESSO, *Per un'economia ecologica*, Roma, La Nuova Italia Scientifica, 1993, p. 77-78.

9 David PEARCE, Anil MARKANDYA e Edward BARBIER, *Progetto per una economia verde*, Bologna, Il Mulino, 1991, p. 52.

10 Mercedes BRESSO, *Per un'economia ecologica*, op. cit., p. 78.

11 L'expression est de nous. Il ne s'agit nullement d'un jeu de mots. Elle signifie tout simplement que, pour les générations futures, les pertes des ressources naturelles devraient être compensées normalement avec d'autres ressources naturelles assurant les mêmes fonctions, plutôt qu'avec davantage de capital produit.

Du point de vue *évolutionniste*, le concept de *soutenabilité* est appliqué à la *conservation des espèces et des écosystèmes* indépendamment des considérations économiques. Il signifie, dans ce cas, le *maintien de la stabilité des écosystèmes naturels*. D. Pearce, A. Markandya et E. Barbier utilisent, à ce propos, le concept de *résilience écologique*, à la place de celui de *stabilité écologique*. La *résilience* désigne en effet la capacité d'un système de maintenir sa structure et ses modèles de comportement face aux perturbations extérieures[12]. En d'autres termes, il s'agit de la capacité d'adaptation de l'écosystème au changement.

Pour les systèmes agricoles, par exemple, la *résilience* signifie «la capacité d'un «agro-système» de maintenir un certain niveau de productivité constant lorsqu'il est soumis à des pressions ou des chocs»[13]. Les *pressions* sont ici des perturbations relativement mineures et prédictibles qui affectent de manière régulière le cours de la productivité agricole, par exemple, les effets induits par la salinité du sol, la toxicité des engrais chimiques et des pesticides, l'érosion des terres arables, la chute de la demande du marché ou de l'endettement. Les *chocs*, en revanche, désignent des perturbations violentes, imprédictibles et sporadiques du système agricole, comme une sécheresse exceptionnelle, les inondations diluviennes, l'apparition d'un nouveau parasite ou encore une hausse imprévue des prix des intrants agricoles[14].

Le *concept de résilience* est bien distinct de celui de *stabilité écologique*. Cette dernière désigne la capacité d'un système de maintenir son équilibre en termes de sa composition en espèces, en biomasse et en productivité, par rapport aux fluctuations et aux cycles normaux du milieu environnant[15]. Ainsi, la *résilience* (soutenabilité), la *stabilité* (constance) et la *productivité* (en termes de quantité de biomasse fournie par chaque espèce) sont, en écologie, les propriétés fondamentales des populations naturelles, des communautés et des écosystèmes[16].

12 David PEARCE, Anil MARKANDYA e Edward BARBIER, *Progetto per una economia verde,* op. cit, p. 60.

13 Ibid., p. 61.

14 Ibid., p. 61.

15 Ibid., p. 60.

16 Ibid., p. 60.

Sous ce rapport, on peut donc dire d'un système économique qu'il est soutenable ou durable, seulement si l'ensemble des pressions et des chocs qu'il produit ne minent pas de manière substantielle la résilience de l'écosystème et préservent sa capacité de fournir les prestations et de résister aux pressions et chocs ultérieurs[17]. Si, en revanche, les effets de l'activité économique de l'homme, tels que les prélèvements des ressources et le rejet des déchets dépassent la résilience ou la *capacité de charge* de l'écosystème, celui-ci ne sera plus en mesure de se régénérer, et l'on entre ainsi dans un processus irréversible de dégradation qui conduira fatalement l'écosystème vers la catastrophe[18].

2. Le développement durable comme héritage pour le futur

À la double approche fonctionnaliste et évolutionniste du concept de soutenabilité, brièvement exposée ci-haut, correspondent les deux visions théoriques principales du développement durable: le *développement durable* comme *richesse non-décroissante* et le *développement durable* comme *richesse naturelle non-décroissante*. Le terme *richesse* désigne ici, à la fois, la *richesse capital* et la *richesse naturelle*. La première est le stock de toutes les choses produites par l'homme, comme les routes, les usines, les ordinateurs, les connaissances scientifiques et technologiques, etc. La seconde comprend le stock de ressources naturelles, comme le sol et le sous-sol, l'eau, la faune et la flore. La richesse naturelle est appelée aussi *capital naturel*, par opposition au *capital produit* par l'homme.

Les deux conceptions s'articulent autour de l'idée commune d'*équité intergénérationnelle* qui impose de

> laisser aux générations futures un patrimoine en termes de richesse – un stock de connaissances, un stock de technologie, un stock de capital produit par l'homme et un stock de biens environnementaux – non inférieur à celui reçu en héritage par la génération actuelle[19].

17 Cf. Mercedes Bresso, *Per un'economia ecologica,* op. cit, p. 78; David Pearce, Anil Markandya e Edward Barbier, *Progetto per una economia verde,* op. cit., p. 61-62.

18 Cf. Mercedes Bresso, *Per un'economia ecologica,* op. cit., p. 78.

19 David Pearce, Anil Markandya e Edward Barbier, *Progetto per una economia verde,* op. cit., p. 12-13.

Mais elles divergent, quant à la modalité de compensation des générations futures pour les pertes de capital naturel causées par les générations précédentes. La première approche reconnaît à chaque génération le plein droit d'altérer le milieu naturel, à condition de compenser l'environnement naturel dégradé par la richesse capital produite par l'homme. Sans nier le bien-fondé du capital construit, la seconde approche insiste sur l'importance particulière de la richesse naturelle.

2.1. Le développement durable comme richesse non décroissante

Selon cette approche, on devrait transmettre à la génération suivante un *stock de capital agrégé* (naturel et construit), au moins, égal à celui d'aujourd'hui. C'est la *règle du «capital constant» à soutenabilité faible*. Cette approche du développement durable met en avant le bien-être matériel du genre humain et insiste particulièrement sur le haut potentiel de substituabilité entre le capital naturel et le capital produit par l'homme. Autrement dit, le capital naturel et le capital produit par l'homme sont substituables. Le stock de biens naturels peut toujours diminuer, dans la mesure où la croissance du capital produit par l'homme compensera cette diminution.

Ainsi:

> Il est possible de transmettre une quantité inférieure de capital naturel, à condition de compenser la perte enregistrée par l'augmentation du stock de routes et de machines ou d'autre capital (physique) produit par l'homme[20].

La société peut donc, dans l'ensemble, améliorer ses conditions de vie au moyen d'une exploitation judicieuse des ressources naturelles et des biens environnementaux. L'autre possibilité alternative consiste à transmettre moins de routes et d'industries et prévoit, pour ce faire, une compensation du capital naturel basée sur une importante quantité de zones humides, de forêts mixtes ou de savoir-faire[21].

La perte du «capital naturel» est très souvent irréversible, comme dans le cas d'extinction d'espèces, de destruction de paysages, de barrières coralliennes, de forêts millénaires, etc. Ces différentes pertes de «capital

20 R. KERRY TURNER, David W. PEARCE e Ian BATEMAN, *Economia ambientale*, Bologna, Il Mulino, 2003, p. 63.

21 Ibid., p. 63.

naturel» ne peuvent, à vrai dire, être compensées valablement par aucun autre bien naturel. Bien entendu, une partie du «capital naturel» peut toujours être reconstituée par l'homme. Par exemple, on peut facilement replanter les haies détruites, on peut faire pousser et croître les arbres. De fait, «beaucoup de transformations apportées par l'homme à l'environnement naturel ont simplement substitué un environnement à un autre, voire, parfois, avec une diversité biologique plus riche que la première»[22].

Quant au «capital construit», une fois détruit, celui-ci peut être rapidement reconstruit, comme le démontrent à suffisance les multiples expériences de reconstruction après les guerres ou les catastrophes naturelles. Par contre:

> Le patrimoine humain ne peut être naturellement reconstruit, de sorte que la perte du patrimoine architectural, des monuments antiques ou encore des sites historiques importants doit être classée aussi comme une perte irréversible[23].

Au fond, l'approche du développement durable comme transfert d'un «stock de richesse constant» s'avère inadéquate, face à l'irréversibilité de certaines pertes du «capital naturel», ainsi que du patrimoine humain antique. D'où elle appelle une révision en profondeur qui tienne compte à la fois de la possibilité d'éviter les pertes irréversibles des biens naturels et de la compensation desdites pertes par d'autres biens naturels. Cela dit, les pertes des biens naturels devraient être ici mesurées et évaluées sur la même base que le capital produit par l'homme. De même, une évaluation adéquate du développement économique, par rapport à la définition générale du développement durable, devrait normalement inclure dans son mode de calcul les variations du «capital naturel» et la *qualité de l'environnement*.

2.2. Le développement durable comme richesse naturelle non décroissante

Cette approche appelée la *soutenabilité forte* focalise l'attention sur le *capital naturel* et soutient qu'«il faut laisser aux générations futures le même stock de capital naturel et que celui-ci ne peut être remplacé par le

22 David PEARCE, Anil MARKANDYA e Edward BARBIER, *Progetto per una economia* verde, op. cit., p. 60.

23 Ibid., p. 60.

capital construit»[24]. Selon cette approche, bien entendu, on se doit de préserver la capacité productive de la terre et des mers qui procurent les ressources renouvelables; et quant aux ressources non renouvelables, elles devraient être utilisées seulement dans les limites respectives de leur taux de découverte ou encore en fonction d'autres ressources assurant les mêmes services.

L'approche de la soutenabilité forte ou de la *conservation du capital naturel* s'appuie sur quatre arguments essentiels.

1) La non substituabilité

Comme nous l'avons déjà signalé plus haut, le principe de substituabilité de différentes formes de capital postulé par l'approche de la «richesse constante» a des limites. Le «capital naturel» et le capital produit par l'homme ne sont nullement substituables en tout et pour tout. Il existe en effet des biens et services d'environnement (matières naturelles et capacités d'assimilation ou de régénération) pour lesquels il n'existe pas de substituts. C'est le cas, notamment, des fonctions de régulation du climat du phytoplancton dans les océans, des fonctions de protection de la ligne de partage des eaux des forêts tropicales, et des fonctions de dépollution et de «réserve de nourriture» des zones marécageuses.

2) L'incertitude

Les progrès technologiques pourraient éventuellement augmenter dans le futur le degré de substituabilité du «capital naturel» et du capital construit. Néanmoins, «la technique n'est pas une valeur absolue et encore moins une finalité ultime de l'agir de l'homme. De par sa nature, c'est un moyen, et comme tel, elle est aussi limitée que le sont les fins qu'elle peut atteindre»[25]. Dans tous les cas, les risques environnementaux comportent un potentiel de payoffs négatifs considérable. D'où l'horreur du risque potentiel combinée avec notre connaissance approximative des fonctions de maintien et de perpétuation de la vie des milieux naturels nous impose de les protéger le mieux possible.

3) L'irréversibilité

L'irréversibilité est une forme extrême de la non-substituabilité. Par exemple, aucun capital produit par l'homme ne peut récréer une espèce animale ou végétale, une fois éteinte.

24 Mercedes BRESSO, *Per un'economia ecologica,* op. cit., p. 79.

25 Guido GATTI, *Tecnica e morale*, Roma, LAS, 2001, p. 129.

4) L'équité

La conservation du capital naturel est en harmonie avec l'idée d'*équité intergénérationnelle*, notamment, vis-à-vis des pays pauvres. Dans tous les cas, un stock constant voire croissant de ressources naturelles est indispensable dans les pays en voie de développement où, la possibilité de subsistance des populations rurales, en particulier, dépend directement de la productivité des écosystèmes. De fait, les populations rurales du Tiers monde recourent à la biomasse forestière et à la végétation sauvage pour le bois de chauffe, le fourrage de bétail et les matières premières; elles se nourrissent entre autres du gibier et du poisson pour les protéines et utilisent les restes de récoltes et la matière organique comme fertilisants pour l'agriculture[26].

La *durabilité de la subsistance* des pauvres est bien liée à la *durabilité de l'usage des ressources naturelles disponibles.* Ainsi, «la conservation ou l'accroissement de la base de ressources naturelles permet de parvenir à un équilibre harmonieux entre la nécessité des pauvres d'atteindre de meilleurs niveaux de vie et la nécessité de garantir la satisfaction des besoins des générations futures, sinon les besoins futurs des générations actuelles»[27].

3. Le développement durable comme développement sans croissance

Cette approche correspond au modèle de l' «économie de l'état stationnaire» (Steady-*State Economics*) de Herman Daly. Elle s'appuie sur la dimension écologique du concept de développement durable et préconise le blocage substantiel de la production et des consommations des biens matériels, comme l'unique voie possible pour la mise en route du développement durable[28].

26 Cf. David PEARCE, Anil MARKANDYA e Edward BARBIER, *Progetto per una economia verde,* op. cit., p. 58-59.

27 Ibid., p. 60.

28 Cf. Pietro GRECO, *Lo sviluppo sostenibile*, op. cit., p. 41.

Autrement dit, le développement écologiquement *soutenable* et/ou *durable* requiert la diminution significative, à l'échelle planétaire, des consommations moyennes per capita de biens matériels et énergétiques. En effet: «Il est écologiquement impossible, relève Herman Daly, que tous les 6,2 milliards de personnes actuellement vivantes puissent consommer les ressources naturelles et la capacité assimilative de l'environnement à un taux équivalent au taux nord-américain ou européen»[29].

Bien entendu, le modèle *steady-state* de Herman foncièrement iconoclaste est qualifié naturellement d'anti-progressiste par les économistes. Car toucher à la consommation, c'est saper les bases de l'économie de marché fondée justement sur la croissance illimitée des consommations globales et individuelles. Cela dit, aux yeux des économistes, un monde dans lequel l'économie ne croît pas serait un monde moins riche et plus injuste, et donc un monde sans développement[30].

En soi, l'approche du développement sans croissance va en guerre contre le luxe de la surconsommation égoïste et insouciant des sociétés occidentales érigé en «modèle de bonne vie» par le néolibéralisme, à l'échelle planétaire.

> Ce que l'on propose, comme le note Pietro Greco, ce n'est pas la fin du développement économique et de la croissance de la richesse des nations, mais l'amorce d'un développement sans croissance dans la production et la consommation des biens matériels. Dans une économie de l'état stationnaire, poursuit l'auteur, la richesse des nations se fonde non plus sur la surconsommation et la croissance des biens matériels, mais plutôt sur ce que les anciens Grecs appelaient l'eudonomia: le bien-être et le développement des relations humaines. En réalité, dans le modèle du développement soutenable l'économie continue à croître, mais grâce à la production des biens immatériels[31].

Il s'agit bien, ici, de refonder, à nouveaux frais, le modèle économique industriel néoclassique, en passant résolument d'une économie de la croissance illimitée de la production et de la consommation des biens matériels à «une économie de l'état stationnaire» au sens de Herman Daly, comme spécifié ci-dessus. C'est, sans nul doute, une entreprise titanesque, au regard des grands enjeux du système économique dominant. Ainsi, il

29 Herman E. DALY, *Oltre la crescita*, Bologna, Edizioni di Communità, 2001. Cité par Pietro GRECO, *Lo sviluppo sostenibile*, op. cit., p.56.

30 Cf. Pietro GRECO, *Lo sviluppo sostenibile,* op. cit., p. 41.

31 Ibid., p. 41-42.

faut dire que dans le contexte d'hypermondialisation d'aujourd'hui, beaucoup d'économistes et, de plus en plus, d'hommes politiques sont totalement persuadés qu'il n'y a pas de développement sans croissance. Pour eux donc:

> Le problème prioritaire des inégalités sociales peut seulement être affronté, à travers une augmentation croissante de la production des biens matériels. Seule une plus grande richesse, pensent-ils, permet une meilleure répartition de la richesse[32].

Les préoccupations écologiques sont, dans ce cas précis, subordonnées à la priorité absolue de la croissance.

Néanmoins, le paradigme du développement sans croissance rejoint celui du développement humain dans l'évaluation de la richesse des nations, avec l'indice du développement humain (IDH), qui permet désormais de mesurer aussi la richesse d'une nation sur la base des paramètres immatériels, comme la culture, la santé, la qualité de l'environnement, la qualité de la vie, etc. Dans la perspective justement de l'IDH, l'économie cesse d'être une fin en soi, pour redevenir un moyen au service de l'amélioration de la condition humaine.

En définitive, le modèle du développement sans croissance est théoriquement valable pour les pays développés ayant quasiment résolu le problème social de satisfaction des besoins fondamentaux.

> Dans une société avancée qui a satisfait les exigences fondamentales de biens matériels, affirme Pietro Greco, le développement de l'homme peut être poursuivi à travers la recherche d'un état de bien-être immatériel: la santé, la culture, la qualité de la vie. Dans cette vision du développement est contenue non seulement la soutenabilité de l'environnement naturel (état stationnaire des consommations de matière et d'énergie, attention à la qualité de l'environnement en tant qu'indicateur primordial de la qualité de la vie), mais aussi la soutenabilité sociale (satisfaction prioritaire des besoins matériels fondamentaux de tous les citoyens), sans laquelle le développement durable perdrait sa signification et deviendrait tout simplement irréalisable[33].

Le *tableau 6,* ci-dessous, résume graphiquement la *vision* du développement durable de l'approche du développement sans croissance, en termes de l'équation de l'impact écologique analysée plus haut:

32 Pietro Greco, *Lo sviluppo sostenibile*, op. cit., p. 42.
33 Ibid., p. 45.

[I = P. A. T], où I représente l'impact humain sur la biosphère; P la population; A la consommation per capita des biens matériels et énergétiques; et T le dommage écologique induit par les techniques de production. Il nous montre que le développement écologiquement durable, même dans le cadre de stabilisation de la population et d'accélération de l'innovation technologique, est possible à la seule condition que A (le niveau de consommation per capita de matière et énergie) se stabilise ou tende à diminuer.

Tableau 6. Scénarios possibles d'un développement écologiquement durable par rapport à l'équation de l'impact écologique de l'homme

A augmente T augmente	I augmente	Croissance économique Écologiquement non durable
A se stabilise T diminue	I se stabilise	Développement économique Écologiquement durable
A diminue T diminue	I diminue	Développement économique Écologiquement durable

Source: Pietro GRECO, *Lo sviluppo sostenibile*, op. cit., p. 40.

4. Les deux grandes idéologies alimentaires du développement durable

Les différentes approches du développement durable que nous venons d'exposer sont tributaires des deux idéologies environnementalistes antagonistes: le *technocentrisme* et l'*écocentrisme.* Ainsi donc, les écologistes radicaux de la *mouvance écocentriste* soutiennent une stratégie de développement minimal et rejettent carrément l'idée d'une quelconque politique de développement basée sur l'utilisation durable des biens naturels. À l'opposé, les partisans du *courant technocentriste* relativisent, quant à eux, la portée du concept de soutenabilité et soutiennent que le maintien dans la longue période d'une stratégie de développement économique durable dépend seulement d'un niveau adéquat des dépenses d'investissements et que les investissements en capital naturel, notamment, même s'ils sont considérables, ils ne revêtent, pour autant, aucune importance excessive[34].

34 Cf. R. KERRY TURNER, David W. PEARCE e Ian BATEMAN, *Economia ambientale*, op. cit., p. 61.

4.1. Le technocentrisme

R. Kerry Turner, D. Pearce et I. Bateman distinguent deux courants dans l'idéologie technocentriste, un courant radical appelé *technocentrisme de l'abondance* et un courant moins extrémiste dit le *technocentrisme accommodant*[35].

Les tenants du *technocentrisme pur et dur* sont partisans du libre marché et s'opposent, pour ce faire, à toute imposition des contraintes vis-à-vis des consommateurs et des marchés. Pour eux, l'objectif fondamental de toute politique économique est la maximisation de la croissance mesurée par le PNB. Ils ont une grande confiance dans la capacité de la technologie de surmonter les éventuels problèmes des «limites écologiques». D'où ils considèrent que les marchés libres et non réglementés soutenus par le progrès technique assureront toujours une capacité de substitution infinie, face aux diverses contraintes liées au problème des carences ou des limites[36].

Frank W. Notestein et R. Buckminster Fuller nous résument chacun, à sa manière, l'optimisme tonitruant des adeptes du *technocentrisme de l'abondance*.

> Il n'y a pas de limites prévisibles, qu'il s'agisse de l'approvisionnement en matières premières ou de la production de l'énergie, affirme Frank W. Notestein, que l'on ne puisse espérer franchir grâce à des modifications du mécanisme des prix de revient, à la fabrication des produits de remplacement, à des futurs progrès technologiques et à un contrôle de la population[37].

> La maîtrise de l'humanité sur des sources d'énergies incommensurables, encore inertes, inépuisables, l'utilisation rationnelle de l'air, des océans et les techniques spatiales, consacrent la faillite du dogme de Malthus, renchérit R. Buckminster Fuller. L'humanité peut être assurée d'un succès total dans les domaines techniques et économiques d'ici moins d'un quart de siècle[38].

35 R. Kerry Turner, David W. Pearce e Ian Bateman, *Economia ambientale,* op. cit., p. 42.

36 Ibid., p. 14-16.

37 Frank W. Notestein, «Zero Population Growth: What is it?», in *Family Planning Perspectives*, 2 (June 1970), p. 20. Cité par L. Meadows et al, *Halte à la croisse? Rapport* sur les limites de la croissance, Paris, Fayard, 1972, p. 237-238.

38 R. Buckminster Fuller, *Comprehensive Design Strategy, World Resources Inventory*, Phase II, Carbondale, tome III, University of Illinois, 1967, p. 48. Cité par L. Meadows et al., *Halte à la croissance?*, op. cit., p. 238.

Le moins qu'on puisse dire, c'est que Fuller était tout, sauf un vrai visionnaire. Et pour cause. Le total succès de la technique et de l'économie annoncé en 1969, entrait déjà en crise dès l'année suivante, avec le début de la remise en cause générale du modèle de développement industriel responsable de la crise écologique contemporaine.

Du point de vue de la rationalité éthique, le technocentrisme de l'abondance incarne la *défense des droits* et *des intérêts des hommes* et *des femmes d'aujourd'hui*, et accorde, de ce fait, à la *nature* une *valeur* purement *instrumentale*. Ainsi donc, l'exploitation maximale des ressources naturelles est orientée vers le développement.

Le *technocentrisme accommodant* est favorable à l'idée de gestion et de conservation des ressources naturelles, tout en reconnaissant la valeur instrumentale de la nature. Il est partisan, sur le plan éthique, de l'*équité intergénérationnelle* et *intragénérationnelle* (incluant tous les êtres humains d'aujourd'hui et du futur, avec une attention particulière pour les pauvres).

Sur le plan économique, le technocentrisme accommodant préconise une *économie verte* avec des *marchés verts* guidés par des instruments d'incitation économique, comme, par exemple, les taxes anti-pollutions. Cette économie verte devrait s'appuyer sur un *système comptable vert* pour la mesure et l'évaluation du PNB.

Autrement dit, le technocentrisme accommodant

> accepte l'idée que les marchés libres ont des effets bénéfiques sur l'environnement seulement si les individus pensent et agissent selon les critères des *verts*. Le consommateur vert, l'investisseur vert, le citoyen vert et le travailleur vert constituent donc les acteurs fondamentaux d'une économie verte[39].

Selon les tenants de ce courant technocentriste modéré, la promotion d'une économie verte appelée de tous leurs vœux nécessite une révision du système économique classique intégrant, notamment, la prise en compte des limites de l'environnement naturel, comme la conservation du système de support de la vie et de la capacité d'assimilation des déchets. Ainsi,

> pour être transmises intactes aux générations futures, certaines ressources environnementales, dites «capital naturel critique», devraient être rigoureusement conservées, et il sera en même temps nécessaire de renoncer à certaines initiatives de développement[40].

39 R. Kerry Turner, David W. Pearce e Ian Bateman, *Economia ambientale*, op. cit., p. 42.
40 Ibid., p. 42.

4.2. L'écocentrisme

L'écocentrisme, que l'on peut tout aussi bien appeler le *biocentrisme*, s'inspire largement de l'*hypothèse Gaïa*[41], selon laquelle la biosphère englobe et contrôle tous les autres phénomènes de l'environnement terrestre. Nos trois auteurs, Turner, Pearce et Bateman distinguent ici aussi deux formes d'écocentrisme, l'*écocentrisme communautaire* et l'*écologie radicale*.

L'écocentrisme communautaire préconise une *économie profondément verte*, du type de l'*économie de l'état stationnaire* de Herman Daly, avec une croissance nulle de la population et du développement économique. La position fondamentale de ce courant demeure la sauvegarde des ressources. Sur le plan éthique, ses partisans fort sensibles à la question des limites écologiques mettent en avant les intérêts collectifs, par rapport aux intérêts individuels, et accordent ainsi une valeur primordiale aux écosystèmes et une valeur secondaire à leurs fonctions et services.

Comme l'indique bien sa dénomination, l'écologie radicale ou profonde préconise une *économie rigoureusement verte*, avec une réduction maximale, en termes absolus, du niveau de l'activité économique, à travers une diminution de la production économique et de la taille de la population.

Il est ici question de la préservation maximale de la nature, dans le droit fil de la pensée de la théorie Gaïa.

> Le monde n'est pas là pour nous servir, affirme Jacques Grinevald. Ce qu'on appelle la raison d'Etat, la souveraineté nationale, la richesse des nations, le développement des forces productives, le progrès, l'expansion, la croissance, et désormais la sécurité environnementale ou le développement durable, ne sont que des conventions humaines, des illusions anthropocentriques. L'idéologie de la gestion rationnelle voudrait à pré-

41 *Gaïa* désigne la Biosphère ou la planète Terre, du nom de la divinité de la mythologie grecque *Gaïa* ou *Gê* personnifiant la *Terre-Mère*. C'est primitivement une hypothèse de travail lancée par Lovelock au tournant des années 1960-1970. Elle a évolué et est devenue, depuis la fin des années 1980, une théorie scientifique, comme le note Jacques Grinevald, discutée, critiquée et «testée» dans le cadre des programmes de recherches. C'est un paradigme heuristique dans le domaine de l'évolution biogéologique et de l'environnement global. La théorie Gaïa indique notamment que «l'évolution de la Biosphère continuera, avec ou (plus probablement) sans le genre humain et son industrialisme» (Jacques GRINEVALD, «L'ingérence des écologistes dans les affaires internationales», in Fabrizio SABELLI (sous la direction de), *Ecologie contre nature. Développement et politiques d'ingérence*, Paris, PUF, 1995, p. 133).

sent nous faire croire que la Terre, cette singulière Biosphère évolutive, est notre «vaisseau spatial», que nous en sommes les pilotes! Quelle présomption naïve, quelle arrogance![42].

Les adeptes de l'écologie profonde *(Deep Ecology)* sont donc foncièrement *biocentristes.* Ils reconnaissent à la nature une valeur intrinsèque, indépendamment de l'expérience humaine. L'être humain, lui-même, n'a pas de statut spécial sur la planète Terre, il jouit de mêmes droits moraux que les autres espèces non humaines (animaux, végétaux et minéraux). Ce que résume encore fort bien Jacques Grinevald: «Gaïa, la Biosphère, est biocentrique, pas anthropocentrique, et c'est cela qu'il nous reste à admettre, pas seulement intellectuellement, mais dans nos cœurs et notre vie quotidienne»[43].

5. Les principes opérationnels du développement durable

Les trois auteurs Turner, Pearce et Bateman proposent, à titre provisoire, quelques normes pour une utilisation durable du stock du capital naturel, correspondant, grosso modo, au passage de la Soutenabilité très faible (STf) à la Soutenabilité très forte (STF). Elles sont au nombre de cinq:

1) Il est nécessaire d'opérer des corrections pour suppléer à l'inadéquation du marché et des interventions relatives à l'évaluation des ressources et aux droits de propriété.
2) Il est tout à fait fondamental d'assurer le maintien de la capacité régénératrice du capital naturel renouvelable (CNR) – les taux d'exploitation ne devraient pas dépasser les taux de régénération – et d'éviter une pollution excessive qui pourrait mettre en péril la capacité d'assimilation des déchets ainsi que les systèmes de support à la vie.
3) Les changements technologiques devraient être effectués à travers un système indicatif de planification, de manière à favoriser le passage du capital naturel non renouvelable au capital naturel renouvelable. La technologie qui vise à accroître la production brute devrait être caractérisée par un progrès technique susceptible de favoriser l'efficience.

42 Jacques GRINEVALD, «L'ingérence des écologistes dans les affaires internationales», art. cit., p. 122.
43 Ibid., p. 135.

Tableau 7. La pratique de la soutenabilité

Types de soutenabilité (catégories superposables)	*Stratégies de gestion* (applicables aux projets et aux politiques, et à la mise en pratique des mesures)	*Instruments de gestion* (contrôle de la pollution et gestion des déchets, politique des matières premières, conservation et gestion des paysages)
Soutenabilité très faible	Approche conventionnelle des coûts et bénéfices: correction du marché et du manque d'interventions à travers une politique des prix efficients, critère potentiel de Pareto (compensation hypothétique); souveraineté du consommateur, substitution infinie.	Exemple: taxes sur la pollution, élimination des subventions, imposition des droits de propriété.
Soutenabilité faible	Approche modifiée des coûts et bénéfices: application élargie des méthodes d'évaluation monétaire; compensation effective; projets ombre; approche systémique; version «faible» du niveau de sécurité minimale.	Exemple: taxes sur la pollution, permis, remboursements; objectifs environnementaux.
Soutenabilité forte	Approche des standards fixes: principe de précaution, valeur primordiale et secondaire du capital naturel; règle du capital naturel constant, auto-concession duale; valeur de la préférence sociale, version «forte» du niveau de sécurité minimale.	Exemple: standards environnementaux, identification des zones de conservation; standards d'émission des processus technologiques; permis, impositions dissuasives; titres d'assurances.
Soutenabilitétrès forte	Abandon de l'analyse des coûts et bénéfices: ou bien analyse de l'efficacité des coûts sévèrement limitée; bioéthique.	Standards et réglementation; permis de création.

Source: R. KERRY TURNER et al., *Economia* ambientale, op. cit., p. 68.

4) On devrait exploiter le CNR à un taux équivalent à celui de ses substituts (incluant le recyclage).
5) La dimension globale de l'activité économique doit être limitée, de manière qu'elle reste à l'intérieur de la capacité de charge du capital naturel restant. Quant aux incertitudes existantes, on devrait adopter une approche précautionneuse, avec une certaine marge de sécurité[44].

Les cinq principes de la soutenabilité supra tracent le cadre général de la mise en route du développement durable. Toutefois, le degré de précision avec lequel ils peuvent être transférés dans la réalité opérationnelle est plus incertain. D'où ils requièrent des adaptations appropriées suivant les contextes économiques spécifiques et les circonstances environnementales particulières.

Le tableau 7 de la pratique de la soutenabilité ci-contre indique les diverses stratégies de gestion, ainsi que les principaux instruments politiques appliqués aux projets, aux politiques et à la mise en pratique des mesures, suivant les quatre types de soutenabilité: soutenabilité très faible, soutenabilité faible, soutenabilité forte et soutenabilité très forte.

Pour David Pearce, Anil Markandya et Edward Barbier,

> le développement durable implique la vision d'un système économique et social qui assure la réalisation des buts suivants, à savoir: la croissance des revenus réels, l'augmentation des niveaux d'instruction, l'amélioration de la situation sanitaire de la nation et l'élévation globale de la qualité de la vie[45].

Les trois auteurs proposent donc trois instruments fondamentaux, en vue de la poursuite de ce développement durable au sens général, au plan national.

1) *La valeur de l'environnement.* Le développement durable implique substantiellement une considération accrue pour l'environnement naturel, l'environnement artificiel et l'environnement culturel. Cette haute considération pour l'environnement résulte du fait que la qualité de l'environnement est considérée comme un facteur d'importance croissante, qui contribue à la poursuite des objectifs «traditionnels» du déve-

44 R. KERRY TURNER, David W. PEARCE e Ian BATEMAN, *Economia ambientale*, op. cit., p. 67.

45 David PEARCE, Anil MARKANDYA e Edward BARBIER, *Progetto per una economia verde*, op. cit., p. 18.

loppement, ceux de l'augmentation des revenus réels, ou simplement, parce que la qualité de l'environnement rentre dans l'objectif global du développement concernant l'amélioration de la «qualité de la vie».

2) *L'extension de l'horizon temporel.* Le développement durable implique une attention à la fois pour le court et le moyen termes, c'est-à-dire l'échéance des 5-10 ans au cours de laquelle un parti politique pourrait concevoir et réaliser son programme d'action, et le futur à plus long terme concernant nos petits-fils et leurs descendants.
3) *L'équité.* Le développement durable met, à la fois, l'accent sur la satisfaction des besoins des moins fortunés au sein de la société *(équité intragénérationnelle)* et sur le traitement équitable des générations futures *(équité intergénérationnelle)*[46].

Ces trois auteurs estiment donc qu'une prise en compte accrue de ces trois concepts clefs de *valeur de l'environnement*, d'*extension de l'horizon temporel* et d'*équité* rendrait le processus de changement économique plus soutenable et plus durable. Ces trois concepts sont intégrés dans celui du développement durable, en vertu du thème général de l'héritage pour le futur, selon lequel «les générations futures devraient être indemnisées pour les réductions causées dans les dotations de ressources par les actions et interventions des générations présentes»[47].

46 Ibid., p. 18.
47 Ibid., p. 18.

Chapitre 8

La question des limites au développement

Le débat sur les limites bio-physiques de la croissance économique a été lancé au début des années 1970 par le célèbre Rapport du Club de Rome *The limits to growth* (D. MEADOWS et al., 1972).

> L'élimination progressive des contraintes de l'environnement grâce aux progrès techniques, signalait, à l'époque, le Rapport du Club de Rome, s'est poursuivi jusqu'à un passé récent avec un tel succès que toute une culture s'est bâtie à partir de cette foi en la technique. Rares sont ceux qui imaginent devoir apprendre à vivre à l'intérieur des limites rigides lorsque la plupart espèrent les repousser plus loin. Cette foi s'est trouvée renforcée par une croyance en l'immensité de la terre et de ses ressources et en la relative insignifiance de l'homme et de ses activités dans un monde apparemment vaste[1].
>
> Ce rapport entre les limites de la terre et les activités de l'homme, poursuit le Rapport du Club de Rome, est entrain de changer. Les courbes de croissance exponentielle signifiant l'addition de millions d'êtres humains et de milliards de tonnes de polluants chaque année à l'intérieur de l'écosystème. Même l'océan, qui, longtemps semblait inépuisable, voit chaque année, disparaître, espèces après espèces, poissons et cétacés. Des statistiques récentes de la F.A.O. montrent que le total des prises des pêcheries a pour la première fois depuis 1950 accusé une baisse en 1969, malgré une modernisation notable des équipements et des méthodes de pêche (on trouve par exemple de plus en plus difficilement les harengs de Scandinavie et les cabillauds de l'Atlantique)[2].

1. Les limites écologiques à l'expansion économique

Il y a eu une évolution notable à la fois dans la conception et la perception de la notion de *«limites»*, depuis le début des années 1970. À l'époque du Rapport du Club de Rome:

> Il s'agissait alors essentiellement, comme l'indique Matthias Finger, de *limites d'input* à la croissance, c'est-à-dire de problèmes de ressources naturelles et d'énergie. Avec l'écologie des années 1970, les pays du Nord ont commencé à se préoccuper aussi de problèmes de pollution et de déchets. Les limites sont alors de plus en plus vues en

1 Janine DELAUNAY, *Halte à la croissance? Enquête sur le Club de Rome et Rapport sur les limites de la croissance*, Paris, Fayard, 1972, p. 257.

2 Ibid., p. 257.

termes de volonté et de capacité d'action politique. Depuis le milieu des années 1980 avec l'émergence de l'écologie globale, nous avons maintenant également à faire à des *limites d'output* du développement industriel (par exemple: trou d'ozone, réchauffement climatique). Ces limites pourraient en fait s'avérer les plus sérieuses, car elles restreignent les limites d'input (effets négatifs sur les ressources naturelles non renouvelables) et restreignent les capacités de gestion politique[3].

L'activité économique est donc fondamentalement limitée par les capacités physiques et biologiques de la biosphère. Et «d'une manière générale, le développement industriel, parce qu'il se sert des ressources naturelles et agit sur la biosphère, réduit ces limites plutôt qu'il ne les repousse»[4].

Le concept de développement durable, en l'occurrence, suggère à la fois le ralentissement du processus de la dégradation écologique et l'élargissement des limites de la biosphère, notamment, par le biais du progrès technique (efficacité écologique, gestion des pollutions, etc.), de l'éducation environnementale (qui cherche à promouvoir un comportement écologique responsable) et des politiques de l'environnement[5].

Cela dit, on distingue théoriquement aujourd'hui deux types de limites possibles à l'expansion économique, à savoir: les *limites au développement liées à l'absorption des déchets* et les *limites au développement liées à la disponibilité des ressources*[6].

1.1. Les limites au développement liées à l'absorption des déchets

Ce premier type de limites à la croissance économique est défini par l'économie de l'environnement, à partir du *modèle de bilan des matières,* basé sur la Première et la Seconde lois de la thermodynamique[7]. L'activité éco-

3 Cf. Matthias FINGER, «Promoteurs globaux, résistance locale: l'ingérence au quotidien», in Fabrizio SABELLI (sous la direction de), *Écologie contre nature*, op. cit., p. 92.

4 Ibid., p. 92.

5 Cf. Matthias FINGER, «Promoteurs globaux – résistance globale », art. cit., p. 92-93.

6 Cf. R.KERRY TURNER, David W. PEARCE e Ian BATEMAN, *Economia ambientale*, op. cit., p. 51-60.

7 La première loi de la thermodynamique énonce que toute extraction, toute production et toute consommation de ressources comportent inévitablement la création d'une quantité de produits de rebut (résidus) égale, en termes de matière/énergie, à celle des ressources introduites dans le processus économique. La seconde loi, celle de l'entropie, établit qu'il n'est pas possible que les 100 pour cent de ces produits de rebut soient réintroduits dans le flux de ressources (recyclage).

nomique est perçue, en l'occurrence, comme un processus de transformation de matières et d'énergie, au bout duquel les matières et l'énergie utilisées réapparaissent sous forme des déchets, qui vont être déversés dans la nature.

Autrement dit, les matières qui rentrent dans le système économique ne sont pas détruites par les activités de production et de consommation. Elles sont plutôt dispersées et transformées chimiquement. Plus exactement, elles entrent dans un état de basse entropie (comme matières «utiles») et sortent dans un état de haute entropie (matières «inutiles», émissions de chaleur à basse température, gaz d'échappement, déchets urbains, etc.)[8]. En effet, il est pratiquement impossible de détruire au sens absolu les déchets ainsi produits par l'activité économique, en vertu de la première loi de la thermodynamique.

Par ailleurs, la croissance soutenue de l'économie augmente de manière considérable le volume de déchets produits et déchargés dans la nature. Ainsi donc, le volume de déchets industriels croît, d'année en année, par rapport aux capacités d'absorption limitées des milieux naturels. Ici, apparaît justement la première limite possible à l'expansion économique, liée aux capacités limitées des milieux naturels de recueillir les montagnes de déchets générées par les systèmes économiques. Ces réceptacles naturels des déchets industriels sont, notamment les rivières, les fleuves, les décharges terrestres, la mer et l'atmosphère[9].

1.2. Les limites au développement liées à la disponibilité des ressources

Les matières et l'énergie utilisées par le système économique proviennent des ressources naturelles. Une *ressource naturelle*, au sens large, est «un objet physique ou biologique, identifié ou hypothétique, qui peut satisfaire des besoins humains de nature biologique, technique ou culturel»[10]. Selon cette définition donc, une ressource n'est pas a priori définie par rapport à l'économie, au motif qu'il existe dans l'environnement biophysique des

8 Cf. R. Kerry Turner, David W. Pearce e Ian Bateman, *Economia ambientale*, op. cit., p. 28-29.

9 Ibid., p. 51.

10 Gonzague Pillet, *Économie écologique*, Genève, Georg Éditeur, 1993, p. 85.

matières et des énergies qui, de prime à bord, ne sont pas des ressources susceptibles de rendre un service à l'espèce humaine[11].

Tientenberg (1992) distingue, pour sa part, six catégories de ressources:

- Les *ressources épuisables, non recyclables* (pétrole, gaz, charbon, uranium);
- Les *ressources recyclables* (minéraux, etc.);
- Les *ressources reproductibles,* mais *épuisables* (eau);
- Les *ressources reproductibles* à appropriation privée (nourriture);
- Les *ressources stockables, renouvelables* (forêts);
- Les *ressources renouvelables* à appropriation collective (pêche, espèces biologiques)[12].

Nous adoptons ici la classification générale consacrée répartissant les ressources naturelles en *ressources renouvelables* et *ressources non renouvelables.* Pour mémoire, «les notions de ressources renouvelables et de ressources non renouvelables sont des notions conventionnelles qui désignent, d'une part, des flux de matière et d'énergie de l'environnement biophysique (eau, sol, biomasses diverses) et, d'autre part, des stocks de minerais (cuivre, étain, plomb, zinc, nickel, minerais de fer, ...) et d'énergie fossile (houille, pétrole brut, gaz naturel, ...)»[13].

Une ressource renouvelable a la propriété de se régénérer et est donc inépuisable, si elle est exploitée ou utilisée à bon escient. Ainsi, dans le cadre d'une politique de gestion durable des ressources renouvelables, on peut, par exemple, reboiser les espaces dévastés par la déforestation pour assurer le renouvellement de la flore ou encore renoncer momentanément à la pêche ou à la chasse pour permettre la régénération naturelle des stocks de poissons et de gibiers. Les ressources renouvelables utilisées de cette façon n'imposent donc aucune *limite au développement*[14].

Mais tel n'est pas le cas des ressources non renouvelables. En effet, par définition, celles-ci existent seulement en quantité limitée et ne peuvent donc pas se régénérer. Ainsi, d'aucuns estiment, en l'occurrence, que si la croissance économique devait dépendre d'un usage toujours accrû du pétrole, le développement économique pourrait alors être limité par les

11 Ibid., p. 85.
12 Ibid., p. 85.
13 Ibid., p. 84.
14 Cf. R. Kerry Turner, David. W. Pearce e Ian Bateman, *Economia ambientale,* op. cit., p. 53.

stocks de pétrole disponibles dans le sous-sol[15]. Nous avons ici le second type de limite écologique au développement, lié à la disponibilité limitée des *ressources épuisables*.

2. La gestion des ressources renouvelables

Les ressources renouvelables sont particulièrement exposées au grand danger de surexploitation et parfois même d'extinction, en situation de libre accès et d'absence de droits de propriété. On parle, à cet effet, communément de la *tragédie des biens communs*.

Mais l'expression en soi est moins heureuse, étant donné que le qualificatif «commun» renvoie à l'idée de *propriété commune*, c'est-à-dire des ressources possédées par une communauté et qui ne sont pas librement accessibles à quiconque. Par ailleurs, le libre accès désigne une situation où personne n'est propriétaire de la ressource. D'où Turner, Pearce et Bateman pensent, à ce propos, qu'«il est plus exact de parler de *tragédie du libre accès*, même s'il n'est pas toujours vrai que le libre accès conduit à l'extinction de la ressource»[16].

De toute manière, une gestion efficiente des ressources renouvelables requiert un mode de gestion approprié. On distingue ainsi quatre types ou régimes de gestion des ressources naturelles renouvelables, en termes de droits, de devoirs e de privilèges: la *propriété publique*, la *propriété privée*, la *propriété commune* et le *libre accès*. La propriété publique peut bien assurer la conservation d'une ressource naturelle, mais beaucoup dépend, à ce niveau, des motivations de l'administration et de sa capacité de garantir le contrôle de ladite ressource. La propriété privée, en revanche, réussit probablement à mieux conserver la ressource naturelle, pour autant que le taux d'escompte du propriétaire ne soit pas élevé. Le libre accès ainsi que la propriété commune mettent généralement en péril la conservation des ressources naturelles. Il faut bien relever, cependant, que le libre accès n'aboutit pas nécessairement à l'exploitation excessive et que les régimes de propriété commune ou collective peuvent très bien réussir à gérer de manière durable les ressources renouvelables[17].

15 Ibid., p. 53.
16 Ibid., p. 217.
17 Ibid., p. 223.

2.1. La propriété publique

L'État en tant que puissance publique souveraine est maître des richesses du sol et du sous-sol du territoire national. L'appropriation publique de la terre et des ressources naturelles devrait a priori remédier à la «tragédie des biens communs», en ce sens que les velléités naturelles par rapport à l'exploitation excessive des biens communs sont sous le contrôle de l'unique propriétaire qu'est l'État. Mais pour que la propriété publique opère effectivement dans ce sens, il faudrait bien que l'État soit réellement en mesure à la fois de contrôler les ressources, d'établir des normes et des règles pour les individus et les communautés et de les faire respecter scrupuleusement[18].

Autrement dit, dans le régime de la propriété publique des ressources naturelles, les individus ont l'obligation de respecter les normes régissant l'usage de la ressource, fixées par l'agence de contrôle. Et c'est à cette dernière qu'il appartient de déterminer les règles et les modalités d'exploitation. Malheureusement, ce n'est pas souvent le cas. L'État est généralement déficitaire dans la gestion publique des ressources naturelles. Ce qui l'amène de plus en plus à s'en désengager, au profit des opérateurs privés, réputés plus efficaces, en la matière.

2.2. La privatisation

La privatisation est la recette politique souvent indiquée pour les problèmes d'exploitation excessive des ressources en situation de libre accès et de propriété commune. Elle consiste en l'octroi à des individus des *titres de propriété foncière* sous forme de document, avec la garantie de la part des autorités légales que lesdits titres seront respectés. Une documentation attestant la possession du terrain est souvent nécessaire, dans le contexte où, le propriétaire peut être sous la menace des revendications sur le même terrain de la part d'autres individus, ou encore dans le cas des travaux d'amélioration du terrain susceptibles de susciter l'intérêt des spéculateurs[19].

Le manque de sûreté de la propriété peut conduire ici à quelques incertitudes de nature à contribuer à la dégradation de la ressource, que l'on est

18 Ibid., p. 224-225.
19 Ibid., p. 223.

censé justement combattre, par la concession du droit de propriété. Premièrement, le propriétaire du terrain ne sait pas apprécier la valeur de certaines améliorations utiles et nécessaires et, dans ce cas précis, il sera moins enclin à investir dans les mesures à plus long terme, comme les interventions de conservation du sol destinées à la protection de l'environnement[20].

Deuxièmement, si les prix des propriétés foncières montent, le rentier ne sera pas en mesure de résister aux offres d'achat alléchantes des spéculateurs fonciers ou des personnes plus riches ou plus puissantes. Ces différents groupes de personnes peuvent être aussi moins intéressés par la conservation de la ressource naturelle proprement dite, parce que l'acquisition du terrain pourrait constituer une assurance contre l'inflation ou encore un moyen pour obtenir des concessions fiscales[21]. Troisièmement, une possession sûre permet au propriétaire de solliciter et d'obtenir des crédits auprès des banques et d'autres agences de crédit. Ce qui n'est nullement le cas d'une possession incertaine.

Nonobstant ces incertitudes, un certain courant de pensée soutient que la privatisation constitue l'unique réelle solution aux risques environnementaux posés par les régimes du libre accès et de la propriété commune. D'aucuns sont tout à fait convaincus que la privatisation sera partout la règle et qu'elle émergera «naturellement» tôt ou tard, lorsque les ressources commenceront à se raréfier sous la pression de la croissance démographique.

Cela dit,

> dans les sociétés où la pression de la population est faible, point n'est besoin de fixer des droits exclusifs sur les portions de terrain qui ne sont pas sous pression immédiate, ni de disposer du droit d'acquérir ou de vendre la terre, étant donné que celle-ci existe en abondance. Au fur et à mesure que la population augmente, augmente aussi la pression sur les ressources à libre accès, et celle-ci peut amener au développement des règles et des conventions sur l'usage des ressources, transformant ainsi les ressources à libre accès en ressources à propriété commune[22].

Tout compte fait, la privatisation n'est pas probablement le mode de gestion optimal des ressources naturelles, du point de vue de la société. De toute façon, un propriétaire privé peut ne pas prêter attention aux effets externes imposés aux autres individus. Dans ce cas, bien entendu, la réglementation est encore nécessaire.

20 Ibid., p. 223.
21 Ibid., p. 223-224.
22 Ibid., p. 224.

2.3. La gestion communautaire

Les deux régimes extrêmes de la propriété publique et privée des ressources s'avèrent, dans certains cas, inappropriés pour la gestion d'un grand nombre de ressources environnementales, comme l'eau et la terre, par exemple. Ce qui a conduit plusieurs penseurs à soutenir que la gestion collective des ressources constitue, sans doute, le meilleur mode de réaliser l'usage durable des ressources naturelles.

En effet, les communautés locales connaissent et comprennent mieux que quiconque leur environnement. Et ceci constitue, de toute évidence, un atout à la fois appréciable et favorable pour la conception et l'élaboration d'une meilleure politique de gestion des ressources locales, dans le sens bien compris de l'écodéveloppement. Comme le note bien Ignacy Sachs, «chaque groupement humain dans une situation spécifique, avec des ressources et des moyens propres, doit trouver sa stratégie particulière pour mettre en œuvre un projet de vie estimé sociopolitiquement le meilleur»[23].

> Dès lors, conclut Sachs, la gestion de l'environnement est une dimension importante du développement, mais plus profondément encore c'est le développement lui-même, tout entier, qui doit être imprégné, motivé, soutenu par la recherche d'un équilibre dynamique entre la vie et les activités collectives des groupes humains et le contexte spatio-temporel de leur implantation. Ainsi une politique de développement authentique ne peut être qu'une politique d'écodéveloppement[24].

Nous y reviendrons plus loin.

Tout en reconnaissant les effets positifs du régime de la gestion communautaire des ressources naturelles renouvelables dans le cadre des communautés villageoises du Tiers Monde, Turner, Pearce et Bateman relèvent, à son passif, deux facteurs limitants qui, à notre avis, doivent être relativisés: la croissance de la population et la technologie. La croissance de la population exerce une forte pression sur les systèmes collectifs, notamment dans la gestion de la terre arable qui doit être redistribuée entre un nombre croissant d'individus, et la demande accrue des ressources énergétiques qui contribue à l'augmentation des émissions des substances polluantes dans l'atmosphère[25]. Pour sa part, la technologie peut donner

23 Ignacy SACHS, *Stratégies de l'écodéveloppement*, op. cit., p. 37.

24 Ibid., p. 37.

25 Cf. R. KERRY TURNER, David W. PEARCE e Ian BATEMAN, *Economia ambientale*, op. cit., p. 225.

lieu à des abus regrettables, comme l'introduction de la tronçonneuse dans la forêt amazonienne ou encore l'usage des fusils à longue portée dans le braconnage de l'éléphant africain[26].

S'agissant de l'augmentation des émissions des substances polluantes d'origine anthropique dans l'atmosphère, le démographe français Hervé Le Bras nous signale que la moyenne des estimations de l'émission nette de CO_2 d'origine végétale varie entre 6,4 et 6,6 gigatonnes et qu'elle représente 1/5 des émissions nettes totales de CO_2 causées par l'homme[27]. Bien plus, «ces émissions de CO_2 organique sont en relation inverse avec la densité. Plus la population est dense, moins elle produit de CO_2 d'origine végétale par habitant»[28].

Tableau 8. Volume d'émission de CO_2 par tête et par densité d'un groupe des PVD

Pays	*Emission de CO_2* par habitant (tonnes)	*Densité* (habitant/km^2)
Rd. Congo	3,8	16
Burundi	0,1	220
Nicaragua	15,1	33
Guatemala	4,5	85
Rép. Dominicaine	0,2	150
Haïti	0,13	240
Cameroun	0,1	24
Nigeria	2,5	124
Liberia	15	27
Malaisie	15,6	53
Thaïlande	5,2	110
Indonésie	4,7	100
Sri Lanka	1,28	266
Bangladesh	0,08	860

Source: Hervé LE BRAS, *Les limites de la planète,* op. cit., p. 97.

26 Ibid., p. 225.
27 Hervé LE BRAS, *Les limites de la planète*, op. cit., p. 96.
28 Ibid., p. 96.

3. L'exploitation des ressources non renouvelables

Les ressources non renouvelables se caractérisent en propre par leur quantité globale déterminée. De sorte que, plus grande est la quantité extraite et utilisée aujourd'hui, plus petite sera celle disponible pour le futur. D'où il est hors de question ici de parler d'une quelconque *exploitation durable* des ressources non renouvelables[29]. Cela dit, l'entreprise d'extraction est confrontée à deux décisions fondamentales connexes: le taux d'extraction des ressources et la durée de la période d'extraction.

Le taux économique d'extraction est déterminé en équilibrant les prix escomptés avec le coût d'extraction marginal prévu. Les coûts d'extraction incluent l'effet de l'extraction présente sur les coûts actuels ainsi que sur les coûts d'extraction et les profits futurs. La quantité totale de la ressource à extraire dépend des prix futurs attendus de la réserve de la ressource en question et de l'effet de l'extraction actuelle sur les coûts d'extraction futurs[30].

3.1. Disponibilité et rareté d'une ressource

Au fond, comme le notent nos trois auteurs Turner, Pearce et Bateman, le débat sur la *rareté des ressources* relancé au début des années 1970 par le Club de Rome est en partie un problème d'*idéologie environnementaliste*[31]. Ce qu'explicite, en effet, Hervé Le Bras dans *Les limites de la planète*, que l'on peut bien qualifier de réplique en règle au célèbre ouvrage *Les limites à la croissance* de D.H. Meadows et alii:

> Lorsqu'en 1973 le Club de Rome publie son modèle sur les limites de la croissance, l'effet de serre ne figure pas encore dans les calculs. La pollution et la faim menacent l'humanité, mais non l'excès de CO_2 car les réserves d'hydrocarbures touchent à leur fin. On a dit combien la raréfaction annoncée du pétrole a joué un rôle important dans le déclenchement de la première crise pétrolière. La hausse des prix à la production

29 Cf. R. Kerry Turner, David W. Pearce e Ian Bateman, *Economia ambientale*, op. cit., p. 227.

30 Ibid., p. 227.

31 Ibid., p. 227.

> anticipait la rareté prochaine du pétrole. Or, en 1993 (soit vingt ans plus tard), jamais l'estimation des réserves de pétrole et de gaz n'a été aussi élevée[32].

En termes économiques, la rareté d'un bien ou d'un service se reflète dans les coûts et les prix. En pratique, mesurer et prévoir la disponibilité et la rareté actuelles et futures d'une ressource donnée est une opération complexe, qui requiert une combinaison des données, des méthodes et des techniques des sciences physiques, de l'ingénierie des matières et de l'économie[33]. Par ailleurs, la confrontation du stock potentiel des ressources non renouvelables avec leur taux d'utilisation futur, notamment par rapport à la croissance de la population, au progrès technologique et aux attentes économiques et sociales est, sans nul doute, un problème des plus indécis.

Nous retrouvons dans le débat sur la rareté des ressources naturelles les positions malthusiennes et ricardienne évoquées plus haut. Pour les partisans du *malthusianisme orthodoxe*, l'humanité doit s'attendre très probablement dans un futur plus ou moins proche à l'épuisement des ressources naturelles, appelé la *rareté physique absolue.* Le courant *néo-malthusien*, lui, souligne l'importance des limites environnementales dans les activités d'extraction des ressources et soutient que l'exploitation continue des ressources de faible qualité exigera toujours une énorme quantité d'énergie, qui conduira à des niveaux de pollution inacceptables et à la perte des paysages et des patrimoines naturels[34].

À la différence du malthusianisme, la *pensée ricardienne* offre un cadre beaucoup plus optimiste concernant la rareté des ressources. Elle considère, en effet, que:

> Les effets de l'appauvrissement des ressources se manifesteront avec une augmentation dans le temps des coûts et des matières, au fur et à mesure que les sociétés d'extraction seront contraintes à exploiter des gisements de ressources de qualité inférieure. Ces effets seront, toutefois, compensés par d'autres facteurs. Les sociétés minières consentiront des gros efforts pour explorer et découvrir des nouveaux gisements, que le progrès technologique permettra d'exploiter, par exemple, avec des méthodes d'excavation et de forage plus efficientes et des nouvelles techniques de transformation susceptibles d'améliorer la qualité des ressources. Ainsi, le marché

32 Hervé LE BRAS, *Les limites de la planète*, op. cit., p. 109.

33 Cf. R. KERRY TURNER, David W. PEARCE e Ian BATEMAN, *Economia ambientale*, op. cit., p. 227.

34 Ibid., p. 228.

> réagira, pour sa part, aux signaux d'augmentation des coûts et des prix, en encourageant la substitution (nouveaux produits et/ou nouvelles techniques d'utilisation des produits), un usage plus efficace des ressources et une intensification des activités de recyclage des produits de rebut[35].

Voyons, à présent, rapidement les différents indicateurs de la rareté des ressources. On distingue, d'une part, les indicateurs de rareté physique, et d'autre part, les indicateurs de rareté basés sur les coûts ou les prix.

3.2. Les indicateurs de rareté physique

On calcule les mesures physiques de la rareté des ressources non renouvelables, en combinant les données géologiques sur les minerais ou sur les réserves avec les prévisions de la demande de ces ressources. Ainsi, les estimations relatives à la valeur des réserves non renouvelables sont revues continuellement par les institutions spécialisées.

C'est l'Institut géologique américain *Geological Survey* qui est la référence obligée, en la matière. Il fournit périodiquement une estimation nationale et une estimation mondiale des réserves effectives et des réserves potentielles des minerais. Son système de classification de 1972, dénommé la *boîte de McKelvey,* établit une distinction claire et nette entre *réserves* et *ressources.*

La catégorie des *réserves* englobe tous les dépôts identifiés sur le plan géologique, qui peuvent être exploités économiquement. Elle est subdivisée, sur la base de la certitude géologique, en réserves *prouvées, probables* et *possibles.* Tous les autres dépôts non encore découverts ou dont l'exploitation n'est pas encore réalisable (pour des raisons techniques ou économiques) rentrent dans la catégorie des *ressources.* Celle-ci est, à son tour, subdivisée en groupes *paramarginaux* et *submarginaux.* Les premiers sont constitués de ressources exploitables à des prix avoisinant plus ou moins le double des niveaux des prix actuels. Les seconds sont des ressources non exploitables, en raison de leurs coûts plus élevés[36].

Le *Geological Survey* a publié, en 1976, une version élargie de la classification de McKelvey. L'objectif fondamental de ce système de classifi-

35 Ibid., p. 228.
36 Ibid., p. 228-229.

cation est de fournir une aide à la planification à long terme, en collectant les informations sur la probabilité de découverte des nouveaux dépôts, sur le développement des processus d'extraction de dépôts actuellement non exploitables et sur les dépôts connus immédiatement utilisables. Les ressources sont donc continuellement réévaluées à la lumière des nouvelles connaissances géologiques, du progrès scientifique et technologique et du changement des conditions économiques et politiques[37]. Les ressources connues sont ainsi classées sur la base des deux types d'informations: les caractéristiques géologiques ou physico-chimiques (degré, qualité, tonnage, densité et profondeur de la matière localisée), et l'avantage financier basé sur les coûts d'extraction et de commercialisation pour une période de temps donnée.

Les études pessimistes concernant la rareté des ressources basent, elles, leur argumentation sur les calculs de l'*indice du stock statique*. Ce type de calculs utilise seulement les données sur les *réserves certifiées*, qu'il combine avec l'estimation de la demande des ressources supposée croître, dans le temps, de manière exponentielle[38]. Ce qui conduit à un appauvrissement rapide des stocks de plusieurs ressources importantes, minérales et combustibles.

Selon Turner, Pearce et Bateman, la modification d'une seule donnée du calcul émanant des études et des projections pessimistes conduit à des résultats fort différents.

> En basant le calcul sur les réserves estimées et pas uniquement sur celles déjà certifiées ou sur les ressources récupérables, soulignent ces trois auteurs, nous avons l'indication que l'appauvrissement absolu des stocks d'importantes ressources minérales ne représente, dans tous les cas, aucun problème sur les 100 ans à venir. Ces calculs assurent, en même temps, qu'il n'y aura pas, dans la même période, des problèmes de nature technique, d'offre d'énergie ni de dommages environnementaux[39].

Hervé Le Bras parle justement ici de l'*illusion des ressources*[40] consistant en la confusion entre le niveau physique constitué par un produit brut comme le pétrole, par exemple, et le niveau social représenté par la consommation de ce produit. Dans le cas précisément des substances minérales et

37 R. KERRY TURNER, David W. PEARCE e Ian BATEMAN, *Economia ambientale*, op. cit., p. 230.

38 Ibid., p. 230.

39 Ibid., p. 230-231.

40 Voir Hervé LE BRAS, *Les limites de la planète*, op. cit., p. 109-113.

fossiles, la réserve est sociale et dépend à la fois de ce qui a été découvert et de ce qui est exploitable, et «ce qui a été découvert dépend des techniques de prospection et de leurs coûts»[41].

> En postulant un plafond de réserves fixe, on confond nature et société, comme dans le cas des conséquences supposées du trou d'ozone. On jette une passerelle entre la nature, ici représentée par les réserves, et la société, identifiée à la consommation. D'un côté, on suppose des déterminations naturelles avec ces gisements limités, à la contenance physiquement calculable, inscrits dans la réalité matérielle, et de l'autre côté, on imagine des comportements sociaux dictés par le progrès technique et la pression de la population. Le problème provoqué par la confrontation de ces deux domaines tient au fait qu'ils sont pensés indépendamment l'un de l'autre[42].

Le Bras illustre son propos sur le caractère aléatoire des limites des substances minérales et fossiles, en s'appuyant sur le cas du pétrole dont il compare l'extraction à la dégustation d'un crabe:

> Le convive pressé prend juste la chair des pinces. Le convive plus patient cherche dans les pattes et les cloisons de la carcasse où il trouve deux fois plus de chair à manger. Lorsque le pétrole était bon marché, l'exploitation des nappes ressemblait au repas de l'homme pressé. On extrayait le plus facile. Aujourd'hui, on améliore les techniques pour faire rendre tout son jus à un gisement, par l'injection des liquides qui chassent les résidus de pétrole des cavités où il n'a pas été atteint, ou par la localisation de petites poches adjacentes au gisement principal. La capacité du gisement, comme la chair du crabe extirpée par le mangeur obstiné, double ou même triple. À un instant donné, les réserves de pétrole sont donc aussi relatives aux coûts et aux techniques que la consommation elle-même[43].

Les 2 tableaux suivants nous présentent quelques prévisions pessimistes et optimistes sur la rareté de certaines ressources. Le tableau 9, relatif à l'approche de *Limites à la croissance* du Rapport du Club de Rome indique qu'un certain nombre de ressources non renouvelables sont proches de l'épuisement. Ainsi, par exemple, en l'absence de nouvelles découvertes, l'or, l'argent et le mercure existants devront déjà s'épuiser. Le tableau 10 montre qu'en 1980, certaines estimations sur les réserves de métaux ont augmenté de manière significative, ou sont restées plus ou moins stables. Il reflète l'approche ricardienne ou technocentriste, mettant en cause le caractère absolu de la rareté physique d'une grande partie des matières

41 Hervé LE BRAS, *Les limites de la planète,* op. cit., p. 109.
42 Ibid., p. 111.
43 Ibid., p. 110.

utilisées aujourd'hui. Cette prévision optimiste est basée sur les estimations, à la fois, des réserves identifiées et des ressources récupérables[44]. Elle établit, en outre, que dans les 100 ans à venir, on ne devrait pas être confronté à des sérieux problèmes d'ordre technique, énergétique ou environnemental liés à l'extraction des ressources[45].

Tableau 9. Durée prévisible des réserves certifiées en termes d'année
(Avec un taux de consommation en croissance exponentielle)

Materiaux	*Années*[a]	*Années*[b]	*Materiaux*	*Années*[a]	*Années*[b]
Aluminium	31	55	Molybdène	34	45
Chrome	95	154	Gaz naturel	22	49
Carbone	111	150	Nickel	53	96
Cobalt	60	148	Pétrole	20	50
Cuivre	21	48	Platine	47	85
Or	9	29	Argent	13	42
Fer	93	173	Etain	15	61
Plomb	21	64	Tungstène	28	72
Manganèse	46	94	Zinc	18	50

a Sur la base des réserves.
b Sur la base des ressources quintuplées.

Source: D. MEADOWS et al. [1972, 56-60], cité par R. KERRY TURNER, David W. PEARCE e Ian BATEMAN, *Economia ambientale*, op. cit., p. 231.

Tableau 10. Estimations globales révisées de quelques métaux et minerais

Materiaux	*LAC 1972* (en millions de tonnes)[a]	*US BOM 1980* (en millions de tonnes)[b]
Cuivre	308	505
Nickel	66	64
Plomb	91	124
Zinc	123	162

a Limites à la croissance.
b US Bureau of Mines.

Source: R. KERRY TURNER, David W. PEARCE e Ian BATEMAN, *Economia ambientale*, op. cit., p. 231.

44 Ibid., p. 231.
45 Ibid., p. 231.

Les ressources énergétiques combustibles et fossiles sont, sans nul doute, limitées, du point de vue strictement matériel. Toujours est-il que les réserves certifiées d'un grand nombre de ces ressources tendent à augmenter au fil du temps, avec l'amélioration de la technologie d'exploration et d'extraction. Ainsi, dans les dernières années, les réserves certifiées de pétrole ont augmenté essentiellement avec les nouvelles découvertes réalisées au Moyen Orient, en particulier en Arabie Saoudite, en Iraq et aux Émirats arabes unis[46].

Les réserves de gaz naturel ont également augmenté dans le même temps, et cette augmentation a été particulièrement significative en Russie, en Iraq et au Qatar. Les tableaux 11 et 12 indiquent donc les variations enregistrées depuis 1981, en matière de réserves certifiées de pétrole et de gaz naturel.

Tableau 11. Réserves certifiées de pétrole de 1981 à 2001

Pays	*1981* Milliards de barils	*1991* Milliards de barils	*2001* Milliards de barils
Amérique du Nord	102,0	93,0	63,9
Amérique Latine et Centrale	28,0	68,5	96,0
Europe Occidentale	27,9	16,3	18,7
Ex Union soviétique	63,0	57,0	65,4
Moyen Orient	362,6	661,6	685,6
Afrique	56,2	60,5	76,7
Asie et Australie	39,0	44,1	43,8
Total	678,7	1.000,0	1.050,0

Source: R. Kerry Turner, David W. Pearce e Ian Bateman, *Economia ambientale,* op. cit., p. 57.

46 Cf. R. Kerry Turner, David W. Pearce e Ian Bateman, *Economia ambientale,* op. cit., p. 57.

Tableau 12. Réserves certifiées de gaz naturel de 1981 à 2001

Pays	*1981* Milliers de Millions de M3	*1991* Milliers de Millions de M3	*2001* Milliers de Millions de M3
Amérique du Nord	10,29	9,56	7,55
Amérique Latine et Centrale	2,86	4,73	7,16
Europe Occidentale	4,57	5,52	4,86
Ex Union soviétique	32,85	49,55	56,15
Moyen Orient	21,58	37,35	55,91
Afrique	5,99	8,78	11,18
Asie et Australie	4,30	8,47	12,27
Total	82,44	123,97	155,08

Source: R. KERRY TURNER, David W. PEARCE e Ian BATEMAN, *Economia ambientale*, op. cit., p. 57.

3.3. Les indicateurs de rareté basés sur le prix ou le coût

Il y a donc à côté des indicateurs physiques analysés ci-dessus, une autre catégorie de mesures de la rareté des ressources non renouvelables de type «économique», basées sur les coûts et les prix. Il s'agit notamment des coûts et prix suivants:

1) *Coûts réels de production* (c'est-à-dire les coûts des inputs nécessaires pour l'extraction et la transformation des outputs de ressources)
2) *Prix réels* (c'est-à-dire les prix relatifs des outputs de ressources);
3) *Prix ombre* (c'est-à-dire des approximations comme, par exemple, le coût de production additionnelle des ressources certifiées) pour le *coût d'opportunité* (le manque à gagner induit par l'usage immédiat d'une ressource qui pourrait valoir plus pour un usage futur)[47].

De l'avis de Turner, Pearce et Bateman, «les résultats des études qui ont appliqué ces mesures économiques de rareté à des données sur les minerais et les combustibles, n'ont pas été particulièrement cohérents»[48].

47 R. KERRY TURNER, David W. PEARCE e Ian BATEMAN, *Economia ambientale,* op. cit, p. 232.
48 Ibid., p. 232.

Cela dit, dans l'ensemble, les craintes distillées et entretenues dans l'opinion publique mondiale par les prévisions alarmistes sur l'épuisement imminent des ressources non renouvelables, sont loin d'être justifiées aujourd'hui, à l'analyse des faits. «Le monde ne risque nullement d'être privé à l'improviste d'importants minerais et combustibles nécessaires pour le développement économique»[49].

Figure 5. Le processus d'offre d'une ressource non renouvelable

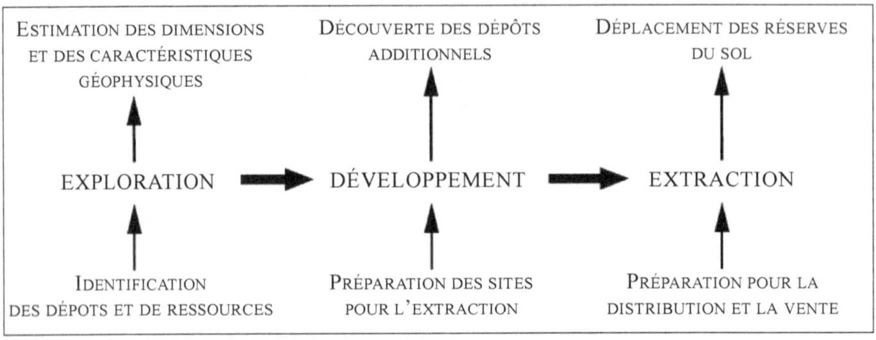

Source: R. KERRY TURNER, David W. PEARCE e Ian BATEMAN, *Economia ambientale*, op. cit., p. 2

Tableau 13. Perspectives d'appauvrissement basées sur les estimations des ressources récupérables de quelques métaux et minerais

Matières	*Croissance Annuelle de la demande (en %)*	*Réserves Identifiées Estimées (Tonnes)*	*Apauvrissement des Réserves Estimées d'ici 2100 (en %)*	*Apauvrissement des Ressources Récupérables Estimées d'ici 2100 (en %)*
Chrome	3,3	1,0 × 1010	12	—
Cobalt	2,8	5,4 × 106	150	36
Manganèse	2,7-3,3	2,8 × 109	120	18
Molybdène	4,5	2,1 × 107	249	5
Nickel	4,0	2,1 × 108	152	35
Titane	38,0	7,1 × 108	102	38
Tungstène	3,4	6,8 × 106	236	11
Zinc	2,0	3,3 × 108	581	37

Source: GOELLER et ZUCKER [1984], cités par R. KERRY TURNER, David W. PEARCE e Ian BATEMAN, *Economia ambientale,* op. cit, p. 2

49 Ibid., p. 232.

4. L'obstacle démographique

Les théoriciens des *limites au développement* pointent également du doigt la croissance exponentielle de la population mondiale, comme l'autre limite possible à la croissance économique. La croissance démographique est accusée particulièrement d'exercer d'intenses pressions dommageables sur les milieux naturels, en tant que *phénomène multiplicateur*[50].

> Plus élevé est le nombre de personnes, plus il faudra de la nourriture. Et pour obtenir plus de nourriture, on cultive une large étendue de terrain, détruisant ainsi forêts et autres écosystèmes naturels. Plus d'habitants signifie aussi une plus grande demande d'eau. L'eau est souvent considérée comme une ressource abondante, alors qu'elle est un bien plutôt très rare dans plusieurs pays. Plus de population signifie, en outre, une demande accrue d'énergie et donc aussi plus de pollution de la part des sources d'énergie et, dans les pays en voie de développement, une déforestation accrue due à la croissance de la demande du bois du chauffage (même si celle-ci n'est pas, dans bien des cas, la cause principale de la déforestation). Plus rapide est la croissance de la population, plus probable est la proximité des limites à la croissance, aussi bien celle déterminée par l'évacuation des déchets que celle dictée par la disponibilité des ressources[51].

Beaucoup d'environnementalistes voient donc dans l'interaction entre l'augmentation de la population, la croissance économique, la disponibilité des ressources naturelles et la capacité d'absorption des déchets, la raison majeure pour laquelle il est nécessaire d'arrêter le développement. On parle ici, notamment, du risque de dépassement de la *capacité de*

50 L'expression est de Robert Lattès, membre du Club de Rome, qui l'applique, dans la préface à *Halte à la croissance? Enquête sur le Club de Rome et Rapport sur les limites de la croissance* de Janine Delaunay aux *phénomènes* de *saturation* ou à *évolution exponentielle*, comme la croissance démographique, la production industrielle et agricole, la génération de la pollution. Il en donne une petite illustration mathématique concernant, notamment, l'évolution démographique: «Ainsi, exemple arbitraire, lorsqu'une unité de population, si elle requiert une unité d'espace (pour l'habitat, les déplacements, le travail, les loisirs), disposait de 24 unités d'espace, le coefficient d'expansion (rapport entre l'espace disponible restant et la population) était de 23. À chaque doublement de la population, ce coefficient passe successivement à 11, 5, 2… puis 0,5 au bout de quatre périodes, tout commence à craquer!» (Cf. Janine DELAUNAY, *Halte* à *la croissance*, op. cit., p. 6).

51 R. KERRY TURNER, David W. PEARCE e Ian BATEMAN, *Economia ambientale*, op. cit., p. 54.

charge[52] de notre planète Terre. On estime donc qu'un certain nombre de régions du monde, en particulier dans le Tiers monde, abritent déjà une population proche, sinon supérieure à leur capacité de charge.

Les membres du Club de Rome résumaient, ainsi, la donne démographique mondiale dans leurs commentaires du Rapport sur *Les limites de la croissance* de l'équipe du *Massachusetts Institute of Technology* (M.I.T.):

> Il existe des zones de sous-peuplement mais, en considérant le monde comme un tout, nous sommes très près du point critique en matière d'expansion démographique, si toutefois nous ne l'avons pas déjà atteint. Il n'y a naturellement pas, à long terme, de niveau optimal unique pour la population; mais plutôt des états d'équilibre entre les niveaux de population, les niveaux de vie et les valeurs sociales, la liberté individuelle et les divers éléments qui font la qualité de la vie. Etant donné le stock limité et décroissant des matières premières non régénérables et le caractère fini de notre planète, on doit admettre, en principe, que l'accroissement de la population se soldera par une baisse du niveau matériel de vie, avec tout le cortège de problèmes que cela implique. En revanche, aucune valeur humaine fondamentale ne se trouve mise en question par un arrêt de la croissance démographique[53].

Nous reviendrons plus loin sur cette problématique de la croissance exponentielle de la population mondiale, dans le chapitre suivant, consacré à l'analyse des dessous du paradigme du développement durable.

La population mondiale compte aujourd'hui 6 milliards de personnes. Elle atteindra environ 9 milliards de personnes en 2050. Dans le même temps, les taux de croissance démographique sont en nette diminution dans les différents groupes de pays et à l'échelle mondiale, comme l'indique la figure 6.

52 La capacité de charge d'un milieu naturel est définie, en référence à la population maximale qu'il peut supporter, à un niveau de vie minimal nécessaire pour la survie. Dans tous les cas, le maintien d'un nombre maximal d'individus à un niveau de vie minimal est difficilement perçu ici, comme un objectif souhaitable.

53 Janine DELAUNAY, *Halte à la croissance*, op. cit., p. 294.

Figure 6. Taux de croissance moyenne annuelle de la population en pourcentage

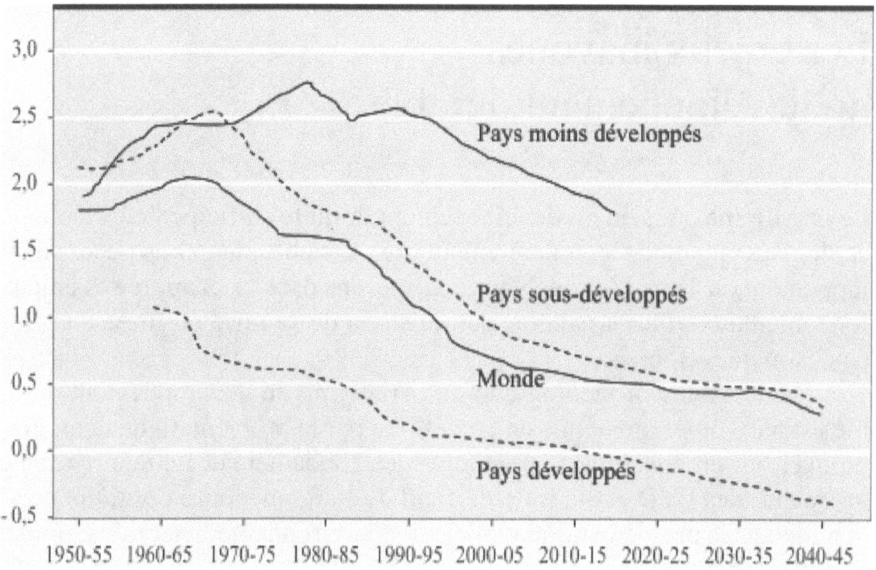

Source: Division de la Population des Nations unies [2003].

Tableau 14. Population mondiale en Millions

Pays	*1950*	*2000*	*2050*
Afrique	221	796	1.803
Asie	1.398	3.680	5.222
Amérique latine et Caraïbes	167	520	768
Monde en développement	1.706	4.877	7.699
Europe	547	728	632
Océanie	13	31	46
Amérique du Nord	172	316	448
Monde développé	813	1.194	1.220
Total mondial	2.519	6.071	8.919

Source: Division de la Population des Nations unies [2003].

Chapitre 9

Les enjeux inavoués du développement durable

Le paradigme onusien du développement durable participe de l'idéologie écologiste mondialisée, foncièrement préjudiciable sinon hostile au développement du Tiers Monde. Nous analyserons dans ce chapitre ses enjeux fondamentaux et les stratégies pernicieuses de sa mise en route dans les pays sous-développés.

Le soubassement idéologique du paradigme du développement durable est particulièrement mis en en lumière par la problématique démographique, qui en constitue le premier enjeu fondamental. La démographie galopante des PVD est la toile de fond de l'argumentaire politique occidental dans la problématique globale de l'environnement naturel. Comme le note Hervé Le Bras:

> L'emploi de termes comme «population», «ressources», «subsistances», et surtout de notions comme «population limite» («capacité de charge») et «développement durable» révèle la mise en place d'un discours biologique cohérent qui naturalise la politique et la société. Affirmer le primat du problème de la population, c'est après le primat des armes, puis celui de l'économie, réduire une fois de plus la société à des facteurs physiques, c'est une fois encore prôner la domination des marchandises et des nombres sur les hommes et les idées[1].

À l'enjeu démographique clairement affiché par le Rapport de la Commission Brundtland et les institutions spécialisées de l'ONU, s'ajoutent, de manière plus ou moins tacite, l'enjeu économique et l'enjeu écologique. Le premier relance la problématique de l'industrialisation du Tiers monde, le second évoque le risque, à grande échelle, de privatisation de la nature par le libéralisme marchand.

1 Hervé Le Bras, *Les limites de la planète*, op. cit., p. 9-10.

1. L'enjeu démographique

La limitation et le contrôle de la population mondiale constituent l'une des conditions de réalisation du développement durable à l'échelle planétaire, d'après la Commission Brundtland et la Conférence de Rio, conceptrice et promotrice de ce nouveau paradigme de développement onusien[2].

Ainsi, depuis la sonnette d'alarme du Rapport Meadows (*Halte à la croissance*, 1972), le spectre de la surpopulation mondiale ou l'*angoisse du nombre*[3], comme l'appelle Michel Schooyans, hante plus que jamais le monde développé convaincu, dès lors, d'être en danger de submersion permanent, face au déferlement de la marée humaine du Tiers monde. D'où le retour au premier plan de la problématique démographique, sur la scène des questions de politique internationale[4].

2 «Des mesures urgentes sont nécessaires pour limiter les taux de croissance extrêmes de la population. Les choix que l'on doit faire aujourd'hui permettront de stabiliser à plus ou moins six milliards le nombre d'habitants du globe au cours du prochain siècle.» (CMED, *Notre avenir à tous*, op. cit., p. 13).

3 Voir Michel SCHOOYANS, *La dérive totalitaire du libéralisme*, Paris, Mame, 2e édit., 1995, p. 50.

4 «Les signes de ce retour de la population se multiplient: inquiétude devant la croissance rapide de l'Afrique, de loin le continent le plus pauvre, inquiétude devant l'éventualité de migrations de masse à partir du Sud [...] Inquiétude face aux dépenses croissantes d'énergie et à la pollution croissante des pays en développement, tandis que la consommation d'énergie plafonne et que les rejets polluants diminuent dans les pays développés; inquiétude devant tout changement des paramètres physique de la planète – climat, température, couche protectrice d'ozone, concentration de gaz carbonique, niveau des mers – dont la croissance démographique est invariablement rendue responsable. Le démon démographique a remplacé le démon atomique, démon au sens de Maxwell ou des informaticiens, c'est-à-dire main invisible organisant et orientant tous les processus. [...]. L'arrière-plan idéologique ne diminue pas la portée du problème démographique, mais il incite à le scruter avec une attention critique. Dans une atmosphère aussi chaude, les dérapages ne sont pas exclus. A la ligne naturelle, et même souvent biologique, adoptée par ceux qui redoutent les effets de la surpopulation, se superpose une ligne politique qui craint l'émergence des nations d'Asie, d'Amérique du Sud et d'Afrique.» (Hervé LE BRAS, *Les limites de la planète*, op. cit., p. 8).

1.1. La contention démographique

Des méthodes impliquant l'intrusion physique dans la vie des populations du Sud (stérilisations massives, avortements) sont mises en œuvre dans le Tiers Monde, depuis environ une quarantaine d'années, au nom de la stabilisation de la population mondiale.

À ce sujet, Claude Auroi montre bien dans son article *Politiques démographiques et écologie*, «comment les milieux dominants du Nord sont passés, quant à l'écologie et à la pauvreté, d'un discours axé sur une meilleure utilisation des ressources de la planète à une position radicalement différente, celle de la stabilisation démographique qui limiterait les atteintes à l'environnement et permettrait de faire face éventuellement au problème de la pauvreté»[5].

La Conférence du Caire sur la démographie et le développement de septembre 1994 a consacré en ce sens, au grand dam du respect sacro-saint du droit à la vie, le principe d'*ingérence humanitaire* ou «le *droit* d'un pays et même de l'humanité entière à la *régulation quantitative* de la *population*»[6]. Ce principe, comme le relève Claude Auroi, «n'est pas seulement un moyen de contrôler la prolifération de l'espèce humaine, contrôle qui est probablement nécessaire, c'est aussi une manière de préserver la richesse et le pouvoir des nantis, ce qui est plus discutable»[7].

Ainsi:

> Le débat sur la contraception a entraîné la défaite du Vatican et des intégristes musulmans, et surtout donné une base juridique internationale à tous les avorteurs et ligateurs de trompe en puissance. Toutes ces ONG du Nord soucieuses de limitation des naissances pourront maintenant se targuer du principe de ‹*reproductive health care*› pour conseiller et financer les hôpitaux du Tiers Monde dans leurs interventions stérilisantes directes, et entreprendre de vastes campagnes contraceptives[8].

5 Claude AUROI, «Politiques démographiques et écologie», in Fabrizio SABELLI, *Ecologie contre nature*, op. cit., p. 61-74.

6 Ibid., p. 73.

7 Ibid., p. 61.

8 Ibid., p. 73.

Et ce n'est pas tout. Car, poursuit Claude Auroi:

> Les États pourront aussi peu à peu utiliser l'argument démographique comme conditionnalité de leur aide. Les crédits seront ventilés selon l'évolution des taux de fécondité et de natalité et des efforts entrepris pour les faire baisser. L'ingérence démographique se fondera aussi sur les arguments écologiques, à savoir la préservation des ressources rares comme la terre et l'eau, et sur l'argument économique, l'amélioration du bien-être pour tous, c'est-à-dire pour ceux qui restent[9].

Les campagnes mondiales pour la contention de la natalité sont donc entreprises, à grands frais, dans les pays du Tiers Monde.

> Ces campagnes, comme le note Michel Schooyans, sont pratiquement toujours menées avec l'assentiment ou la complicité des gouvernements du Tiers-Monde. Elles bénéficient de ressources et de moyens sans précédents, provenant d'organismes nationaux ou internationaux, publics ou privés[10].

Les États-Unis d'Amérique ont le leadership en la matière. Ici, «l'argent provient en grande partie des impôts, et son affectation est organisée par l'*AID* («Agency for International Development» du Département d'État). L'AID envoie cette «aide» soit directement, soit à des organisations internationales, soit à des organisations non gouvernementales (ONG) très actives dans le Tiers-Monde»[11]. Aux États-Unis, en effet, les programmes de plusieurs fondations ont été orientés vers le contrôle des naissances, le planning familial et l'éducation sexuelle des jeunes filles[12].

Les deux tableaux 15 et 16 ci-dessous nous donnent une idée sur les sources et les bénéficiaires de financements pour la contention démographique. Ils montrent particulièrement l'augmentation graduelle, au cours de la période de 1965 à 1976, des capitaux destinés à réduire la croissance démographique mondiale. Ceux-ci se chiffrent en centaines de millions de dollars américains.

9 Claude AUROI, «Politiques démographiques et écologie», art. cit., p. 73.
10 Michel SCHOOYANS, *La dérive totalitaire du libéralisme*, op. cit., p. 51.
11 Ibid., p. 52.
12 Cf. Claude AUROI, «Politiques démographiques et écologie», art. cit., p. 73.

Tableau 15. Sources de financement pour la contention démographique
(En millions de dollars américains)

Source	*1965-1969*	*Total fin 1976*
Australie	—	1.564
Belgique	—	2.384
Canada	—	33.846
Danemark	297	19.433
Allemagne fédérale	250	23.512
Japon	199	22.062
Pays-Bas	338	33.390
Norvège	225	72.620
Pays de l'OPEP	—	2.552
Suède	12.786	134.491
Royaume Uni	261	25.172
États-Unis	90.665	867.534
Tous les autres pays	075	11.033
Total gouvernements	105.097	1.249.598
Ford Foundation	86.550	177.757
Rockefeller Foundation	21.248	68.667
Total non gouvernemental	107.798	246.424
Total Gouvernemental et privé	212.895	1.496.022
Total États-Unis	198.463	1.113.958

Source: Michel SCHOOYANS, *La dérive totalitaire du libéralisme*, op. cit., p. 52.

Les nouvelles méthodes et techniques de réduction de la population sont, pour la plupart, mises au point dans les laboratoires spécialisés, et utilisées dans les cliniques, les hôpitaux et en soins ambulatoires, à grand renfort de la publicité médiatique[13]. Elles font donc partie de l'arsenal de l'industrie de la mort planifiée des pauvres.

D'après Susan George, il y a trente ans, seuls 10% des couples mariés utilisaient une quelconque méthode contraceptive, dans le Tiers Monde[14].

13 Voir Michel SCHOOYANS, *Nuovo disordine mondiale. La grande trappola per ridurre il numero dei commensali alla tavola dell'umanità*, Milano, Edizioni San Paolo, 2000, p. 15-34. L'auteur passe en revue dans le premier chapitre de cet ouvrage, intitulé *La vita umana in pericolo*, les diverses pratiques contraceptives et leurs puissants agents de vulgarisation, entre autres les médias.

14 Cf. Susan GEORGE, *Il Rapporto Lugano*, op. cit., p. 163.

Tableau 16. Bénéficiaires de financements pour la contention démographique
(En millions de dollars américains)

Organismes bénévoles privés	*1965-1968*	*Total 1965-1976*
International Planned Parenthood Federation (IFPPF)	4.478	78.958
Pathfinder	1.494	31.681
Population Council	3.104	31.628
Association for Voluntary Sterlization (AVS)	—	5.976
Family Planning International Assistance (FPIA)	—	23.635
Autres	421	62.849
Sous-total	9.497	234.727
Universités	8.014	111.941
Accords entre organismes participants	419	24.050
Programmes bilatéraux	22.942	299.554
Fonds des Nations Unies pour la population (FNUAP)	500	117.040
Autres	2.890	46.444
Dépenses de fonctionnement de l'AID	959	34.048
Total	45.221	867.804

Source: Michel SCHOOYANS, *La dérive totalitaire du libéralisme*, op. cit., p. 53.

Il semble bien qu'on avoisine aujourd'hui les 60%, en dépit de la baisse de fécondité remarquable déjà enregistrée dans les nombreux pays de cette région du monde. Il est bien vrai que le phénomène de la croissance spectaculaire de la population

> s'est déployé à un rythme accéléré dans les pays du Sud au XXe siècle. Ce rythme a cependant commencé à baisser. Parce que la fécondité mondiale diminue à une vitesse qui n'est pas négligeable dans les pays du tiers-monde: 6,1 enfants par femme en 1962, environ 3,8 enfants par femmes en 1990[15].

Les raisons invoquées officiellement à l'appui de l'usage massif des pratiques contraceptives, dans le Tiers Monde, sont complexes. Elles sont à la fois d'ordre économique, politique, social et culturel. Susan George en mentionne cinq:

15 Gérard-François DUMONT, «Révolutions démographiques», in *Le Spectacle du monde,* n° 361, avril 1992, p. 80 s.

- 120 millions de couples qui disent vouloir arrêter de faire des enfants ou tout au moins en espacer la naissance n'utilisent aucune pratique d'inhibition reproductive;
- 300 millions d'autres couples utilisent des méthodes inhibitives qu'ils jugent eux-mêmes non fiables ou non satisfaisants, qui occasionnent un nombre de grossesses indésirables estimé à 30 millions;
- Chaque année sont pratiqués 40 à 45 millions d'avortements;
- De toutes ces actions résultent 175 millions de grossesses par an dont il faut déduire – 42 millions d'avortements, ce qui donne 133 millions de naissances vivantes (selon les estimations de l'ONU pour la période 1995-2000);
- 13 millions de naissances (9,8%) surviennent dans les pays riches et 120 millions (90,2) dans les pays pauvres[16].

Au fond, l'idéologie de la sécurité démographique est entièrement au service du capitalisme néo-libéral mondialisé comme le montre, de bout en bout, Susan George dans *Le Rapport Lugano.*

> L'unique manière de garantir le bien-être et le bonheur du plus grand nombre est d'avoir une population mondiale proportionnellement inférieure à la population actuelle. Cette résolution semblera, à coup sûr, impitoyable, mais elle est à la fois inspirée par la raison et la piété. Si l'on veut maintenir le système libéral, qui est l'objet du présent travail, celle-ci est l'unique alternative possible. Tout le reste est de la chimère et une pieuse illusion. Une telle ligne de conduite semble non seulement nécessaire du point de vue économique, écologique et social, mais aussi valide du point de vue éthique. Un nombre infime de personnes qui puissent vivre dans un environnement soumis à une moindre pression équivaudrait à une vie meilleure pour tous. Au lieu de maintenir les styles de vie à des niveaux constamment bas et de vivre dans un état d'anarchie permanent, la loi prendrait le dessus, la recherche du bonheur pourrait devenir réalité et la planète survivrait. Telle est la véritable signification du slogan «développement durable»[17].

1.2. Les agents de vulgarisation de la contention démographique

L'acceptation, comme la diffusion du contrôle démographique, à l'échelle planétaire, a nécessairement besoin d'institutions et du personnel fiables capables de mobiliser et de capter l'opinion publique. À cette fin, il existe

16 Susan GEORGE, *Il Rapporto Lugano*, op. cit., p. 63-64.
17 Ibid., p. 71.

donc une élite intellectuelle à pied d'œuvre constituée d'idéologues, d'écrivains, de professeurs et d'experts en communication chargés de développer des concepts, des thèses et des images justifiant, du point de vue intellectuel, moral, économique et écologique, les vigoureuses stratégies d'endiguement de la population[18].

Cette élite intellectuelle disséminée dans le monde entier et à la solde du néo-libéralisme dévastateur remet au goût du jour les idées des grands penseurs, comme Platon, Darwin, Hobbes, Malthus, Nietzsche, Hayek et autres. Ainsi, ces idées ‹savantes› sont synthétisées à souhait et diffusées parmi les faiseurs d'opinion, les décideurs et dans le public[19].

> Si les découvertes des sciences biologiques, de l'écologie, de la démographie, de la sociologie, de l'économie néoclassique et d'autres disciplines sont interprétées de manière judicieuse, elles trouveront spontanément leur place à l'intérieur du nouvel édifice intellectuel. Ces idées doivent être formulées, modelées et promues par une équipe, un réseau d'intellectuels hypermotivés qui devraient bénéficier des salaires généreux et de l'espace physique et mental nécessaire à leur élaboration et développement dans les universités traditionnelles, dans les fondations et instituts spécifiques ou encore dans les réseaux de communication virtuels[20].

1.2.1. Les organisations internationales

Des institutions spécialisées de l'ONU, comme le Programme des Nations Unies pour le Développement (PNUD), le Fonds des Nations Unies pour la Population (FNUAP), l'Organisation Mondiale de la Santé (OMS) et le Fonds des Nations Unies pour l'Enfance (UNICEF),

> dont une des premières raisons d'être, comme le rappelle à bon droit, Michel Schooyans, est d'œuvrer au développement, sont engagés à fond, au nom de la conception libérale du marché, dans des campagnes mondiales visant à endiguer par tous les moyens la croissance démographique dans les pays pauvres[21].

Ces organisations internationales trouvent des *justifications économiques* pour la mise en œuvre et la diffusion des pratiques de limitation de la

18 Voir Susan GEORGE, *Il Rapporto Lugano*, op. cit, p. 87-89. «Pour rendre acceptable le contrôle démographique proprement dit, il faudra instaurer un nouveau climat d'opinion et de pensée ignorant la liberté de l'individu et les *droits de l'homme*» (Susan GEORGE, *Il Rapporto Lugano*, op. cit, p. 87-88).

19 Ibid., p. 88.

20 Ibid., p. 88.

21 Michel SCHOOYANS, *La dérive totalitaire du libéralisme*, op. cit., p. 57.

population mondiale. À leurs yeux, «la diffusion de la contraception et la limitation de la natalité avec des moyens plus efficaces constitueraient, pour les pays pauvres, un préalable indispensable à leur développement»[22]. Cette thèse est omniprésente dans les rapports de la Banque Mondiale, du Fonds Monétaire International (FMI), du PNUD, ainsi que, dans les publications de l'UNICEF[23]. Elle apparaît de manière particulière dans le discours de Robert McNamara aux Nations Unies du 10 décembre 1991, publié la même année par l'ONU sous le titre de *Une politique démographique mondiale pour promouvoir le développement humain au XXe siècle.*

Le rapport du PNUD sur le développement humain de 1991 évoque, en plusieurs endroits, le problème de la régulation de la population (p.14, 27, 29, 31, 36, 40, 61, 82). Ce document, notamment, affirme que:

> La pression exercée par la population sur les rares possibilités de développement et les services sociaux continuerait à se faire sentir même si l'effort de réguler la croissance démographique se faisait plus rigoureux. [...] Une action politique portant sur les dépenses publiques et privées s'impose pour relever tous ces défis[24].

On découvre aussi dans le texte la curieuse notion de «dette démographique», jointe aux dettes sociales et écologiques:

> Chaque génération doit répondre aux besoins présents, sans contracter des dettes qu'elle ne pourrait pas rembourser: surendettement financier, dettes sociales provenant d'une insuffisance d'investissements sociaux, dettes démographiques dues à une croissance non régulée de la population et dettes écologiques du fait de l'épuisement des ressources naturelles[25].

Dans la foulée, le texte indique les objectifs à atteindre à l'horizon l'an 2000: «Les objectifs humains pour l'an 2000 [...] doivent comprendre l'éducation primaire, les soins de santé primaires et la planification familiale universels»[26].

22 Michel SCHOOYANS, *Nuovo disordine mondiale*, op. cit., p. 30.
23 L'UNICEF s'occupe de la divulgation des motivations en faveur du contrôle de la transmission de la vie, au moyen des canaux éducatifs. Son rapport sur *La Situation des enfants dans le monde 1996*, publié à New York, aborde en particulier cette question dans les pages 55, 64-66. Voir Michel SCHOOYANS, *Nuovo disordine mondiale*, op. cit., p. 30.
24 PNUD, *Rapport mondial sur le développement humain 1991*, Paris, Economica, 1991, p. 5.
25 Ibid., p. 3.
26 Ibid., p. 12.

Le *nouvel ordre international humain* préconisé par le rapport du PNUD met plutôt, en honneur, le marché libéral dans lequel, les pays industrialisés

> ont pour tâche d'aider à stimuler le commerce mondial et la croissance économique, à amener la paix et la stabilité dans le monde et à protéger l'environnement – ce qui contribuera à éviter la migration des populations à la recherche d'une meilleure situation économique[27].

L'*angoisse du nombre* participant des *stratégies de la peur*[28] sous-tend, en grande partie, l'argumentaire du document du PNUD. On y lit, en effet:

> L'équilibre démographique de la planète se modifie rapidement. Le pourcentage de la population mondiale vivant dans le Sud devrait atteindre 84%, alors qu'il n'était que de 68% en 1960. Parmi les bébés nés l'an dernier [1990], 93% sont nés dans le Tiers-Monde[29].

Michel Schooyans commentant ce rapport du PNUD note justement que:

> Dans une publication qui doit sacrifier aux prétéritions diplomatiques, il est impossible d'être plus clair et plus explicite. Le message est d'une limpidité cristalline: le peuplement croissant de la planète, dû à la poussée démographique des pauvres, met en danger la sécurité mondiale, dont les pays industrialisés ont besoin, et qu'ils sont fondés à garantir, pour que puisse fonctionner librement le marché[30].

Le plaidoyer pour la régulation de la population est, on s'en doute, encore plus vigoureux au FNUAP, qui ne cache nullement son appui aux programmes de contraception hormonale et de stérilisation d'autres organi-

27 Ibid., p. 89.
28 Michel Schooyans montre dans *La dérive totalitaire du libéralisme*, comment ces institutions spécialisées de l'ONU sont complices, avec de nombreuses autres organisations publiques et privées, de l'idéologie néo-libérale dans la macabre entreprise de diabolisation du Tiers Monde surpeuplé. Voir le chapitre V de l'ouvrage intitulé: «Les organisations internationales et les stratégies de la peur» (p. 57-84). «Au PNUD échoit la responsabilité de définir le but à rechercher: c'est le marché mondial, garant d'un nouvel ordre humain. Au FNUAP, il appartient de définir *les méthodes* à mettre en œuvre pour atteindre ce but. Au premier rang de ces méthodes, apparaît la planification démographique généralisée. Quant à l'OMS, il lui incombe de mettre au point *les produits* qui permettront la divulgation universelle de la contraception et de la ‹contragestion›» (Michel SCHOOYANS, *La dérive totalitaire du libéralisme*, op. cit., p. 79).
29 PNUD, *Rapport mondial sur le développement humain* 1991, op. cit., p. 91.
30 Michel SCHOOYANS, *La dérive totalitaire du libéralisme*, op. cit., p. 67.

sations internationales, comme l'OMS et l'IPPF[31]. Le PNUD recommande également l'usage de la spirale, ainsi que de certains produits plus récents à triple effet: contraceptif, de barrière et anti-nidation. Son rapport sur l'*État de la population mondiale 1991*, rendu public le 13 mai 1991 en donne toute la mesure:

> La multiplication des services de planification familiale est [...] devenue un objectif prioritaire des programmes internationaux de développement, aussi bien comme une fin en soi que pour promouvoir d'autres finalités de développement[32].

À l'instar du document susmentionné du PNUD, le rapport sur l'*État de la population mondiale 1991* du FNUAP décline aussi les objectifs de la politique démographique de cette institution spécialisée de l'ONU, pour l'horizon 2000:

> Les objectifs pour l'an 2000 sont réalistes. Ils sont à notre portée, mais seulement si, au cours des dix prochaines années, des services modernes et librement acceptés de planification familiale atteignent près de 1,5 milliard de personnes dans les pays en développement. À cet effet, il faudra qu'au cours des dix prochaines années plus de 2 milliards de personnes commencent à planifier leur famille ou se tournent vers des méthodes de contraception plus efficaces. Exprimé en pourcentage, l'objectif est modeste, puisqu'il s'agit de passer d'un taux actuel d'emploi de contraceptifs de 51% à un taux de 59% d'ici à la fin du siècle. Néanmoins, dans l'ensemble, il exige que le nombre des couples ayant recours à la planification familiale augmente de 50%, passant de 381 millions en 1990 à 567 millions à la fin du siècle[33].

Suivant ce rapport du FNUAP, «le niveau actuel des ressources consacrées annuellement à la planification familiale se situe entre 4 et 4,5 milliards de dollars américains» (p. 38). Par ailleurs:

> Les estimations concernant le coût des programmes de population indiquent qu'il faudra probablement doubler les dépenses annuelles pour les porter à 9 milliards de dollars d'ici à la fin de la décennie. La moitié de ces fonds seraient fournis par les organisations internationales et les programmes d'aide bilatérale. La part du FNUAP, en sa qualité de principal réseau de financement devrait s'élever à 1 milliard de dollars (p. 10).

31 Voir Michel SCHOOYANS, *Nuovo disordine mondiale*, op. cit., p. 28.

32 FNUAP, *Rapport sur l'état de la population mondiale 1991*, New York, Dr Nafis SADIK (éd.), 1991, p. 6.

33 Ibid., p. 1.

Le rapport ajoute, en outre, qu'«actuellement, les pays en développement supportent probablement les deux tiers des dépenses totales, soit quelque 3,5 milliards de dollars, alors que l'aide extérieure fournit 675 millions de dollars par an» (p. 38).

Dix pays – dont les États-Unis (60% des fonds), l'Allemagne, le Canada, le Danemark, la Finlande, la Norvège, les Pays-Bas, le Royaume–Unis et la Suède – fournissent actuellement environ 95% du total de l'aide internationale en matière de population, chiffrée à 675 millions de dollars US en 1988, toujours selon le rapport du FNUAP[34].

Pour sa part, l'Organisation mondiale de la Santé (OMS) parraine, depuis des années, des programmes de recherche sur la reproduction humaine, focalisés sur l'étude des nouvelles méthodes contraceptives et de stérilisation. Ces méthodes – chimiques, chirurgicales, mécaniques, etc. – sont exposées dans son rapport *Research in Human Reproduction Biennal Report 1988-1989*, paru en 1990. D'après ce rapport, le programme de reproduction humaine a disposé d'un financement direct de 43,4 millions de dollars américains[35] pour la période 1988-1989.

L'objectif fondamental du rapport est d'imposer de manière subtile l'*acceptabilité* de la panoplie des méthodes contraceptives et contragestives, à l'échelle planétaire, et spécialement dans le Tiers-Monde[36]. En effet:

> Comme les utilisatrices potentielles de la panoplie contraceptive et contragestive ne sont généralement pas malades, il faut leur faire accepter les procédés mis au point et divulgués sous l'égide de l'OMS. Il faut même que tel vaccin soit présenté dans un emballage attrayant pour appâter les consommatrices[37].

Pour ce qui est de la vulgarisation de ces méthodes, le rapport de l'OMS partage les conclusions d'un groupe d'experts qui a procédé à une évaluation externe de son programme:

> Pour le développement futur du Programme, le groupe d'experts considère que les pays en développement devraient être davantage impliqués dans la coopération d'institutions de recherche avec des industries pharmaceutiques et avec le service compétent en matière de programme national de reproduction humaine, cela pour tester et

34 Ibid., p. 39.

35 WORLD HEALTH ORGANIZATION, *Research in Human Reproduction. Biennial Report* 1988-1989, Genève, Éd. WHO, 1990, p. 3.

36 Le procédé pour faire accepter la contraception dans les pays en développement est exposé dans les p. 56 et ss. du rapport.

37 Michel SCHOOYANS, *La dérive totalitaire du libéralisme*, op. cit., p. 74.

commercialiser (marketing) les produits contraceptifs manufacturés sur place. Cela requerra également une décision gouvernementale concernant le renforcement de l'industrie pharmaceutique dans les pays en développement et le développement de la chimie analytique et du contrôle de qualité des produits contraceptifs[38].

1.2.2. Les gouvernements nationaux

Les gouvernements nationaux des pays riches financent à grands frais les programmes de contrôle de la population des pays du Sud, par le biais des organisations internationales spécialisées, des ONG et de la coopération bilatérale[39]. Pour les États-Unis, par exemple, c'est un organisme gouvernemental, l'*United States Agency for International Development* (USAID) qui est chargé de la gestion de la politique démographique américaine.

À propos justement du gouvernement américain, le rapport du *National Security Council*, appelé aussi *Rapport Kissinger* révèle les intentions hégémoniques et sécuritaires de la superpuissance américaine, en matière de contrôle de la population mondiale[40]. C'est un document secret réservé à la Maison Blanche, élaboré en 1974 à la demande d'Henry Kissinger, alors Secrétaire d'État du Président Gerald Ford, et rendu public en 1991. Il analyse les implications de la croissance mondiale pour la sécurité des États-Unis et de leurs intérêts outre-atlantique.

Et les pays en développement sont les premiers ciblés par les campagnes antinatalistes préconisées par le Rapport Kissinger.

> L'accent devrait être mis prioritairement sur les pays en développement qui sont les plus grands et qui croissent le plus rapidement, et où le déséquilibre entre le nombre croissant [d'habitants] et le développement potentiel entraîne les plus sérieux risques d'instabilité, d'inquiétude et de tensions internationales. Ces pays sont: l'Inde, le Bengladesh, le Pakistan, le Nigeria, le Mexique, l'Indonésie, le Brésil, les Philippines, la Thaïlande, l'Égypte, la Turquie, l'Éthiopie, la Colombie[41].

38 WORLD HEALTH ORGANIZATION, *Research in Human Reproductive. Biennial Report* 1988-1989, op. cit., p. 86.

39 Une partie de ce financement publique apparaît dans les rapports annuels de l'ONU et de ses agences, ainsi que dans ceux des ONG spécialisées.

40 Ce document secret, codé NSSM-200/1974, est intitulé *Implications of Worldwide Population Growth for US. Security and Overseas Interests*. Il a été publié en partie en mai 1991 par l'Executive Intelligence Review (Washington).

41 Cité par Michel SCHOOYANS, *Bioéthique et population. Le choix de la vie*, Paris, Librairie Arthème Fayard, 1994, p. 142-143. L'auteur mentionne, à l'appui, d'autres documents plus récents que le Rapport Kissinger, confirmant la constance de la détermination des autorités nord-américaines sur le sujet.

Selon Michel Schooyans, ce rapport a été mis en application par le gouvernement Bush Père[42]. Les moyens utilisés sont, notamment, la contraception chimique, la stérilisation, le DIU, l'avortement. Les 13 pays mentionnés par le rapport «font l'objet d'une attention spéciale en raison de l'importance politique et stratégique qu'ils représentent pour les USA»[43].

Souvent, dans ces pays en développement en général, ce sont les organes mêmes du pouvoir qui organisent les campagnes de contention de leurs populations, avec le concours plus ou moins discret des organisations spécialisées.

C'est le cas, entre autres, en Afrique, du Zimbabwe où l'«on enregistre aujourd'hui le taux le plus élevé de tout le continent d'utilisation des contraceptifs, avec 38% de femmes fécondes, dont plus de 70% emploient des méthodes modernes»[44]. Ici, l'État a pris les choses en main, en transformant l'ancienne Association bénévole du planning familial hérité du régime raciste blanc, en Conseil national zimbabwéen du planning familial *(Zimbabwe National Family Planning Council).* Ainsi, à la faveur cette restructuration:

> Un éminent médecin ghanéen, docteur Esther Boohene, qui se trouvait être la belle-sœur du président Mugabe, devint directrice du programme. Celui-ci jouissait d'un entier appui politique au plus haut niveau, et on commença à l'intégrer au ministère de la Santé. Une subvention confortable de l'USAID a couvert un quart des coûts. Le fait d'intégrer le planning familial à la santé était particulièrement important dans la mesure où cela ouvrait comme débouchés la totalité du réseau hospitalier étatique[45].

Au total:

> En 1985, conclut Paul Harrison, le programme [zimbabwéen] était l'un des mieux gérés, non seulement d'Afrique, mais du monde. Il s'appuyait solidement sur la propagande, produisait des émissions radiodiffusées dans les deux langues principales, le shona et le ndebele, tenait des stands dans les expositions agricoles, envoyait des conseillers scolaires faire des conférences dans les écoles, les collèges et les collectivités pour parler puberté, modes de contraception, ou même morale[46].

42 Voir Michel Schooyans, *La dérive totalitaire du libéralisme*, op. cit., p. 85.
43 Ibid., p. 85.
44 Paul Harrison, *Une Afrique verte*, Paris – Waningen, Karthala – CTA, 1991, p. 304.
45 Ibid., p. 305.
46 Ibid., p. 306.

1.2.3. Les institutions privées

Plusieurs organisations privées opèrent activement dans le domaine de la reproduction humaine. Elles sont particulièrement nombreuses aux États-Unis[47]. Certaines interviennent presque dans le monde entier, sous le couvert d'associations de bienfaisance, oeuvrant pour la promotion de la femme, de la famille, de leurs droits, du développement, etc.

D'autres, comme l'*Association for Voluntary Surgical Contraception* et l'*Euthanasia Society of America,* militent clairement en faveur de la stérilisation et de l'euthanasie, aux États-Unis et partout ailleurs. On se doit également de signaler, toujours pour les États-Unis, le rôle crucial de plusieurs universités, comme la *Johns Hopinks University* et la *Columbia University*, qui reçoivent des subventions gouvernementales pour les recherches sur le contrôle de la vie humaine[48].

Dans l'ensemble, l'*International Planned Parenthood Federation* (IPPF) émerge du lot des principales organisations privées du domaine de la reproduction de la vie humaine. Cette organisation, bien implantée dans plusieurs pays, agit à partir de la base et intervient également de manière efficace au niveau des décideurs, en divulguant toute la gamme des méthodes antinatalistes disponibles. L'IPPF et ses multiples filiales sont financées gracieusement par les nations riches, qui les utilisent largement à leurs fins hégémoniques. Ainsi, «les États-Unis, en particulier, utilisent l'IPPF pour la conduite de leur politique de contrôle démographique»[49].

Il nous faut signaler ici, enfin, le rôle joué par l'industrie pharmaceutique. Les multinationales pharmaceutiques Hoechst-Roussel-Uclaf et Schering, par exemple, excellent dans la mise au point des pilules abortives. Les laboratoires Hoechst-Roussel-Uclaf, en l'occurrence, ont mis au point la célèbre pilule abortive *RU 486*, avec l'appui de l'Organisation mondiale de la Santé (OMS). Ce produit déjà diffusé en Europe et aussi

47 Voir Michel SCHOOYANS, *Nuovo disordine mondiale*, op. cit., p. 32-33. L'auteur cite, entre autres: le Population Council, la Rockefeller Foundation, la Ford Foundation, la National Organization for Women, Catholic Pro-Choice, la National Abortion Rights League.

48 Cf. Michel SCHOOYANS, *Nuovo disordine mondiale*, op. cit., p. 32. Voir à ce sujet, notamment, Stephen ISAACS (éd.), *Politique de population. Un manuel pour les planificateurs et les responsables politiques*, New York, 2e édit, Columbia University Press, 1991. Ce manuel a été publié en plusieurs langues, sous l'égide de l'USAID, l'Agence américaine pour le développement international.

49 Michel SCHOOYANS, *Nuovo disordine mondiale*, op. cit., p. 32.

en usage aux États-Unis, où il est commercialisé par la maison Advances in Health Technology[50]. Selon son inventeur français, le docteur Étienne Émile Baulieu, «il serait destiné à ‹aider› les pays pauvres, comme la Chine, entre autres, à «contrôler» la croissance de leur population, contrôle considéré par les experts, comme la condition nécessaire à tout développement»[51].

D'autres puissantes multinationales pharmaceutiques se disputent le marché mondial de la contraception. C'est le cas notamment, de Parke-Davis, Johnson & Johnson, American Home Products, Akzo Pharma, Syntex, Upjohn[52]. Il y a lieu de relever, au passif de ces multinationales pharmaceutiques engagées dans la fabrication des produits abortifs, qu'elles hypothèquent à la longue leur propre développement, tant et si bien que «chaque nouveau-né constitue, au fond, un de ces potentiels patients dont dépend l'expansion du marché pharmaceutique»[53].

1.2.4. Les médias

Les médias sont largement mis à contribution dans la diffusion et l'entreprise de *légitimation* des méthodes et techniques anticonceptionnelles.

> Souvent, les médias présentent la contraception, la stérilisation et l'avortement avec une évidente sympathie, et encouragent les projets internationaux de contrôle démographique dans les pays pauvres. Dans le même temps, ils passent, en revanche, sous silence les études consacrées aux multiples risques de la contraception, de la stérilisation, de l'avortement et autres, ou encore, occultent carrément les études démographiques qui s'éloignent de l'alarmisme *démographique* de *l'establishment* international[54].

À titre indicatif, la présentation extérieure du rapport sur l'*État de la population mondiale 1991* du FNUAP, évoqué ci-haut, illustre à merveille le rôle pernicieux des médias dans la manipulation de la parole et de l'image. En effet, ce dossier, distribué gratuitement et destiné à une très large divulgation dans le grand public, est présenté dans une farde luxueuse contenant des résumés, des flashes, des documents et des photos à l'usage des

50 Michel SCHOOYANS, *Nuovo disordine mondiale,* op. cit., p. 16.
51 Ibid., p. 16.
52 Ibid., p. 34.
53 Ibid., p. 34.
54 Ibid., p. 34.

journalistes. Sur la dernière page du dossier figure une magnifique photo de l'équipe nationale de football du Cameroun, avec ce message sans ambages: «Grâce à la planification familiale ils sont tous gagnants: pères, mères, enfants»!

2. L'enjeu économique

Bloquer systématiquement l'industrialisation massive du Sud, au nom de la survie de l'humanité et de l'écosystème Terre, est le second enjeu sous-jacent lié au paradigme du développement durable. Cet enjeu économique est alimenté, au Nord, par la crainte ou mieux le risque accru de pouvoir perdre tôt ou tard la position hégémonique acquise dans ce domaine depuis des lustres, face à une armada de nouveaux pays industrialisés (NPI), à l'image des *dragons* de l'Asie du Sud-Est.

Lester R. Brown traduit à suffisance cette crainte du monde occidental ébranlé face à l'émergence du Sud, à propos du développement spectaculaire en cours du géant chinois.

> La Chine n'est pas seulement le pays le plus peuplé du monde, avec plus de près de 1,3 milliards d'habitants, mais depuis 1980, elle a également connu le développement économique le plus rapide de la planète: son économie a plus que quadruplé. En fait, la Chine est entrain de télescoper l'histoire, en démontrant ce qui arrive lorsqu'une importante population pauvre connaît une croissance économique rapide. En même temps que les revenus, la consommation a augmenté en Chine. Les Chinois ont déjà rattrapé les Américains dans la consommation de porc par personne, et concentrent maintenant leur énergie sur l'augmentation de la production de bœuf. Pour porter la consommation de bœuf par personne en Chine au niveau de celle de l'Américain moyen, il faudrait 49 millions de tonnes de bœuf supplémentaires. Et si tout cela devrait provenir des troupeaux en parcs d'engraissement, à l'américaine, il faudrait 343 millions de tonnes de blé par an – l'équivalent de toute la récolte de blé des États-Unis[55].

Mais pourquoi et en vertu de quel principe, le Chinois moyen n'aurait-il pas, lui, aussi le droit de consommer autant de viande de porc et de bœuf que l'Américain ou l'Européen moyen? Les appréhensions et considérations de Lester R. Brown ne s'arrêtent pas à l'alimentaire. Elles s'étendent aussi aux domaines de l'énergie et du transport routier, où la Chine fait également figure d'épouvantail.

55 Lester R. BROWN, *Éco-économie*, op. cit., p. 31.

> Si les Chinois devaient avoir chacun une ou deux voitures dans leur garage et consommer de l'essence au rythme des États-Unis, la Chine aurait besoin de plus de 80 millions de barils de pétrole par jour – c'est-à-dire légèrement plus que les 74 millions par jour qui sont actuellement produits dans le monde. Mais pour créer les routes et les places de parking nécessaires, il faudrait aussi paver 16 millions d'hectares de terre, ce qui équivaut à la moitié de 31 millions d'hectares que le pays utilise en moyenne pour sa production de riz annuelle – principale ressource alimentaire –, qui est de 132 millions de tonnes[56].

Cela dit,

> le modèle de développement industriel occidental n'est pas viable pour la Chine, simplement parce qu'il n'y a pas assez de ressources pour que cela soit possible. Les ressources globales en terre et en eau ne sont pas suffisantes pour satisfaire aux besoins céréaliers de la Chine si elle continue sur la même voie de développement. Quant à l'économie existante, fondée sur l'énergie fossile, elle ne sera pas non plus suffisante, tout simplement parce que la production mondiale de pétrole ne doit pas, selon les prévisions, dépasser le niveau actuel dans les années à venir[57].

Pietro Greco abonde dans le même sens:

> Les Chinois n'ont pas moins droit (et ils n'entendent nullement avoir moins droit) que les Américains de manger de la viande ou d'utiliser l'automobile. Mais si la consommation de la viande et l'usage individuel de l'automobile, en Chine, atteignaient l'intensité et le niveau des États-Unis, la demande des céréales (fourrage pour le gros bétail) et la production du dioxyde de carbone exploseraient. Tout le monde aspire au style de vie consumériste des Américains et des Européens. Mais la compensation des inégalités par un nivellement vers le haut des consommations matérielles n'est pas soutenable[58].

Qu'on ne s'y trompe pas. La sentence de diabolisation du développement industriel de la Chine, en dépit des allégations sur la densité de sa population, frappe, mutatis mutandis, l'ensemble des pays en développement.

> Identifier les périls à venir est bien plus simple: le Sud est placé au banc des accusés. Le développement du Tiers monde et la pression qu'exerce sur les ressources naturelles sa croissance démographique le désignent comme le principal pollueur du futur. N'est-ce pas lui qui, déjà, saccage les précieuses forêts tropicales, «le poumon de la planète»?[59].

56 Lester R. BROWN, *Éco-économie,* op. cit., p. 32.
57 Ibid., p. 32.
58 Pietro GRECO, *Lo sviluppo sostenibile*, op. cit., p. 55-56.
59 Sylvie DERAIME, *Économie et environnement*, Paris, Le Monde Éditions, 1993, p. 95.

On ne pourrait en effet nier la surexploitation de la Terre de la part des pays en développement. Mais, à leur décharge, il faut donc admettre qu'ils y sont bien obligés par la fameuse division internationale du travail, qui les a cantonnés, depuis l'époque coloniale, dans le rôle traditionnel des fournisseurs des matières premières agricoles et minières nécessaires au développement des économies industrielles des anciennes métropoles[60]. En d'autres termes, les pays du Sud en arrivent fatalement à surexploiter leur environnement, à la fois, pour faire face à leurs problèmes alimentaires et pour honorer l'onéreuse dette accumulée auprès des pays riches[61]. Ce qui les renferme totalement dans le cercle vicieux infernal de la croissance toujours promise et espérée, mais sans cesse ajournée, sinon inaccessible.

Au final, le crime du bradage des dons de la Terre profite aux mêmes pays riches.

> Le Nord consomme trois quarts des ressources mondiales pour un cinquième de la population. La destruction des forêts d'Amérique centrale et latine libère des terrains de pâturage pour les bovins qui approvisionnent les *fast-food* nord-américains; les forêts d'Asie du Sud-Est fournissent le bois exotique dont se nourrit la croissance japonaise. Le Japon importe chaque année, selon la FAO, 15 millions de tonnes de bois – près de 40% du commerce mondial – pour ses industries de construction, de papier et ... pour la production des baguettes jetables. Son principal fournisseur est l'État de Sarawak en Malaisie, pays où 90% de la forêt originelle ont disparu[62].

En appliquant, en l'occurrence, le principe de *soutenabilité* fondateur du développement durable au cas concret de l'exploitation des ressources naturelles, il apparaît clairement que le développement durable – et même le développement tout court- est purement et simplement irréalisable pour les pays du Sud exportateurs des matières premières. Et pour cause.

> Pour schématiser, ce qui caractérise le «développement» (ou, en l'occurrence, la Révolution industrielle) c'est la possibilité d'accroître la production grâce à l'utilisation

60 Nous avons traité suffisamment cette question de la division internationale du travail au premier chapitre, dans la sous-section consacrée à l'économie de traite de l'Afrique coloniale, régie justement par le fameux «pacte colonial», l'ancêtre de l'actuel ordre économique international.

61 Cf. Sylvie DERAIME, *Économie et environnement*, op. cit., p. 95. Voir aussi Gilbert RIST, *Le développement. Histoire d'une croyance occidentale*, op. cit., p. 299-301.

62 Sylvie DERAIME, *Économie et environnement*, op. cit., p. 95.

de stocks dont le rythme de prélèvement ne dépend pas du temps nécessaire à leur reconstitution mais de l'état de la technologie: le charbon et le pétrole (par exemple) peuvent être extraits rapidement ou lentement, mais cette décision n'appartient qu'aux utilisateurs. D'où la possibilité d'alimenter autant de moteurs qu'on le souhaite. D'où aussi l'augmentation considérable des rendements agricoles grâce aux engrais «chimiques» (c'est-à-dire non biologiques). Tout autre est la situation d'une économie liée à l'exploitation du vivant (forêt, plantes ou animaux) qui ne peut accroître les quantités produites sans tenir compte du rythme de leur renouvellement et qui, de plus, ne peut pas véritablement les accumuler puisque les stocks de produits agricoles sont difficiles à conserver. En négligeant cette différence fondamentale du potentiel de croissance et en amalgamant les deux situations, *le rapport Brundtland ne parvient pas à poser clairement le problème de «durabilité»*[63].

Ainsi, pour pérenniser leur hégémonie tous azimuts, les puissances occidentales aujourd'hui disposent, comme l'indique Samir Amin, de cinq monopoles vis-à-vis des pays en développement:

- Le *monopole technologique*. Ce monopole exige des dépenses gigantesques, accessibles aux seuls États grands et riches. Il assure, en quelque sorte, le maintien de quatre autres monopoles.
- Le *monopole financier*. Il est constitué par les institutions financières majeures opérant sur le marché financier mondial. Celles-ci constituent le capital financier, le segment le plus mondialisé du capital.
- Le *monopole de l'accès aux ressources naturelles de la planète*. La crainte de la surexploitation de ces ressources de la part des pays en développement a mis en branle les pays industrialisés, qui s'emploient à éviter, ici, que leur gaspillage ne s'étende aux autres.
- Le *monopole du contrôle des médias et des moyens de communication*. Celui-ci assure la diffusion de la culture mondiale néo-libérale uniforme et monocolore, au moyen du matraquage et de la manipulation médiatiques.
- Le *monopole du contrôle des armes de destruction massive*[64]. Limité par la bipolarité de l'après-guerre, ce monopole est à nouveau l'arme absolue dont la diplomatie américaine se réserve seule l'usage, comme en 1945.

63 Gilbert RIST, *Le développement. Histoire d'une croyance occidentale*, op. cit., p. 300.

64 Cf. Samir AMIN, «L'Afrique dans le système mondial en transformation», in Hakim Ben HAMMOUDA, *Afrique*: *pour un nouveau contrat de développement*, op. cit., p. 40-43.

Pris ensemble ces cinq monopoles définissent le cadre dans lequel la loi de la valeur mondialisée s'exprime. Loin d'être l'expression d'une rationalité économique «pure», qu'on pourrait détacher de son cadre social et politique, la loi de la valeur est l'expression condensée de l'ensemble de ces conditionnements. Ces conditionnements annulent la portée de l'industrialisation des périphéries, dévaluent le travail productif incorporé dans ces productions tandis qu'elle surévalue la prétendue valeur ajoutée attachée aux activités par lesquelles opèrent les monopoles nouveaux au bénéfice des centres. Ils produisent donc une nouvelle hiérarchie dans la répartition du revenu à l'échelle mondiale, plus inégale que jamais, subalternisent les industries de la périphérie et les réduisent au statut d'activités de sous-traitance. La polarisation trouve ici son fondement nouveau appelé à commander ses formes d'avenir[65].

3. L'enjeu écologique

La crise écologique exacerbée que connaît le monde industrialisé a conduit à l'instauration, à l'échelle planétaire, d'un colonialisme de troisième type, concernant l'appropriation et la jouissance des ressources naturelles du globe. Un *colonialisme vert* prétendument au service de l'humanité, véhiculé généreusement par les termes ‹marketing› de «gestion durable» de la planète, de «développement durable» des pays économiquement faibles, de «protection durable» des espèces vivantes, d'«utilisation durable» du patrimoine génétique commun, etc.

> En somme, cette nouvelle forme de colonisation, implicitement proposée par les puissances du monde actuel et notamment par les grandes agences et institutions internationales, ce choix étrangement a-historique trouveraient leur justification dans l'urgence de maîtriser les problèmes liés à la protection de l'environnement, sans que soit dévoilé le véritable objectif que cette opération dissimule: le contrôle total, comme autrefois, du processus de développement économique du Sud, dans le but d'en exploiter, les ressources biogénétiques, «l'or vert» du troisième millénaire[66].

R. Novikov et alii nous expliquent, dans *Problèmes économiques et politiques de l'environnement dans le monde,* l'origine de ce *colonialisme écologique* promu depuis Rio, sous le couvert du *développement durable*.

65 Samir AMIN, «L'Afrique dans le système mondial en transformation», in Hakim Ben HAMMOUDA, *Afrique: pour un nouveau contrat de développement*, op. cit., p. 43.

66 Fabrizio SABELLI, «L'éthique globalitaire et l'esprit du nouveau colonialisme», in Fabrizio SABELLI (sous la direction de), *Écologie contre nature*, op. cit., p. 20.

Dans la problématique générale de l'environnement, Les pays du Nord sont, en quelque sorte, dans la situation du voleur qui crie au voleur, face aux pays du Sud accusés sans ménagement de surexploiter les ressources naturelles de la planète.

> L'exploitation éhontée de ses propres ressources naturelles et de celles des pays dépendants, écrivent nos auteurs, a placé le monde capitaliste face à des problèmes des matières premières nouveaux et relativement complexes. Si jadis ces problèmes se réduisaient, pour des pays riches des matières de tous ordres, essentiellement à avoir accès à des sources des matières premières bon marché dont disposaient les colonies et les pays dépendants, aujourd'hui, l'épuisement des réserves propres aux pays du capital doit être complété par un autre problème, qui est celui de l'accès aux ressources en tant que telles. Cette dépendance de fournitures extérieures est complétée par la nécessité pour ces pays d'acquérir des matières premières à des coûts économiquement fondés, et plus élevés[67].

Il est, à ce propos, intéressant d'examiner rapidement les modalités d'accès aux ressources naturelles convoitées du Tiers Monde. En règle générale, les pays occidentaux s'approprient aujourd'hui les ressources naturelles du globe, par le biais des *brevets*[68]. Pour mémoire, le brevet concernait à l'origine les inventions matérielles. Mais il s'est élargi sournoisement, sous la houlette de l'OMC, aux organismes vivants, comme les animaux et les plantes.

> À l'échelle mondiale, l'accord TRIPs sur la propriété intellectuelle de l'Organisation mondiale du commerce (OMC) représente les premières normes minimales contraignantes en matière de brevets. Le sujet a été imposé lors des négociations de l'Uruguay Round par les entreprises pharmaceutiques et agrochimiques américaines et européennes, y comprises suisses. Ainsi, depuis 1995, les quelques 170 pays membres de l'OMC sont obligés de breveter les inventions et les procédés technologiques pendant 20 ans. En outre, l'OMC a ouvert grande la porte au brevet sur la vie, puisque

67 R. NOVIKOV et al., *Problèmes économiques et politiques de l'environnement dans le monde*, op. cit., p. 133-134.

68 «Un brevet octroie à son détenteur un droit d'exclusivité commerciale pour son invention en échange de la publication de ses secrets. Environ 90% des brevets mondiaux sont délivrés dans les pays industrialisés et plus de la moitié de ceux déposés dans les pays en développement sont détenus par l'étranger. Conçu à l'origine pour promouvoir la recherche et l'industrialisation, le brevet est en train de devenir un instrument de monopole au bénéfice des entreprises technologiques avancées du Nord, qui leur permet de contrôler l'utilisation de leurs interventions» (Nadine KHEIM, «Le Sud piégé par les brevets», in *Choisir*, mai 2001, p. 25).

> les pays membres sont tenus de breveter les micro-organismes, ainsi que les procédés non biologiques et microbiologiques. S'ils ne sont pas obligés de breveter les animaux et les plantes, ils sont tenus néanmoins de protéger les variétés végétales par un système autonome[69].

De toute évidence, le système des brevets est totalement défavorable aux pays en développement en mal de finances et de possibilité d'innovations technologiques. Il génère ainsi des inégalités fondamentales, par rapport au monde occidental bien loti, notamment pour l'accès aux médicaments et aux semences.

> Les brevets constituent un obstacle majeur à l'accès aux médicaments. L'accord TRIPs interdit la production ou le commerce d'imitations bon marché de produits brevetés. Cela rend le coût des médicaments prohibitif. Plus inquiétant, cela décourage le développement d'une industrie pharmaceutique locale spécialisée dans les génériques – c'est le cas notamment en Inde, en Égypte, au Brésil, en Argentine et en Thaïlande – et empêche l'importation d'imitations à bas prix en provenance de ces pays. Conséquence, les pays du Sud ne peuvent s'offrir les nouveaux médicaments essentiels dont ils ont pourtant grand besoin, que ce soit pour lutter contre le sida, la malaria, la tuberculose, la pneumonie ou la méningite. [...] Afin de défendre leurs intérêts financiers, les entreprises pharmaceutiques empêchent ainsi l'accès aux médicaments à bas prix, dont dépend la vie de millions de personnes. Deuxième inégalité, l'accès aux semences. Les brevets remettent en question la réutilisation et l'échange des semences. Avec l'accord TRIPs, un agriculteur cultivant un maïs modifié breveté, sera obligé d'acheter les semences chaque année, au lieu de garder quelques semences pour l'année suivante. Pourtant depuis des temps immémoriaux, le paysan bénéficiait du droit de réutiliser les graines pour la prochaine récolte *(privilèges des paysans).* Encore aujourd'hui, l'échange traditionnel de semences assure 80% des besoins des paysans pauvres. Cette pratique est garante de leur survie, ils peuvent ainsi limiter leurs coûts et leur dépendance à l'égard des fournisseurs extérieurs[70].

69 Nadine KHEIM, «Le Sud piégé par les brevets», art. cit., p. 25.

70 Ibid., p. 26. Concernant notamment l'accès aux médicaments, on se rappelle, par exemple, le cas de la fameuse plainte déposée à Pretoria par une quarantaine de multinationales, dont Hoffmann-Laroche et Novartis – mais finalement retirée à la suite d'une grande mobilisation citoyenne internationale – contre une législation sud-africaine qui permet d'importer des médicaments à bas prix pour combattre le sida. Voilà un acte hautement criminel, lorsqu'on sait que l'Afrique du Sud détient le macabre record du taux de sida le plus élevé au monde (10%) et que ses malades ne peuvent se payer les thérapies onéreuses des multinationales.

Comme on le sait, la richesse fondamentale des pays du Sud, ce sont leurs ressources naturelles. Ils abritent l'essentiel de la biodiversité mondiale conservée et entretenue depuis la nuit de temps par les communautés locales. Or, cette richesse naturelle est hélas l'objet d'une piraterie systématique de la part des pays riches, au nom du soi-disant droit de la propriété intellectuelle, qui méconnaît superbement la valeur non moins éprouvée du savoir millénaire accumulé par les ethnosciences.

> Le Sud pourrait être riche. On estime que les trois quarts des produits pharmaceutiques d'origine végétale, allant de l'aspirine à la quinine, viennent de la médecine indigène. Cela occasionne, selon les estimations des Nations Unies, 5 milliards de $ par an en droits non versés au Sud. Et de grands gains pour les pays occidentaux... Un plant d'orge d'Ethiopie a rendu l'orge californien résistant à une maladie virale: l'économie réalisée par l'Etat californien est estimée à 160 millions de $. L'Université de Lausanne (UNL) a identifié il y a quelques années l'action antifongique d'un arbre qui pousse dans toute l'Afrique. Elle a ensuite collaboré avec l'Université de Zimbabwe pour poursuivre ses recherches sur les propriétés de la plante. Finalement, les chercheurs lausannois ont déposé un brevet aux Etas-Unis en 1999. De nombreuses recherches sont ainsi menées dans les pays en développement sans prise en compte de l'engagement millénaire des populations locales[71].

Isabelle Schulte-Tenckhoff et Stephen Horner corroborent justement le propos de Nadine Kheim sur le binôme *«méconnaissance-appropriation»* du savoir millénaire des ethnosciences des pays du Sud de la part de l'intelligentsia du Nord, au sujet des peuples autochtones vivant dans des zones riches en ressources naturelles et minérales convoitées et désormais exploitables, grâces aux nouvelles technologies. Ces zones sont en même temps des écosystèmes très fragiles. Elles englobent les forêts tropicales et boréales, ainsi que les régions désertiques et polaires.

> Mieux on connaît les écosystèmes autochtones et leurs usages potentiels, plus les entreprises dotées des moyens technologiques et financiers appropriés sont en mesure de repérer, de traiter et de commercialiser des produits provenant de ces écosystèmes. Ce n'est pas un hasard si, dans le cadre des projets internationaux (comme ceux du PNUD) voués à l'hybridation d'espèces commerciales à l'aide des variétés développées par les peuples autochtones, on ne se soit jamais interrogé sur les droits de propriété intellectuelle revenant aux dépositaires originels de ces variétés. Le problème crucial est que le savoir autochtone relatif à l'utilisation de l'environnement, y compris la connaissance des propriétés des plantes, des processus écologiques ou

71 Nadine KHEIM, «Le Sud piégé par les brevets», art. cit., p. 27.

encore des comportements des animaux, n'entre pas dans les catégories existantes de la protection de la propriété intellectuelle et culturelle, même si ces connaissances sont potentiellement commercialisables[72].

En effet, dans le domaine de la recherche médicale et pharmaceutique particulièrement:

> Les programmes visant à identifier des plantes utiles enlèvent tout contrôle aux savants traditionnels, une fois que les chercheurs étrangers se sont appropriés leurs connaissances, sans parler de l'absence de toute compensation financière. De la même manière, ceux que l'on appelle les bio-prospecteurs qui travaillent en collaboration étroite avec des spécialistes autochtones (comme des guérisseurs) pour découvrir de nouvelles plantes, ne concluent pas de contrats avec ces spécialistes, mais avec des institutions académiques dans le pays hôte. Les droits de propriété intellectuelle ne protègent que l'invention, non la connaissance léguée par la tradition; pour cette dernière, il n'y a donc pas de patente, lacune d'autant plus ironique qu'une pratique de plus en plus courante à synthétiser les plantes d'usage traditionnel, si bien que leurs producteurs et utilisateurs originels ne peuvent plus en tirer aucun bénéfice commercial, même s'ils le désirent. D'autre part, le savoir traditionnel n'est, dans ce contexte précis, nullement dépourvu de valeur marchande, car le recours à des spécialistes autochtones pour l'identification des plantes – même dans le cas où l'on décide par la suite d'en synthétiser les propriétés – représente une réduction des coûts de recherche et de développement en laboratoire[73].

Si le système de brevets peut être qualifié, en l'occurrence, de stratégie plus ou moins douce et subtile d'appropriation des ressources naturelles du Tiers Monde par le monde occidental, il existe parallèlement des stratégies agressives de chantage et des menaces de guerre directes, comme on le voit bien aujourd'hui, avec plus de netteté, dans le cas de la guerre impopulaire américaine contre l'Iraq de l'ex-Saddam Hussein.

Aujourd'hui, il est tout à fait établi, à la suite des rapports ad hoc des inspecteurs onusiens de la Commission Blick et de la Commission indépendante américaine sur les tenants et les aboutissants des événements du 11 septembre 2001, que les buts avoués de la guerre irakienne, à savoir la destruction de l'arsenal des armes de destruction massive et le soutien du régime irakien au mouvement terroriste international Al Qaida, sont tota-

72 Isabelle SCHULTE-TENCKHOFF et Stephen HORNER, «Le bon sauvage, nouvelle donne», in Fabrizio SABELLI (sous la direction de), *Écologie contre nature*, op. cit., p. 35.

73 Ibid., p. 35-36.

lement fallacieux[74]. Le but réel et inavoué de cette «sale» guerre d'invasion américaine est bel et bien le contrôle de la manne pétrolière irakienne, comme l'a démontré, au grand jour, l'afflux des compagnies pétrolières occidentales sur le terrain, à la fin de la guerre officielle.

Jean Ziegler, le Rapporteur spécial des Nations Unies pour le droit à l'alimentation, nous explique mieux le nœud de cette guerre irakienne similaire à celle d'Afghanistan:

> Les principaux dirigeants et les éminences grises de l'administration Bush, multimilliardaires pour la plupart, sont directement issus des milliers pétroliers texans. Nombre d'entre eux ont conservé des relations étroites avec leurs anciens patrons des grandes sociétés transcontinentales pétrolières de forage, de transport et de production. La guerre qu'ils mènent en Afghanistan, leurs alliances dans le monde arabe, leur politique moyen-orientale s'expliquent presque exclusivement par ces liens. L'actuel président George W. Bush, son frère Jeff, gouverneur de Floride, et leur père ont tous trois accumulé leur colossale fortune grâce aux sociétés pétrolières. Le vice-président Dick Cheney, le ministre de la défense Donald Rumsfeld, ainsi que la responsable du Conseil national de sécurité, Condoleezza Rice, sont tous d'anciens directeurs généraux de sociétés pétrolières texanes. […] La politique du président George W. Bush, dont toutes les campagnes électorales ont été jusqu'ici massivement financées par les milliardaires du pétrole américains et étrangers, incarne d'une façon presque parfaite la privatisation de l'État par des intérêts sectoriels[75].

Dans les guerres du pétrole, les intérêts pétroliers de la famille Bush se confondent avec leurs intérêts dans le domaine de l'industrie d'armement, où Bush père est actionnaire à Carlyle Group, une société particulièrement active dans les secteurs de l'armement lourd, de l'aviation de combat et de la communication militaire.

> Fonctionnant comme un fonds d'investissement, Carlyle Group détient des parts importantes dans des puissants conglomérats militaro-industriels, comme par exemple Lookheed Martin ou General Dynamic. Ses trois principaux *«lobbystes»* (agents d'affaires auprès du Congrès) sont le père du président, George Bush, l'ancien secrétaire d'État, James Baker, et l'ancien secrétaire à la Défense Frank Carlucci. Grâce à Bush junior, tous ces intermédiaires gagneront donc prochainement des millions de dollars. […] Parmi les grands actionnaires de Carlyle Group, figurent des princes de la

74 Lire l'article approprié de l'ancien assistant du Secrétaire général de l'ONU et coordinateur de l'aide humanitaire des Nations unies pour l'Irak, Hans Christof GRAF SPONECK, «La politique irakienne des États-Unis et la lutte contre le terrorisme», in *Horizons et débats*, n° 27, septembre 2004, p. 5.

75 Jean ZIEGLER, *Les nouveaux maîtres du monde*, op. cit., p. 49-50.

famille royale saoudienne, mais aussi la Famille Ben Laden. En avril 2002, un incident cocasse s'est produit dans un grand hôtel de Genève. Carlyle organisait un de ses habituels dîners à l'intention des banquiers privés genevois et de certains de leurs clients triés sur le volet. George Bush père y assistait, Yeslam ben Laden, demi-frère d'Oussama, se présenta à la porte arguant de sa qualité d'actionnaire et d'une invitation. Paniqués, les gardes lui refusèrent l'entrée[76].

La grande guerre d'agression du Congo-Kinshasa de 1998-2004, qui a impliqué l'intervention des armées régulières des huit États africains appuyées en sous-main par quelques puissances occidentales, est également une guerre pour la conquête d'immenses ressources naturelles de ce pays qualifié de *scandale géologique*. Les quatre rapports successifs des Nations unies, sur ce sujet, parlent formellement de l'exploitation illégale des ressources du Congo, et désignent nommément les entreprises et les personnes impliquées dans ce grand business.

Ainsi, le quatrième et dernier rapport, en date, examiné au Conseil de Sécurité des Nations unies, en novembre 2003, confirme qu'au Congo les *«profits»* des compagnies internationales impliquées dans l'extraction et le business illégal sont utilisés pour alimenter la guerre et payer les nombreuses factions militaires en place. Parmi les compagnies incriminées, le Rapport cite, par exemple, la multinationale britannique *De Boers*, 6 entreprises belges qui s'occupent du diamant et du coltan, comme la Cogecom, ainsi que les compagnies comme *Avient Air,* qui a le siège au Royaume Uni et fournit des services et des équipements militaires aux diverses factions[77].

Joseph M. Kyalangilwa, président de la *Société civile* de la Province du Sud-Kivu (RDC) et du *Great Lakes Forum International* dénonce justement *l'attitude ambiguë* de la communauté internationale, quant aux atrocités engendrées par la *guerre de pillage des ressources naturelles* du Congo:

> Les rapports de la Société civile congolaise confirmés par les rapports d'enquête de l'ONU et des organisations internationales crédibles en activité sur le terrain au Congo confirment qu'il y a eu, du 2 août 1998 au 31 décembre 2003, plus de 3,5 millions de pertes en vies humaines dues à la guerre d'agression et d'occupation des provinces orientales du Congo par les troupes criminelles de la coalition ougado-rwando-burundaise. Toutes ces vies innocentes victimes autochtones congolaises ont perdu ainsi la vie à cause des riches ressources naturelles dont regorgent le sol et le sous-sol congolais, lesquelles constituent les matières premières des industries stratégiques des

76 Jean ZIEGLER, *Les nouveaux maîtres du monde,* op. cit., p. 55-56.

77 Cf. «RDC: Sfruttamento illegale di risorse e traffico di diamanti»: < Http: //unimondo.oneworld.net/article/views/71829/1/ >.

> pays occidentaux. Pour ces pays dits civilisés et même démocratiques, l'or, le diamant, le coltan, le cuivre, le cobalt, l'uranium, le café, le cacao, le bois d'œuvre, le pétrole, etc., ont plus de valeur que la vie des Congolais. Il leur faut donc absolument favoriser et entretenir les guerres absurdes et autres conflits soi-disant interethniques, mais montés de toutes pièces. Non seulement ces longues périodes de guerres et de conflits sont des occasions propices pour constituer à vil prix les stocks stratégiques de matières premières pour les industries occidentales, mais également offrir aux pays occidentaux de magnifiques occasions d'écouler des quantités incommensurables d'armes de guerre et de munitions dans les pays en guerre contre la volonté de leurs peuples[78].

Toujours au Congo-Kinshasa, les guerres de 1977 et 1978, dites guerres du Shaba I et II, s'inscrivent aussi dans la ligne des guerres de conquête des ressources naturelles, en l'occurrence, des ressources du sous-sol de la province minière du Katanga, comme le signalent R. Novikov et alii[79].

Aujourd'hui donc:

> Le problème écologique et celui des matières premières accentuent cette tendance des puissances capitalistes à mettre en œuvre tous les moyens qui leur sont accessibles dans ce contexte nouveau pour renforcer leur influence politique et économique dans certains pays en voie de développement, chercher à affaiblir l'unité de ces pays. C'est ce dernier objectif que servent notamment toutes les récentes doctrines impérialistes qui classifient les pays en voie de développement en ‹tiers monde› et ‹quart monde›, et proposent d'intégrer les pays riches en matières premières du tiers monde dans le système économique capitaliste, de les accepter au ‹club› des pays capitalistes riches, mais, bien entendu, à certaines conditions avantageuses pour le système capitaliste dans son ensemble[80].

Dans tous les cas, il y a actuellement dans les pays en développement l'émergence, ça et là, des mouvements des citoyens mobilisés pour la défense et la préservation des ressources et richesses naturelles nationales et locales comme, par exemple, les paysages naturels caractéristiques, les espèces animales typiques et autres. Ce souci de préservation va, bien entendu, de pair, avec le désir de disposer souverainement de ces ressources, de les protéger contre les destructions et les pillages occasionnés par les monopoles étrangers. Mais cela conduit souvent à des répressions

78 Joseph M. Kyalangilwa, «Les massacres sont une stratégie planifiée et non le fait du hasard», in *Horizons* et *débats*, n° 27, septembre 2004, p. 6.

79 Cf. R. Novikov et al., *Problèmes économiques et politiques de l'environnement dans le monde*, op. cit., p. 134.

80 R. Novikov et al., *Problèmes économiques et politiques de l'environnement dans le monde,* op. cit., p. 134-135.

sanglantes de la part des régimes corrompus des républiques bananières, alliées des grandes sociétés multinationales, comme l'illustre le tristement célèbre cas de la dévastation de la région nigériane du delta du fleuve Niger par la société pétrolière Shell, qui a coûté la vie à l'écrivain nigérian de renommée mondiale, Ken Saro-Wivwa.

> Peuplé de plus de 100 millions d'habitants, quatrième producteur de pétrole au monde, le Nigeria est un pays puissant. Depuis deux décennies, il est gouverné par des dictateurs militaires, généralement issus du Nord musulman plus corrompus et cruels les uns que les autres. Le régime peut compter sur la solidarité financière des grandes compagnies pétrolières, notamment la société Shell. Parfois, les dictateurs font mine de reculer d'un pas sous la pression de l'opinion mondiale. Ces embellies, chaque fois, sont de courte durée. Un peuple courageux de pêcheurs et de paysans, à la culture millénaire, vit dans le delta: les Ogoni. Leurs terres, la faune et la flore ont été ruinées par la pollution provoquée par les forages de Shell. Conduits par l'écrivain de réputation mondiale Ken Saro-Wivwa, lui-même d'origine ogoni, les habitants du delta ont commencé, au début des années quatre-vingt-dix, à s'organiser pour protester contre le trust pétrolier. Ce mouvement a rencontré un vaste écho et a notamment été appuyé par des organisations écologistes aux États-Unis et en Grande-Bretagne. Mais la répression impulsée par les généraux nigérians fut féroce: le vendredi 10 novembre 1995, le général Sani Abacha, chef de l'État, fit ainsi pendre dans la cour de la prison d'Harcourt Ken Saro-Wivwa et huit autres militants écologistes[81].

Les guerres pour la conquête des richesses minières et pétrolières ont frappé particulièrement, ces dernières années, en Afrique, des pays comme la Sierra Leone, la République démocratique du Congo et l'Angola, pour le diamant; le Tchad, l'Angola et le Congo Brazzaville, pour le pétrole. La situation politique et sociale de ces pays reste, cependant, très précaire. De sorte que, en l'absence de toute stabilité politique et sociale, ces richesses minières et pétrolières toujours convoitées et disputées demeureront longtemps sources de conflits potentiels et de financement des seigneurs de la guerre de ces pays, aujourd'hui en maquis forcé[82]. Autrement dit, susciter, attiser et entretenir des foyers de tension et des conflits armés dans les régions du Tiers Monde riche en ressources naturelles est aujourd'hui, pour les puissances occidentales, une stratégie doublement payante à la fois pour l'accès aux ressources naturelles proprement dites et pour l'écoulement des armes et autre matériel de combat.

81 Jean ZIEGLER, *Les nouveaux maîtres du monde*, op. cit., p. 148-149.

82 Cf. Philippe HUGON, «Prospective de l'Afrique subsaharienne», in *Futuribles,* n° 257, octobre 2000, p. 28.

Conclusion

Au-delà de la réflexion théorique louable et de la rhétorique messianique onusienne, le développement durable se révèle être un concept plutôt idéologique, au service du néolibéralisme mondialisé. En témoigne déjà, en effet, sa collusion avec le monde des affaires, dès son lancement à Rio. Le sommet de Johannesburg a été justement la consécration de la mainmise du capitalisme mondialisé sur l'orientation du développement durable, à travers le spectacle fort médiatisé des multinationales et de leurs nouvelles trouvailles technologiques. Les firmes multinationales s'y sont affichées, au grand jour, comme le fer de lance de ce nouveau paradigme de développement onusien.

Ainsi:

> Les managers autoproclamés de ce développement durable sont en réalité les mêmes qui avaient promu le développement, avec ses conséquences écologiquement et socialement désastreuses. En outre, les multinationales sont non seulement réhabilitées à Rio, elles sont de plus en plus associées à cette responsabilité du management du ‹développement durable›. Mais la véritable nouveauté consiste en l'institutionnalisation de ce développement industriel global accéléré à un niveau qui échappe à tout contrôle politique. La promotion du ‹développement durable› incombe, à la suite de Rio, à la Global Environment Facility (GEF), contrôlée par la Banque mondiale, tandis que la Commission sur le développement durable, censée mettre en œuvre ce processus, n'a ni argent ni pouvoir. Qui plus est, et parallèlement à la promotion du développement durable, les mêmes acteurs globaux ont promu au travers du GATT aboutissant à la nouvelle OMC, le ‹marché libre› à l'échelle planétaire, réduisant ainsi les quelques acquis de la CNUED. Bref, au travers du processus de la CNUED, la globalisation devient synonyme de promotion du développement industriel global[1].

Les acteurs globaux actifs du développement durable comprennent, en plus des sociétés multinationales, les ONG ‹multinationales› de l'environnement comme le Fonds mondial pour la nature (WWF) et l'Union mondiale pour la nature (UICN), ainsi que les institutions de Bretton Woods: le FMI, la Banque mondiale et l'OMC (héritière du GATT). Ces différents acteurs globaux interviennent donc des diverses manières, dans la promotion du développement durable, à l'échelle planétaire. Leur champ

1 Matthias FINGER, «Promoteurs globaux, résistance locale: l'ingérence au quotidien», art. cit., p. 91-92.

d'action couvre notamment les domaines clés de l'environnement, de la politique, de l'économie et de la culture.

D'où le paradigme du développement durable a donné lieu, de la part de ces acteurs globaux, à toute une série d'*ingérences* légitimées, au nom d'une certaine *éthique globalitaire* proclamant partout, à la fois, les vertus du *marché global* de l'idéologie néo-libérale et les impératifs du *globalisme écologique* tributaire de la *Deep Ecology*. En l'occurrence, l'*ingérence écologique* est une forme de *colonialisme vert*, que les pays riches industrialisés s'emploient à imposer de manière subtile aux nations pauvres du Sud, au travers de certains accords internationaux, tels que la Convention sur le commerce international des espèces menacées d'extinction (CITES), la Convention sur la diversité biologique ou la Convention sur le climat[2]. Des accords que, généralement, les plus puissants des pays industrialisés comme les États-Unis et autres répugnent à ratifier.

En définitive, l'herméneutique occidentale du développement durable est tout autant une provocation et une interpellation théologiques. La question écologique déborde, de toute évidence, la sphère technocratique de l'économie et des sciences de la nature à laquelle la confinent – pour utiliser une métaphore médicale – la radioscopie et la thérapie onusiennes. Elle interpelle, en dernière instance, notre conscience morale individuelle et collective. Comme le dit si bien Vittorio Messori:

> Après trente ans de discours écologiques, mais aussi d'investissements considérables et de lois drastiques, nous savons aujourd'hui d'une manière dramatique que la voie du salut ne consiste pas dans l'augmentation des dépurateurs, des poubelles pour les ordures ménagères ou les appels aux médias. Même si peu de gens veulent bien l'admettre, nous savons à présent que le remède ne consiste pas dans l'ajustement, mais dans le renversement de la perception ‹*moderne*› de la vie et du monde. Mais c'est un renversement que personne ne veut faire ou, pire encore, ne peut faire, sans conséquences économiques et sociales insupportables[3].

Du point de vue chrétien, la crise écologique contemporaine se révèle être, d'abord et avant tout, une crise *éthico-anthropologique* de l'humanité *dévoyée* et *déboussolée* qui, au fil du temps, a érigé en *absolu*, le *bien-être matériel* accumulé par le *progrès scientifique* et *technique*, aux

2 Lire l'article de Jim PUCKETT, «Déchets sans frontières: les enjeux de la Convention de Bâle», in Fabrizio SABELLI (sous la direction de), *Écologie contre nature*, op. cit, p. 75-85.

3 Vittorio MESSORI, *Uomini, storia, fede,* Milano, BUR, 2001, p. 308.

dépens de la dimension spirituelle de la personne humaine. Le développement durable est, ce faisant, une *question éthico-théologique*[4], qui requiert une analyse théologique et anthropologique appropriée. Ce sera l'objet de la quatrième et dernière partie de notre étude.

4 Voir Giacomo COCCOLINI, «Johannesburg: Sviluppo sostenibile. Una questione etico-teologica», in *RTM* (2002) 136, p. 539-546.

Quatrième Partie

Le développement durable comme défi éthico-théologique

Le paradigme écologique onusien du développement durable est l'allié de l'idéologie totalitaire de la mondialisation néo-libérale. Cette nouvelle idéologie du capitalisme mondialisé est fondamentalement sacrificielle. Elle détruit partout les vies humaines, la nature et les diversités culturelles, au nom du «marché-paradis». À cet égard, le développement durable constitue singulièrement *une interpellation* et *un défi éthico-théologique* majeur, pour les Églises d'Afrique appelées à continuer à annoncer, à contre-courant du monde, la *Bonne Nouvelle* du Christ *pauvre* et *humble* à des *peuples* de plus en plus *affamés, assoiffés* et *contrariés,* à l'ère de l'*arrogance luxuriante* de *l'hyperconsommation* du «marché-paradis».

Pour mémoire, le *premier principe* de la *Déclaration de Rio* sur l'environnement et le développement proclame solennellement la *centralité* de la *personne humaine* dans ce nouveau paradigme de développement mondial, comme l'avait fait, par ailleurs, deux ans auparavant, le PNUD, à propos du *Développement humain*[1]. En effet: «Les êtres humains, affirme la *Charte de la Terre*, sont au cœur des préoccupations du développement durable. Ils ont le droit à une existence saine et productive, en harmonie avec la nature»[2].

Le Saint Siège a largement contribué à l'adoption de ce premier principe de la *Déclaration de Rio*[3] – «l'homme *centre* et *sommet* de toute activité humaine» – qui est le socle de l'enseignement social de l'Église[4], depuis la mémorable encyclique *Rerum Novarum* de Léon XIII. C'est donc, à partir et à l'aune, de ce principe fondamental de la *dignité inaliénable* de la *personne humaine,* qu'il s'agit d'évaluer honnêtement le paradigme du développement durable.

Nous analyserons ici le concept général de développement sous le double angle de l'anthropologie chrétienne et négro-africaine. Nous exposerons, au préalable, les fondamentaux anthropologiques de l'idéologie néo-libérale, véhiculés par le paradigme du développement durable.

1 PNUD, *Rapport mondial sur le développement humain 1990.*

2 Cf. CNUED, *Déclaration de Rio sur l'environnement et le développement,* 1992.

3 Voir PONTIFICIO CONSIGLIO DELLA GIUSTIZIA E DELLA PACE, *Da Stoccolma a Johannesburg: un Rapporto storico sulle preoccupazioni della Santa Sede per l'ambiente: 1972-1992,* Città del Vaticano, Libr. Ed. Vaticana, 2002.

4 «L'homme, compris dans sa réalité historique, représente le cœur et l'âme de l'enseignement social catholique. Toute la doctrine sociale se déroule, en fait, à partir du principe qui affirme la dignité intangible de la personne humaine» (PONTIFICIO CONSIGLIO DELLA GIUSTIZIA E DELLA PACE, *Compendium della dottrina sociale della Chiesa,* Città del Vaticano, Libreria Editrice Vaticana, 2004, 107); *RN, 33*; *GS, 14; CA, 53-54;* etc.

Chapitre 10

La vision anthropologique du développement durable

L'optique sociale et écologique du développement durable a été phagocytée par la logique économique néo-libérale du marché global, qui a conduit à la *marchandisation* du développement[1]. Ainsi, pour la mondialisation néo-libérale, le développement est tout simplement «l'*accumulation* des *forces productives* donnant accès à la *consommation de masse*»[2]. En ce sens donc, le développement est, à la fois, le but et l'objectif de l'activité économique[3].

Le *néolibéralisme* repose sur *deux* piliers: l'*individualisme* comme *norme comportementale* incarnée par l'*homo oeconomicus* d'une part, et d'autre part, l'*économisme*, par rapport auquel n'a de la valeur que ce qui est monnayable[4]. Ces deux principes sont intégrés et accentués à outrance par l'idéologie de la mondialisation, avec de nombreuses implications à la fois au niveau de l'organisation sociale et de la vie quotidienne: généralisation et extension du marché aux domaines sociaux comme la santé, l'éducation, la culture et la religion; croissance illimitée de la production des biens et des services présentée par le marché comme indice du bien-être et du progrès; incontournabilité du marché présumé comme unique

1 Voir Vincent BERTHET, «Ouverture. Une alerte, un appel», in *Economie & Humanisme*, mars 2002, n° 360, Dossier «Développement durable, développement humain?», p. 8-12.

2 Voir Serge LATOUCHE, «Si la misère n'existait pas, il faut l'inventer. Réflexion sur le ‹bien-être› comme concept ethnocidaire», in Gilbert RIST et Fabrizio SABELLI (sous la direction de), *Il était une fois le développement*, Lausanne, Éditions d'en bas, 1986, p. 144. Le soulignement en italique ici est de nous.

3 Cette conviction est reprise en chœur, après le Sommet sur l'Environnement et le développement de Rio, par une série d'autres sommets internationaux ad hoc: la *Conférence sur la Population et le développement* du Caire, la *Conférence sur Femmes et développement* de Pékin, la *Conférence sur le Développement social* de Copenhague. Cf. Vera ARAUJO, «Quale persona e quale società per l'«economia di comunione»?», in *Nuova Umanità*, XXI (1999/6) 126, p. 621-630.

4 Lorenzo CASELLI, «C'è posto per l'uomo nei processi di globalizzazione economica?», in *Studia Moralia*, 42 (2004) 1, p. 29.

système d'allocation optimale de ressources; rôle central et exclusif de l'entreprise comme sujet et instrument de modernisation et de développement à travers la maximisation du profit; etc.[5]

1. Le règne de l'homo oeconomicus

Marcel Gauchet situe l'acte de naissance, dans le principe, de l'individualisme moderne comme *individualisme économique* – économie entendue comme régime général du rapport aux choses, dans la relation possessive et transformatrice des modernes à la nature se substituant au dessein de domination et d'affirmation de soi par la réduction de l'autre, qui jadis s'exerçait entièrement à l'intérieur du lien social.

> La relation possessive et transformatrice des modernes à la nature, écrit-il, est inséparable de l'individualisme comme vision organisatrice du fait humain- social. De même que dans l'autre sens, l'individualisme politique suppose l'indifférence pacifique à ses semblables de l'être primordialement engagé dans le combat avec les choses. C'est l'investissement du projet de puissance sur la maîtrise du monde matériel qui crée l'agent du pacte social, venant à composition avec ses égaux depuis son indépendance primitive et dans le souci de la garder, originairement libre de toute attache comme foncièrement exempt de tout dessein de sujétion à l'égard de ses associés – parce que travailleur occupé d'abord de sa prise sur la réalité et de l'accroissement de ses ressources[6].

Le paradigme de l'*homo oeconomicus,* en effet, renvoie à la problématique fondamentale de la genèse de la science économique. Il est, à ce titre, révélateur de l'inversion des rapports constitutifs de la *«condition humaine»* opérée au 17e siècle que, Jean Rohou qualifie justement de *«révolution anthropologique»*; une révolution anthropologique qui se prolongera en révolution socio-politique et technico-industrielle[7]. Depuis Aristote,

5 Ibid., p. 29.

6 Marcel GAUCHET, *Le désenchantement du monde. Une histoire politique de la religion*, Paris, Gallimard, 1985, p. 126.

7 Jean ROHOU, «La révolution anthropologique du XVIIe siècle», in *Le débat*, mai-août 2004, n° 130, p. 116. Jean Rohou entend par condition humaine «l'ensemble des rapports de l'homme avec le monde naturel et artificiel (dans ses activités physiques, économiques, scientifiques et techniques), avec les autres (dans sa vie sociale), avec le pouvoir (dans l'organisation politique), avec les valeurs, Dieu ou d'autres transcendances (par l'idéologie, la morale, la religion) et avec soi-même (par la culture).

l'économique était subordonné à l'éthique. Mais les années 1680 vont constituer un tournant décisif dans la relation entre l'éthique et l'économique notamment, avec l'affirmation des droits de la personne à travers la reconnaissance de la validité de l'*amour de soi* et de l'*intérêt,* qui conduit désormais à juger les choses selon leurs effets et leur utilité[8].

> Vers 1690, l'éthique recule devant l'économique. On se met à définir la morale non plus comme soumission à des obligations et interdits dogmatiques, mais comme art pratique de se rendre heureux en réglant ses désirs de façon à les satisfaire raisonnablement. On souligne la fécondité des motivations intéressées, on célèbre le travail et notamment le commerce. Certains justifient le prêt à intérêt. L'utilité, jadis honnie, devient un critère général pour des gens aussi sérieux que La Bruyère et Fénelon. Pour cet archevêque, qui fait un vif éloge du libéralisme économique, le philosophe n'est pas seulement un ami de la métaphysique: il se rapproche du penseur politique, de l'économiste, du technicien, organisateurs du monde d'ici-bas, comme le seront les ‹philosophes› du XVIIIe siècle, qui ne se définiront point par un amour de la sagesse traditionnelle ou transcendante, en amont, mais par leur utilité pratique, en aval[9].

Aussi, pour affirmer et assurer, en même temps, son autonomie épistémologique, la science économique naissante s'est-elle attachée, d'entrée de jeu, à la résolution de la quadrature du cercle de la scission entre la vie morale et la vie des affaires[10]. La crise éclata avec la publication, en 1714, de la célèbre *Fable des abeilles* de l'Anglais Bernard de Mandeville, dont le sous-titre incendiaire *«Vices privés, bénéfices publics»* constituera la matrice de la pensée économique néo-classique, inspiratrice du fameux paradigme de l'*homo oeconomicus*[11]. La fable raconte la mésaventure d'un

---

L'inscription en nous de ces rapports constitue une personnalité historique commune à tous les membres d'un même espace-temps, quoique diversifié selon les milieux sociaux, culturels, familiaux, l'âge, le sexe, les individualités. Ces rapports évoluent sans cesse, et parfois de façon si rapide et radicale qu'ils s'inversent, ce qui constitue une révolution de la condition humaine» («La révolution anthropologique du XVIIe siècle», art. cit., p. 116).

8 Jean ROHOU, «La révolution anthropologique du XVIIe siècle », art. cit., p. 130.

9 Ibid., p. 130.

10 Voir Serge LATOUCHE, *Il pensieero creativo contro l'economia dell'assurdo*, Bologna, EMI, 2002, p. 10.

11 Aujourd'hui, le paradigme de l'*homo oeconomicus* s'identifie davantage avec l'approche de l'analyse économique dénommée l'*individualisme méthodologique.* Mais en réalité, il est et demeure le modèle dominant de la science économique.

essaim d'abeilles égoïstes, qui vivaient dans l'opulence, et qui ont basculé, du coup, dans la misère en devenant vertueuses et altruistes. La morale de la fable est évidente. Pour Mandeville, *prospérité* et *vertu* sont totalement *incompatibles*. L'essaim est *prospère* mais *vicieux*, ou bien, *vertueux* mais *pauvre*. En clair, l'auteur veut montrer que «ce sont nos désirs, quoique moralement condamnables, qui assurent le bonheur par la prospérité: une vertueuse sobriété ruinerait nos sociétés»[12]. Envers et contre Bernard de Mandeville, nous soutenons avec Philon d'Alexandrie que

> Nous pouvons être à la fois vertueux et prospères, puisque vertu et sagesse sont intériorisées. Nous devrions développer un esprit de partage, par ailleurs. Le problème de la prospérité est dans sa tendance à s'éloigner de la sagesse» (*Quod omnis probus*, 85-87)[13].

C'est Adam Smith qui opérera avec brio la césure entre la morale et le business, en recourant à deux artifices[14]. Il va isoler de manière arbitraire de la sphère économique, une *sphère privée,* instituée comme le domaine de la vie morale, qui sera l'objet de sa *Théorie des sentiments moraux* (1759). La sphère économique est ainsi exonérée apparemment du soupçon d'immoralité, en montrant que la poursuite de l'intérêt personnel génère normalement le bien commun, à travers la *«main invisible»*. Tel est l'objet de la *Richesse des nations*, l'ouvrage majeur d'Adam Smith, publié en 1776. Dès lors, l'activité économique va s'auto-définir, comme une action purement rationnelle, et donc neutre, quant aux systèmes de valeurs. Ainsi, comme le note Serge Latouche:

> En prenant pour bons les deux artifices, on retourne la charge de la preuve et le poids du soupçon. Gagner de l'argent moyennant le commerce n'a rien d'immoral, à preuve du contraire (extorsions criminelles, trafics illégaux, fraude, etc.)[15].

Dans le droit fil de la rationalité économique, Milton Friedman considère que:

> L'unique responsabilité de l'entreprise consiste dans l'utilisation de ses ressources, qui doivent être engagées dans des activités destinées à augmenter les profits, dans le

12 Cité par Jean Rohou, «La révolution anthropologique du XVIIe siècle», art. cit., p. 131.
13 Cité par Michel Dion, «L'éthique métaphorique des marchés globalisés», in *Laval théologique et philosophique*, 57 (février 2001) 1, p. 15.
14 Serge Latouche, *Il pensiero creativo contro l'economia dell'assurdo*, op. cit., p. 10.
15 Ibid., p.10.

respect des règles du jeu, c'est-à-dire celles d'une compétition ouverte et libre, sans tricherie ni fraude[16].

Nous touchons ici à la notion d'*efficience*, qui fait voler en éclat la prétendue neutralité morale de l'activité économique. En effet, l'activité économique est rentrée subrepticement dans le giron de l'éthique, à travers cette notion plus ou moins suspecte d'*efficience*, qui lui confère, malgré tout, la connotation *morale* d'action *«bonne»*.

Dans la société moderne l'efficience est identifiée au *Bien*, ou du moins, comme garantie du *Bien*, parce qu'en maximisant sa propre richesse, l'entreprise maximiserait le bien-être social de tous, c'est-à-dire le bien-être maximal pour le plus grand nombre[17].

La *suspicion* qui entoure la notion d'efficience économique, du point de vue éthique, porte fondamentalement sur ce que Michel Dion appelle l'*«indétermination»* du *bien* et du *mal* à l'intérieur des marchés globalisés.

Les marchés globalisés supposent, écrit-il, que nous ne pouvons connaître ce qui est moralement bien ou mal en leur sein, de sorte que le seul choix moral qui reste est d'accentuer une éthique de la responsabilité. [...] Nous ne pouvons exclure les intérêts des autres de notre algorithme éthique, car ils font partie du processus lui-même[18].

Le paradigme *individualiste* de l'*homo oeconomicus*, qui constitue le modèle de référence de la science économique, est une théorisation des économistes néo-classiques, fondée sur le célèbre artifice de la *«main invisible»* d'Adam Smith. Pour ces économistes, la *consommation* ou la *demande* constitue la catégorie fondamentale de la science économique. Ainsi, l'homme consommateur, centre d'intérêt de l'économiste, est perçu comme:

Un sujet qui réagit passivement aux variations du prix et du revenu, aux variables ‹mortes›: un *homo oeconomicus*, qui préfère avoir toujours davantage, jamais rassasié, dont l'utilité dépend de la quantité (ici opposée à la *qualité*) de biens consommés[19].

16 Cité par Serge LATOUCHE, *Il pensiero creativo contro l'economia dell'assurdo*, op. cit., p. 11.

17 Ibid., p. 11.

18 Michel DION, «L'éthique métaphorique des marchés globalisés», art. cit., p. 12.

19 Luigino BRUNI, «Sul consumo, sui beni, sulla felicità», in Luigino BRUNI e Vittorio PELLIGRA (edd.), *Economia come impegno civile. Relazionalità, ben-essere ed Economia di Comunione*, Roma, Città Nuova, 2002, p. 109.

Les économistes classiques mettaient plutôt en avant la *production* ou *l'offre* théorisée par la *loi de Say*, selon laquelle *l'offre crée sa propre demande*. Pour la théorie économique classique en effet, le but et la préoccupation de l'économie d'une nation étaient donc l'augmentation du produit national, c'est-à-dire, la production accrue de biens et services, censée assurer automatiquement la croissance, le développement et le bien-être[20]. Mais comme on le sait, la crise économique mondiale de la surproduction de 1929 a apporté un cinglant démenti à la fameuse *loi* de Jean-Baptiste Say[21].

L'économiste monétariste britannique J.M. Keynes renversera dans la foulée la *loi de Say* en démontrant, sur la base d'une argumentation rigoureuse, que dans un monde avec *monnaie* et *crédit*, c'est plutôt *la demande qui crée l'offre*. Keynes prônera ainsi, dans une perspective tout à fait différente de l'optique des économistes classiques, la relance de la consommation, une baisse du taux d'intérêt et un accroissement des investissements publics pour assurer le *plein-emploi*[22]. À ce sujet, des équations précises et des modèles mathématiques sophistiqués montrent comment la croissance du produit intérieur (PIB) – devenu depuis Keynes le credo socioéconomique des gouvernements – est profondément liée au niveau des consommations[23].

L'*homo oeconomicus* est défini par l'*individualisme méthodologique* comme un homme rationnel, qui opère le choix de la meilleure stratégie possible pour atteindre ses objectifs subjectifs, en considération des restrictions objectives. L'*homo oeconomicus* est donc un homme foncièrement égoïste, enclin à la maximalisation de ses intérêts personnels, dans tous les domaines considérés. Autrement dit:

20 Luigino BRUNI, «Sul consumo, sui beni, sulla felicità», art. cit., p. 109.

21 On a assisté en effet, dans cette période de méfiance et de pessimisme généralisés, en Occident, à une production excédentaire de biens invendus accumulés dans les magasins et les entrepôts. Keynes expliquera justement la crise de la surproduction de 1929, comme une crise due à l'absence d'une demande adéquate alimentée par les attentes très pessimistes des consommateurs. Ce qui l'amena naturellement à élaborer sa célèbre théorie de l'intervention directe de l'État dans l'activité économique, pour soutenir la demande et relancer l'économie en récession.

22 Voir John Maynard KEYNES, *Théorie* générale *de l'emploi, de l'intérêt et de la monnaie*, 1936.

23 Cf. Luigino BRUNI, «Sul consumo, sui beni, sulla felicità», art. cit., p. 110.

> La rationalité économique présuppose, dans l'élaboration néoclassique, qu'un sujet agit, toujours et partout, pour satisfaire le plus possible ses objectifs individuels, et qu'il considère, par conséquent, la situation d'autres sujets et ses rapports avec ces derniers, comme des entraves à ses propres décisions[24].

Ainsi, selon George Stigler[25], l'intérêt personnel constitue le moteur principal du comportement humain, non seulement dans le domaine des transactions commerciales.

> Les personnes normalement bien informées agissent en fait, *de manière intelligente, dans la poursuite de leur intérêt personnel*, que ce soit dans le domaine du mariage ou de l'éducation des enfants, dans les projets criminels ou en matière de religion[26].

En rigueur de terme, l'*homo oeconomicus* de l'individualisme méthodologique est une caricature de l'homme réel, bien mieux, une catégorie ayant plutôt valeur d'outil heuristique. Il n'empêche, cependant, que ce paradigme néoclassique se vérifie en partie, essentiellement, dans les sociétés capitalistes où il fait sans doute partie, depuis belle lurette, de l'imaginaire collectif. Luca Crivelli cite, en l'occurrence, un constat confirmé par plusieurs expériences de laboratoire, selon lequel:

> Les économistes constituent en moyenne la catégorie de personnes moins enclines à contribuer au bien commun, entre autres, à travers le financement volontaire des biens publics. [...] Les économistes se comportent en moyenne de manière plus égoïste, du simple fait qu'ils sont les personnes les plus confrontées au modèle de l'*homo oeconomicus*, avec lequel ils finissent par s'identifier[27].

L'universalisation du modèle de l'*homo oeconomicus* est donc une opération indue, caractéristique de l'impérialisme de la méthode des sciences économiques, comme le résume fort bien Hirshleifer:

> Il existe une seule science sociale. Ce qui confère aux sciences économiques leur pouvoir impérialiste et envahissant, c'est le fait que nos catégories d'analyse – telles que la rareté, les coûts, les préférences, les opportunités – ont une applicabilité sûrement universelle. Plus important encore est notre ordonnancement de ces concepts, à l'intérieur des algorithmes distincts mais bien corrélés, d'optimisation de l'analyse des

24 Luca Crivelli, «Quando l'homo oeconomic us diventa reciprocans», in Luigino Bruni e Vittorio Pelligra, *Economia come impegno civile*, op. cit., p. 23.
25 Ibid., p. 21.
26 Ibid., p. 21.
27 Ibid., p. 27.

> décisions individuelles et d'équilibre des décisions sociales. On peut donc affirmer que l'économie constitue une sorte de grammaire universelle des sciences sociales[28].

Dans l'optique de *l'individualisme méthodologique* décrivant le comportement humain comme une simple fonction de maximisation des préférences individuelles, la réalisation du *bien-être collectif*, en société, est attribuée à l'action prodigieuse de la *main invisible* opérant, par enchantement, la convergence des intérêts personnels et égoïstes des individus[29]. Sont ici exclus systématiquement les sentiments moraux ou les valeurs éthiques – comme la solidarité, la confiance, la réciprocité, etc. – qui déterminent, de toute manière, les choix et les décisions des personnes réelles. Comme le note avec une pointe d'humour, Armatya Sen:

> Il est donc loisible de se représenter les intérêts d'une personne de telle manière que, indépendamment de ce qu'elle fait, elle est toujours censée poursuivre ses propres intérêts dans ses différents choix [...]. À l'intérieur de cet ensemble de définitions, on peut difficilement échapper à la maximisation de son utilité, sinon à travers la contradiction [...]. Mais si l'on reste cohérent, mis à part le fait qu'on soit un égoïste invétéré, un altruiste avéré ou un militant convaincu de la lutte de classe, dans cet univers magique de définitions, il semble, dans tous les cas, qu'on est toujours en train de maximiser son utilité[30].

L'homme est par définition un *être social* ou, si l'on veut, un *animal politique*, selon l'expression consacrée d'Aristote. Ainsi, son agir ne pourrait être réduit, quoiqu'il en soit, à la simple expression des sentiments purement égoïstes et individualistes, comme le postule la théorie économique néo-classique. L'instauration de la société individualiste a partie liée avec le *dogme* de *l'avarice présumée* de la *nature* de l'économie capitaliste. Cette avarice de la nature concerne les *limites des matières premières* dont les économistes ont été les premiers à tirer la sonnette d'alarme. Paradoxalement, la théorie économique classique se mord ici la queue. «Les richesses naturelles, écrit Jean Baptiste Say, sont inépuisables, car sans cela nous ne les obtiendrons pas gratuitement. Ne pouvant être ni multipliées ni épuisées, elles ne font pas l'objet de la science économique»[31]. En effet, la

28 Cité par Luca CRIVELLI, «Quando l'homo oeconomicus diventa reciprocans», art. cit., p. 22.

29 Ibid., p. 28.

30 Ibid., p. 23.

31 Cité par Serge LATOUCHE, *Le danger du marché planétaire*, Paris, Presses de Sciences Po, 1998, p. 69.

rareté qui occupe une place centrale dans le dispositif économique n'est pas *naturelle*, elle est inconnue des sociétés traditionnelles.

> Ce sont les ruptures des solidarités traditionnelles et la solitude de l'homme moderne face au destin qui font apparaître l'avarice de la nature et le phénomène de rareté comme chronique. Les sociétés anciennes ne connaissent que des pénuries accidentelles vécues de manière plus ou moins partagée. Tant que l'accès aux *«vaines pâtures»*, aux ressources naturelles, n'est pas limité ou interdit par la propriété privative, la nature n'est pas avare. La rareté est d'abord l'effet de l'égoïsme des accapareurs de l'abondance sauvage[32].

Néanmoins, le dogme de l'avarice de la nature combiné avec la quête de la maximisation effrénée du profit de l'entreprise a conduit l'économie capitaliste, via l'industrialisation, à la production de masse génératrice de la société de consommation de masse portée aujourd'hui au pinacle, par le néo-libéralisme marchand.

2. La sacralisation du marché

La Bible nous met sévèrement en garde, en maints endroits, contre le *péché d'idolâtrie*, et singulièrement, contre le culte de *Mammon*, l'«argent-dieu». D'où cet avertissement réitéré de Jésus à ses disciples de tous les temps: «Nul ne peut servir deux maîtres: ou il haïra l'un et aimera l'autre, ou il s'attachera à l'un et méprisera l'autre. Vous ne pouvez servir Dieu et l'argent» (Mt 6, 24; Lc 16, 13).

L'Apôtre Paul explicite le sens et le bien-fondé de cette mise en garde formelle du Christ, quant à l'usage de l'argent:

> Quant à ceux qui veulent amasser des richesses, ils tombent dans la tentation, dans le piège, dans une foule de convoitises insensées et funestes, qui plongent les hommes dans la ruine et la perdition. Car la racine de tous les maux, c'est l'argent. Pour s'y être livrés, certains se sont égarés loin de la foi et se sont transpercé l'âme de tourments sans nombre (1 Tm 6, 9-10).

L'écrivain philosophe catholique italien Giovanni Papini dresse, dans son ouvrage *Histoire du Christ,* un violent réquisitoire contre l'argent, qui

32 Serge LATOUCHE, *Le danger du marché planétaire*, op. cit., p. 68.

interpelle vivement, aujourd'hui plus que jamais, notre conscience chrétienne:

> La monnaie, écrit-il, porte en soi, avec la sueur grasse des mains qui l'ont palpée, l'inexorable contagion du crime. De toutes les choses immondes manufacturées par l'homme pour se salir et salir la terre, la plus immonde peut-être est la monnaie. Ces jetons de métal frappé, qui passent et repassent chaque jour par des mains encore sales de sueur et de sang; usées sous les doigts rapaces des voleurs, des marchands, des banquiers, des entremetteurs et des avares; désirés de tous, recherchés, dérobés, enviés, aimés plus que l'amour et souvent plus que la vie; ces pièces malpropres que l'assassin donne au sicaire, l'usurier à l'affamé, l'ennemi au traître, l'hérétique au simoniaque, le luxurieux à la prostituée; ces puants et visqueux véhicules du mal qui engagent le fils à tuer le père, l'épouse à trahir le mari, le frère à frauder le frère, le mauvais pauvre à égorger le mauvais riche, le serviteur à tromper le maître, le malfaiteur à dépouiller le passant, les peuples à assaillir les peuples; ces derniers, ces emblèmes matériels de la matière sont les plus effroyables objets fabriqués par l'homme.
>
> L'argent, qui fait mourir tant de corps, fait mourir chaque jour de millions d'âmes. Plus contagieux que le haillon d'un pestiféré et que le pus d'une pustule, il entre dans toutes les maisons, brille sur le banc des changeurs, se blottit dans les cassettes, profane l'oreille du sommeil, se dissimule dans l'obscurité fétide des recoins, souille les mains innocentes des petits, tente les vierges, paie le travail du bourreau, circule sur la face du monde pour enflammer la haine, pour attirer la cupidité, pour hâter la corruption et la mort... La monnaie est l'hostie infâme de Satan. Qui aime l'argent et le reçoit avec joie communie visiblement avec le démon...[33].

Au fait, le soupçon qui porte sur l'argent vient du fond des âges et il est davantage lié à sa ‹nature› plus ou moins neutre et indéterminée, qui lui confère un pouvoir de séduction apparemment illimité et invincible. Nous en avons une première dénonciation claire et nette, dans la pensée laïque, chez Sophocle:

> Aucune mauvaise institution n'a germé
> Chez les hommes comme l'argent [*arguros*]. Les cités,
> Il les saccage, il chasse les hommes de leurs maisons,
> Il imprègne et détraque les esprits honnêtes
> Des mortels, et les incite aux honteuses entreprises[34].

33 Giovanni Papini, *Histoire du Christ*. Cité par Georges Guitton, *Pour le règne social du Christ. Si nous savions aimer*, 4e édition, Paris, Éditions Spes, 1935, p. 152-153.

34 Sophocle, *Antigone*, v. 295-299.

Nous retrouvons chez Karl Marx la même dénonciation virulente et musclée de l'argent, comme chez Giovanni Papini:

> L'argent est la perversion généralisée des individualités qu'il change en leur contraire, en leur attribuant des qualités qui ne sont pas le moins du monde les leurs. Il apparaît alors comme la puissance corruptrice de l'individu, des liens sociaux, qui passent pour être essentiels. Il transforme la fidélité en infidélité, l'amour en haine, la haine en amour, la vertu en vice, le vice en vertu, le valet en maître, le maître en valet, la bêtise en intelligence, l'intelligence en bêtise. Notion existante et agissante de la valeur, l'argent confond et échange toute chose; il en est la confusion et la conversion générales. Il est le monde à l'envers, la confusion et la conversion de toutes les qualités naturelles et humaines[35].

Le moraliste jésuite français Georges Guitton s'inquiétait déjà, non sans raison, dans les années 1930, du rôle de plus en plus central et dévastateur de l'argent dans la vie quotidienne et internationale du monde contemporain.

> L'argent est bien le principal animateur du monde; et s'il se contentait de ce rôle, le moraliste n'aurait rien à redire. Malheureusement, il cherche à en être aussi le tyran. Ce qui trouble le plus, en effet, aujourd'hui, la paix sociale, c'est le dieu que le Christ appelait Mammon. Regardons au Nord ou au Midi, à l'Orient ou à l'Occident, à Londres ou à Berlin, à Washington ou à Moscou; songeons à la crise du change, au problème des réparations, à la hausse des denrées, notre conviction ne fera que s'accroître. C'est pour s'enrichir trop vite ou ne pas faire faillite que les peuples se jettent les uns contre les autres, que l'Allemagne refuse de payer ses dettes, que les financiers spéculent, que certains menèrent l'offensive contre notre franc, que les haines divisent les familles, que la vie chère persiste ou s'accroît[36].

Le culte de *Mammon* est aujourd'hui mondialisé, sous l'empire du libéralisme marchand. Toutes les sphères de la vie sociale et des activités humaines sont désormais soumises au règne de l'argent-dieu. De sorte qu'on assiste, dans cette ère de la globalisation néo-libérale, au basculement du marché dans la sphère du religieux[37]. Susan George nous décrit de manière pittoresque cet étrange phénomène de déplacement du *sacré* à partir du *marché* et de sa *mondialisation*, dans ses deux ouvrages percutants:

35 Karl MARX, *Manuscrits de 1884,* in *Œuvres,* t. II, *Economie 2,* trad. fr. de M. RUBEL, Paris, Gallimard, 1968, p. 117-118.

36 Georges GUITTON, *Pour le* règne *social du Christ*, op. cit., p. 132.

37 Jean-Marc ELA, *Repenser la théologie africaine. Le Dieu qui libère*, Paris, Karthala, 2003, p. 104.

Crédits sans frontières. La religion séculière de la Banque mondiale (1995) et *Le Rapport Lugano* (1999). Ainsi, dans *Le Rapport Lugano,* Susan George écrit:

> La doctrine du libéralisme est similaire à celle de l'Évangile: beaucoup sont appelés, mais peu d'élus, même si le marché pouvait suivre une politique un peu plus généreuse que celle du bon Dieu. À tout prendre, le néolibéralisme mondialisé ne peut accueillir tout le monde, y compris dans les nations plus riches, pas plus qu'il puisse, d'ailleurs, être à même d'embrasser les six ou huit milliards d'habitants de la planète[38].

Dans le premier ouvrage nommé, l'auteur compare sans ménagement la Banque mondiale à une Église et considère ses fonctionnaires comme des prêtres cooptés, en vertu de leur fidélité absolue à l'institution.

> Leur dogme, commente Jean-Marc Ela, c'est la toute-puissance du marché hors duquel il n'y a pas de salut. Les chefs d'entreprises sont assimilés aux grands prêtres et les économistes aux théologiens tandis que les banques ou la bourse fonctionnent comme des temples. La publicité elle-même joue le rôle de prédication dans le nouveau culte de l'argent-roi. Dans cette nouvelle religion, s'il faut se soumettre aux lois du marché auxquelles on adhère comme à des dogmes intouchables, on doit reconsidérer le péché comme la désobéissance à ces lois. La sacralisation de l'économie marchande affecte les comportements, les individus et les groupes sociaux auxquels on demande de se serrer la ceinture et d'assumer la réduction des dépenses sociales de l'État comme des pénitences et des sacrifices nécessaires à l'assainissement des finances publiques. On parle d'effacer la dette comme on efface un péché. Le credo de cette religion séculaire revendique le droit d'universalité dans la mesure où il est rigoureusement identique pour tous les pays du Sud: il faut passer par l'ajustement structurel. C'est à l'intérieur de ce programme que l'Occident gère la crise des pays qui s'enfoncent dans l'enlisement[39].

L'idolâtrie du «marché-paradis» s'emploie donc à imposer la société de consommation à l'échelle planétaire. Mais il s'agit bien ici d'un grand mensonge nourri et véhiculé par l'imaginaire métaphorique, comme le note Michel Dion:

> L'être humain est encore trompé par l'illusion positiviste d'un progrès matériel infini (dont pourrait découler un progrès humain profond) et l'illusion marxiste ou libéraliste d'une société parfaite (l'Age d'Or). Bien que la société post-moderne soit définie,

38 Susan GEORGE, *Il Rapporto Lugano*, op.cit, p. 61.

39 Jean-Marc ELA, *Repenser la théologie africaine*, op. cit., p. 104. Cette citation de l'auteur est un commentaire concis et précis du thème fondamental de l'ouvrage *Crédits sans frontières. La religion séculière de la Banque mondiale* de Susan George.

entre autres, par la perte des grandes illusions (celle des méta-récits), elles semblent encore présentes à l'esprit humain. Les marchés globalisés supposent que le libéralisme économique actualise une rationalité éthique et humaniste. Ils s'attendent donc à ce que tous recherchent démocratie et libéralisme économique. Une telle rationalité éthique prend pour acquis le relativisme moral et l'absence de tout absolu; l'avenir de l'humanité ne dépend plus que de notre responsabilité humaine. Celle-ci est affaire de pouvoir et de connaissance[40].

Or, comme on le sait, la théorie et la pratique de l'économie du libre marché se fondent sur le *court terme* et le *profit immédiat*, ici et maintenant[41]. En ce sens, les acteurs ou opérateurs du marché sont mus et stimulés, aujourd'hui plus que jamais, «par l'espérance des profits les plus sûrs et les plus importants, et non par le souci d'un meilleur service de la collectivité globale»[42]. D'où:

La réalisation de la loi des coûts comparatifs de production et de distribution se généralise. Tout bien, tout service, sera produit là où ses coûts seront les plus bas. La planète entière devient ainsi un gigantesque marché où entrent en compétition les peuples, les classes sociales, les pays. Mais dans un marché globalisé, ce que les uns perdent – la stabilité de l'emploi, le minimum salarial, la Sécurité sociale, le pouvoir d'achat – n'est pas automatiquement gagné par les autres. La mère de famille Pusan, en Corée du Sud, qui exerce un travail sous-payé, le prolétaire indonésien qui, pour un salaire de misère, s'épuise dans la salle de montage d'une zone franche de Djakarta, n'améliorent que médiocrement leur situation quand l'ouvrier mécanicien de Lille ou le travailleur du textile à Saint-Gall vivent sous la menace du chômage[43].

On est ici au cœur de la logique meurtrière de l'économie de prédation et de la dictature de l'argent, dont Paul VI annonçait la couleur dans *Populorum progressio*:

40 Michel DION, «L'éthique métaphorique des marchés globalisés», art. cit., p. 3.

41 «Le temps du marché est mesuré en secondes, au maximum en jours, et c'est toujours le *juste temps*. Cela signifie donc que toutes les entreprises doivent fournir les composants quand le producteur rassembleur en a besoin. D'où, le télétravail; les cabinets des médecins américains télécommandent leur travail depuis l'Inde, parce que faire travailler à distance les secrétaires indiennes coûtent moins cher que faire travailler sur place leurs collègues américaines» (Ricardo PETRELLA, «Mondializzione e sviluppo sostenibile», in Lavinia SOMMARUGA BODEO (a cura di), *Per un'economia di equità nella dignità. La globazzazione creata dal basso*, Milano, seconda edizione, Stampa Natura Solidarietà, 2001, p. 27).

42 Voir Bruno CHENU et alii (sous la direction de), *La foi des catholiques. Catéchèse fondamentale*, 2e édition, Paris, Éditions du Centurion, 1984, p. 482.

43 Jean ZIEGLER, *Les nouveaux maîtres du monde*, op. cit., p. 34.

> Il est regrettable qu'ait été édifié un système qui considère le profit comme le principal moteur du progrès économique, la concurrence comme la loi suprême de l'organisation économique, et la propriété des moyens de production comme un droit absolu qui n'a aucune limite et ne répond à aucune obligation sociale. Ce libéralisme sans frein conduirait à la dictature, à bon droit, dénoncé par Pie XI, génératrice de l'impérialisme international de l'argent[44].

Le concept d'*économie de prédation* est vigoureusement développé par le Suisse Jean Ziegler dans son récent ouvrage *Les nouveaux maîtres du monde* (2002).

> Le prédateur est la figure centrale du marché capitaliste globalisé, son avidité en est le moteur. Il accumule l'argent, détruit l'État, dévaste la nature et les êtres humains, et pourrit par la corruption les agents dont il s'assure les services au sein des peuples qu'il domine. Il entretient sur la planète des paradis fiscaux réservés à son seul usage. [...] Des mercenaires dévoués et efficaces servent l'ordre des prédateurs. Ce sont les pompiers pyromanes du Fonds monétaire international, les séides de la Banque mondiale et ceux de l'Organisation mondiale du commerce[45].

Dans la nouvelle culture du «tout-marché», «il n'y a pas de société, il n'existe que des individus»[46]. La mondialisation est la privatisation du monde par une oligarchie omnipotente des seigneurs du capital, que Jean Ziegler appelle le *cartel des maîtres du monde.*

> Aux États-Unis, la fortune de Bill Gates est égale à la valeur totale de celle de 106 millions d'Américains les plus pauvres. Des individus sont désormais plus riches que des États: le patrimoine de 15 personnes les plus fortunées du monde dépasse le produit intérieur brut de l'ensemble des pays de l'Afrique subsaharienne[47].

À l'opposé:

> De plus en plus des régions du monde, aujourd'hui, sont en voie de désintégration. Des pays entiers sortent ainsi de l'histoire. En Afrique notamment, la Somalie, la Sierra Leone, la Guinée Bissau et bien d'autres pays en voie de désintégration ne sont plus qu'une inscription sur une carte géographique. En tant que sociétés nationales organisées, ces pays ont cessé d'exister[48].

44 PAUL VI, *Populorum progressio*, 1967, n° 26.
45 Jean ZIEGLER, *Les nouveaux maîtres du monde*, op.cit, p.19.
46 Margaret THATCHER, *The Collect Speeches of Margaret Thatcher*, (Robin Harris Ed.), Londres, Robson Book Ltd, 1997. Citée par Jean ZIEGLER, *Les nouveaux maîtres du monde*, op. cit., p. 73.
47 Jean ZIEGLER, *Les nouveaux maîtres du monde*, op. cit., p. 35.
48 Ibid., p. 37.

De toute évidence, le continent noir est, en tout et pour tout, le dindon de la farce du capitalisme mondialisé. Aujourd'hui, on est citoyen seulement en termes de consommateur ou producteur.

> On investit là où existe un marché solvable. Les 800 millions d'Africains n'existent pas du fait qu'ils ne sont pas des consommateurs solvables. Aujourd'hui, la contribution de l'Afrique au produit mondial est de 0,8%, contre une contribution belge de 1,1%. En outre, le pouvoir d'achat des 10 millions de Belges est quatre fois supérieur à celui des Africains[49].

Les Africains font donc partie de la cynique catégorie économique des «populations non rentables», qui englobe les populations des 49 pays les plus pauvres du monde, les PMA (pays les moins avancés) comme les appellent le FMI et la Banque mondiale. Trente-quatre de ces PMA se trouvent en Afrique, neuf en Asie, cinq dans le Pacifique et un dans les Caraïbes[50].

Au fond, les énoncés fondamentaux de la mondialisation néo-libérale sont contredits par la réalité. Le premier, d'entre eux, ressassé comme une rengaine par tous ses gourous du monde entier affirme cyniquement que: *«La mondialisation est profitable à tous»*. Qu'en est-il au juste? Maints exemples sériés par Jean Ziegler mettent à nu la vacuité de cet énoncé. La mondialisation profite plutôt aux riches ou mieux à une infime minorité d'entre eux.

À titre illustratif:

> Les 225 patrimoines privés les plus élevés du monde atteignent, pris ensemble 1000 milliards de dollars. Cette somme correspond au revenu annuel cumulé des 2,5 milliards de personnes les plus pauvres de la planète, soit 47% de la population totale. Les valeurs patrimoniales détenues par les 15 personnes les plus riches de la terre sont supérieures au produit intérieur brut (PIB) de tous les États au sud du Sahara, à l'exception de l'Afrique du Sud. Le chiffre d'affaire de General Motors dépasse le PIB du Danemark, celui d'Exxon Mobil celui de l'Autriche. Les ventes de chacune de 100 sociétés transnationales privées les plus puissantes du monde dépassent la totalité des exportations de l'ensemble des 120 pays les plus pauvres. Les 200 plus puissantes sociétés multinationales contrôlent 23% du commerce mondial. En Suisse, 3% des contribuables disposent d'une fortune personnelle qui est égale à celle des 97% restants. Les 300 personnes les plus riches cumulent ensemble un patrimoine de 374 milliards de francs. En 2001, les 100 habitants les plus riches ont connu un accroissement de leur fortune de 450%. Au Brésil, 2% des propriétaires fonciers détien-

49 Ricardo PETRELLA, «Mondializzazione e sviluppo sostenibile», art. cit., p. 24.
50 Cf. Jean ZIEGLER, *Les nouveaux maîtres du monde*, op. cit., p. 246.

nent 43% des terres arables. 4,5 millions de familles des paysans sans terre – humiliés et misérables – errent sur les routes de cet immense pays. En 2002, 20% de la population du monde accapare plus de 80% de ses richesses, possède 80% des voitures en circulation et consomme 60% de l'énergie. Les autres, plus d'un milliard d'hommes, de femmes et d'enfants doivent se partager 1% du revenu mondial. [...] Plus de 25 millions d'Africains, dont les enfants en bas âge, sont infectés par le virus du sida. Alors que 2,5 millions d'entre eux ont un besoin immédiat des remèdes anti-rétroviraux, seuls 1% y ont accès. Au Brésil, en Inde, au Bengladesh et au Népal, le Kala-azar ou fièvre noire fait annuellement plus de 500.000 victimes. En Europe, la maladie a fait 1000 victimes en 2001. Un traitement efficace existe depuis cinquante ans, mais la plupart des victimes de l'hémisphère sud n'y ont pas accès[51].

Un autre énoncé popularisé de la mondialisation affirme, lui, que: *«La globalisation des marchés financiers unifie la planète»*. Aujourd'hui, en effet, grâce à la formidable révolution de la technologie de télécommunication – notamment l'*Internet* – les capitaux financiers n'ont plus de frontières, ils circulent instantanément, en temps réel, d'un bout à l'autre de la planète, faisant à la fois le bonheur et le malheur des bourses des principales places financières internationales. Autrement dit:

Le capital financier, lui, est affranchi des pesanteurs du temps et de l'espace. Il se meut dans un mode et un cyberespace virtuellement unifiés. Il s'est en outre autonomisé: des milliards de dollars ‹flottent› ainsi sans amarres, en toute liberté[52].

Mais il en va autrement pour les hommes. Ceux-ci ne peuvent, dans tous les cas, pour l'heure, voyager sans entraves, sur une terre désormais réputée sans frontières. Les politiques de gestion musclées des pays riches en matière d'immigration et d'asile confirment et perpétuent la réalité d'un monde toujours aussi divisé, sur fond des intérêts égoïstes des peuples et des nations.

En ce sens, la mondialisation n'a nullement mondialisé le monde des hommes. Elle l'a fractionné, comme le montre Jean Ziegler, à travers la tragédie humaine banalisée des centaines des milliers de personnes victimes du rêve de l'eldorado occidental:

Une frontière de miradors, de barbelés et de chicanes innombrables de 3200 km séparent les Etats-Unis du Mexique. Selon les chiffres officiels publiés par les *Board Guards* américains, 491 personnes sont mortes sur cette frontière en 2000. Durant le premier trimestre 2001, 116 avaient déjà péri. La plupart des réfugiés de la faim se

51 Jean ZIEGLER, *Les nouveaux maîtres du monde*, op. cit., p. 73-76.
52 Ibid., p. 136.

> noient dans les eaux tourmentées du Rio Bravo, meurent de soif dans le désert de l'Arizona ou sont abattus par les garde-frontières ou les policiers du Texas. Par milliers, chaque mois, des familles de réfugiés birmans, chinois, cambodgiens, se heurtent aux nids des mitrailleuses de la police des frontières de Singapour. Des montagnes du Kurdistan irakien, turc ou iranien, des bidonvilles sordides de Minsk, Karachi ou Kiev, des centaines de milliers de familles tentent chaque année de rejoindre les cités prospères d'Europe occidentale. Certains, parfois, par miracle, y parviennent. Des terres d'Afrique noire, un flot presque ininterrompu de gueux se déverse dans le Sahara. Leur rêve? Atteindre les rives de la Méditerranée, puis l'Europe. Beaucoup périssent dans le détroit de Gibraltar. Environ 50000 gueux tentent la traversée du désert du Ténéré, afin de pénétrer clandestinement soit en Libye, soit en Algérie. Il y a des hommes de tous âges, des femmes aussi, et des adolescents. Ils partent d'Agadez, l'antique capitale du nord du Niger, sur des camions branlants où s'entassent près de 100 personnes. On appelle ces véhicules les «camions-cathédrales», tant il faut d'art pour entasser en une pyramide fragile la centaine de passagers qui y prennent place. [...] La moindre panne est fatale. Les réserves d'eau – quelques gourdes suspendues au-dessous du pont du camion – sont rationnées au strict minimum. Afin de gagner le plus d'argent possible, le passeur réduit tant que faire se peut la charge d'eau, de pain, de bagages. Il préfère entasser des êtres humains dûment tarifés. En mai 2001, une caravane de Touaregs a découvert, au nord du Ténéré, un charnier de 141 voyageurs. 60 étaient des Nigériens, les autres venaient du Ghana, du Nigeria, du Cameroun, de Côte-d'Ivoire. Leur camion-cathédrale s'était écroulé, vaincu par une termitière sur un plateau de sel. Pas âme qui vive à 300 km à la ronde[53].

Ces quelques indications statistiques nous donnent plus ou moins la mesure d'un phénomène réputé neutre aux yeux d'un grand nombre d'analystes – y compris au sein de l'Église – mais, qui loin d'être l'effet d'une «fatalité économique», comme l'on est souvent porté à le croire, est au fond,

> une politique consciente et délibérée, celle qui a conduit les gouvernements libéraux ou même sociaux-démocrates d'un ensemble des pays économiquement avancés à se déposséder du pouvoir de contrôler les forces économiques[54].

Autrement dit, la mondialisation ou, si l'on veut, la globalisation économico-financière, en cours, est la traduction dans les faits des principes du *Consensus de Washington*[55] formalisés en 1989, par John Williamson, économiste en

53 Jean Ziegler, *Les nouveau maîtres du monde,* op. cit., p. 78-79.

54 Pierre Bourdieu, *Contre-feux*, vol. 2, Paris, Éditions Raisons d'agir, 2001. Cité par Jean Ziegler, *Les nouveaux maîtres du monde*, op.cit, p. 66-67.

55 On entend par *Consensus de Washington,* un ensemble d'accords informels, de *gentleman agreements,* conclus au cours des années 1980 et 1990 entre les principales sociétés transcontinentales, banques de Wall Street, Federal Reserve Bank américaine et les organismes financiers internationaux (Banque mondiale, FMI, etc.). Sur

chef et vice-président de la Banque mondiale. Ces principes sont au nombre de dix et constituent, en quelque sorte, le *décalogue* de la *vulgate* néolibérale du marché mondialisé. On l'aura compris, l'identification ici avec l'idéal messianique judéo-chrétien ne fait l'ombre d'aucun doute. Elle confirme bien la sacralité du «marché-paradis», corrélat de l'«argent-dieu».

À l'instar de l'universalité spatio-temporelle des *Dix commandements* de Dieu, les dix principes fondateurs du *Consensus de Washington* sont en effet

> applicables à n'importe quelle période de l'histoire, à n'importe quelle économie, sur n'importe quel continent. Ils visent à obtenir, le plus rapidement possible, la liquidation de toute instance régulatrice, étatique ou non, la libéralisation la plus totale et la plus rapide possible de tous les marchés (des biens, des capitaux, des services, des brevets, etc.) et l'instauration à terme d'une *stateless global governance*, d'un marché mondial unifié et totalement autorégulé[56].

Voici donc, en détail, les *10 principes fondateurs* évoqués du *Consensus de Washington*, qui régissent la globalisation économico-financière néolibérale, promotrice et garante autoproclamées du bonheur terrestre de l'humanité[57]:

1. Dans chaque pays débiteur, il est nécessaire d'engager une réforme de la fiscalité selon deux critères: abaissement de la charge des revenus les plus élevés afin d'inciter les riches à effectuer des investissements productifs, élargissement de la base des contribuables; en clair: suppression des exceptions fiscales pour les plus pauvres afin d'accroître le volume de l'impôt.
2. Libéralisation aussi rapide et complète que possible des marchés financiers.
3. Garantie de l'égalité de traitement entre investissements autochtones et investissements étrangers afin d'accroître la sécurité et, donc, le volume de ces derniers.
4. Démantèlement, autant que faire se peut du secteur public; on privatisera notamment toutes toute les entreprises dont le propriétaire est l'État ou une entité paraétatique.

---

la genèse du *Consensus de Washington*, voir Michel BEAUD, *Mondialisation, les mots et les choses*, Paris, Éditions Karthala, 1999; Robert REICH, *L'économie mondialisée*, Paris, Dunod, 1993 (traduit de l'américain).

56 Jean ZIEGLER, *Les nouveaux maîtres du monde*, op. cit., p. 63-64.

57 Ibid., p. 63-64.

5. Dérégulation maximale de l'économie du pays afin de garantir le libre jeu de la concurrence entre les différentes forces économiques en présence.
6. Protection renforcée de la propriété privée.
7. Promotion de la libéralisation des échanges au rythme le plus soutenu possible, l'objectif étant la baisse des tarifs douaniers de 10%.
8. Le libre commerce progressant par les exportations, il faut, en priorité, favoriser le développement de ceux des secteurs économiques qui sont capables d'exporter leurs biens.
9. Limitation du déficit budgétaire.
10. Création de la transparence du marché: les subsides d'État aux opérateurs privés doivent partout être supprimés. Les États du tiers-monde qui subventionnent, afin de les maintenir à bas niveau, les prix des aliments courants, doivent renoncer à cette politique. En ce qui concerne les dépenses de l'État, celles qui sont affectées au renforcement des infrastructures doivent avoir la priorité sur les autres.

C'est contre ce nouvel ordre mondial marchand, que s'est, aussitôt, constitué le front mondial de résistance social dénommé l'*antimondialisation*. Cette union sacrée de la résistance des pauvres face à l'empire du marché a son siège international dans la ville-symbole brésilienne de Porto Alegre, d'où elle organise chaque année le *Forum social mondial*, parallèle au *Forum économique mondial* de Davos des seigneurs du capital. Face à la mondialisation, l'humanité se trouve ainsi, aujourd'hui, prise en tenaille entre deux logiques diamétralement opposées: la logique des affaires incarnée par Davos et la logique humaniste représentée par Porto Alegre. À ces deux logiques antagonistes de la mondialisation correspondent également, deux conceptions diverses du temps, par rapport au paradigme du développement durable, comme le montre Roland Colin. De sorte qu'il nous faut bien toujours nous demander et comprendre à quoi nous rapportons la *durée*, lorsque nous parlons du développement durable.

> Si l'on se place, alors, dans la perspective du «développement durable», souligne Roland Colin, il convient de définir à quoi l'on rapporte la «durée» ainsi évoquée, c'est-à-dire d'élucider la place et le sens du temps pour les hommes concernés par le développement. Dans l'univers dominé par les rapports marchands, on accepte comme un postulat le mot d'ordre des tenants de la maximisation du profit: «le temps, c'est de l'argent». Dans la visée du développement durable centré sur l'homme, le paradigme est: «le temps, c'est la vie». L'exploration de la signification du temps apparaît, dès lors, comme une donnée fondamentale du «choix de développement». [...].

> En effet, le «durable» dans le développement, c'est le vécu humain exigeant, pour rester humain, que soient assurées les réponses aux besoins de toute nature, du matériel au spirituel («tout l'homme»), dans l'appartenance de chacun à la société humaine («tous les hommes»)[58].

Le marché mondialisé se développant fondamentalement à partir de la rationalité de maximisation du profit s'adonne plutôt à corps perdu à la stimulation soutenue des désirs illimités et des nouvelles formes de consommation, en lieu et place de la satisfaction des besoins humains fondamentaux. Dans tous les cas:

> La maximalisation du profit, l'accumulation accélérée de la plus-value, la monopolisation de la décision économique sont contraires aux aspirations profondes et aux intérêts singuliers du plus grand nombre. La rationalité marchande ravage les consciences, elle aliène l'homme et détourne la multitude d'un destin librement débattu, démocratiquement choisi. La logique de la marchandise étouffe la liberté irréductible, imprévisible, à jamais énigmatique de l'individu. L'être humain est réduit à sa pure fonctionnalité marchande[59].

La révolution anthropologique du XVIIe siècle a, au final, développé à l'excès la primauté de l'économique et de la technique dans un système qui a pour moteur et pour but le profit. De la sorte, «il accroît nos libertés et la satisfaction de nos désirs. Mais c'est en partie pour développer la libre entreprise, la flexibilité du travail et le profit, par l'augmentation de la consommation»[60].

3. L'illusion du bonheur matérialiste de la société de consommation

La recherche du bonheur individuel et du bien-être public est un des thèmes centraux de la modernité, qui ont accompagné de manière constante la tradition politique de l'Occident[61]. La naissance de l'économie moderne

58 Roland Colin, «Le temps et les communautés entre la vie et l'argent», in *Economie & Humanisme*, mars 2002, n° 360, Dossier *Développement durable, développement de l'homme?*, p. 34.
59 Jean Ziegler, *Les nouveaux maîtres du monde*, op. cit., p. 133.
60 Jean Rohou, «La révolution anthropologique du XVIIe siècle», art. cit., p. 132.
61 Luigino Bruni (a cura di), «Si può essere felici da soli? Su «Eudaimonia», economia e dono. Intervista a Salvatore Natoli», in *Nuova Umanità*, (2002) 139, p. 75.

est étroitement liée à la question du *bonheur public*. Le bonheur n'est pas seulement une affaire de l'au-delà. Au contraire, la mission des individus et surtout des gouvernements est d'assurer l'accroissement du bonheur de leurs nations. Ainsi, pour Thomas Hobbes, notamment, l'organisation (entreprise ou État) ne doit pas laisser les plus pauvres à la merci de la bonne volonté des riches, elle doit leur fournir les nécessités de la vie[62].

Le bonheur est un thème complexe qui occupait déjà une place centrale chez les Grecs[63]. Les économistes classiques étaient bien conscients que le bonheur des hommes dépend de beaucoup d'autres paramètres que de la seule richesse matérielle. Ils reconnaissaient donc que l'argent ne fait pas le bonheur, et que celui-ci est une chose trop subjective et trop complexe pour être saisie et mesurée par les instruments de la science économique, comme les prix ou la monnaie. Néanmoins, l'économie se concentrera sur la composante matérielle du bonheur, appelée la *richesse* ou le *bien-être économique*.

Paradoxalement, on parle aujourd'hui abondamment du bonheur en économie, alors même que dans les pays développés, on n'a plus du tout le sentiment, que le fait de disposer de plus de richesse rend les hommes

62 Thomas HOBBES, *Léviathan*, Paris, Éditions Sirey, 1971, p. 357-377.

63 Chez Aristote notamment, le bonheur ou ˜ est étroitement lié à l'éthique et aux vertus, entendues dans le sens d'action (˜), d'activité. De sorte que, une vie heureuse est le résultat d'une vie vertueuse. Aux yeux du philosophe grec, trois facteurs concourent ainsi au bonheur humain: la santé physique, l'aisance matérielle, et l'amitié. Car là où il y a la souffrance, le bonheur est problématique; l'indigence ôte à l'homme la capacité de se réaliser, de s'épanouir; et enfin l'on ne peut être heureux tout seul. Autrement dit, pour Aristote, le bonheur doit conduire à l'accomplissement de la nature humaine dans toutes ses dimensions. Néanmoins, le *parfait bonheur* est une *activité* essentiellement *théorétique*, *contemplative*, en ce sens que c'est l'activité de Dieu. «Mais le sage aura aussi besoin de la prospérité extérieure, puisqu'il est un homme: car la nature humaine ne se suffit pas pleinement à elle-même pour l'exercice de la contemplation, mais il faut aussi que le corps soit en bonne santé, qu'il reçoive de la nourriture et tout autres soins. Cependant, s'il n'est pas possible sans l'aide des biens supérieurs d'être parfaitement heureux, on ne doit pas s'imaginer pour autant que l'homme aura besoin de choses nombreuses et importantes pour être heureux: ce n'est pas, en effet, dans un excès d'abondance que résident la pleine suffisance et l'action, et on peut, sans posséder l'empire de la terre et de la mer, accomplir de nobles actions, car même avec des moyens médiocres on sera capable d'agir selon la vertu. […] Il suffit d'avoir la quantité de moyens strictement exigés par l'action vertueuse: alors sera heureuse la vie de l'homme agissant selon la vertu» (ARISTOTE, *Ethique à Nicomaque*, X, 9, 1178 *b* 35, 1179 *a* 5).

plus heureux. Ce regain d'intérêt pour ce vieux thème vient de la croyance de la pensée économique dominante, selon laquelle *«l'augmentation de la richesse ou du revenu, même si elle n'induit pas toujours une augmentation proportionnelle du bonheur, elle ne conduit nullement à sa diminution»*[64].

Au fond, comme le note le philosophe italien Salvatore Natoli:

> La corrélation directe entre bonheur et revenu est une erreur qui naît de la mise entre parenthèse des véritables besoins des sujets. Nous avons surtout considéré l'activité économique comme l'élargissement des consommations, l'accroissement des profits. Nous avons alors pensé que les besoins de l'homme étaient inscrits dans la simple croissance économique. Cette conception de l'activité économique renverse naturellement la logique de la consommation: l'utilité n'est plus liée au bonheur, à la réalisation de soi, mais elle devient plutôt «utilité économique», c'est-à-dire liée à la croissance économique, à l'accumulation de biens. Ainsi, se défait le lien *consommation-satisfaction* des besoins, dès lors que l'utilité se rapporte directement aux biens, déconnectés des besoins humains, et donc des personnes[65].

Luca Gaggioli aboutit au même constat sur la dérive consumériste, dans son article *Per una teologia dei consumi*:

> La croissance des consommations, écrit-il, a conduit à l'intériorisation de la logique consumériste fondée sur l'inversion du rapport entre objet et besoin, de sorte qu'on ne produit plus les objets pour satisfaire des besoins mais on crée les besoins pour continuer à produire des objets. La dimension toujours de plus en plus marchande et quantitative des nos rapports avec les choses a produit une insatisfaction croissante, la gêne, le malaise, les maladies sociales telles que l'ennui, le stress, la dépression, la croissance des comportements aliénants comme le shopping[66].

Dans une analyse très serrée du phénomène de la «consommation de masse», Gilles Lipovetsky indique que les démocraties occidentales ont basculé, depuis une vingtaine d'années, dans l'*hyperconsommation*, synonyme d'*hyper-matérialisme*[67]. L'expression «société de consommation» apparaît dans les années 1920. Elle s'est popularisée dans les années 1950-1960. Lipovetsky distingue ainsi trois grands moments dans l'évolution

64 Luigino BRUNI (a cura di), «Si può essere felici da soli? Su «eudaimonia», economia e dono», art. cit., p. 79.
65 Ibid., p. 80.
66 Luca GAGGIOLI, «Per una teologia dei consumi. Vita e Bibbia», in *Rivista di Teologia Morale*, 2002, n° 135, p. 395.
67 Gilles LIPOVETSKY, «La société d'hyperconsommation», in *Le Débat*, mars-avril 2003, n° 124, p. 74-98.

de la civilisation consommationniste, qu'il nomme la phase I, la phase II, et la phase III de l'ère de la consommation de masse.

3.1. La phase I de la consommation de masse

Cette phase inaugurale de la société de consommation de masse commence autour des années 1880 et s'achève avec la Seconde Guerre mondiale[68]. C'est la période du développement de la production de masse, marquée notamment par la constitution des grands marchés nationaux, en lieu et place des petits marchés locaux, rendus possibles par les nouvelles conditions de la production industrielle et les infrastructures modernes de transport et de communication (chemin de fer, télégraphe, téléphone).

On note donc ici la prolifération de nouveaux produits durables ainsi que des méthodes et des procédés inédits de fabrication industrielle capables de produire en très grandes séries des marchandises standardisées vendues à bas prix. Mais, malgré l'abondance, la phase I a plutôt créé une consommation de masse à dominante bourgeoise, excluant de fait la majorité des foyers populaires dotés de ressources trop faibles pour acquérir les équipements modernes[69].

> En développant une production de masse, la phase I a inventé le marketing de masse ainsi que le consommateur moderne. Jusqu'aux années 1880, les produits étaient anonymes, vendus en vrac et les marques nationales très peu nombreuses. Afin de contrôler les flux de production, de rentabiliser leurs équipements, les nouvelles industries ont conditionné elles-mêmes leurs produits et fait de la publicité à échelle nationale autour de leur marque. Empaquetés et vendus sur les marchés nationaux, les produits vont dès lors porter un nom, celui que leur a attribué le fabriquant: la marque. La phase I a créé une économie fondée sur une multitude de marques célèbres dont certaines ont conservé une place de premier plan jusqu'à nos jours[70].

Ce n'est pas tout. La politique de la marque des produits a conduit à la ruine de la fonction traditionnelle du détaillant, en ce sens que «désormais, ce n'est plus au vendeur que se fie le consommateur, mais à la marque, la garantie et la qualité des produits étant transférées sur le fabriquant»[71].

68 Ibid., p. 75.
69 Ibid., p. 76.
70 Ibid., p. 76.
71 Ibid., p. 76.

Ainsi, dit justement Gilles Lipovetsky:

> En brisant l'ancienne relation marchande dominée par le commerçant, la phase I a transmué le client traditionnel en consommateur moderne, en consommateur de marques à éduquer et à séduire par la publicité. Avec la triple invention de la marque, du packaging et de la publicité est apparu le consommateur des temps modernes, achetant le produit sans l'intermédiaire obligé du commerçant, jugeant les produits d'après leur nom plutôt que d'après leur texture, achetant une signature en lieu et place d'une chose[72].

Enfin, la phase I est à l'origine du processus de «démocratisation du désir», à travers la création des grands magasins, de leurs animations et de leurs riches décorations.

> En transformant les lieux de vente en palais de rêve, les grands magasins ont révolutionné le rapport à la consommation. Style monumental des magasins, décorations luxueuses, dômes resplendissants, vitrines de couleurs et de lumière, tout est agencé pour éblouir la vue, métamorphoser le magasin en fête permanente, émerveiller le chaland, créer un climat compulsif et sensuel propice à l'achat. Le grand magasin ne vend pas seulement des marchandises, il s'emploie à stimuler le besoin de consommer, à exciter le goût des nouveautés et de la mode par des stratégies préfigurant les techniques modernes du marketing. Impressionner l'imagination, susciter le désir, présenter l'achat comme un plaisir, les grands magasins ont été avec la publicité, les principaux instruments de la promotion de la consommation en art de vivre et emblème du bonheur moderne[73].

3.2. La phase II de la consommation de masse

Le nouveau cycle historique des économies de consommation ou la phase II se met en place autour des années 1950. Elle va se structurer au cours des trois décennies de l'après-guerre. Elle s'identifie à ce que l'on a appelé «la société d'abondance» et, en France, les «Trente glorieuses»[74]. La phase II est donc marquée par une exceptionnelle croissance économique, par l'élévation du niveau de productivité du travail ainsi que par une régulation fordienne de l'économie.

C'est à la phase II, que revient justement la palme de la mise à la disposition des masses, des produits et services emblématiques de la «société de

72 Ibid., p. 76.
73 Ibid., p. 76.
74 Ibid., p. 77.

masse», par le biais de la généralisation de la consommation technique marchande.

> L'époque voit le niveau de consommation s'élever, la structure de consommation se modifier, l'achat de biens durables se répandre dans tous les milieux. En accomplissant le «miracle de la consommation», la phase II a fait apparaître un pouvoir d'achat discrétionnaire dans des couches des populations de plus en plus larges, pouvant envisager avec confiance l'amélioration permanente de leurs moyens d'existence, elle a diffusé le crédit et permis au plus grand nombre de se dégager de l'urgence du besoin strict[75].

C'est au cours de cette phase en effet que, pour la première fois, les masses vont accéder à une demande plus psychologisée et plus individualisée et à un mode de vie associé autrefois au luxe (biens durables, loisirs, vacances, mode). Ici, désormais, au niveau des marchés:

> Au marketing de masse succèdent des stratégies de segmentation centrées sur l'âge et les facteurs socioculturels. C'est un cycle intermédiaire et hybride, combinant production fordienne standardisée et fonctionnement-mode différencié qui se met en place. Tandis que s'accélère «l'obsolescence dirigée» des produits, la publicité exalte les jouissances minute et affiche un peu partout les signes de l'éros, de la sollicitude et de la fête. Rendant un culte à l'objet et aux nouveautés, multipliant par trois ou par quatre le pouvoir d'achat des salaires, démocratisant le rêve de l'eldorado consumériste, la phase II se présente comme le modèle pur de la «société de consommation»[76].

La phase II va consacrer la consommation hédoniste individualiste. Déjà, à partir des années 1950-1960, l'accès à un mode de vie plus facile et plus confortable, plus libre et plus hédoniste constituait la motivation fondamentale des consommateurs.

> En exaltant les idéaux du bonheur privé, la publicité et les médias ont favorisé des conduites de consommation moins assujetties au primat de l'autre. Mieux vivre, jouir des plaisirs de la vie, ne pas se priver, disposer du «superflu» sont apparus de mieux en mieux comme des comportements légitimes, des finalités en soi. Le culte du bien-être de masse célébré par la phase II a commencé à miner la logique des dépenses en vue de la considération sociale, à promouvoir un modèle de consommation de type individualiste[77].

La phase II a donc érigé l'hédonisme en finalité légitime de masse, et transformé en même temps l'ambiance ou le style de la consommation en l'enveloppant d'un halo de légèreté et de ludisme, de juvénilité et d'éro-

75 Gilles LIPOVETSKY, «La société d'hyperconsommation», art. cit., p. 77.
76 Ibid., p. 77.
77 Ibid., p. 78.

tisme[78]. C'est l'époque notamment de l'explosion spectaculaire du phénomène de la mode consommationniste.

> Scooter, tourne-disques, transistor, télévision, juke-box, flipper, Club Méditerranée, rock'n'roll, pin-up, jeans et mini-jupe, autant de produits certes très disparates, mais qui, associés à la jeunesse ou à l'éros, à la mobilité et à la liberté, à l'évasion et au divertissement ont allégé, dynamisé l'imaginaire consommatoire. Le stade «lourd», emphatique et compétitif de la marchandise a reculé d'un cran au bénéfice d'une mythologie euphorique et ludique, frivole et juvénile. D'où la nature hybride de ce cycle se présentant, à l'échelle historique, comme une formation de compromis entre la mythologie du standing et celle du *fun*, entre la consommation démonstrative et la consommation hédoniste individualiste[79].

Cette phase est donc achevée. Ainsi, depuis les années 1980, les sociétés développées nagent dans l'hyperconsommation, la phase III de la marchandisation moderne des besoins.

3.3. La phase III de la consommation de masse

Gille Lipovetsky appelle ce troisième acte des économies de consommation en cours dans les sociétés libérales, le cycle du «turbo-consumérisme» ou de la «consommation-monde».

> Pour le conceptualiser en une formule, la phase III représente le passage de la consommation individualiste à la consommation hyperindividualiste. De même que le capitalisme déréglementé et globalisé est devenu «turbo-capitalisme», de même est-on témoin de l'émergence d'un «turbo-consommateur», largement affranchi du poids des conventions et règles de classes[80].

Cette phase est celle du règne de l'«hypermanchandise» déconflictualisée et post-conformiste. En l'occurrence:

> L'apogée de la marchandise, ce n'est pas la valeur signe différentielle mais la valeur expérientielle, la consommation «pure» valant non comme signifiant social mais comme panoplie de services pour l'individu. La phase III est le moment où la valeur distractive l'emporte sur la valeur honorifique, la conservation de soi sur la comparaison provocante, le mieux-être sur l'étalage des signes ostensibles[81].

78 Ibid., p. 79.
79 Ibid., p. 79.
80 Ibid., p. 91.
81 Ibid., p. 80.

Le côté plus inquiétant et terriblement pervers de la «nouvelle donne consommationniste» est que la marchandisation des besoins a investi de manière dommageable des domaines sacrés de la vie sociale, comme la religion, la famille, ainsi que l'éthique. Comme le note judicieusement Gilles Lipovetsky:

> La société d'hyperconsommation signifie bien plus que l'extension sans fin de la sphère de l'économie politique, elle désigne le stade où le non-économique lui-même se trouve investi par la forme consumériste désormais globalisée. On a dépassé l'état de l'économie politique généralisée, on est dans un consumérisme sans frontières, dans la consommation-monde, cette scène historique où non seulement les échanges sont réglés par le marché, mais où même ce qui n'est pas marchandisé est saisi par l'*ethos* consumériste. Dans les sociétés de marché de la phase III, la figure du consommateur s'observe à tous les étages de la vie sociale, elle s'immisce partout, dans tous les domaines, qu'ils soient économiques ou hors économie: elle se présente comme le miroir parfait dans lequel se déchiffre la nouvelle société des individus[82].

La religion en tant qu'instance ultime du sens de l'agir humain est vivement interpellée ici, en ce sens qu'elle ne constitue plus véritablement un contre-pouvoir au règne de la consommation-monde. Et pour cause.

> À la différence du passé, observe Gilles Lipovetsky, l'Église ne met plus en avant les notions de péché mortel, elle n'exalte plus guère le sacrifice et le renoncement. Le rigorisme et la culpabilisation se sont fortement atténués en même temps que les anciennes thématiques de la souffrance et de la mortification. Tandis que les idées de plaisir et de désir sont de moins en moins associées à la «tentation», la nécessité de porter sa croix sur terre s'est effacée. Il ne s'agit plus tant d'inculquer l'acceptation des épreuves que de répondre aux déceptions à l'égard des mythologies séculières qui n'ont pas réussi à tenir leur promesse et d'apporter la dimension spirituelle nécessaire à l'épanouissement complet de la personne. D'une religion centrée sur le salut dans l'au-delà, le christianisme est passé à une religion au service du bonheur intramondain, mettant l'accent sur les valeurs de solidarité et d'amour, sur l'harmonie, la paix intérieure, la réalisation totale de la personne[83].

Selon Gilles Lipovetsky donc, le christianisme dans sa réinterprétation globale actuelle s'est malheureusement ajusté aux idéaux de bonheur, d'hédonisme, d'épanouissement des individus, caractéristiques de l'époque contemporaine, de sorte que «l'univers hyperbolique de la consommation n'a pas été le tombeau de la religion, mais l'instrument de son adaptation

82 Ibid., p. 93.
83 Ibid., p. 94.

à la civilisation du bonheur terrestre»[84]. En effet, aujourd'hui, le libre-service a investi la spiritualité, au nom de la libre expression des émotions et des sentiments des individus concourant au mieux-être personnel. Mais dans la quête, sans doute, légitime de l'épanouissement personnel:

> C'est de plus en plus la recherche de la réalisation psychologique du sujet qui se trouve au centre, tant des expériences des croyants proprement dits que des nouvelles «religions sans Dieu». Ce qui fait la valeur de la religion, ce n'est plus sa position de vérité absolue, mais la vertu qu'on lui attribue de pouvoir favoriser l'accès à un état supérieur d'être, à une vie subjective meilleure et plus authentique[85].

Dans tous les cas, l'analyse critique de Lipovetsky sur la dérive de la religion face au consumérisme marchand, loin de rebuter ou de crisper notre conscience chrétienne, elle nous rassure plutôt quant à l'invariant authentique de la foi, tout en nous maintenant en état d'éveil permanent:

> Naturellement – est-ce utile de le souligner –, croire n'est pas consommer: s'inscrivant dans la continuité d'une tradition, recherchant l'«essentiel», le divin et le sens de la vie, l'esprit de foi ne peut se confondre avec l'esprit pragmatique du consumérisme. Il n'en reste pas moins vrai que la réaffirmation contemporaine du religieux se trouve marquée par les traits même qui définissent le turbo-consommateur expérientiel: participation temporaire, incorporation communautaire libre, comportement à la carte, primat du mieux-être subjectif et de l'expérience émotionnelle. Sur ce plan, *homo religiosus* apparaît davantage comme la continuation d'*homo consumericus* par d'autres moyens que sa négation. Il ne s'agit évidemment pas de résorption du religieux dans la consommation: simplement, nous assistons à l'extension de la formule du supermarché jusque dans les territoires du sens, à la pénétration des principes de l'hyperconsommation à l'intérieur même de l'âme religieuse[86].

Outre la religion, des grandes institutions sociales, comme la famille, la politique ou l'école, par exemple, sont reformatées, «revues et corrigées» dans et par la logique du turbo-consumérisme. S'agissant notamment de la famille, il y a le spectacle dramatique du couple qui se désinstitutionnalise et se privatise,

> devenant plus contractuel, plus instable, chacun se voulant autonome et cherchant à privilégier sa disponibilité dans un engagement pensé comme résiliable. Baisse de la nuptialité, augmentation des unions libres, progression du divorce, précarité des liens:

84 Gilles LIPOVETSKY, «La société d'hyperconsommation», art. cit., p. 94.
85 Ibid., p. 94.
86 Ibid., p. 94.

> la famille n'échappe plus tout à fait à la culture, aux stratégies temporaires, individualisées, contractualisées de l'individu-consommateur[87].

Un autre aspect fort inquiétant du turbo-consumérisme, quant au futur, concerne le sacre de l'enfant dans l'*«ordre consommationniste»* contemporain. Tout comme l'adulte, l'enfant participe aujourd'hui à part entière à l'ordre consommationniste, à la délectation d'ailleurs des parents généralement consentants. Dans le passé, comme le rappelle Lipovetsky, les choix et décisions d'achat étaient dévolus pour l'essentiel aux parents, conformément à la culture traditionnelle fondée sur l'autorité souveraine des parents et l'obéissance inconditionnelle des enfants[88]. Toutefois, les jeunes adolescents ont commencé à émerger comme consommateurs «autonomes» et cible commerciale spécifique, dans les années 1950-1960, via la pratique de l'argent de poche, des publicités et des produits culturels qui leur étaient spécialement déstinés.

Mais seulement voilà, à l'ère du turbo-consumérisme:

> L'enfant ou le préadolescent exerçant une influence de plus en plus importante sur les achats effectués par les parents eux-mêmes: il est devenu un acheteur-décideur par son argent de poche en même temps qu'un prescripteur d'achats par le nouveau rôle qu'il joue à l'égard des parents. Parce que le modèle autoritaire est disqualifié, l'enfant aujourd'hui communique ses préférences, exprime des demandes, donne son opinion à propos des choix parentaux. L'enfant muet fait partie d'une époque révolue: dans la situation actuelle, il choisit, émet des vœux, donne son avis à l'occasion des courses, les parents prenant en compte ses désirs et lui transmettant un style de consommation finalisé par le plaisir. Nous voici à l'âge de l'enfant hyperconsommateur, écouté, ayant le droit de faire ses propres choix, disposant d'une parcelle de pouvoir économique, contrôlant directement ou indirectement une partie des dépenses des ménages[89].

Il y a plus. Il est, ici, question de la libre expression permissive des désirs subjectifs favorisant les comportements des plus jeunes par l'intermédiaire de l'argent de poche. D'où la consommation est pensée, en l'occurrence, comme instrument de plaisir, d'éveil et de développement de l'autonomie de l'enfant[90]. Du côté des parents, elle est perçue, simultanément, comme un moment de joie procuré par le spectacle du plaisir des enfants[91]. Ainsi:

87 Gilles Lipovetsky, «La société d'hyperconsommation», art. cit., p. 95.

88 Ibid., p. 92.

89 Ibid., p. 92.

90 Ibid., p. 92.

91 Ibid., p. 92.

> La phase III est ce cosmos où prévaut la «consommation amour», la consommation-fête des plus petits comme des plus âgés. À l'heure où s'épanouit «l'enfant-roi» informé, décideur et prescripteur, la consommation apparaît comme un moyen pour «acheter la paix» dans la famille, une manière de se faire pardonner de trop longues absences, en même temps qu'un droit de l'enfant fondé sur le droit au bonheur, aux plaisirs, à l'individualité[92].

L'éthique aussi est contaminée par le virus du turbo-consumérisme. Dans les sociétés développées:

> On ne consomme plus seulement des choses, des films et des voyages, on achète des «produits éthiques», on consomme des actions humanitaires, de la solidarité et du respect de l'environnement. Autre temps, autres motivations: aux militants politiques ont fait suite les nouveaux consommateurs «engagés», friands de labels éthiques et de produits de sens associés à la défense des enfants, des malades, des affamés, des animaux, de la nature, des victimes en tout genre[93].

L'on parle, ainsi, couramment dans cette ambiance de la dramatisation de l'éthique, de consommation «correcte», de dépense citoyenne, écologique et socialement responsable.

> Simultanément, la fête de la marchandise a désormais pour complément les galas médiatisés de la bienfaisance de masse avec ses stars et ses jeux, ses rires et ses pleurs, ses déluges d'appels et de dons. L'hyperconsommateur expérientiel plébiscite les mégashows de la bonté, les témoignages poignants, le rock caritatif, les vedettes au service de la générosité, le tout baignant dans une ambiance festive et interactive. Le stade terminal de la consommation s'accomplit dans le sacre de la valeur éthique, instrument d'affirmation identitaire des néo-consommateurs et génératrice d'émotion –minute pour les spectateurs des marathons philanthropiques[94].

C'est la valeur vie, surtout dans sa double dimension psychosomatique, qui consciemment ou inconsciemment, sous-tend le délire consumériste des sociétés de l'abondance, comme l'atteste la médicalisation de la consommation. Les dépenses de santé l'emportent aujourd'hui nettement sur l'ensemble de la consommation, de sorte que l'*homo consumericus* est devenu de plus en plus l'*homo sanitas*[95]. La santé est érigée ainsi en valeur première et apparaît quasi omniprésente à tous les âges.

92 Ibid., p. 92.
93 Ibid., p. 94-95.
94 Ibid., p. 95.
95 Ibid., p. 83.

> Guérir les maladies ne suffit plus, il s'agit maintenant d'intervenir en amont pour en détourner le cours, anticiper l'avenir, changer les comportements vis-à-vis des conduites à risques, faire preuve de bonne «observance». En même temps, la compétence médicale s'étend à tous les domaines de la vie pour en améliorer la qualité. Tandis qu'un nombre croissant d'activités et de sphères de l'existence prennent la coloration sanitaire, les biens de consommation intègrent de plus en plus la dimension de la santé: aliments, tourisme, habitat, santé, cosmétiques, la thématique de la santé est devenue un argument décisif de vente[96].

Autrement dit, la médicalisation de la santé aide, dans l'imaginaire collectif, non seulement à conserver et à allonger la vie, mais aussi à améliorer la «qualité de vie», ainsi qu'à résoudre de plus en plus les problèmes de l'existence quotidienne des plus jeunes comme des plus âgés:

> Sommeil, anxiété, dépression, boulimie, anorexie, sexualité, beauté, performances en tous genres, dans tous les domaines sont mobilisés de manière croissante les actions médicamenteuses et chirurgicales. En société d'hyperconsommation, la solution à nos maux, la recherche du bonheur se place sous l'égide de l'intervention technicienne, du médicament, des prothèses chimiques. Cela n'élimine pas les approches psychothérapeutiques, mais force est de constater que la «pharmacie du bonheur» tend à en réduire la place et l'importance[97].

Qu'en est-il donc, au final, du bonheur matérialiste intramondain du corps magnifié par l'idéologie de la mondialisation néo-libérale, qui évacue ou met en sourdine les demandes spirituelles de l'homme? Celles-ci constituent en effet un bien faible courant, par rapport aux préoccupations relatives à la santé et à l'allongement de la vie. «C'est le corps dans ce qu'il a de plus objectif qui est massivement ausculté et traité, et il ne fait aucun doute que demain cette dynamique matérialiste sera encore beaucoup affirmée avec les possibilités offertes par la génétique»[98]. Et demain, c'est déjà aujourd'hui; et nous y sommes de plain-pied, avec le décryptage du génome humain hissant d'un cran le génie humain dans le redoutable rôle d'apprenti sorcier, jouant allègrement au Dieu Créateur[99].

96 Ibid., p. 83.
97 Ibid., p. 84.
98 Ibid., p. 84.
99 Qu'on pense ici notamment à la brèche ouverte par la problématique du clonage humain, à propos de l'usage à des fins thérapeutiques des cellules embryonnaires humaines surnuméraires. Il y a fatalement ici, au départ et au bout du compte, la satisfaction des motivations coupables de l'eugénisme, contrevenant au respect du principe sacro-saint de la dignité de la personne humaine.

Nous pouvons donc, à présent, résumer et conclure ce chapitre, avec cet état des lieux du bonheur matérialiste marchand établi avec lucidité par Gilles Lipovetsky:

> Chacun a de plus en plus du mal à assumer les difficultés de la vie, chacun a le sentiment que la vie est plus lourde, plus chaotique, plus «impossible», alors même que les conditions matérielles progressent. Tandis que rayonne l'euphorie du bien-être, chacun a plus ou moins, le sentiment de n'avoir pas vécu ce qu'il aurait voulu vivre, d'être mal compris, d'être en marge de la «vraie vie». Si le plus grand nombre, dans les sondages, se déclare heureux, tout le monde, à intervalles plus ou moins réguliers, se montre inquiet, morose, insatisfait de sa vie privée ou professionnelle. La civilisation qui s'annonce n'abolit pas la sociabilité humaine, elle détruit la tranquillité avec soi et la paix avec le monde, tout se passant comme si les insatisfactions vis-à-vis de soi progressaient proportionnellement aux satisfactions procurées par le marché. Un pas en avant, un pas en arrière: la gaieté, la légèreté de vivre ne sont pas au rendez-vous du progrès. Toujours plus de satisfactions matérielles, toujours plus de voyages, de jeux, d'espérance de vie: pourtant, cela ne nous a pas ouvert en grand les portes de la joie de vivre[100].

Cette radioscopie négative du bonheur matérialiste «prêt-à-consommer» offert à profusion par le marché est confirmée, de bout en bout, par maints auteurs engagés dans le débat actuel sur *Economics and Happiness*, organisé par l'*Economic Journal*. Luigino Bruni résume leur pensée commune en quatre points:

1) Le bonheur est quelque chose de divers, par rapport aux moyens économiques par lesquels nous croyons y parvenir. Nous pouvons ainsi être riches et malheureux:

> L'importance de la prestation économique est qu'elle peut être un moyen au service d'une fin. Mais cette fin, ce n'est pas la consommation de *beefburgers*, ni l'accumulation de postes téléviseurs ni la convoitise des niveaux élevés de taux d'intérêts, mais plutôt l'enrichissement du sentiment de bien-être de l'humanité» (A. J. OSWALD, «Happiness and economic performance», in *Economic Journal*, (1997) 107, p. 1815).

Le même concept de *happiness*, qui renvoie originairement à la conception aristotélicienne et classique du bonheur comme *eudaimonia* (fin ultime) évoquée plus haut, est repris aujourd'hui par Yew-Kwang Ng:

> Nous voulons de l'argent (ou autre chose) seulement comme moyen pour augmenter notre bonheur. Si avoir plus d'argent n'accroît pas substantiellement notre

100 Gilles LIPOVETSKY, «La société d'hyperconsommation», art. cit., p. 98.

bonheur, alors l'argent n'est pas très important, mais le bonheur, lui, l'est» (Yew-Kwang NG, «A case for Happiness, Cardinalism and Interpersonal Comparability», in *Economic Journal*, (1997) 107, p. 1849).

D'où l'intérêt bien compris des économistes, vis-à-vis de ce paradoxe patent, d'une *richesse/revenu accrue* accompagnée d'un *bonheur minime*.

2) Le *happiness* est l'évaluation de la vie dans sa totalité («as a whole»). Autrement dit, le bonheur est bien distinct de l'éphémère sensation de plaisir.
3) L'on note chez la plupart des auteurs contemporains qui s'occupent du *happiness*, un manque de précision dans la définition de ce concept. Ainsi, *happiness* est respectivement synonyme de *plaisir* chez Harsany (1999); de *welfare* pour Ng (1997); de *well-being* chez Frank et Oswald, mais aussi d'*utilité* pour d'autres auteurs. R. Eastern réconcilie, à sa manière, l'ensemble de ses auteurs en considérant leurs différentes notions comme des *substituts:* «J'utilise les termes de *happiness, subjective well-being*, *satisfaction*, *utility*, *well-being*, et *welfare*, comme des substituts» (R. EASTERN, *Income and Happiness: Towards a Unified Theory*, Oxford University, Mimeo, p.1-2).
4) Le bonheur est normalement lié à la *consommation relative*. Il dépend en d'autres termes de ce par quoi notre consommation se différencie de celle des personnes de notre rang (R. FRANK, *Luxury fever,* 1999)[101].

101 Luigino BRUNI, «Sul consumo, sui beni, sulla felicità», art. cit., p. 112-113.

Chapitre 11

La vision chrétienne du développement

La thématique du développement a pris globalement du relief dans l'enseignement social de l'Église, surtout avec la prise de conscience accrue, depuis Pie XI, de l'*importance historique de la civilisation industrielle*[1], qui aboutira aux encycliques spécialisées de Jean XXIII (*Mater et Magistra* 1961) et Paul VI (*Populorum progressio*, 1967) et à la Constitution sur l'Église dans le monde de ce temps (*Gaudium et spes*, 1965) de Vatican II. Les notions de croissance et de développement sont au cœur de la civilisation industrielle initiée au 19e siècle, en Occident[2].

De manière spécifique, c'est avec l'encyclique *Mater et Magistra* de Jean XXIII, que se manifeste pour la première fois, dans l'enseignement de l'Église, une vive conscience de la question du développement, telle qu'elle se pose à partir de la vague d'indépendances des jeunes nations d'Afrique et d'Asie, dites précisément «en voie de développement»[3]. Le Pape cite nommément dans sa lettre encyclique, «la fin du régime colonial, l'accession des peuples d'Asie et d'Afrique à l'indépendance et le

1 Jean-Marie AUBERT, *Abrégé de la morale catholique*, Paris, Desclée, 1987, p. 390-391. Pour mémoire, dans sa lettre encyclique *Quadragesimo Anno* célébrant le quarantième anniversaire de *Rerum Novarum*, Pie XI prend acte de la nouvelle donne de la civilisation industrielle induite par la complexification du capitalisme entrepreneurial et y encourage les chrétiens à entrer en politique pour contribuer au mieux à la résolution des problèmes sociaux (*QA*, 152-157). L'un des plus grands mérites du Pape Pie XI, justement, est d'avoir stimulé l'essor de l'*Action catholique* incarnée par une diversité de mouvements des laïcs engagés dans différents secteurs de l'action sociale: la JOC, la JAC, la JUC, la JEC, la JIC, etc. Cf. Michel SCHOOYANS, *Pour relever les défis du monde moderne. L'enseignement social de l'Eglise*, op. cit., p. 47-49.

2 Nous avons analysé les trois notions fondamentales de la thématique du développement – *développement, croissance, progrès* – dans le deuxième chapitre de la Première Partie, consacré au *Projet développementaliste des jeunes Etats indépendants* (p. 27-33). Nous y reviendrons brièvement plus loin, pour souligner surtout la contribution majeure de la pensée chrétienne en la matière.

3 Cf. Jean-Yves CALVEZ, *L'économie, l'homme, la* société. *L'enseignement social de l'Église*, Paris, Desclée de Brouwer, 1989, p. 197-211.

resserrement de leur interdépendance»[4], parmi les grandes nouveautés de l'époque.

Toutefois, c'est par le biais des *relations* avec les pays développés, que *Mater et Magistra* aborde la problématique du développement des pays pauvres. Ces relations s'expriment en termes d'écart criant entre les deux mondes:

> Le problème le plus important de notre époque est peut-être, écrit Jean XXIII, celui des relations entre les pays économiquement développés et les pays en voie de développement. Les premiers jouissent de tous les agréments de la vie, les seconds souffrent d'une misère aiguë[5].

En effet, 1961, l'année de la publication de *Mater et Magistra*, est une date symbolique, sur le plan de l'économie mondiale. Elle est caractérisée dans les pays développés par «les effets déjà visibles et sensibles de l'entrée dans les «trente glorieuses», pour reprendre l'expression banalisée de Jean Fourastié, désignant les trente années de croissance sans précédent»[6].

La question du développement proprement dit est abordée, de front, dans trois grands documents du Magistère postérieurs à Jean XXIII, *Gaudium et spes, Populorum progressio* et *Sollicitudo rei socialis.* Il s'agit à la fois d'une question de «misère et faim» (*MM,* 157), de «contrôle du processus économique» (*GS* 65, 3)[7], de «combat contre la misère et de lutte contre l'injustice; de promotion du mieux-être, du progrès humain et spirituel, du

4 Jean XXIII, *Mater et Magistra*, Paris, Éditions Spes, 1962, n° 49.

5 Ibid., n° 157.

6 Jean-Louis Schlegel, «Présentation de l'encyclique Mater et Magistra», in Denis Maugenest (sous la direction de), *Le discours social de l'Eglise Catholique de Léon XIII à Jean-Paul* II, Paris, Le Centurion, 1985, p. 245.

7 «Le développement doit demeurer sous le contrôle de l'homme. Il ne doit pas être abandonné à la discrétion d'un petit nombre d'hommes ou de groupe jouissant d'une trop grande puissance économique, ni à celle de la communauté politique ou à celles de quelques nations plus puissantes. Il convient au contraire que le plus grand nombre possible d'hommes, à tous les niveaux, et au plan international l'ensemble des nations, puissent prendre une part active à son orientation. Il faut de même que les initiatives spontanées des individus et de leurs libres associations soient coordonnées avec l'action des pouvoirs publics, et qu'elles soient ajustées et harmonisées entre elles» (Concile Vatican II, *La Constitution pastorale «Gaudium et spes»*, Paris, Éditions Spes, 1966, n° 65). Cette injonction prophétique des Pères conciliaires, on s'en doute, s'inscrit totalement en faux contre la logique individualiste dévastatrice de l'idéologie de la mondialisation néo-libérale.

bien commun de l'humanité» (*PP,* 76)[8], de «libération par rapport à toute forme d'esclavage, pour l'homme et pour la société» (*SRS,* 46).

L'objet de l'intervention de l'Église en la matière, disons-le, d'entrée de jeu, est essentiellement d'aider à la fois à cerner et lever les ambiguïtés inhérentes à cette thématique du développement, tributaire de la révolution industrielle. Car, comme le souligne bien Jean-Marie Aubert:

> Si ce processus exprime une *tension de l'humanité vers un surplus d'être,* vers plus de plénitude humaine, en soi *il n'est pas dit qu'il ne tourne pas à une régression* et au malheur de l'homme; c'est la leçon à tirer soit de l'existence du sous-développement, soit de la grande crise des sociétés industrielles sous l'impact d'une croissance non maîtrisée[9].

Dans ce chapitre, nous exposerons, à grands traits, la conception chrétienne du développement, à partir des deux catégories bibliques fondamentales de *vocation* et *libération* thématisées par la pensée théologique, en réaction contre les modèles réductionnistes de développement dominants du capitalisme libéral et du socialisme marxiste. Nous rappellerons, au préalable, les traits majeurs de l'anthropologie chrétienne esquissée par *Gaudium et spes* et développée par la réflexion théologique postconciliaire.

8 Cette idée est développée de manière pittoresque par Paul VI, au tout début de sa lettre encyclique: «Etre affranchis de la misère, trouver plus sûrement leur subsistance, la santé, un emploi stable; participer davantage aux responsabilités, hors de toute oppression, à l'abri des situations qui offensent leur dignité d'hommes; être plus instruits, en un mot, faire, connaître, et avoir plus, pour être plus: telle est l'aspiration des hommes d'aujourd'hui, alors qu'un grand nombre d'entre eux, sont condamnés à vivre dans des conditions qui rendent illusoire ce désir légitime. Par ailleurs les peuples parvenus depuis peu à l'indépendance nationale éprouvent la nécessité d'ajouter à cette liberté politique une croissance autonome et digne, sociale non mois qu'économique, afin d'assurer à leurs concitoyens leur plein épanouissement humain, et de prendre la place qui leur revient dans le concert des nations» (PAUL VI, *Populorum progressio*, Paris, Éditions Spes, 1967, n° 6).

9 Jean-Marie AUBERT, *Abrégé de la morale catholique*, op. cit., p. 391.

1. L'anthropologie chrétienne du développement

La vision chrétienne du développement est forcément anthropocentrique. Elle s'articule, en effet, entièrement autour de l'homme institué, comme *intendant* de Dieu, dans l'ordre de la création, suivant l'injonction biblique de Genèse 1, 28: «Emplissez la terre et soumettez-là».

Ainsi, comme le souligne Jean-Marie Aubert:

> Le texte fondamental de la Genèse (1,28) trace à l'homme une mission fondamentale à *l'égard de la nature*, dont il a besoin pour sa propre existence et croissance: mission de *dominer le cosmos*, de se l'assujettir par le travail, c'est-à-dire en fait de créer des valeurs économiques, puisqu'on sait que le but de l'économie est justement d'adapter la nature à l'homme, de la faire correspondre à ses besoins, en la transformant par le travail. On peut donc dire que *l'activité économique* est une des plus naturelles, comme voulue par Dieu, et *entrant dans la définition de l'existence humaine*. Bref, il s'agit d'une mission de mise en valeur, de gérance de l'univers, pour le faire fructifier[10].

L'effort entreprenant de l'homme appelé l'économie est donc totalement au service de sa croissance et/ou de son développement. Mais, cette mission cosmique de gérance de l'univers confiée à l'homme par Dieu, dès sa création et accomplie par son activité industrieuse, s'imposera comme une évidence à la conscience chrétienne formée davantage dans l'optique de la *contemplation*, seulement depuis l'entrée dans l'ère industrielle[11].

Pie XII y fait particulièrement écho dans son *Radiomessage de Noël 1957*, en rappelant la vocation authentique de l'homme selon le christianisme: «La vocation du christianisme n'est pas une invitation de Dieu à la seule contemplation esthétique de son ordre admirable, mais *l'appel obligatoire à une action incessante*, austère et dirigée en tous sens et vers tous les aspects de la vie»[12]. L'on a ici, en même temps, le fondement d'une théologie du travail, ainsi que la valorisation de l'effort technique et de l'activité économique rendue initialement possible par l'Evangile[13]. D'où «la *création de richesses économiques* est *un aspect essentiel de la vocation de l'homme,* voulue par Dieu»[14]. Cette affirmation théologique est de taille et appelle, bien entendu, une élucidation, particulièrement dans le

10 Ibid., p. 392.
11 Ibid., p. 392.
12 Ibid., p. 392.
13 Ibid., p. 392.
14 Ibid., p. 392-393.

contexte conflictuel et cacophonique actuel de la crise écologique mondiale, dont d'aucuns attribuent, sans ménagement, l'entière responsabilité à l'anthropocentrisme judéo-chrétien. Qu'en est-il au juste?

Si l'on ne peut nullement nier le lien d'enracinement de la civilisation industrielle dans l'anthropocentrisme biblique, en revanche, on peut répondre, de suite, à la grave accusation de responsabilité plénière de la crise écologique contemporaine imputée au judéo-christianisme, en rappelant haut et fort, dans la foi, que l'univers et tout ce qu'il contient appartiennent en propre au Dieu Créateur et Seigneur du ciel et de la terre, et que l'homme en est un simple intendant et donc entièrement responsable de sa gestion devant le Créateur. Par ailleurs, cette mission de gérance de l'univers lui est échue justement, en sa qualité spéciale d'être créé «à l'image de Dieu» (Gn 1,26), c'est-à-dire doté d'intelligence et de liberté, qui lui permettent, en permanence, d'entrer et de demeurer en dialogue avec son Créateur.

> Selon le plan de Dieu, être gérant de la nature, ce n'est pas simplement en être le concierge ou être le simple témoin de l'œuvre que Dieu aurait accomplie, une fois pour toutes, dès le début de la création. Etre gérant de la nature, c'est travailler, c'est-à-dire imprimer à la nature une empreinte humaine, c'est situer l'activité humaine dans le sillage de l'activité créatrice de Dieu. En toute rigueur, Dieu seul crée, mais lorsque l'homme travaille, il coopère à la création divine. Plus précisément, l'homme est invité par son travail, à participer, librement et de façon responsable, au projet créateur continue de Dieu. La création n'est donc pas un événement ponctuel qui se serait produit une fois pour toutes à l'origine du monde. Elle est un événement constant. Nous sommes *en état de création permanente*, et l'homme, précisément parce qu'il est raisonnable et libre, est associé de façon strictement personnelle à l'activité créatrice continue de Dieu[15].

Qui est-ce donc l'homme, sujet et fin du développement ou de la croissance, pour le christianisme? Et en quoi précisément la vision chrétienne du développement diffère-t-elle de celle de la mondialisation néo-libérale exposée plus haut? Nous avons déjà indiqué, au passage, l'élément primordial de la définition chrétienne de l'homme: la notion d'*«image de Dieu»*. Nous allons l'examiner, à présent, en relation avec d'autres notions constitutives de la vision biblique de l'homme. La connaissance de cet ensemble des notions anthropologiques devrait normalement aider à

15 Michel SCHOOYANS, *Pour relever les défis du monde moderne. L'enseignement social de l'Église*, op. cit., p. 24.

mieux comprendre l'originalité de la conception chrétienne du développement, à la fois, comme *vocation* et comme *processus de libération*.

1.1. L'homme «image de Dieu»

Commentant la grave crise anthropologique de la société post-moderne, Vito Angelo Todisco parle justement du *décentrement* de l'homme contemporain, *omniprésent* sur la scène artistique, mais *jamais* au *centre*!

> L'homme a subi la perte gravissime de son histoire: la perte du *centre*. Il est devenu une réalité *excentrique*, analysé objectivement par l'œil du philosophe, soit myope, qui réduit son être à la structure biologico-pulsionnelle, ou presbyte, projetant son donné ontologique sur une prise de responsabilité fantomatique. Dans cette réalité sans repères sûrs, cosmiques ou anthropologiques, la capacité cognitive de l'homme est réduite à l'apprentissage d'informations fluides dans le grand aquarium où les divers mollusques sont interchangeables. L'homme est invité à boire la coupe jusqu'à lie, pour la passer ensuite aux autres. Pour lui, rien n'a de sens, parce que lui est: «Le sans sens»[16].

Est posée ici de manière radicale, la *question existentielle* de l'homme *«capax Dei»* déboussolé, parce qu'il s'est ôté toute capacité cognitive de la réalité transcendante, en se forgeant ses propres normes cognitives. Ainsi donc, pour l'homme moderne et post-moderne, «les boussoles n'ont plus un nord. Le nord, désormais, indique seulement un point quelconque du champ magnétique modifié par la coque et, malheureusement, jamais par le pont de commande des embarcations personnelles»[17]. De sorte que, poursuit Vito Angelo Todisco, «nous pouvons dire avec Kierkegaard que: *«Le navire est dans les mains du cuisinier de bord et ce que transmet le mégaphone du commandant, ce n'est plus le cap ou la route, mais bien ce que nous mangerons demain»*[18].

L'on s'en doute bien, l'homme, ainsi *décentré* et *excentrique,* a aujourd'hui plus que jamais besoin de *recentrement*, synonyme, pour lui, de *retour salvifique* à la vérité de son être, de son identité originaire. Dans ce

16 Vito Angelo TODISCO, «Limiti e istanze positive del capitalismo democratico di Michael Novak alla luce del Magistero sociale della Chiesa», in *Rassegna di Teologia*, 45 (2004) 3, p. 382-383.

17 Ibid., p. 383.

18 Ibid., p. 383.

contexte de dépaysement anthropologique, l'enseignement social de l'Église repropose justement à l'humanité *dévoyée* par le *délire libertaire*, la *figure originaire* de l'homme «image de Dieu» de l'anthropologie biblique, seul capable à la fois de contempler et d'accueillir en vérité et en Esprit la splendeur de la Vérité absolue qu'est Jésus Christ[19].

> Une Vérité, (αλέθήα), dévoilée, arrachée à Léthé, ce fleuve antique et en même temps moderne de l'oubli et de la chronique. Une Vérité qui, en reproposant la célèbre allégorie de la femme nue sortant des eaux, nous invite à accueillir la vérité de l'histoire dans sa plus profonde nudité: l'Histoire du Salut. Une Vérité qui, accueillie dans toute sa splendeur, remet l'homme au centre de l'histoire et le rend capable de *connaître*, à travers l'inclination naturelle au bien, les vérités concrètes qui *hic et nunc* investissent son existence. Une vérité qui ne conditionne pas la liberté de l'homme, mais en est la condition indispensable[20].

L'Église voit donc dans l'homme et chaque homme, l'«image vivante de Dieu» lui-même. Mais cette *imago Dei* qu'est tout homme, acquiert sa visibilité et sa netteté plénières dans le mystère du Christ, *Image parfaite de Dieu*, Révélateur de Dieu à l'homme et de l'homme à lui-même, comme le dit justement le tout récent *Compendio della dottrina della Chiesa*[21].

19 Pour mémoire, c'est à saint Jean Damascène que nous devons la thématisation théologique de la notion de le l'homme «image de Dieu». Saint Thomas la reprend à son compte dans le Prologue de la deuxième section de la Première Partie de sa Somme Théologique (*Somme Théologique*, I-II, Prologue), en attribuant précisément à Dieu le titre d'*Exemplaire*, par rapport à l'homme, son *image*. L'expression «homme ‹image de Dieu›» signifie justement que l'homme est doué d'intelligence, de libre arbitre et d'un pouvoir autonome. Pour saint Thomas donc, l'homme, ainsi défini, est «le principe de ses propres actes, parce qu'il possède le libre arbitre et la maîtrise de ses actes» (*Somme Théologique*, I-II, Prologue). Cette notion pivot de l'anthropologie de Vatican II a été introduite, par bonheur, dans la Constitution pastorale *Gaudium et spes*, à la demande des Pères conciliaires orientaux, qui exigeaient «une anthropologie expressément religieuse, axée sur la conception de l'homme comme image de Dieu, et comme appelé à le glorifier» (Jean-Yves CALVEZ, «Présentation de la Constitution pastorale Gaudium et spes», in Denis MAUGENEST (sous la direction de), *Le discours social de l'Eglise Catholique. De Léon XIII* à *Jean-Paul* II, op. cit., p. 368). En dehors de *Gn 1,26*, l'expression «homme ‹image de Dieu›» apparaît respectivement, in *Gn 9,6*; *1 Cor 11,7* et *Jc 3,9*.

20 Vito Angelo TODISCO, «Limiti e istanze positive del capitalismo democratico di Michael Novak alla luce del Magistero sociale della Chiesa», art. cit., p. 383.

21 PONTIFICIO CONSIGLIO DELLA GIUSTIZIA E DELLA PACE, *Compendium della dottrina sociale della Chiesa*, op. cit., n° 105.

C'est cette qualité d'«image de Dieu», qui est donc le titre de gloire de l'homme; elle lui confère une dignité incomparable, qui le situe au-dessus de toute autre créature.

Gaudium et spes cite ici le magnifique texte du *Psaume 8,* qui célèbre la splendeur de cette dignité de l'homme, «image de Dieu»:

> Qu'est donc l'homme, pour que tu te souviennes de lui? Ou le fils de l'homme pour que tu te soucies de lui? À peine le fis-tu moindre qu'un dieu, le couronnant de gloire et de splendeur: tu l'établis sur l'œuvre de tes mains, tout fut mis par toi sous ses pieds (Ps 8, 5-7)[22].

La figure de «l'homme ‹image de Dieu›» *donne* de la *consistance* et de la *solidité* à *l'identité* de la *personne humaine* reliée à Dieu via Christ, comme l'*Alpha* et l'*Omega* de son être et de son existence, comme *Lieu* de *Sens* du *sens* de son *«être-au-monde»* ou de son *«être-là» («dasein»)*, comme dirait Martin Heidegger[23]. Cela dit, l'homme existe donc pour Dieu, tandis que l'univers et tout ce qu'il contient existent pour l'homme, au nom de Dieu. Enfin, ils sont au nombre de quatre, les *traits majeurs* de la *grandeur* et de la *dignité* de *l'homme*, identifiés par *Gaudium et spes*, provenant de son origine, mais restaurés par l'œuvre du Christ, à la suite du *péché* originel: l'*âme*, l'*intelligence*, la *conscience* et la *liberté*[24].

C'est, au vu de cet ensemble d'attributs d'origine et d'ordre divins, que Vatican II déclare solennellement:

> En vérité, l'homme ne se trompe pas, lorsqu'il se reconnaît supérieur aux éléments matériels et qu'il se considère comme irréductible, soit à une simple parcelle de la nature, soit à un élément anonyme de la cité humaine. Par son intériorité, il dépasse en effet l'univers des choses: c'est à ces profondeurs qu'il revient lorsqu'il fait retour en lui-même où l'attend ce Dieu qui scrute les cœurs et où il décide personnellement de son propre sort sous le regard de Dieu. Ainsi, lorsqu'il reconnaît en lui-même une âme spirituelle et immortelle, il n'est pas le jouet d'une création imaginaire qui s'expliquerait seulement par les conditions physiques et sociales, mais, bien au contraire, il atteint le tréfonds même de la réalité[25].

22 Concile Vatican II, *Gaudium et spes*, Paris, Éditions Spes, 1966, n° 12, 3.
23 Cf. Martin Heidegger, *Sein und Zeit* (trad. Française: *Être et Temps*), 1927.
24 Cf. Concile Vatican II, *Gaudium et spes*, n°s 14, 15, 16, 17.
25 Ibid., n° 14, 2.

1.2. L'homme «corps et âme; chair et esprit»

Suivant l'anthropologie biblique classique synthétisée par saint Thomas d'Aquin[26], l'homme est une *unité* et une *totalité ontologique* composée de l'*âme* et du *corps;* mais il est aussi, en même temps, *chair* et *esprit.* Cette vérité fondamentale de la foi chrétienne sur la nature de l'homme est exprimée de manière prégnante, par le symbolisme de l'image biblique de *Dieu potier*, du second récit de la création du texte de *Genèse 2,7:* «Dieu modela l'homme avec de la glaise du sol; il lui insuffla dans ses narines une haleine de vie et l'homme devient un être vivant» (*Gn 2,7).*

Pour le Christianisme en effet, l'unité de l'être humain est à la fois assurée et garantie par l'âme spirituelle et immortelle: «L'âme spirituelle et immortelle est le principe d'unité de l'être humain, elle est ce pourquoi il existe comme un tout – *corpus* et *anima unus* – en tant que personne»[27]. Cette vision biblique de l'homme, de la foi chrétienne, s'inscrit totalement en faux, contre le vieux *dualisme anthropologique* cartésien, quelque peu dépassé, qui considérait plutôt l'âme et le corps comme deux réalités juxtaposées. Elle renvoie également dos à dos le *spiritualisme* qui fait litière de la réalité corporelle de l'homme et le *matérialisme* qui considère l'esprit comme une pure et simple émanation de la matière.

René Descartes a identifié, dans sa célèbre pensée philosophique du *cogito*, l'âme avec la *pensée* spirituelle et rationnelle, capable de réfléchir sur elle-même. Aussi, la pensée définissait-elle l'homme véritable, aux yeux du célèbre maître à penser français de la modernité. D'où son fameux credo scientifico-philosophique: *Cogito ergo sum* [Je pense, donc je suis]. Le corps était perçu comme une simple portion du monde physique, faisant partie de l'*étendue* (la *«res extensa partes extra partes»*), la propriété commune de la matière, qui est au fondement de *l'objectivation*

26 Saint Thomas d'Aquin définit en effet l'homme comme *un individu* ou *une substance individuelle* de *nature raisonnable*, et entend, par individu, ce qui est *indivis* en soi et *distinct* des autres (*Somme Théologique, I. Qu. 29. a. 4. ob.1*). L'homme est ainsi, en soi, une unité et une totalité ontologique indivisible. En d'autres termes, il est «‹ces chairs›, ‹ces os› et ‹cette âme›, qui sont les principes individuants de l'homme» (*Somme Théologique, I. Qu. 29. a. 4. ob. 1*).

27 JEAN-PAUL II, *Veritatis splendor*, 1993, 38; CONCILE DE VIENNE, *Constitution Fidei catholicae*, 1312, DS 902; CONCILE DU LATRAN V, *Bulle Aposotolici regiminis,* DS 1440. PONTIFICIO CONCILIO DEL, *Compendio della dottrina sociale della Chiesa*, 2004, 129.

scientifique[28]. Ainsi, dans l'univers philosophico-scientifique cartésien, «l'âme était alors bien distincte du corps qui la servait, situés tous les deux dans un rapport similaire à celui du cavalier (âme) et de la monture (corps)»[29].

La pensée phénoménologique contemporaine a mis en évidence l'idée de *«corps-sujet»*, apportant la preuve irréfutable de l'unité de l'âme et du corps, de la *conscience* et de l'*étendue*, longtemps, mise en crise par le dualisme anthropologique cartésien, tributaire de la tradition philosophique hellène. Du point de vue de la phénoménologie de la perception en effet, le rapport de l'âme et du corps n'est donc pas, le rapport d'un *«dedans»* et d'un *«dehors» déconnectés*, mais bien celui d'une *«intériorité»* et d'une *«extériorité» compactes*, en *fusion*. «L'âme ou la conscience ne surplombe pas le corps, elle est dans le corps. Le policier menacé, qui frappe, d'un coup de matraque à la nuque, le délinquant déchaîné, pour le maîtriser, ne s'y trompe pas»[30].

> L'expérience vécue (par exemple dans la maladie, la souffrance, la torture) de l'intériorité de la personne, révèle en effet que c'est par le corps (son corps animé) que le sujet humain, qu'est la personne, s'ouvre aux choses, au monde des objets. La corporalité comme modalité essentielle du sujet (comme être-au-monde) est la *médiation qui rend la personne présente au monde* objectif, sans pour cela être dominé par lui. [….] Le corps n'est pas perçu dans une illusoire objectivation qui me ferait croire à son étrangeté par rapport à mon «moi»; il n'est surtout pas la prison ou le réceptacle de l'âme (selon une vieille conception qui remonte à Platon); mais il est *la condition d'une existence humaine* vouée à se développer au sein d'un monde bien précis, celui de l'histoire[31].

Pour la tradition philosophique chrétienne, le *corps* comme *principe matériel* a une *fonction instrumentale,* par rapport à l'*âme*, le *principe spirituel* qui l'anime et lui donne vie. Aussi, devons-nous, en l'occurrence,

28 Cf. René DESCARTES, *Discours de la méthode*, 1637. Le dualisme anthropologique cartésien n'a pas été balayé par l'anthropologie personnaliste moniste. Il subsiste et constitue même, en bioéthique, la matrice du courant de pensée autoproclamé, la *bioéthique laïque,* qui réduit cyniquement le *corps humain* à du pur et simple *matériel biologique*, notamment dans le cas de l'euthanasie et des manipulations génétiques.

29 Jean-Marie AUBERT, *Abrégé de la morale catholique*, op. cit., p. 56.

30 Cf. Noël IZENZAMA MAFOUTA, *La conscience et l'étendue chez Raymond Ruyer. Une lecture de ‹La conscience et le corps›*, Mémoire de graduat en philosophie, Kalonda, 1982.

31 Jean-marie AUBERT, *Abrégé de la* morale *catholique*, op. cit., p. 58.

«considérer l'âme comme la ‹forme› du corps; c'est-à-dire, c'est grâce à l'âme spirituelle que le corps constitué de matière est un corps humain et vivant»[32]. L'âme est réputée justement *immortelle*, puisqu'elle est d'un seul tenant, elle n'est pas composée de diverses parties comme le corps, susceptibles de décomposition entraînant la mort ou la déchéance corporelle. «C'est le motif essentiel de la croyance en la survie de l'âme, comme le relève Jean-Marie Aubert, dont la philosophie occidentale, depuis Socrate, a caractérisé sa conception de l'homme passée dans le Christianisme»[33].

Le philosophe existentialiste et phénoménologue français Jean Guitton affirme, quant à lui, l'unité de la personne humaine, à partir de la structure tripartite de l'anthropologie paulienne de la *première Epître aux Corinthiens (1Cor)*, présentant l'homme comme un *tout unique*, *intrinsèquement indivisible,* constitué de trois éléments: le *soma*, la *psyché* et le *pneuma.* Pour Jean Guitton, le corps ou le *soma* a une fonction plus qu'instrumentale, il est le langage et le moyen de communication de l'homme avec son environnement[34].

> Le corps serait moins un instrument, un organe, une matière hylémorphique, une réalité cosmo-biologique qu'une expression et un langage, pour ainsi dire, artistique, un langage (tantôt écran, tantôt miroir, comme tout langage) destiné à faire communiquer et unir les consciences[35].

Outre sa fonction communicative et langagière, la *corporéité* est davantage, chez Guitton, l'expression maximale de la *temporalité* de l'être humain, la *préfiguration* en quelque sorte d'une certaine *atemporalité*[36], comme *promesse*, pour le corps humain, d'un *achèvement* ou d'un *accomplissement glorieux* et *mystérieux.*

32 *Catéchisme de l'Église Catholique*, 1998, n° 365.

33 Jean-Marie AUBERT, *Abrégé de la morale catholique*, op. cit., p. 57.

34 Pour une connaissance approfondie de l'anthropologie guittonienne et surtout de l'harmonieuse articulation interne des trois éléments constitutifs de l'homme (le *soma*, la *psyché* et le *pneuma*), nous renvoyons au bel article de Luigi NEGRI e Gianni BIANCHI, «L'antropologia di Jean Guitton», in *Revue Théologique de Lugano*, II (1997) 1, p. 77-118. Cela dit, nous nous bornerons ici à un bref commentaire *sur* la notion de corporéité au sens de Guitton.

35 Jean GUITTON, *Filosofia della Risurrezione*, Roma, Edizione Paoline, 1981, p. 16.

36 Cf. Luigi NEGRI e Gianni BIANCHI, «L'antropologia di Jean Guitton», in *Revue Théologique de Lugano*, II (1997) 1, p. 96.

La corporéité est, pour ainsi dire, un *symbole*, qui renvoie à une réalité plus profonde de la nature du *beau*, c'est-à-dire *quelque chose* presque de *mi-matériel* et de *mi-spirituel*, dont Guitton nous suggère justement l'expérience par le biais de l'art:

> Disons que le peintre extrait du corps une ‹gloire› immanente, ou plus généralement, que la source de l'impression de beauté est une splendeur, une auréole qui semble émaner du corps pour en exprimer l'essence voilée. Moi, je crois que tous ceux qui ont réfléchi sur l'opération de l'art et sur la définition du beau sont sensibles à ce ‹second corps›, que tout vrai artiste redécouvre et reproduit. L'artiste extrait des corps un élément qui n'est pas tout à fait matériel, ni abstrait ou purement spirituel, mais qui nous fait penser à ce que serait la sublimation des corps dans un autre mode d'existence. Les œuvres d'art sont naturellement muettes, à l'instar d'une gloire murée dans une tour d'ivoire; l'artiste ne peut récréer les corps ni les transformer, mais il se limite à les transfigurer[37].

La même unité psychosomatique du sujet humain et sa singularité irréductible, nous sont encore mieux décrites, au plan psychologique, par le théologien psychanalyste français, Marc Oraison:

> Il n'y a pas l'«âme» et le «corps», conçus comme contenu et contenant. La vie psychique, à tous les niveaux où elle se déroule, s'exprime sur le registre somatique autant que dans la conscience de soi; et finalement le retentissement sur les mécanismes biologiques apparaît comme plus important encore que le retentissement au niveau affectif des traumatismes que le sujet peut rencontrer dans sa confrontation avec le monde extérieur par sa limite somatique. Il est artificiel, et donc faux, de *dissocier* le soleil de ses rayons, qui ne sont en somme que lui-même en tant qu'il nous atteint... De même il est artificiel et faux de *dissocier* le corps et l'âme (ce qui est différent de les distinguer). On rejoint là d'ailleurs, mais par la voie d'une constatation clinique et méthodique entièrement nouvelle, la conception qu'un saint Thomas d'Aquin, par exemple, pouvait se faire de l'unité de la personne humaine par une voie de seul raisonnement philosophique. Il n'y a pas «mon âme» et «mon corps», il y a «je»[38].

Il faut bien, sans doute, rappeler ici la fâcheuse méprise sur la *dualité biblique* de l'*esprit* et de la *chair* engendrée, notamment, par la lecture biaisée des textes pauliniens *(Rm 8, 5-16*; *Ga 5, 16-25*; *Ga 6, 8)*, où ces

37 Jean GUITTON, *Filosofia della Risurrezione*, op. cit., p. 17. Bien entendu, la réalité glorieuse et mystérieuse à laquelle renvoie le corps comme symbole est la Résurrection, qui est le thème de la réflexion guittonienne sur la corporéité, indiqué nommément par l'intitulé de l'ouvrage.

38 Marc ORAISON, *Une morale pour notre temps*, Paris, Fayard, 1964, p. 30.

deux notions dialectiques d'esprit et de chair sont malencontreusement interprétées et comprises dans le sens du dualisme cartésien de l'âme et du corps.

> La *chair*, en son sens biblique, dit Jean-Marie Aubert, n'est pas à traduire par *corps*; mais elle *désigne l'homme total* (corps et âme) en tant qu'il est *plongé dans sa conditionne humaine* qui incline au mal, depuis la chute originelle; l'esprit, par contre, désigne aussi l'homme total (corps et âme) en tant qu'*il est rempli de l'Esprit de Dieu*, depuis le baptême, est incliné au bien. La morale chrétienne, dans une telle dialectique d'un combat de chaque instant (la conversion), consiste à se laisser animer par l'Esprit Saint et à triompher du mal. Cette conception biblique (dialectique chair-esprit = sarx-pneuma) est à situer aussi dans une perspective eschatologique, celle de la foi en la résurrection des corps à la fin des temps, qui redonnera à chaque personne sa corporalité renouvelée; il s'agit de la plénitude anthropologique, et l'espérance chrétienne montre bien que telle est la vraie condition de l'homme, d'être à la fois âme et corps[39].

Ici, aussi, la réflexion de l'économiste théologien moraliste Jean-Marie Aubert, sur la confusion relative à la notion paulinienne de *chair*, rejoint celle de son compatriote psychanalyste, Marc Oraison:

> Quand saint Paul parle de la «chair», fait observer Marc Oraison, on ne peut plus entendre par là le corps au sens organique, qui «s'opposerait» à la légèreté plus ou moins gazeuse d'un «esprit», plus ou moins enlisé dans la «matière» pesante. Cette interprétation – si fréquente implicitement ou explicitement dans le langage courant – apparaît aujourd'hui comme dangereuse en tant qu'elle défigure le sens profond du message inspiré et la fait régresser vers des conceptions dualistes archaïques et païennes. Si l'on veut être fidèle à tout le contexte de la pensée paulinienne, la «chair» est à comprendre dans le sens de la «condition charnelle», c'est-à-dire de la contradiction mystérieuse du péché. Or le péché est bien une attitude de l'esprit, et non point une manifestation physiologique... Mais si la condition humaine apparaît comme cette conscience du monde psychosomatique indissociable de manière absolument générale – comme étant le mode d'être spécifiquement humain – chaque réalité individuelle, c'est-à-dire chaque personnalité concrète, apparaît comme absolument unique, insuperposable à une autre, et dans un sens *seule*, parfois dramatiquement[40].

Tout à l'opposé de la pensée philosophique grecque, qui méprisait totalement le corps senti et ressenti comme pesanteur pour l'activité théorétique de l'homme, le message chrétien, lui, ennoblit le corps, en ce sens qu'il est promis, comme l'âme, à la gloire divine, à la résurrection des

39 Jean-Marie AUBERT, *Abrégé de la morale catholique*, op. cit., p. 59.
40 Marc Oraison, *Une morale pour notre temps*, op. cit., p. 31-32.

morts[41]. De ce point de vue, on peut même affirmer, sans risque de se contredire, que le *christianisme* est une *religion du corps*, à double titre: d'abord par l'incarnation de Dieu en Jésus Christ, le *Verbe* fait *chair* (*Jn 1, 14*; *Rm 8, 3*), et puis, du fait, en effet, que ce sont les *corps*, qui *ressusciteront* à la *résurrection; l'âme* étant, en soi, *immortelle (Rm 8, 11; 1 Cor 15, 42-49).*

Jean Guitton déconstruit l'anthropologie du cogito cartésien, en proposant une anthropologie qui prend pour expérience existentielle première de l'homme, non pas la *pensée* ou le *«cogito cogitans cogitata»*, mais la *vie*, notre *vie humaine* immergée, éprouvée, tendue et étendue dans la *temporalité.* La pensée philosophique de Guitton est à la fois une approche existentielle et phénoménologique axée sur le concept de temps. Le temps constitue ainsi la première évidence irréfutable dans le domaine de l'expérience subjective, en tant qu'il est «la seule réalité que je connais sans intermédiaire»[42]. Le *cogito* s'inscrit donc dans la durée, il est perçu dans une extension temporelle bipolaire, qui va d'un «avant» à un «ensuite», de sorte qu'on ne peut guère parler d'une pensée ou même d'une expérience, qui ne soit pas temporelle[43]. Le *«je»* est fondamentalement *attente* et *tension*, attente continuelle d'un événement et tension vers le futur, vers une éternité pressentie mais voilée, qui est substantiellement, Mystère[44].

> L'on a, souvent, parlé du *‹cogito›*, observe Jean Guitton. La philosophie moderne apparaît avec le *cogito* cartésien. Mais le *cogito* de Descartes se révèle hélas artificiel, superficiel et abstrait dans sa profondeur! Le véritable *cogito*, ce n'est pas le *cogito* de la cogitation abstraite: c'est le *cogito* de la vie comme destin. *«Cogito me viventem»*, je me pense, en tant que vivant. Voilà le vrai *cogito*. «J'ai été, je serai, donc je suis». *«Ego aeternus ero»*... C'est avec ce genre d'expressions, que je traduirais le véritable fondement de toute philosophie, comme de toute pensée[45].

41 Pierre MASSET, «‹Incarnation› de Michel Henry. Quelques éléments-clés pour en faciliter la lecture et en apprécier la portée», in *Cahier 2,* octobre 2001, p. 11-12.

42 Jean GUITTON, *Histoire et destinée*, trad. ital. a cura di R. ROSSI, *Storia e destino*, Casale Monferato, Piemme, 1992, p. 35.

43 Cf. Luigi NEGRI e Gianni BIANCHI, «L'antropologia di Jean Guitton», art. cit., p. 77-118.

44 Luigi NEGRI e Gianni BIANCHI, «L'antropologia di Jean Guitton», art. cit., p. 94.

45 Jean GUITTON, *Histoire* et *destin*, op. cit., p. 64.

Tout en acceptant la célèbre tripartition temporelle de saint Augustin[46], comprenant le passé, le présent et le futur, Jean Guitton se démarque nettement de l'auteur des *Confessions*, dans la mesure où il identifie essentiellement le temps avec le *futur*. Car, tout compte fait, le futur s'avère être l'unique dimension temporelle réellement existante:

> Ce qui existe, ce qui existe substantiellement, ce n'est pas le passé, ni le présent, c'est l'avenir ou, plutôt (puisque l'avenir en soi n'existe pas, autrement il deviendrait le présent), c'est la projection de mon être dans ce qui n'est pas encore[47].

Quant au présent, il est tourné entièrement vers le futur. C'est le temps d'attente:

> Nous ne vivons jamais dans le présent, en tant que tel. La substance du présent n'est pas (comme on dit généralement) l'attention: c'est l'attente, c'est-à-dire la projection de notre être vers ce qui n'est pas encore. L'essence du présent est cette tension, cet élan…[48].

Enfin, le passé, pour Jean Guitton, est une dimension du présent, mais une dimension de la mémoire des événements révolus. C'est bien le ‹je›, l'expérience du sujet, qui unifie le passé et en permet ainsi la connaissance.

> De même, comme le notent Luigi Negri et Gianni Bianchi, c'est la centralité de l'expérience du ‹je›, comme sujet personnel et permanent, qui nous permet de faire l'expérience des deux autres dimensions temporelles: le présent et le futur[49].

Cette conception du temps de Jean Guitton nous donne une clé de lecture du temps fort intéressante, qui nous permet, en quelque sorte, de mieux comprendre et interpréter la notion de *durabilité* impliquée dans le paradigme du *développement durable*. En effet, la *tension* de l'homme vers *l'avenir* ou *le futur*, qui est justement la définition guittonienne du temps – comme on vient de le voir – devrait aider normalement l'homme d'aujourd'hui, à accorder *l'attention* nécessaire à la préoccupation pour *la vie des générations futures*, exprimée par la notion d'*équité intergénérationnelle,* corrélative de la *dimension sociale* du développement durable. Au nom de ce principe d'équité intergénérationnelle, *les générations actuelles*

46 AUGUSTIN D'HIPPONE, *Les Confessions*, livre X I.
47 Jean GUITTON, *Histoire et destinée*, op. cit., p. 39.
48 Jean GUITTON, *L'assurdo e il mistero*, Milano, Rusconi, 1986, p. 40.
49 Luigi NEGRI e Gianni BIANCHI, «L'antropologia di Jean Guitton», art. cit., p. 82.

sont donc appelées à *une gestion* et à *un usage consciencieux* des *ressources* de la *Terre*, susceptibles de garantir au mieux *le droit* universellement reconnu aux générations futures de pouvoir satisfaire, à leur tour, leurs propres besoins.

1.3. L'homme comme personne et comme communauté

L'homme *«image de Dieu»*, de l'anthropologie chrétienne, est à la fois *une personne* (être individuel) et une *communauté* de *personnes* (homme et femme), à l'image de la *Trinité divine* (Père, Fils, Esprit Saint). Ces deux dimensions de l'être humain, à savoir, sa *singularité* et sa *socialité* constituent, en même temps, deux exigences fondamentales, pour son accomplissement ou son plein épanouissement, suivant le plan de Dieu. La pensée chrétienne a longtemps exprimé cette double dimension de l'homme par l'idée de *nature humaine* empruntée à la philosophie antique. Aujourd'hui, la même idée est exprimée par celle de *personne*, «comme précision et réalisation individuelle de la première»[50].

1.3.1. La personne humaine

Le terme *personne humaine* est synonyme d'être humain individuel. Il ne s'agit nullement de l'être humain abstrait de la métaphysique, mais bien de «l'être humain réel existant, dans sa singularité et sa complexité inépuisable»[51]. Ainsi, par personne humaine, il faut entendre:

> Tout ce qui est spécifique en l'homme, ce qui le met à part des autres êtres et fonde sa dignité et ses droits. [...], la personne humaine ne désigne pas que l'aspect spirituel de l'homme, son âme, mais *elle concerne l'être humain global;* elle désigne l'homme comme *esprit incarné*, corps et esprit à la fois[52].

Marc Oraison nous donne l'éclairage de la psychologie moderne sur le processus de constitution de la personnalité individuelle:

> La personnalité individuelle se situe et s'élabore, dès la naissance ‹au plus tard›, dans les relations vécues avec les personnalités concrètes de l'entourage immédiat. C'est

50 Jean-Marie AUBERT, *Abrégé de la morale catholique*, op. cit., p. 65.
51 Marc ORAISON, *Une morale pour notre temps*, op. cit., p. 29.
52 Jean-Marie AUBERT, *Abrégé de la morale catholique*, op. cit, p. 59-60.

par exemple la confrontation dite oedipienne, pour ne prendre qu'un moment de cette longue et obscure histoire... Mais il est bien évident que chaque enfant vit ces relations non pas avec le père et la mère abstraits, mais avec tel homme et telle femme eux-mêmes tributaires de leur propre histoire personnelle. Ou avec l'*absence* de ce qui devrait être... Aucun être humain ne vit la même histoire. [...] L'idéal de la maturité peut en somme se décrire comme étant justement cette solitude pleinement assumée; ‹solitude› étant entendue dans le sens de conscience de soi totalement autonome et distincte, seule possibilité de vivre la «distance à l'autre», sans laquelle il n'y a pas de dialogue – et donc d'existence – possible[53].

La personne humaine, ainsi définie, a le statut de *sujet moral*, au plan éthique. C'est un être fondamentalement libre et autonome dans ses décisions et ses choix de vie. Il est seul maître et sujet de son devenir. La qualité de sujet moral conférée à la personne humaine signifie précisément qu'elle est *sujet* de *droits* et de *devoirs*[54]. En d'autres termes, les droits et devoirs de la personne humaine constituent l'objet de l'agir du sujet moral.

Les *droits de la personne humaine* découlent de la nécessité naturelle, pour l'homme, de disposer des biens indispensables à sa croissance ou à sa progression humaine. Ils couvrent l'ensemble des domaines de la vie humaine (social, politique, culturel et économique). *Gaudium et spes* en mentionne, notamment, quelques-uns, à titre indicatif:

Il faut donc, déclare le Concile Vatican II, rendre accessible à l'homme tout ce dont il a besoin pour mener une vie vraiment humaine, par exemple: nourriture, vêtement, habitat, droit de choisir librement son état de vie et de fonder une famille, droit à l'éducation, au travail, à la réputation, au respect, à une information convenable, droit d'agir selon la droite règle de sa conscience, droit à la sauvegarde de la vie privée et à une juste liberté, y compris en matière religieuse[55].

Ainsi, comme le dit Jean-Marie Aubert:

Ces droits sont comme l'*extension de la personne*, son ‹espace› grâce auquel elle peut assurer son indispensable autonomie, sa capacité de se décider, d'exercer une certaine maîtrise sur son environnement. Ces droits, liés à la destinée transcendante et éternelle de l'homme expriment donc un ordre de choses objectif, qui s'impose à tous[56].

53 Marc ORAISON, *Une morale pour notre temps*, op. cit., p. 32.
54 Jean-Marie AUBERT, *Abrégé de la morale catholique*, op. cit, p. 60.
55 CONCILE VATICAN II, *Gaudium et spes*, n° 26, 2.
56 Jean-Marie AUBERT, *Abrégé de la morale catholique*, op. cit, p. 61.

C'est bien ici le lieu d'affirmer et de souligner le *principe de l'éthique catholique* de *subordination de l'économie à l'éthique*, qui doit, de tout temps et en tout lieu, servir de critère de base d'analyse et d'évaluation de l'activité économique, en fonction de sa contribution effective à la promotion de la dignité de l'homme et de tout homme[57]. Ce principe met donc en relief *le rôle de l'activité économique*, qui est *d'assurer au mieux la satisfaction des besoins de l'être humain,* et situe, pour ce faire, *les biens économiques*, au rang *des simples moyens*, au service du *développement* et de la *croissance* de l'homme.

Vatican II a exprimé solennellement ce principe de subordination de l'économique à l'éthique dans *Gaudium et spes:*

> Dans la vie économico-sociale aussi, il faut honorer et promouvoir la dignité de la personne humaine, sa vocation intégrale et le bien de toute la société. C'est l'homme en effet qui est l'auteur, le centre et le but de toute l'activité économique[58].

L'énoncé de ce principe donne en effet lieu à deux observations fondamentales, comme l'a si bien relevé Vito Angelo Todisco[59]:

1) Il s'agit, au premier chef, de la réaffirmation claire et nette, au plan éthico-moral, du *lien intrinsèque entre éthique et économie*, à savoir, que l'activité économique, comme toute autre activité humaine, est une action éthique et doit donc s'inspirer des principes et des comportements éthiques, avec la vive conscience de la responsabilité requise de la part de chaque opérateur économique.
2) Il y a, en second lieu, l'affirmation tout aussi claire et nette, au plan phénoménologique, de *l'irrénonçabilité de l'analyse anthropologique* des systèmes et des théories économiques, au motif que les systèmes et les théories sociales ne sont nullement des réalités neutres, mais qu'ils impliquent toujours, d'une manière ou d'une autre, une vision de l'homme; d'où ils doivent être analysés et évalués, sous cet angle.

L'éthique catholique, précisément, distingue clairement, dans la lecture et l'analyse de la *nouvelle donne économique* consécutive à l'effondrement

57 Cf. Vito Angelo TODISCO, «Limiti e istanze positive del capitalismo democratco di Michael Novak alla luce del Magistero sociale della Chiesa», art. cit., p. 391.

58 CONCILE VATICAN II, *Gaudium et spes*, n° 63.

59 Vito Angelo TODISCO, «Limiti e istanze positive del capitalismo democratico di Michael Novak alla luce del Magistero sociale de la Chiesa», art. cit., p. 391.

de l'économie planifiée des systèmes socialistes, le «système économique» – ou *l'économique,* en tant que tel – et le «système éthico-culturel», porteur et révélateur d'une certaine vision de l'homme, propre à un groupe social donné. L'idéologie de la *mondialisation néo-libérale* rentre justement dans le cadre formel de «système éthico-culturel», en ce sens, qu'elle est le parfait produit de l'évolution du capitalisme occidental, vecteur de *l'anthropologie* de l'*homo oeconomicus,* que nous avons examinée, plus haut. Cette grille de lecture économique de l'éthique catholique est réaffirmée, sans équivoque, dans l'encyclique *Centesimus annus* de Jean-Paul II, nonobstant son évidente sympathie[60] pour l'économie de marché:

> En effet, l'économie n'est qu'un aspect et une dimension dans la complexité de l'activité humaine. Si elle devient un absolu, si la production et la consommation des marchandises finissent par occuper le centre de la vie sociale et deviennent la seule valeur de la société, soumise à aucune autre, il faut en chercher la cause non seulement et non tant dans le système économique lui-même, mais dans le fait que le système socioculturel, ignorant la dimension éthique et religieuse, s'est affaibli et se réduit alors à la production des biens et des services[61].

Parallèlement à l'affirmation *des droits inaliénables* de la personne humaine, il y a l'affirmation *des devoirs inviolables* de la même personne humaine, qui sont la contre-patrie de ces droits. Ces devoirs de la personne humaine découlent, bien entendu, de *sa «sociabilité»*, de *sa vie en commun*, avec *d'autres personnes, sujets des droits* et *des devoirs*. Il s'agit là, en d'autres mots, du *devoir*, de *l'obligation morale* de *reconnaître* et de *respecter* les *droits d'autrui*[62]. Ce qui nous amène à parler, à présent, de la *communauté humaine*, le cadre de vie et d'évolution naturel de la personne.

1.3.2. La communauté humaine

L'homme de l'anthropologie chrétienne est naturellement *un être social et communautaire*[63], à l'image de Dieu *un* et *trine*. La *sociabilité* de l'homme thématisée déjà, depuis l'antiquité grecque par Aristote, sous le concept d'*«animal politique»*, est donc une dimension constitutive de la

60 Comme l'ont relevé maints commentateurs, sans conteste, l'encyclique *Centesimus annus* accuse, par endroits, un certain faible pour l'économie de marché, qu'elle n'hésite, d'ailleurs, pas à encenser, quelque peu. Lire, à ce sujet, notamment: *GS 34; 39; 42; 43.*

61 JEAN-PAUL II, *Centesimus annus*, 1993, n° 39.

62 Cf. Jean-Marie AUBERT, *Abrégé de la morale catholique*, op. cit., p. 62.

63 Cf. saint THOMAS D'AQUIN, 1 *Ethic.* Lect. 1.

nature humaine, longtemps, occultée par les théories politiques du *contrat social*, fondatrices de l'État moderne[64].

La vocation de l'homme à la vie communautaire est tout à fait, à l'image de sa qualité d'*imago Dei*. En effet:

> Dieu n'a pas créé l'homme solitaire: dès l'origine, «Il les créa homme et femme» (Gn 1,27). Cette société de l'homme et de la femme est l'expression première de la communion des personnes. Car l'homme, de par sa nature profonde, est un être social, et sans relations avec autrui, il ne peut ni vivre ni épanouir ses qualités[65].

Vatican II souligne abondamment ce caractère social de l'homme, en mettant en exergue l'interdépendance entre l'essor de la personne et développement de la société elle-même:

> En effet, la personne humaine qui, de par sa nature même, a absolument besoin d'une vie sociale, est et doit être le principe, le sujet et la fin de toutes les institutions. La vie sociale n'est donc pas quelque chose de surajouté: aussi c'est par l'échange avec autrui, par la réciprocité des services, par le dialogue avec ses frères que l'homme grandit selon toutes ses capacités et peut répondre à sa vocation[66].

Pour le Christianisme, *tous les hommes constituent*, sous toutes les latitudes, *une seule* et *même famille*. Ils sont tous *enfants de Dieu* et *frères en Jésus Christ*. À ce titre, «tous sont appelés à une seule et même fin, qui est Dieu lui-même»[67]. Ainsi, *l'amour de Dieu* et *du prochain* est le *principe fondateur* et *moteur* de *l'union* et de *la communion* des hommes.

> La plénitude de la communauté ne se réalise que grâce à un amour actif de Dieu et du prochain. Les chrétiens aspirent à une vraie communion de tous les hommes entre eux et avec Dieu. L'Esprit du Christ est à l'œuvre dans l'histoire pour tisser des liens de solidarité entre les hommes jusqu'au jour où leur union atteindra la perfection dans le Royaume de Dieu[68].

64 Les théories politiques du contrat social parlent d'un *état de nature* primitif et fictif, où «l'homme était un loup pour l'homme», selon l'expression consacrée de Thomas Hobbes; et situent ainsi l'origine de la société humaine dans une convention collective (contrat social) passée entre les hommes pour la défense commune de leurs propres intérêts.

65 CONCILE VATICAN II, *Gaudium et spes*, n° 12, 4.

66 Ibid., n° 25, 1.

67 Ibid., n° 24, 1.

68 CONFÉRENCE NATIONALE DES ÉVÊQUES CATHOLIQUES DES ÉTATS-UNIS, *Justice économique pour tous. Lettre pastorale des Évêques des États-Unis sur l'Enseignement social catholique et l'économie américaine*, Albeuve – Paris, Éditions Castella – Éditions du Cerf, 1988, n° 64.

L'amour est la seule obligation de l'homme vis-à-vis de Dieu, de lui-même et du prochain. Les *exigences fondamentales* de la *justice*, *l'impératif* de *solidarité* et *l'obligation particulière* envers les *pauvres* et les plus *faibles* rentrent dans cet unique commandement d'amour de Dieu et du prochain.

> L'amour du prochain et la justice sont inséparables. L'amour est avant tout exigence absolue de justice, c'est-à-dire reconnaissance de la dignité et des droits du prochain. Et, pour sa part, la justice n'atteint sa plénitude intérieure que dans l'amour. [...] Parce que tout homme est l'image visible du Dieu invisible et le frère du Christ, le chrétien trouve en chaque homme Dieu lui-même avec son exigence absolue de justice et d'amour. Le message chrétien intègre dans l'attitude même de l'homme envers Dieu son attitude envers les autres hommes: sa réponse à l'amour de Dieu qui nous sauve par le Christ ne devient effective que par l'amour et le service des autres[69].

Nous pouvons conclure cette section sur l'anthropologie chrétienne avec ces lignes lumineuses de l'éminent psychanalyste français Dr Hesnard, extraites de l'introduction de son livre *Psychanalyse du lien interhumain:*

> La personne humaine ne relève, sous cet angle, ni de la mécanique ni de la mystique. Elle est un être de chair total et singulier, qui ne peut être compris que dans le *lien* qui l'unit à son milieu interhumain. Lorsque cet être intègre les activités organiques ou biologiques qui maintiennent son existence et la *lient* à son milieu biologique, il s'appelle *Corps.* Lorsqu'il intègre avec ses activités organiques, ses activités de besoin ou ses activités dites affectives, s'identifiant alors partiellement aux objets de ses grands intérêts vitaux et se *liant* à d'autres êtres vivants et humains, il s'appelle *Individu.* Lorsqu'il intègre, avec ses activités organiques et ses activités instinctuelles, des activités de structure complexe, s'identifiant alors avec ses semblables avec ses semblables et avec lui-même en tant que projection spirituelle de quelque idéal, devenant alors un être en valeur, un être de droit et de devoir et un être d'autant plus *lié* aux autres hommes dans son intimité morale qu'il acquiert plus d'autonomie et de liberté, il s'appelle *Personne*[70].

69 SYNODE DES EVÊQUES, *Justice dans le monde*, 1971, n° 37; Cf. Jean-Yves CALVEZ, *L'économie, l'homme, la société. L'enseignement social de l'Église*, op. cit., p. 66.
70 Cité par Marc ORAISON, *Une morale pour notre temps*, op. cit, p. 33.

2. Le développement comme expression de la vocation humaine

C'est, à partir et autour de la catégorie biblique de *vocation*, que s'articulera aussitôt la pensée chrétienne du développement, sous l'impulsion vigoureuse du Père Louis-Joseph Lebret, fondateur du *Centre* et de la *Revue Economie et Humanisme*, auquel L'encyclique *«Le développement des peuples»* (Populorum *progressio*) de Paul VI doit beaucoup et rend, en même temps, un juste hommage posthume[71].

2.1. La vocation et le droit au développement selon le Père L.-J. Lebret

Rétrospectivement, les théories du développement capitalistes et marxistes élaborées au lendemain de la Seconde Guerre mondiale avaient identifié la *problématique du sous-développement* du Tiers Monde à une simple *question de retard technique* et *organisationnel*, que l'on se proposait de résoudre plus ou moins aisément, en offrant aux peuples dépourvus du monde entier des *moyens de rattrapage* qui devraient leur permettre d'entrer le plus rapidement possible dans la «Terre Promise» du développement.

Ainsi:

> On avait repéré une dizaine de signes caractéristiques du *sous-développement*: une haute mortalité, surtout infantile; une forte fécondité non contrôlée; une alimentation déficiente; une hygiène rudimentaire; la condition inférieure de la femme; le travail des enfants; la primauté de l'agriculture; la faiblesse de l'instruction; l'absence de suffrage universel libre; la rareté des classes moyennes[72].

71 La sensibilisation aux problèmes du développement, les différentes expressions connexes à ce thème («développement intégral», «développement de tout homme et de tout l'homme», «développement authentique», «développement solidaire», «vocation à la croissance»; etc.), ainsi qu'un bon nombre de solutions proposées par *Populorum progressio* proviennent tout au tant de la réflexion et de l'expérience de cet homme de terrain et militant du développement que fut le Père Lebret. Cf. Vincent COSMAO, *Changer le monde. Une tâche pour l'Église*, Paris, Éditions du Cerf, 1979, p. 12-16.

72 Bruno CHENU et al. (sous la direction de), *La foi des catholiques*, op. cit., p. 492.

Une fois le diagnostic posé, l'espoir était évidemment de mise chez les développeurs et les sous-développés, que les générations de l'époque en viendraient à bout, avec la panoplie de thérapies techniciennes proposées.

En effet:

> Pour ‹faire décoller› ces pays, les pays nantis ont parfois beaucoup dépensé en des aides parcellaires plus ou moins désintéressées. Les investissements internationaux se voyaient parfois attirés par une main-d'œuvre bon marché et docile. On a parlé des *pays en voie de développement*, sorte de classification intermédiaire qui se voulait encourageante mais qui cachait souvent fort difficilement un *mal-développement* ou un *contre-développement;* en effet, de simples transferts technologiques, qu'ils se fassent ou non ‹clés en main›, accélèrent habituellement le processus de déstructuration des sociétés traditionnelles, sans pour autant les mettre à l'aise face à une assistance à sens unique et assez mal adaptée à leurs besoins profonds[73].

Nous avons décrit le désenchantement général qui s'en est suivi en Afrique, dans la première partie de cette étude.

C'est contre cette *conception* foncièrement *technocentriste* et *économétrique* des théories du développement dominantes, que le Père Louis Lebret élabore l'*approche anthropologique chrétienne du développement*, dont on retrouve tous les ingrédients dans les deux lettres encycliques spécialisées *Populorum progressio* de Paul VI (1967) et *Sollicitudo rei socialis* de Jean-Paul II (1987).

Le Père Lebret fut un militant convaincu du développement et croyait profondément en la capacité de l'Église de *‹changer le monde›*, grâce à sa mission prophétique universelle d'annonce et de diffusion du message de salut en Jésus Christ, jusqu'aux extrémités de la terre.

> ‹Changer le monde›, il y a travaillé toute sa vie, témoigne le Père Vincent Cosmao, avec les marins-pêcheurs, avec les pionniers de l'aménagement du territoire, avec des hommes d'Etat du tiers-monde qui voulaient mettre en œuvre des politiques de développement, avec des fonctionnaires internationaux... Toute sa vie, il avait aussi alerté les chrétiens sur la ‹misère› à ‹prendre en charge›: le blessé du chemin de Jéricho était devenu pour lui le symbole de l'humanité attendant un ‹Samaritain› tandis que prêtres et lévites continuent leur chemin. Il était tellement conscient des urgences que tout investissement d'énergie qui n'en tenait pas compte lui paraissait ‹insensé›[74].

73 Ibid., p. 492.

74 Vincent Cosmao, *Changer le monde. Une tâche pour l'Église*, Paris, Les Éditions du Cerf, 1979, p. 11.

Ce bref rappel du contexte historique et du portrait du Père Lebret nous permet de mieux saisir, à la fois, l'originalité et la portée de la vision chrétienne du développement, dont il est la figure emblématique. Le *développement authentique*, le seul qui vaille bien la peine d'être promu, à cœur et à corps perdus, est le *développement humain* préconisé de bonne heure, à cor et à cri, par le Père Lebret, que le Programme des Nations unies pour le développement *(PNUD)* reconnaîtra seulement et solennellement, trente ans plus tard, en s'en arrogeant la paternité.

2.1.1. La vocation des peuples au développement[75]

Pour le Père Lebret:

> La notion de *développement*, en effet, est *corrélative* de la notion de *vocation*, parce que la notion de développement, à la différence des notions d'enrichissement, de mise en valeur, de croissance, d'expansion, de maximation, implique l'humain[76].

Comment notre auteur définit-il la vocation? Et pour quoi celle-ci a-t-elle nécessairement partie liée avec l'humain?

La vocation est une propriété exclusive de l'homme, conforme au plan de Dieu. Une propriété à la fois personnelle et sociale, individuelle et collective. C'est, en d'autres termes, l'appel au développement, à la réalisation maximale, plénière de son être, de ses potentialités naturelles. Ainsi:

> La ‹vocation› d'une personne, dit le Père Lebret, est déterminée par un ensemble d'aptitudes. En première approche, répondre à sa vocation subjective, pour une personne, est utiliser ses aptitudes pour devenir le maximum qu'elle pouvait être. La vocation subjective dépendrait ainsi de ce que chacun porte en soi, en puissance, pour se réaliser en plénitude. Chacun serait appelé, dans le plan de Dieu, à devenir le plus qu'il peut être, en fonction de ce qu'il est[77].

La vocation, ainsi définie, est un projet, toujours, en proie aux obstacles et aux limitations personnelles et extérieures. Les obstacles personnels à la vocation humaine proviennent de nos «propensions à être moins» et de

75 C'est l'intitulé du cours du Père Lebret synthétisant sa vision du développement donné en 1959, à la 46e Semaine Sociale de France sur *La montée des peuples dans la communauté humaine*, tenue à Angers.

76 Louis-Joseph Lebret, «La vocation des peuples au développement», in *La montée des peuples dans la communauté humaine*, 46e Semaine Sociale de France, Angers, Chronique sociale, 1959, p. 147.

77 Ibid., p. 145.

nos propres limites humaines. Pour les surmonter, la personne est appelée à un effort constant de dépassement et de maîtrise de soi.

> Ce n'est que par un effort continu contre ses propres propensions à être moins et ses limites de capacité que l'homme, appelé à la grandeur pour lui optima, va réussir, dans une longue ascension, à devenir lui-même en plénitude[78].

Les limitations extérieures de la vocation humaine sont imposées par l'ordre social et l'environnement, dans lesquels la personne est appelée à vivre et à s'épanouir, en tant qu'être humain.

> La vocation n'est donc pas un fait strictement personnel: elle est aussi un fait social. Il s'agit de devenir plus en respectant le droit des autres à faire de même et en se protégeant contre les attaques de ceux qui n'ont pas le respect du droit des autres. Chaque vocation à la valorisation personnelle s'insère dans une vocation aux valorisations collectives; chacun ne sera vraiment plus qu'en tenant compte de tous les autres et sa vocation à être plus comporte qu'il emploie ses capacités et ses aptitudes à aider les autres à devenir plus, à valoir plus. Autrement dit, la vocation ne se détermine pas en raison du seul bien personnel, mais aussi du bien commun, le bien personnel authentique comportant d'ailleurs que le bien commun soit recherché[79].

Le Père Lebret parlera ici des ‹*vocations avortées*› des personnes qui ont choisi la voie de facilité et des ‹*vocations gonflées*› de ceux qui, par leur égocentrisme, hypothèquent la réalisation des vocations authentiques et légitimes[80].

La vocation humaine est donc limitée extérieurement par trois facteurs: le *respect de l'autre*, les *exigences* du *bien commun* et le *possible*. Le possible concerne les opportunités offertes par l'environnement ou le milieu de vie. En ce sens, l'aspiration à devenir plus, qui est l'essence

78 Ibid., p. 145. Cette idée fondamentale chrétienne du *développement* comme *vocation* du Père Lebret est consacrée par Paul VI, dans l'encyclique *Populorum progressio:* «Dans le dessein de Dieu, chaque homme est appelé à se développer car toute vie est vocation. Dès la naissance, est donné à tous en germe un ensemble d'aptitudes et de qualités à faire fructifier: leur épanouissement, fruit de l'éducation reçue du milieu et de l'effort personnel permettra à chacun de s'orienter vers la destinée que lui propose son Créateur. Doué d'intelligence et de liberté, il est responsable de sa croissance ou de son salut. Aidé parfois gêné par ceux qui l'éduquent et l'entourent, chacun demeure, quelles que soient les influences qui s'exercent sur lui, l'artisan principal de sa réussite ou de son échec: par le seul effort de son intelligence et de sa volonté, chaque homme peut grandir en humanité, valoir plus, être plus» (*PP* 15).

79 Ibid., p. 146.

80 Ibid., p. 146.

même de la vocation, n'est réalisable que dans «un ensemble de conditions limitées» restreignant les probabilités de réussite. De sorte que:

> Si bon cultivateur qu'il soit, le paysan ne peut obtenir de bonnes récoltes en année de sécheresse sur une terre non irriguée. Si intelligent que soit un enfant, il ne pourra apprendre à lire s'il n'y a pas de maîtres; sa vocation se trouve de ce fait limitée[81].

Une fois précisé le sens de la notion religieuse de vocation, le Père Lebret en vient à la définition de la notion corrélative de développement. Celle-ci est définie, d'abord, négativement, par opposition aux notions matérialistes et quantitatives d'*enrichissement*, de *mise en valeur*, de *croissance*, d'*expansion*, de *maximisation* auxquelles la réduisent généralement la théorie et le discours économiques. Et pour cause.

> L'enrichissement n'est que le ‹plus avoir›; la mise en valeur n'est que l'utilisation des ressources physiques; la croissance n'est que l'élévation du revenu global, sans que l'on tienne compte de sa distribution entre les couches sociales; l'expansion n'est que le dynamisme de la croissance, la ‹maximation› n'est que le meilleur rendement du capital et du travail, autant de concepts, utiles sans doute, mais qui masquent le problème humain. Le succès, en chacune des perspectives ainsi définies, n'est que quantitatif. La valorisation humaine de ‹tout l'homme› et de ‹tous les hommes›, est escamotée. Elle n'entre pas en ligne de compte[82].

Positivement, le développement authentique ou le développement tout court, c'est le développement humain intégral harmonisé.

> Le concept de développement, au contraire, ne peut faire abstraction de l'homme qu'en se qualifiant par l'adjectif ‹économique›. De soi, le développement est ‹intégral›, comme celui de l'être vivant. Tout, chez l'être vivant qui se développe, doit croître en même temps, dans l'harmonie. Le seul développement authentique est le ‹développement intégral harmonisé›, celui de tout l'homme et de tous les hommes, celui de toutes les unités territoriales et de toutes les couches sociales[83].

81 Ibid., p. 146.
82 Ibid., p. 148.
83 Ibid., p. 148. Cf. PAUL VI, *Le développement des peuples* (Populorum progressio): «Le développement ne se réduit pas à la simple croissance économique. Pour être authentique, il doit être intégral, c'est-à-dire promouvoir tout homme et tout l'homme. Comme l'a fort justement souligné un éminent expert (le Père Louis-Joseph, que le Pape cite nommément ici en note infrapaginale): *«Nous n'acceptons pas de séparer l'économique de l'humain, le développement des civilisations où il s'inscrit. Ce qui compte pour nous, c'est l'homme, chaque homme, chaque groupement d'hommes, jusqu'à l'humanité tout entière»* (*PP*, 14).

Et puis suit la définition plus technique du développement, au sens du Père Lebret:

> Le développement peut se définir avec rigueur *«la série des passages pour une population déterminée et pour toutes les populations partielles qui l'intègrent, d'une phase moins humaine, à une phase plus humaine, au rythme le plus rapidement possible, au coût le moins élevé possible, compte tenu de la solidarité entre toutes les populations»*[84].

Cette dernière définition du développement souligne la portée universelle de ce processus de transformation multidimensionnel, qui s'étend du plan «village» au plan «peuple», du plan «peuple» au plan «humanité».

> Pareil développement, explique le Père Lebret, est l'objet même d'une économie humaine approchant par étapes d'une économie humaniste créant peu à peu les conditions d'une civilisation de la solidarité élargie et de la montée humaine universelle. La vocation au «plus être» des peuples se confond donc avec leur vocation au développement authentique. Leur aspiration au développement intégral harmonisé est légitime[85].

2.1.2. Les limites de la vocation au développement

Dans les pays sous développés, la vocation légitime des peuples au développement semble, néanmoins, limitée sinon hypothéquée par deux facteurs majeurs: la faiblesse des ressources et l'absence de conditions sociologiques et politiques de la réussite.

La faiblesse des ressources concerne surtout les ressources naturelles, techniques, financières et humaines. Pour ce qui est des ressources naturelles, dans bien des cas, les pays sous-développés ont des sérieux problèmes de sol et de climat: érosion, salinisation, latérisation, sécheresse, pluviosité abondante, manque de sources d'énergie, etc.

Pour les autres ressources, notamment, les populations de ces pays

> ne connaissent que des techniques rudimentaires; ils ne disposent pas de cadres pouvant instruire et orienter les travailleurs; ils n'ont pas de capital à investir dans les infrastructures physiques ou culturelles. Par ailleurs, ils ont appris de l'Occident à réduire la mortalité et leur croissance de population exigerait une croissance une croissance correspondante de production à laquelle il faudrait ajouter la production de ce qui manque à la consommation actuelle pour qu'elle soit acceptable[86].

84 Ibid., p. 148. Voir *PP*, 20: *Vers une condition plus humaine.*
85 Ibid., p. 148.
86 Ibid., p. 153.

L'absence avérée de conditions optimales de développement condamne dramatiquement ces pays, voués ainsi à la régression.

> L'intérêt qu'on leur porte est en dépendance de ce qu'ils peuvent fournir pour le super-développement des pays riches, à un prix qu'ils ne fixent pas et dont les variations sont capricieuses. En dépendance aussi du rôle que la stratégie des ‹grands› leur assigne[87].

Là où les conditions naturelles sont plus favorables, où l'on disposerait, par exemple, de la bonne terre, d'assez d'eau et d'assez de combustible, la réalisation du développement n'est pas pour autant garantie. Car on se trouve bien souvent, dans ce cas, confronté au manque de volonté politique des dirigeants et de conditions sociologiques du succès. D'où les problèmes récurrents de corruption, de terrorisme d'État, d'instabilité politique, d'incompétence de l'administration publique, etc.

> Les classes dirigeantes n'ont pas souci du peuple; les gouvernements sont instables et parfois même oppresseurs; les administrations sont corrompues ou incapables; les partis s'affrontent stérilement, faute de programme constructif. Le développement possible ne se produira pas. La vocation du peuple entier au développement sera frustrée. Mais même dans les cas plus prometteurs, il y a toujours manque de techniciens et insuffisance ou mauvaise orientation de l'épargne. Ici, il s'agit de pratiques traditionnelles de l'usure dont le taux peut atteindre jusqu'à 25% par mois; là, les placements se font principalement en opérations spéculatives; souvent devant les probabilités d'inflation, les capitaux qui seraient disponibles fuient vers les pays développés à monnaie stable[88].

Ces lignes combien prophétiques du Père Lebret, écrites pratiquement à la veille de la grande vague d'indépendances africaines, illustrent parfaitement la triste réalité de la dérive actuelle du continent noir et nous donnent en même temps un éclairage sur ce qui aurait dû ou pu être fait, de concert et de bonne foi, au lendemain des indépendances, pour garantir le développement des jeunes nations, proclamé et programmé justement par le système des Nations unies.

En effet:

> ‹Changer le monde› était une des expressions dont le P. Lebret se servait volontiers pour évoquer l'ampleur du combat pour le développement qui était devenu l'axe de sa vie de militant, de praticien et de théoricien de la planification, d'homme de Dieu.

87 Ibid., p. 153.
88 Ibid., p. 153-154.

Comme tous les prophètes il annonçait les catastrophes qu'il voyait inscrites dans les contradictions de la vie internationale, mais il proposait aussi des procédures pour négocier ces contradictions et pour réaliser les changements nécessaires dans les rapports entre les peuples comme entre les groupes sociaux. Ces transformations lui apparaissaient de plus en plus à la dimension d'une véritable révolution mondiale[89].

2.1.3. Le droit au développement

Le droit au développement découle naturellement de la vocation universelle au développement. Mais ce droit, comme l'indique le Père Lebret, diffère, selon la nature et l'urgence, de pays à pays. De sorte que:

> Il ne peut y avoir de droit strict que si le peuple et ses élites ne sont pas responsables de l'état de sous-développement. Chaque peuple voulant faire jouer la solidarité internationale doit d'abord accomplir ce qui est en son pouvoir pour sortir de la misère et de l'insécurité[90].

Pour le Père Lebret, le droit au développement trouve ses fondements philosophiques et théologiques dans la doctrine du *bien commun*[91].

> La doctrine du ‹bien commun›, désormais remise en honneur, ne se confond pas avec celle de l'intérêt général. En disant ‹bien›, qu'il s'agisse des personnes ou des groupes, on se place sur le plan du développement authentique. N'est bien que ce qui fait plus valoir. L'intérêt a toujours quelque aspect sordide. Le bien est ce qui épanouit, ce qui donne plus d'être[92].

Outre la doctrine du bien commun, le droit au développement trouve également son fondement juridique, reconnaît le Père Lebret,

> dans la Charte des Nations Unies, à l'article 55 qui, en effet, prescrit à tous les États membres *«de promouvoir le progrès social et de meilleurs standards de vie dans une liberté élargie»*. En corollaire, la Déclaration universelle des droits de l'homme, à l'article 25, a statué que chacun a droit *«à un standard de* vie suffisant *pour sa santé et son mieux-être comme pour le mieux-être de sa famille, ceci incluant la*

89 Vincent COSMAO, *Changer le monde. Une tâche pour l'Église*, op. cit., p. 11.
90 Louis-Joseph LEBRET, «La vocation des peuples au développement», art. cit., p. 154.
91 Le principe chrétien du *Bien commun* de l'enseignement social de l'Église dérive de la *dignité*, de l'*unité* et de l'*égalité* de toutes les personnes, en tant qu'*images de Dieu*, comme nous l'avons souligné à suffisance, plus haut. Le bien commun est un bien universel de nature morale. L'expression «bien commun» est utilisée par Léon XIII, dans *Rerum novarum* (*RN*, 37), comme synonyme de l'expression «intérêt commun ».
92 Louis-Joseph LEBRET, «La vocation des peuples au développement», art. cit., p. 154.

nourriture, le vêtement, le logement, les soins médicaux, les services sociaux nécessaires et le droit à la sécurité en cas de chômage, d'incapacité, de veuvage, de, de vieillesse ou d'autres carences»[93].

La reconnaissance internationale du droit des peuples au développement est juridiquement établie et acquise, avec la proclamation, en 1962, par l'Assemblée générale des Nations unies, de la première *Décennie des Nations unies pour le développement.* Le Père Lebret envisageait déjà la reconnaissance de ce droit des peuples au développement, sur la base des deux articles susmentionnés de la Charte des Nations unies et de la Déclaration universelle des droits de l'homme. «La reconnaissance d'un tel droit pour les personnes et pour les familles, sans distinction, entraîne évidemment le droits des peuples au développement, et pour y répondre, l'élargissement de la doctrine du bien commun»[94].

La lucidité prophétique du Père Lebret sur la vision du développement authentique nous aide à apprécier, de manière critique, le discours officiel messianique du développement, comme celui, par exemple, fondamentalement manichéen de l'actuel Président américain Georges Bush junior, totalement convaincu d'être investi d'une mission divine d'imposer au monde, par les armes, la démocratie occidentale, comme la voie royale d'accès au *monde dit civilisé* du bonheur et du bien-être terrestres.

> Quand un peuple ne se développe pas par la faute de ses élites, il appartient d'abord à ce peuple d'en fomenter de plus valables. Une pression extérieure ne peut intervenir que si elle est totalement désintéressée et postulée, directement ou tacitement, par l'ensemble du peuple. La prise en tutelle ne peut plus être le fait de quelque gouvernement étranger agissant de son propre chef[95].

Le droit au développement requiert donc la solidarité internationale, au nom du bien commun de l'humanité, qui est justement l'objet de la justice sociale. Le rétrécissement de la terre devenue *‹village-monde›* grâce aux facilités de communications et le fait de l'extension du besoin à des matières premières ou à des produits finis ou semi-finis, que l'on ne peut extraire ou fabriquer chez soi, ont ainsi élargi le domaine de la justice sociale ou communautaire à l'ensemble de l'humanité.

93 Louis-Joseph LEBRET, «La vocation des peuples au développement», art. cit., p. 155. Le soulignement en italique des dispositions des articles *55* et *25* de la *Charte des Nations unies* et de la *Déclaration universelle des droits de l'homme*, est de nous.

94 Ibid., p. 155.

95 Ibid., p. 154.

> Les pays les plus développés ont besoin des productions des pays moins développés pour maintenir leur prospérité. Les solidarités entre les peuples se sont resserrées. L'ensemble des peuples développés qui reçoivent des autres les conditions de leur richesse et de leurs progrès ne peuvent considérer qu'ils ont accompli la justice quand ils ont payé pour quelque produit le prix qu'ils imposent. A ceux qui leur permettent d'avoir plus ou d'être plus, ils doivent faciliter l'accès à des conditions de vie dignes de l'homme[96].

Le Père Lebret dénonce ici l'hypocrisie du marché mondial envers les pays pauvres, à travers le fameux mécanisme économique mortifère de la *détérioration continue des termes de l'échange:*

> Le droit des peuples pauvres qui sont les fournisseurs des peuples riches ne peut, en justice communautaire, s'estimer par le seul jeu des lois d'échanges mercantiles. S'en référer seulement à l'offre et la demande, comme sur les marchés restreints du passé où les transactions se faisaient entre personnes dans le contrôle constant des uns par les autres, n'est pas valable, en justice, au plan du monde, quand une transaction malheureuse peut entraîner la disette pour tout un peuple. Les fluctuations du marché mondial et la détérioration des termes de l'échange mettent les pays pauvres dans une insécurité continue. En rigueur de justice, ils ont par delà les contrats, le droit à un minimum de sécurité[97].

La vocation au développement concerne aussi bien les peuples économiquement développés que les peuples démunis. Pour les premiers, le Père Lebret parle volontiers de la vocation au développement authentique. Ainsi, la vocation des peuples riches au développement authentique passe par la reconnaissance effective du droit au développement de tous et par la compréhension et l'amour fraternel à l'égard des peuples pauvres. C'est là la clé de la sécurité et de la paix mondiale.

> La reconnaissance par tous du droit au développement de tous modifierait l'atmosphère empoisonnée d'un monde où les tensions nocives ne font que croître, menaçant l'existence même de l'espèce humaine. Le bien commun exige que dans chaque espace économique et dans le grand espace économique constitué par la terre entière, les conditions de son instauration soient réalisées. Le bien commun de l'humanité comporte que par l'effort de tous et l'utilisation optima des ressources totales, la distribution des résultats de cet effort crée entre peuples la confiance et la paix. Cette confiance et cette paix, éléments essentiels du bien commun, ne sont plus possibles désormais si la dispersion entre les niveaux de vie des peuples pauvres et des peuples

96 Louis-Joseph LEBRET, «La vocation des peuples au développement», art. cit., p. 154-155. Voir *PP*, 44: *Fraternité des peuples; PP* 48: *Devoir de solidarité.*

97 Ibid., p. 155.

riches, déjà excessive, continue de s'accroître. L'humanité ne supportera pas que la distance des pouvoirs de consommation entre les peuples non-développés et les peuples les plus développés, déjà de 1 à 40, passe en quelques décades de 1 à 100. Les peuples riches ne redeviendront heureux et supportables qu'en réduisant leur désir d'avoir toujours plus pendant que d'autres sont condamnés à avoir toujours moins. La vraie vocation au développement n'est peut-être, en définitive, que la vocation à la pauvreté, le nécessaire fonctionnel étant devenu la règle des uns et des autres[98].

Le Père Lebret insistait sur la nécessité de l'approfondissement théologique de la conception chrétienne du développement comme expression de la vocation humaine. Cet approfondissement théologique s'est opéré à partir du Concile Vatican II, avec l'anthropologie du *Gaudium et spes* et s'est poursuivi dans *Populorum progressio* de Paul VI et surtout dans *Sollicitudo rei socialis* de Jean-Paul II, présenté notamment par Henri Cazelles, comme «un écho fidèle de la Révélation biblique et une adaptation de la doctrine sociale du Dieu de la Bible aux nouvelles situations de développement des peuples»[99].

Dans l'histoire du salut, le Dieu d'Abraham et d'Israël s'est nettement affirmé comme une puissance de vie. Ainsi:

Tout signe de vie que l'homme rencontre au cours de son existence est signe d'une présence divine. Que ce soit un arbre avec ses fleurs ou ses graines (*Gn* 21, 33), qu'il s'agisse du bétail et de sa fécondité ou des familles, des langues et des nations, leur développement est l'œuvre divine et c'est bien donc Dieu qui «ouvre l'utérus» (*Gn* 29, 31). C'est à travers une ‹bénédiction› que se traduit cette volonté divine de fécondité et c'est avec une bénédiction que se manifeste la vocation d'Abraham à devenir père d'une multitude de peuples[100].

La Tour de Babel (*Gn* 11) constituerait donc, selon l'auteur sacré, la grande première œuvre humaine de développement, qui a abouti, comme on le sait, à la division des langues, c'est-à-dire des cultures. Cette œuvre d'art dont le sommet devait atteindre le ciel, était le résultat d'un processus de développement de la civilisation, précisément de l'impérialisme de la culture et de la technique babyloniennes qui, en 2000 avant Jésus-Christ,

98 Louis-Joseph LEBRET, «La vocation des peuples au développement», art. cit., p. 157.
99 Henri CAZELLES, «Lo sviluppo come espressione della vocazione umana alla luce della Scrittura», in *Quaderni de «L'Osservatore Romano»*, *L'uomo misura dello sviluppo*, Città del Vaticano, Libreria Editrice Vaticana, 1988, p. 24.
100 Ibid., p. 24.

s'étendait jusqu'à la Méditerranée. Comme tel, le processus de développement humain est vicié, au départ, par le drame du péché qui a perverti le cœur de l'homme et l'a conduit à se poser souvent en rival de Dieu, en abusant de sa liberté et de son intelligence. Enfin:

> Le développement des peuples, de leurs langues et de leurs cultures se réalise grâce à ce que la Bible appelle la *‹sagesse›*. Elle est la prérogative des Etats monarchiques. Les rois devaient être des *‹sages›* et devaient s'entourer de *‹sages›* conseillers capables de faire les comptes, d'écrire, de construire et de juger[101].

L'approche du développement comme processus de libération de la théologie de la libération que nous allons examiner, à présent, rentre dans le cadre général de l'approfondissement théologique souhaité par le Père Lebret.

3. Le développement comme processus de libération des peuples

Le vénéré et regretté Père Lebret,

> quelques semaines avant sa mort en 1966, cherchant pour le livre qu'il écrivait à l'intention des militants du développement un titre évocateur des tâches à entreprendre, il finit par écrire *«développement = révolution solidaire»*. Il ordonnait ainsi la révolution à la réalisation de la solidarité tout en suggérant qu'il n'y aurait pas de solidarité réelle sans révolution[102].

La parole «révolution» n'a guère bonne presse. Elle fait toujours peur aux gardiens de l'ordre établi, en tant qu'elle conserve et perpétue, dans la mémoire collective, une valence historique essentiellement apocalyptique. Et pourtant, l'annonce et la pratique de l'Évangile du Christ sont bien, s'ils sont pris au sérieux par les chrétiens, de l'ordre de la révolution, du tremblement de terre, du raz-de-marée ou du tsunami, en ce sens qu'ils constituent et instituent une nouvelle donne dans le paysage socioculturel ambiant.

101 Ibid., p. 25.
102 Vincent COSMAO, *Changer le monde. Une* tâche *pour l'Église*, op. cit., p. 11.

Le Christ n'a pas la langue de bois. L'*Évangile* est un *glaive tranchant* et un *feu dévorant* (Mt 10, 34-36; Lc 12, 49-53):

> Je suis venu jeter un feu sur la terre, et comme je voudrais que déjà il fût allumé! [...] Pensez-vous que je sois apparu pour établir la paix sur la terre? Non, j e vous le dis, mais bien la division. Désormais en effet, dans une maison de cinq personnes, on sera divisé, trois contre deux et deux contre trois. On sera divisé, père contre fils et fils contre père, mère contre sa fille et fille contre sa mère, belle-mère contre sa bru et bru contre sa belle-mère (Lc 12, 49. 51-53).

La *mission de libération* du Christ est clairement affirmée dans son *discours-programme*, condensé dans la célèbre *déclaration messianique* d'Isaïe 61, 1-2, inaugurant son ministère public, dans la synagogue de Nazareth:

> L'Esprit du Seigneur est sur moi, parce qu'il m'a consacré par l'onction, pour porter la bonne nouvelle aux pauvres. Il m'a envoyé *annoncer aux captifs la délivrance* et aux aveugles le retour à la vue, *renvoyer en liberté les opprimés,* proclamer une année de grâce du Seigneur *(Lc 4, 16-19).*

De fait, ainsi que le rappelle Vincent Cosmao:

> La révélation de Dieu dans l'Histoire sainte s'est faite dans une pratique de libération, dans une pratique de résistance à la structuration de la société dans l'inégalité, dans une pratique de désacralisation de tout ce qui n'est pas Dieu. Tout ce qui se dit dans la Parole de Dieu prend forme et s'organise en discours à partir de ces pratiques qui sont pratiques d'homme en quête de Dieu, au cœur même de leurs tâches de conduite de leur histoire. C'est cette histoire elle-même qui est *‹révélante›* au sens où, s'interprétant au fur et à mesure qu'elle se fait, elle dit Dieu[103].

C'est dans cette ligne de la révolution évangélique que s'inscrit le courant théologique latino-américain dit la *théologie de la libération*, né de la base, plus précisément de la généralisation de l'analyse du sous-développement par la dépendance et de l'engagement des chrétiens dans le mouvement de libération. Vincent Cosmao suggérait déjà à la parution du *Populorum progressio*, en 1967, l'idée d'une *théologie du développement* qu'appelait l'encyclique. Une théologie du développement, «non au sens d'un discours théologique sur le développement selon la *doctrine sociale de l'Église*, mais au sens d'une interprétation de la vie de la foi à partir de sa réalisation dans une pratique de développement»[104].

103 Vincent Cosmao, *Changer le monde. Une tâche pour l'Église,* op. cit., p. 187.
104 Ibid., p. 13.

3.1. L'irruption de la théologie de la libération

Si pour les pays nouvellement indépendants d'Afrique et d'Asie, le *développement* était pensé essentiellement en termes de *vocation* et de *possibilité d'accès à la modernité* occidentale, en revanche, pour les pays latino-américains «politiquement» indépendants de longue date, c'est, plutôt, sous le concept *scripturaire* révolutionnaire de *libération*, que sera assumée *théologiquement* la problématique du développement du sous-continent sud-américain.

Comme l'écrivait en effet le Père Lebret:

> L'aspiration au développement, chez les peuples sous-développés, mais depuis longtemps indépendants et déjà occidentalisés, est essentiellement le désir d'une plus grande prospérité matérielle de mieux en mieux répartie et d'un niveau culturel plus élevé atteignant toujours plus de personnes. Ce désir revêt des formes selon les couches de population. Les classes populaires voient le développement comme une amélioration de leur niveau de vie résultant d'une politique économique bien ordonnée. Pour les ruraux, il s'agit d'améliorer le rendement des sols et d'assurer la vente des produits à des prix augmentant la capacité d'achat. Pour les urbains, il s'agit de sécurité d'emploi et de rémunération permettant de se mieux loger, de se mieux vêtir et de se mieux nourrir[105].

La théologie de la libération fut élaborée dans les années 1970 davantage comme une *théologie de la vie*, articulée autour des trois grandes options pastorales de la Conférence fondatrice de Medellin (Colombie, 1968): l'*option préférentielle pour les pauvres,* la *libération intégrale,* et les *communautés ecclésiales de base*[106]. L'une des innovations de la théologie de la libération fut donc l'*abandon* du *concept consacré* de *développement (desarrollo)*, au profit de la *catégorie biblique* de *libération.*

105 Louis-Joseph LEBRET, «La vocation des peuples au développement», art. cit., p. 149.

106 «Medellin a introduit un schéma d'analyse de la réalité qui a réussi à associer les contributions des sciences sociales, nécessaire à une compréhension globale de la réalité, avec le riche patrimoine doctrinal de l'Église, qui sert de critère valable de l'analyse pour la réalité dans une démarche qui est non seulement technique mais pastorale. Grâce à cette démarche méthodique, les évêques ont pu se plonger en partant de considérations abstraites, dans le monde réel, et ressentir de la sorte l'impact des situations humaines qui exigent une intervention prophétique» (Sergio Bernal RESTREPO, «L'Amérique latine», in Roger BERTHOUZOZ et Roberto PAPINI (éd.), *Éthique, économie et développement.* L'enseignement *des* évêques des cinq continents (1891-1991), Fribourg – Paris, Éditions Universitaires Fribourg – Éditons du Cerf, 1995, p. 86).

Le théologien péruvien *Gustavo Guttiérez*, le Père fondateur de ce courant théologique, en précise le contenu et le programme, dans son ouvrage de référence *Teologia de la liberacion. Perspectivas*, publié en 1971:

> La théologie de la libération est une théologie du salut dans les conditions concrètes, historiques et politiques d'aujourd'hui. Les médiations historiques et politiques actuelles, qui sont des valeurs par elles-mêmes, changent la manière de vivre et de penser «le mystère caché depuis tous les temps et révélé», le mystère de l'amour du Père et de la fraternité humaine, le mystère du salut. C'est cela que le terme de ‹*libération*› voudrait rendre présent. Une réflexion théologique dans le contexte de la libération part du fait de percevoir que ce contexte même nous oblige à repenser radicalement notre être chrétien et notre manière d'être l'Église. Cette réflexion sur la Parole accueillie dans la foi en appellera aux différents langages de la pensée contemporaine, aux sciences humaines et à la philosophie. Mais surtout elle fera référence d'une manière neuve à la praxis historique. Ceci manifeste sa différence avec tout essai visant à maquiller de ‹*préoccupations sociales*› ou à rajeunir avec un vocabulaire de ‹*libération*› des vieilles positions pastorales et théologiques[107].

En effet, le choix du mot *libération*, c'est tout un programme, comme l'explique de manière concise Georges Casalis:

> Si c'est le mot ‹*libération*› qui a été choisi et qui est employé à l'exclusion de tout autre, c'est par opposition à un certain nombre de notions venues des pays riches: ainsi ne parlera-t-on plus de ‹*tiers-monde*›, au sens neutraliste que Nehru donnait à cette expression, à Bandoeng, en 1955. L'espoir d'une troisième force internationale s'étant avéré illusoire, on a, un temps, parlé de ‹*développement*› et de ‹*sous-développement*›, mais on n'a pas tardé, vers 1965, à évacuer ces termes-là aussi: ne laissent-ils pas entendre que le modèle d'évolution des pays riches doit être imité et le type de leurs relations actuelles avec les pays pauvres maintenus? On refuse donc que le développement soit ‹*le nouveau nom de la paix*› (*Populorum progressio,*76) et l'on rejette en bloc toute l'idéologie du ‹*développementisme*› *(desarollismo)* comme ne faisant que marquer ce que Pierre Jalée appelle ‹*le pillage du tiers-monde*›. Ceux des théologiens latino-américains qui sont engagés dans les luttes nationalistes des mouvements anti-impérialistes parlent donc de ‹*libération des peuples dominés*›, indiquant par là, à la fois, que l'initiative et l'orientation du mouvement ne sauraient venir d'ailleurs que des masses opprimées[108].

107 Gustavo GUTTIEREZ, *Théologie de la libération. Perspectives*, Bruxelles, Éditions Lumen Vitae, trad. franç. de François Malley, 1974, p. 325.

108 Georges CASALIS, «Libération et conscientisation en Amérique Latine», in *Idéologies de libération et message du salut*, 4e Colloque du Cerdic organisé à Strasbourg du 10 au 12 mai 1973, Strasbourg, Cerdic – Publications, 1973, p. 170-171.

Comment les théologiens latino-américains définissent-ils donc la libération, qui est, à la fois, l'objet et la finalité de leur approche théologique? Autrement dit, quel est le contenu réel du concept de libération? Comme nous l'avons en effet indiqué, d'entrée de jeu, la théologie de la libération s'autodéfinit fondamentalement comme une *théologie de la vie*. Cela dit, le concept de *libération* est ici étroitement lié à la *promotion de la vie* des masses populaires systématiquement opprimées et exploitées par le capitalisme libéral, à travers les entreprises multinationales, les forces armées, les organismes culturels et même les missions chrétiennes[109]. Ainsi, écrit justement Franz J. Hinkelammert, «la libération a été conçue comme une situation dans laquelle fût garantie à tous le droit de vivre, en assurant la satisfaction des nécessités de base, à partir du travail»[110]. Ceci explique au fond, au plan de la finalité de l'action, le rapprochement sur terrain tant décrié de la théologie de la libération avec les mouvements socialistes, qui étaient réellement orientés, comme elle, vers la libération[111].

De fait, le surgissement de la théologie de la libération a été particulièrement ressenti comme un véritable coup de tonnerre, dans l'univers théologique tumultueux post-conciliaire. En effet, la théologie de la libération s'est nettement affirmée, en rupture avec la pensée théologique traditionnelle, comme une *théologie contextuelle* de *lutte pour la vie* et *la survie* des peuples dominés d'Amérique Latine, mobilisés au nom de l'Evangile du salut, pour la conquête de leur indépendance économique, politique et culturelle contre l'occupation, l'oppression et l'exploitation imposées par le grand voisin américain et ses alliés européens.

Au départ, les théologiens latino-américains ont inscrit et circonscrit leur réflexion et action théologiques dans le domaine trouble et tentaculaire de la politique. Hugo Asmann et Franz J. Hinkelammert nous expliquent les raisons de cette option initiale:

> Les régimes militaires répressifs et la dure et longue lutte pour le retour à des régimes plus démocratiques ont mis au premier plan les préoccupations pour les problèmes politiques et, dans la défense des droits de l'homme, la question de la répression. Dans ce contexte, l'accentuation appuyée du binôme «*foi* et *politique*» était compréhensible, parce qu'elle apparaissait plus appropriée aux circonstances[112].

109 Cf. Georges CASALIS, «Libération et conscientisation en Amérique Latine», art. cit., p. 165.

110 Hugo ASMANN e Franz J. HINKELAMMERT, *Idolatria del mercato. Saggio su économia e teologia*, trad. ital. di Anita Sorsaja, Assisi, Citadella Editrice, 1993, p. 104.

111 Ibid., p. 104.

112 Hugo ASMANN e Franz J. HINKELAMMERT, *Idolatria del mercato,* op. cit., p. 65.

Les problèmes économiques n'étaient pas ignorés. Ils en auront, en effet, la vive perception, à travers les phénomènes désastreux de la concentration du revenu, de l'écart abyssal croissant entre riches et pauvres, du retour aux taux élevés de mortalité infantile longtemps oubliés et de la relégation à l'arrière plan des objectifs et buts sociaux. Ce qui les conduira, aussitôt, à rechercher la véritable cause de l'enracinement des régimes répressifs du sous-continent dans les intérêts économiques locaux et internationaux. Et les modèles économiques soutenus par ces régimes véreux étaient d'obédience néo-libérale radicale[113].

En effet:

> Pour la Théologie de la Libération, soulignent Hugo Asmann et Franz J. Hinkelammert, le *«discours sur Dieu»*, en accord avec les sources bibliques, est toujours historiquement déterminé, c'est-à-dire il correspond, dans ses variantes, aux diverses positions des hommes par rapport à eux-mêmes et à leurs semblables qui manifestent des besoins et des problèmes historiquement concrets. Cela dit, les *«discours sur Dieu»* dans la Bible sont distincts (des prophètes, de Jésus, etc.), suivant les options historiques de ceux qui prononcent de tels *«discours»*. Mais l'on doit ajouter immédiatement, que tous ces discours ne méritent aucunement le même accueil. Les *dieux* qu'on invoque pour opprimer s'appellent *idoles*. À eux s'oppose le *Dieu* qui *libère*, le *Dieu* de la *Vie*[114].

Cette singularité lui valut aussitôt, outre Atlantique, l'étiquette de *«théologie politique»*, de *«pur marxisme»*, de *«théologie pro dépendantiste»*[115], bref de théologie *«non-catholique»* et *«atypique»*, parce qu'elle semblait, pensait-on, s'écarter de la *«mission propre»* de l'Église, qui est celle *«d'annoncer l'Évangile»*.

L'on n'avait ainsi oublié, sans doute, que:

> Pas davantage qu'en d'autres domaines, on ne peut déduire de l'Écriture un discours théologique sur le développement qui soit valable pour toutes les situations historiques ou géographiques. Après s'être longtemps opposés pour savoir s'il fallait donner priorité au développement ou à l'évangélisation, les théologiens s'accordent assez pour dire aujourd'hui que la foi ne fait pas nombre avec le développement, mais qu'elle s'inscrit dedans et entend y jouer un rôle de discernement. On a donc tendance à quitter un discours sur le développement, pour s'appliquer à interpréter à la lumière de l'Évangile les différentes pratiques de développement mises en route par les hommes, frères entre eux et dont nous sommes[116].

113 Ibid., p. 65.
114 Ibid., p. 56-57. Le soulignement en italique dans le texte est de nous.
115 Ibid., p. 59-62.
116 Bruno CHENU et al. (sous la direction de), *La foi des catholiques*, op. cit., p. 494-495.

Certes, la théologie de la libération n'est nullement exempte de critiques. Elle a bel et bien commis des erreurs dans sa mise en route et son processus de maturation, que certains de ses représentants officiels, comme Hugo Asmann confessent volontiers. C'est l'herméneutique marxiste de l'Évangile et d'une manière particulière de l'exégèse de l'*Exode 3, 7-8,* appliquée systématiquement par les théologiens latino-américains, dans l'analyse de la situation sociopolitique sombre du sous-continent sud-américain, qui a été l'objet, à deux reprises, de la vigoureuse condamnation de ce courant théologique, de la part de la Congrégation de la Doctrine de la Foi[117]. D'une certaine manière, la théologie de la libération voit le jour avec la publication, en 1971, de l'ouvrage de Gustavo Gutierrez, qui réinterprète l'Évangile à la lumière des pans importants de la théorie marxiste. Ainsi, comme le résume fort bien Marc Dean:

> Les théologiens de la libération voient dans le marxisme la seule théorie capable d'offrir une analyse systématique et précise sur les causes de la pauvreté de même qu'une proposition concrète et radicale pour l'abolir. La lutte des classes devient un élément clé de cette nouvelle théologie. Nier l'existence de la lutte des classes c'est, en somme, prendre le parti des dominants. La neutralité sur ce point est impossible[118].

L'engagement radical dans la lutte contre le pouvoir oppresseur de l'Établissement a amené de nombreux chrétiens à se joindre aux différents mouvements de guérillas dans différents pays. Certains mêmes sont devenus militants actifs des partis socialistes.

Mais, au total, la pertinence et la justesse du propos de la théologie de la libération ne font, aujourd'hui, l'ombre d'aucun doute. Jean-Paul II, en l'occurrence, a levé, dans *Sollicitudo rei socialis*, la suspicion générale qui entourait ce courant théologique de la théologie de la libération, en rapprochant les deux concepts de *développement* et de *libération*, à l'encontre des vues de ceux qui les opposaient[119].

117 Lire les deux *Instructions* de la Congrégation pour la doctrine de la Foi publiée en deux ans d'intervalle: *Instruction* sur quelques aspects de «la théologie de la libération» *Libertatis nuntius* (6 août 1984) et *Instruction* sur «la liberté chrétienne et la libération» *Libertatis conscientia* (23 mars 1986).

118 Marc DEAN, «La théologie de la libération», dans < http: //www.web.apc.org/~ drainvil/viejos/octobre/liberation.com >

119 Voir Jean-Yves CALVEZ, *L'économie, l'homme, la société. L'enseignement social de l'Eglise*, op. cit, p. 210-211. Lire aussi Carlos-Josaphat PINTO DE OLIVEIRA, *Éthique chrétienne et dignité de l'homme,* Fribourg, Éditions Universitaires Fribourg Suisse, 1992.

> L'aspiration à la libération par rapport à toute forme d'esclavage, pour l'homme et pour la société, est, affirme Jean Paul II, quelque chose de noble et de valable. C'est à cela que tend justement le développement, ou plutôt la libération et le développement, compte tenu de l'étroite relation existant entre ces deux réalités. Un développement purement économique ne parvient pas à libérer l'homme, au contraire il finit par l'asservir davantage. Un développement qui n'intègre pas les dimensions culturelles, transcendantes et religieuses de l'homme et de la société contribue d'autant moins à la libération authentique qu'il ne reconnaît l'existence de ces dimensions et qu'il n'oriente pas vers elles ses propres objectifs. L'être humain n'est totalement libre que lorsqu'il est lui-même dans la plénitude de ses droits et de ses devoirs: on doit en dire autant de la société tout entière[120].

3.2. La théologie de la libération et l'économie politique selon Hugo Asmann et Franz J. Hinkelammert

À l'instar du Père Lebret, la théologie de la libération a axé son analyse de la problématique du développement sur le *paradigme économique*, étant donné que l'économie est devenue, de par son caractère stratégique, le lieu éthique et culturel principal d'écoute et d'interpellation des sociétés contemporaines[121].

La pensée catholique a accumulé un grand retard en ce domaine, comme le relève Roberto Papini:

> On a sous-estimé le fait que l'économie, née comme science d'une revendication d'autonomie de la *philosophie pratique*, affirmée comme action spécifique se distinguant de la *charité* et des raisons du *bien commun* au profit des intérêts individuels et de l'échange des marchés, a été le facteur le plus puissant de la transmutation des valeurs du monde moderne. L'économie est devenue peu à peu culture, dans le sens anthropologique, et a trouvé en elle-même ses règles et ses finalités[122].

120 JEAN-PAUL II, *Sollicitudo rei socialis*, 1987, n° 46.

121 En ce qui concerne notamment la perception tardive du caractère stratégique de l'économie de la part de la pensée catholique, nous renvoyons ici à Roberto PAPINI, «Introduction au Colloque de Fribourg sur l'enseignement des évêques en matière d'éthique économique et d'éthique du développement», in Roger BERTHOUZ et Roberto PAPINI (édit.), *Éthique, économie et développement*, op. cit., p. 21-27.

122 Roberto PAPINI, «Introduction au Colloque de Fribourg sur l'enseignement des évêques en matière d'éthique économique et d'éthique du développement», art. cit., p. 23.

Les théologiens latino-américains affrontent *l'ordre économique établi*, à partir du thème théologique central de *Dieu de la Vie*. Autour de ce thème fondamental de Dieu de la Vie, s'articulent d'autres thèmes théologiques qui renvoient également à la sphère économique, comme le Dieu des pauvres, le Dieu libérateur, les pauvres comme privilégiés du Royaume, etc.

La question de la corrélation intrinsèque de la théologie et de l'économie est l'objet d'un approfondissement à la fois programmatique et systématique, depuis 1976, de la part d'un groupe de sociologues et de théologiens latino-américains réunis au sein du *DEI* (Département Œcuménique d'Investigations), fondé par le sociologue et théologien brésilien Hugo Asmann, un des pères fondateurs de la Théologie de la Libération. Ce centre œcuménique de recherches latino-américain est basé à San José, au Costa Rica, et l'économiste allemand Franz J. Hinkelammert en est la figure de proue. Nous présentons ici, de manière condensée, les lignes essentielles de leur réflexion économico-théologique sur l'*idolâtrie du marché*[123], *sacrificatrice* et *destructrice* des *vies* humaines.

3.2.1. Le Dieu de la Vie et la vie humaine

Le discours des théologiens latino-américains, généralement, de forte tonalité pastorale cerne et concerne de très près, par delà et en dépit des imprécisions du langage employé, la sphère de la ‹*religion économique*›, dont on rejette totalement, en première analyse, comme idéologique et fallacieux, le fameux *dogme anthropologique* néoclassique de l'*homo oeconomicus*, déjà examiné plus haut.

On n'est pas ici dans les nuages de l'univers virtuel de l'imaginaire scientifique, mais bien dans le monde réel et concret du vécu quotidien des hommes, où justement «l'on parle d'êtres humains qui ont des nécessités réelles et pas simplement des préférences sur le marché, comme dans la fiction de l'*homo oeconomicus* des économistes néo-classiques»[124]. Il y a, en corollaire, dans la confrontation avec les théories économiques, la dénonciation, par les théologiens de la libération, de l'inadéquation des modèles économiques mis en œuvre dans le sous-continent, avec la finalité sociale de la couverture des besoins fondamentaux des populations.

123 C'est là le titre justement de l'essai sur l'économie et la théologie de nos deux auteurs Hugo Asmann et Franz J. Hinkelammert, dont nous exposons brièvement le noyau dur de leur réflexion sur le capitalisme marchand.

124 Hugo ASMANN e Franz J. HINKELAMMERT, *Idolatria del mercato,* op. cit., p. 57.

Ils mettent ici à nu la *thèse-alibi* des économistes, qui imputent systématiquement la défaillance de leurs théories sur le terrain à la prétendue mauvaise application des usagers bénéficiaires.

Les théologiens latino-américains l'affirment haut et fort:

> Les modèles économiques adoptés par nos pays, malgré leurs variantes formelles, obéissent à une logique contraire à la satisfaction des besoins élémentaires des populations. Même si l'on ne fait pas des analyses affinées des présupposés de la théorie économique qui sous-tendent ces modèles, l'on constate et l'on dénonce le fait qu'ils n'opèrent nullement en faveurs de la vie des majorités. Les théologiens de la libération n'entendent pas, ce faisant, blanchir les politiciens, mais il est fort difficile, relèvent Hugo Asmann et Franz J. Hinkelammert, de trouver des affirmations claires et nettes, à la seule charge des mauvais politiciens. Il y a donc l'intime conviction générale qu'il existe bien des mensonges économiques et des théories économiques équivoques et fallacieuses[125].

Autrement dit, les théologiens de la libération soutiennent, notamment, à partir de leur expérience de terrain auprès des pauvres et de leur réflexion biblico-théologique, que:

1) une vision de l'économie qui sépare les variables économiques des variables sociales est inacceptable, parce que les sujets de l'économie sont des êtres humains avec des nécessités réelles non satisfaites et non des simples acteurs sur le *«libre marché»*, qui exercent le *«libre choix rationnel»*, selon leurs préférences subjectives;
2) les modèles économiques élaborés et les théories sur lesquelles ils se fondent opèrent avec des critères inacceptables, parce qu'ils n'établissent pas leurs priorités à partir de la satisfaction des nécessités réelles de la vie humaine des masses appauvries[126].

D'où la centralité, dans l'analyse socio-économique de la théologie de la libération des thèmes, comme le *«Dieu des pauvres»*, *«l'idolâtrie»*, les *«forces de la vie»* contre les *«forces de la mort»*, la *«théologie de la vie»* contre la *«théologie nécrophile»*, la *«dimension sociale du péché»* et les *«structures de péché»*. Les deux deniers thèmes de la *«dimension sociale du péché»* et de *«structures de péché»* sont largement abordés dans la théologie latino-américaine, spécialement après Medellin. Cette théma-

125 Hugo ASMANN e Franz J. HINKELAMMERT, *Idolatria del mercato,* op. cit., p. 57.
126 Ibid., p. 58.

tique du *«péché social»* («structures de péché», «violence institutionnalisée», etc.) a été pendant longtemps mise en sourdine, au motif qu'elle tendait à la négation des responsabilités individuelles. Le thème de «structures de péché», notamment, a été repris et développé par Jean-Paul II dans *Sollecitudo rei socialis.* Le Pape établit ici, plus ou moins, un rapport de synonymie en économie entre *«mécanismes pervers»* et *«structures de péché».*

L'économie constitue incontestablement, pour la Théologie de la Libération, un *domaine* de la *foi* et de l'*espérance* chrétiennes, en tant que *lieu* de *la production* et *reproduction* des *éléments matériels* de la *vie humaine.* C'est à ce niveau, cela s'entend, que la Théologie de la Libération en vient, tout naturellement, selon le beau mot de Franz J. Hinkelammert, à la *revitalisation* du thème traditionnel, admis par tous, de *«Dieu de la vie».*

> Si Dieu est le Dieu de la vie, il est aussi le Dieu de la vie humaine. Alors, sa volonté est que tous les hommes puissent vivre. Si Dieu est le Dieu de la vie, il est le Dieu de la possibilité concrète de vivre. Le Dieu de la vie est donc ce Dieu qui fait des pauvres l'objet de sa prédilection. Puisque les pauvres sont marginalisés dans leurs possibilités concrètes de vie, leur Dieu ne peut être autre que le Dieu de la vie. Ainsi, la plus grande offense à Dieu a lieu là où l'homme est privé de telles possibilités. L'acte de foi en Dieu consiste, dès lors, à affirmer l'option préférentielle pour les pauvres et à réaliser, à travers elle, la volonté de Dieu[127].

L'*affirmation de la vie*, en commençant par celle des *exclus* et des *laissés-pour-compte* du *système économique marchand*, est le *noyau central* d'articulation des *critères théologiques* de la Théologie de la Libération, de *«potentiel évangélisant des pauvres»*, de *refus d'idolâtrie*, de *dépassement du sacrificialisme* et d'*expérience de la transcendance à l'intérieur de l'histoire.*

> Cette affirmation de la vie, souligne Hugo Asmann, est centrée sur son caractère historique réel et concret. Il ne s'agit donc pas de la simple préservation physique de ces vies-là, quoiqu'elles soient continuellement menacées, sur le plan de la survie matérielle. Il s'agit de *la vie*, en tant que *socialité* et *fraternité humaine*, donc du *lien corporel* de la vie des pauvres, vue comme *réciprocité* entre les hommes. Cette vision ne se borne pas à la simple proposition de sauver des vies individuelles, qui ont évidemment leur dignité irréductible. Mais quand nous parlons, dans cette conception

127 Hugo ASMANN e Franz J. HINKELAMMERT, *Idolatria del mercato,* op. cit., p. 382-383.

concrète et historique de la vie, du *lien corporel* entre les hommes, la *fraternité* est toujours incluse, en tant qu'*élément constitutif* de *la vie*[128].

L'expression «*Dieu de la vie*» désigne, à la fois, dans la bouche et sous la plume des théologiens latino-américains, une *expérience de transcendance* connexe à plein de choses concrètes de leur vie et de leur combat, et un *horizon ouvert* de *recherches* et d'*espérance*, qui les inspire, les dynamise et les aide dans leur cheminement. Le regain d'intérêt actuel du thème de *Dieu de la vie* est dû particulièrement à son identification avec *l'option préférentielle pour les pauvres*, qui lui redonne sa signification concrète originaire, éclipsée au fil des siècles.

Si Dieu est le Dieu de la vie, nous dit Franz J. Hinkelammert, on ne peut le servir véritablement qu'à l'intérieur de cette option préférentielle pour les pauvres qui, en dernière instance, exprime Dieu comme Dieu de la vie. [...] Cela dit, la *signification concrète* du rapport entre le Dieu de la vie et l'option préférentielle pour les pauvres est donnée par la référence à *la vie* comme *vie concrète*, comme *possibilité concrète de vivre*. Ainsi, de la *vie concrète* résulte le *droit* à *pouvoir vivre* et donc le *droit* aux *moyens concrets de vie*. L'option préférentielle pour les pauvres implique la référence à une *pauvreté relative* aux *moyens* pour *vivre: nourriture, habillement, santé, instruction*, etc. La pauvreté est vue comme l'*exclusion* de ces *moyens de vie*, une *exclusion résultant des actions d'autres hommes*[129].

La question de la *pauvreté relative* soulevée ici par les théologiens latino-américains est, comme on le sait, le *nœud gordien* et le *goulot d'étranglement* du *sous-développement*, dont la rhétorique onusienne du développement ne cesse d'annoncer rituellement l'*éradication*, depuis 50 ans, sans jamais y parvenir. Et pourtant, cette pauvreté-là n'est pas naturelle. Elle est bel et bien le fait de ce que l'économiste français François Perroux appelle justement l'*avarice des nations*[130].

Cette expression: *avarice des nations* – est employée ici dans un sens précis. Elle désigne une conduite qui se résume en deux traits. *Le produit national bénéficie aux seuls nationaux*. De même qu'un individu jouit de son produit et qu'on tient aisé d'isoler le produit qui est ‹*sien*›, de même qu'il l'obtient et l'emploie en appliquant *la*

128 Hugo ASMANN e Franz J. HINKELAMMERT, *Idolatria del mercato,* op. cit., p. 367.

129 Ibid., p. 383.

130 François PERROUX, «De l'avarice des nations à une économie humaine», in *Richesse et misère. Croissance et répartition du Revenu National*, 39e Semaine Sociale de France, Dijon, Chronique Sociale de France, 1952, p. 195-212.

> *règle* du *rien pour rien*, on a admis, on admet qu'il est toujours facile d'isoler un produit de la nation, qu'il est suscité et doit être employé par des échanges onéreux, que nul étranger n'a le moindre titre à en percevoir la plus minime fraction. *L'ordre des propriétés individuelles* a de la sorte un analogue dans *l'ordre des propriétés collectives* des nations. Cette croyance sociale paraît solidement fondée en bon sens, tant que l'expérience n'impose pas de reconnaître qu'il est difficile d'isoler le produit d'un groupe comme celui d'un individu, que l'échange pur n'a jamais pleinement rendu compte ni de l'apparition ni de la répartition du produit d'une nation, que l'extrême détresse pendant ou après une guerre, ou dans une période pacifique de l'histoire, explique en même temps qu'il justifie, le transfert gratuit d'une fraction du produit national à des hommes étrangers à la nation. On aime peu le reconnaître; on juge sain, prudent de *traiter* ces *nouveautés* comme des *exceptions* strictement *limitées*, comme des *déviations temporaires*[131].

Ce n'est pas tout.

> À l'intérieur de ses frontières, au surplus, chaque nation, poursuit François Perroux, applique une recette prétendument neutre et objective d'accroissement de son produit. Les *ressources* sont *réparties* au *mieux* par les *prix*. Le *capital* est *porté* au *maximum* par *l'épargne libre* orienté avec rigueur par les *taux* relatifs de *profits*. La *diminution du salaire* (sans limite de niveau), le *chômage* (sans limite de niveau ni de durée) *rétablissent* par la *misère*, par le *dépérissement*, éventuellement par la *mort*, l'*équilibre* entre l'*offre* et la *demande* de *travail*. Chaque individu a droit à tout *son* produit et n'a droit qu'à *son* produit; il ne *reçoit* monnaie ou biens qu'*en contrepartie* de ce qu'il *cède;* il serait *dangereux* et *insane* de *transférer gratuitement* une *fraction* du *produit* de *quiconque*. C'est ainsi qu'on fait *des bonnes maisons* où *souffrent* et *meurent les faibles*, mais où *les capitaux réels et monétaires s'accumulent*. *L'avarice* des *nations* a donc *deux* degrés. Elle *ne cède rien pour rien*. Elle *sacrifie* la *vie* aux *choses*[132].

Enfin, pour François Perroux – et il a entièrement raison – l'avarice des nations est plus virulente que l'avarice des individus:

> Parce que la plus libérale des nations est dotée d'un Etat qui exerce le monopole de la violence légitimée: les *polices*, les marines, les *flottes*, parfois les *forces spirituelles* sont *mobilisées* pour *établir* ou *modifier* les *cadres politiques* à l'intérieur desquels les *marchands* feront leurs *affaires*. Parce que la plus libérale des nations *tire* tout le *parti* possible d'une sorte de *transfiguration collective*, de *moralisation* de *l'avarice* quand elle peut se dire *nationale*. *Gagner pour soi est respectable*: *faire gagner sa nation est œuvre pie*. *Affamer un ouvrier, rosser un noir ou un jaune est parfois une*

131 François Perroux, «De l'avarice des nations à une économie du genre humain», art. cit., p. 197-198. Le soulignement est de nous.
132 Ibid., p. 198.

cruelle exigence de l'équilibre d'une firme: agir de même pour la grandeur du pays passera pour une décision de politique réaliste. Voir *agoniser* quelqu'un *n'est* jamais plaisant: mais *les agonies se perdent dans les moyennes numériques* et *la statistique des cadavres ne s'inscrit pas sur une courbe décroissante de revenu global ou moyen.* Les gloires mercantiles des économies dominantes du XIXe et XXe siècles font oublier les plaies des faubourgs et les hontes des établissements d'outre-mer. Des *peuples entiers, classes ouvrières incluses,* célèbrent *avec bonne conscience, l'avarice triomphante des nations.* Ne cherchons pas ailleurs les raisons d'une *optique faussée* sous laquelle nous confondons *quelques performances* d'Européens et d'Occidentaux avec le *progrès* de l'*économie des hommes*[133].

La notion perrouxienne d'*avarice des nations* nous permet de comprendre et d'expliquer, en même temps, les notions éthiques de *péché social*, de *structures de péché*, de *mécanismes pervers*, relatives aux *institutions humaines*, notamment *économiques* et *politiques*, régies fondamentalement par le *désir exclusif du profit* et la *soif du pouvoir*, comme l'explique merveilleusement Jean-Paul II, dans *Sollicitudo rei socialis.* Mais Paul VI l'avait, déjà, bien souligné, 20 ans auparavant, dans *Populorum progressio:* «Pour les personnes, comme pour les nations, l'avarice est la forme la plus évidente du sous-développement moral»[134].

De toute évidence, renchérit Jean-Paul II dans *Sollicitudo rei socialis,* les victimes de cette double attitude de péché, ce ne sont pas seulement les individus, mais aussi les Nations et les blocs. Ce qui favorise davantage l'introduction des *«structures de péchés»*, dont on a parlé. Si certaines formes d'*«impérialisme»* moderne se soumettaient à la lumière de ces critères moraux, on découvrirait que sous certaines décisions, apparemment inspirées par le seul souci économique ou politique, se cachent de véritables formes d'idolâtrie: de l'argent, de l'idéologie, de la classe, de la technique[135].

On comprend aisément, en l'occurrence, que l'échec persistant de la promotion du développement à l'échelle planétaire est, dans l'optique chrétienne, le fait surtout des causes d'ordre éthique, c'est-à-dire, impliquant la responsabilité morale de l'agir humain. Ainsi,

Pour le chrétien donc, les obstacles à la justice et au vrai développement ont une racine précise: les *‹structures de péché›*, lesquelles ont pour origine le péché personnel et par conséquent sont toujours reliées à des actes concrets des personnes, qui les

133 François PERROUX, «De l'avarice des nations à une économie du genre humain», art. cit., p. 198-199.
134 PAUL VI, *Populorum progressio,* 1967, n° 19.
135 JEAN-PAUL II, *Sollicitudo rei socialis,* 1987, n° 37.

> introduisent, les consolident et les rendent quasi immuables. Et c'est ainsi qu'elles se renforcent, se répandent et deviennent sources d'autres péchés, conditionnant la conduite des hommes[136].

Pour revenir à la Théologie de la Libération, la pauvreté, en tant que manque de possibilité concrète de vivre, est une situation engendrée de toutes pièces par l'homme, et il est, de ce fait, humainement possible de l'éradiquer. La pauvreté est une *exclusion sociale,* qui n'a pas uniquement partie liée avec les éléments matériels de la vie, même si ceux-ci restent, dans tous les cas, déterminants.

> La pauvreté est quelque chose de plus. En sortir, c'est bien plus qu'accéder aux éléments matériels de la vie. La pauvreté est la destruction de la vie dans sa totalité et non seulement de la vie matérielle. Et en sortir veut dire pouvoir refaire toute une vie et nullement miser ou compter sur les seuls éléments matériels, somme toute, indispensables. En tout état de cause, il n'y a pas de pauvreté sans exclusion des éléments matériels de la vie, comme il n'y a pas non plus, de voie de sortie de la pauvreté, sans la prise en compte et l'intégration de ces éléments matériels[137].

En d'autres mots, à moins de vouloir prêcher un spiritualisme désincarné ou angélique, les conditions matérielles de la vie humaine sont des éléments irremplaçables, aussi bien dans la définition de la pauvreté proprement dite, que dans la détermination des voies et moyens pour en sortir.

La *‹pauvreté – exclusion de la possibilité concrète de vivre›*, objet de l'option ecclésiale du *service prioritaire* des *marginaux* et *‹naufragés›* de la société est un *vice,* et n'est donc pas à confondre avec la *pauvreté évangélique*, qui est une *vertu.*

> La pauvreté évangélique réside dans *l'impossibilité* de l'homme *d'affronter humainement* sa *condition,* l'insécurité, la maladie et toutes les nécessité humaines. Elle n'élimine pas la pauvreté comme vertu, mais elle voit la pauvreté sous un autre angle. La pauvreté évangélique est la *privation* (volontaire) des éléments matériels nécessaires, pour affronter humainement la même *condition humaine*[138].

L'option préférentielle pour les pauvres appelle corrélativement, de la part du Christianisme, une option claire et distincte sur la production et repro-

136 Franco BIFFI, *Convertitevi e lottate per la giustizia e l'equità. Centodieci anni di Magistero Sociale*, 4ª edizione, Casale Monferrato, Piemme, 2001, p. 156.

137 Hugo ASMANN e Franz J. HINKELAMMERT, *Idolatria del mercato*, op. cit, p. 383.

138 Ibid., p. 384.

duction des éléments matériels de la vie humaine, objet de l'économie. C'est, à ce niveau, donc que se situe le jugement éthique sur l'économie. L'option préférentielle pour les pauvres devient, de la sorte, l'exigence d'une orientation économique qui permette, en même temps, à tous de vivre et de compter collectivement sur les éléments matériels de la vie correspondants.

3.2.2. L'idolâtrie du marché et les sacrifices humains

Le thème du *sacrificialisme idolâtre* du marché abordé en pointillés, plus haut, à propos de *la sacralisation du marché*, est analysé ici par les théologiens latino-américains, sous l'angle théologique, à partir de l'*‹inconscient théologique›* de la *‹religion économique›*, fondée sur les *paradigmes sacrificiels* de l'*intérêt privé* et du *système de marché*. On retrouve, en effet, au cœur du paradigme économique les *oppositions fondatrices* de l'univers religieux *ordre/chaos* et *vie/mort*, qui ont accompagné la rationalité moderne déicide du siècle des Lumières.

Les racines théologiques du *sacrificialisme* de cette *«religion économique»* sont donc, suivant l'ordre chronologique d'apparition et d'autoproclamation: l'*État-Léviathan* de Thomas Hobbes et le *Moloch-capital*.

> Le Léviathan de Hobbes, c'est le *‹dieu mortel›* identifié à l'État, l'idole vorace, au plan politique, qui étend les tentacules de son pouvoir dans toutes les directions. Le Moloch-capital est une idole encore plus implacable, étant l'idole post-hobbesienne du paradigme économique, il se déclare donc autonome vis-à-vis de l'État et crée, pour la première fois dans l'histoire humaine, une religion *‹catholique›*, entendez, radicalement universelle, transcendant les frontières nationales[139].

La *nature sacrificielle* du *paradigme économique*, habilement voilée par le matraquage médiatique de la publicité-séduction, consiste et se révèle dans *sa tendance totalitaire* (le *‹marché seul›*, la *‹planification seule›*) accompagnée des *promesses messianiques,* l'indiquant et l'instituant, en même temps, comme la *voie unique* et *exclusive* du *bonheur humain*. Les deux paradigmes économiques idéologiques de la post-modernité, le *capitalisme* et le *collectivisme* s'inscrivent totalement dans la *logique sacrificielle* de *l'ordre religieux.*

139 Hugo ASMANN e Franz J. HINKELAMMERT, *Idolatria del mercato,* op. cit., p. 316.

Mais comme le signale Hugo Asmann:

> En promettant la *meilleure* et la *plus efficiente réalisation* du *bien commun* et du *bonheur humain*, ils [les paradigmes économiques] tendent à *évacuer l'interrogation* autour des *sacrifices humains*. La *confiance* qu'on exige *élimine* la *dialectique* entre le *désirable* et le *possible*, parce que *seul ce qui* est *admissible* à *l'intérieur* du *paradigme présélectionné peut être* effectivement *désiré*. La promesse même du meilleur des mondes possibles cherche à emprisonner les rêves du désirable dans les limites étroites de l'observance de ce que permet le peu d'élasticité du paradigme. L'horizon utopique est éliminé par l'utopisation des formes institutionnelles propres du paradigme imposé. La *prétention d'exclusivité* et *de validité universelle* fait en sorte que *l'élimination* des *obstacles* sur l'unique *voie empruntable* se *transforme* en *opération indispensable*. Le *coût* en *vies humaines* se *transforme* en *sacrifice nécessaire*[140].

L'institution du paradigme du marché procède bien du mécanisme et de la logique sacrificiels et non de la pure rationalité économique, comme on l'entend souvent dire[141]. Sa présomption de rationalité économique est, plutôt, liée à la reformulation totale du *«sens possible»* de la vie humaine dans les sociétés complexes. Cependant:

> En incorporant une *prédéfinition précise* du *sens admissible*, l'économie de marché cherche à invalider tout éventuelle reconsidération des objectifs désirables, qui ne cadre pas avec ce qui a été établi, d'avance, comme l'unique voie à suivre. La *rigidité dogmatique* d'un tel paradigme se pare des *promesses* qui ne pourront jamais être maintenues à l'intérieur de sa logique. D'où la *violence implacable* et le *sacrificialisme intrinsèque* de ce paradigme, qui ne sont nullement une conséquence dérivée ou secondaire des imperfections de sa mise en œuvre, mais ils sont, à la fois, liés aux mécanismes qui le constituent et à l'idéologie qui s'emploie à le légitimer. Nous trouvons en son sein une véritable *théologie sacrificielle*, qui a pour matrice une *définition* du *rapport interhumain* de *nature* essentiellement *compétitive*[142].

140 Hugo Asmann e Franz J. Hinkelammert, *Ideologia del mercato*, op. cit., p. 270.

141 «L'histoire économique montre que l'émergence des marchés nationaux ne fut d'aucune manière le résultat d'une émancipation graduelle et spontanée de la sphère économique contrôlée par le gouvernement. Au contraire, le marché fut la conséquence d'une intervention consciente, et parfois violente, de la part du gouvernement, qui en imposa l'organisation à la société, pour une finalité non-économique» (K. Polany, *A grande transformação*, p. 244 [trad. ital., Torino, Eninaudi, 1974], cité par Hugo Asmann e Franz J. Hinkelammert, *Idolatria del mercato*, op. cit., p. 271).

142 Hugo Asmann e Franz J. Hinkelammert, *Idolatria del mercato*, op. cit., p. 271.

L'*idéologie* triomphante du *marché totalitaire* est inspirée et soutenue par la *théologie de l'empire*[143] née aux États-Unis dans les années 1970, de l'alliance entre les pouvoirs publics américains et les groupes fondamentalistes religieux du pays. Les adeptes de ces groupes fondamentalistes chrétiens ont constitué un grand mouvement religieux conservateur de masse, dès lors, très actifs dans la société américaine. Ils sont partisans déclarés et intransigeants de la ligne politique néo-libérale et néo-conservatrice du gouvernement américain. Mais il s'agit bien ici d'un ‹*néolibéralisme nouvelle manière*›, foncièrement *antiétatique* et nettement différent de la précédente idéologie impériale du *capitalisme interventionniste,* favorable au soutien des politiques réformistes de l'État bourgeois. Ce néolibéralisme a érigé en *dogme absolu* et *inviolable* l'idée de *l'automatisme du marché*, qui est à la base de l'actuelle *idéologie* de la *mondialisation* et du *marché totalitaire.* En vertu donc de son *automaticité* autoproclamée, le marché est devenu une *institution totalement indépendante* et *autorégulatrice*.

Désormais:

> On ne doit plus corriger le marché au nom de la réalité et du monde de la satisfaction des nécessités, mais c'est à la réalité de s'adapter aux nécessités du marché. Si l'on veut perfectionner la réalité, il faut renforcer l'automatisme du marché. Le marché est considéré comme une institution parfaite. Il ne reste qu'à l'imposer en termes de totalité et de perfection. La réalité (pauvreté, chômage, sous-développement, destruction de l'environnement) ne s'ajuste pas, à travers la solution concrète de ces problèmes, mais en sacrifiant cette solution et en étendant les mécanismes du marché. Les nécessités doivent s'adapter au marché et non le marché à la satisfaction des nécessités. Ce n'est pas le marché qui doit être corrigé, mais la réalité. Du caractère parfait du marché jaillit donc un ‹*malheur à la réalité!*›[144]

Mais pour les gourous[145] et les millions d'adeptes des groupes fondamentalistes chrétiens des USA, idéologiquement hostiles à l'État et à la politique:

143 Il s'agit d'une théologie politique fondamentaliste essentiellement manichéenne ancrée dans l'exercice du pouvoir, fondée sur une lecture littérale de la Bible.

144 Hugo Asmann e Franz J. Hinkelammert, *Idolatria del mercato*, op. cit., p. 244-245.

145 Le prédicateur *Jerry Falwell*, par exemple, est à l'origine d'un grand mouvement néo-conservateur de masse dérivé directement de la tradition fondamentaliste: la *Moral Majority*. Ce conservatisme de masse est fortement influencé par l'*Église Électronique* – de récente création – qui en assume la direction spirituelle.

> Le monde qui menace le croyant est le monde de la politique et non celui du marché. Le fidèle peut activement participer à ce dernier sans aucun danger, tandis que le monde de la politique et de l'État, de même que le monde des organisations populaires, constituent, pour lui, une menace[146].

Ces groupes fondamentalistes constituent la base d'un *mouvement religieux* favorable au *néo-conservatisme* de masse, qui à partir de 1980, accédera aux rennes du pouvoir, aux États-Unis, avec la présidence de Ronald Reagan.

C'est bien dans cet esprit du pacte politico-religieux conclu au sommet de l'État, que:

> Des Associations comme l'*American Entreprise Institute* organisent maintenant des départements de théologie, les services secrets assument des activités de promotion religieuse, la police et l'armée habilitent des spécialistes en théologie, le président des États-Unis donne à ses discours une structure véhiculant un certain type de religiosité[147].

La théologie de l'empire va révéler son *manichéisme sacrificiel* dans l'*opposition rigide* entre *capitalisme* et *réformes sociales*, *capitalisme* et *droits humains* (économiques et sociaux). Elle va introduire dans les luttes sociales un *principe transcendant* de *polarisation* vers le *marché*, *destructeur* du pôle des réformes sociales. De la sorte, l'économie capitaliste mondialisée sacrifie, de manière quasi rituelle, sur l'autel de l'*argent-dieu*, la *multitude* de *vies humaines* marginalisées, via les *mécanismes mortifères* du marché (*sacralité de l'intérêt privé*, recherche du *profit illimité*, *solvabilité*, *hypercompétition*, etc.).

> Le marché est perçu comme la voie royale vers le bien absolu de l'humanité, sa foudroyante utopie se réalise à travers la destruction et l'élimination de toutes les résistances qui lui font obstacle. De cette manière, le monde est polarisé entre Dieu et le Diable, entre le règne du bien et le règne du mal, entre la nouvelle Jérusalem promise par le marché et la Bête sollicitée par le réformisme, par l'interventionnisme et par la planification économique. Se révèle, alors, le Dieu glorifié à travers la destruction de ses ennemis, le Dieu dont tout l'honneur consiste en la vengeance des offenses reçues de ces ennemis. Mais, si l'on identifie le diable et la Bête avec les réformes économiques et sociales, le diable et la Bête sont identifiés avec la revendication des pauvres. Ainsi donc, l'honneur de Dieu est la destruction des pauvres, des mouvements populaires et de toute revendication du droit à la vie de tous. Se révèle, dès

146 Hugo ASMANN e Franz J. HINKELAMMERT, *Idolatria del mercato,* op. cit., p. 92-93.
147 Ibid., p. 94.

lors, un Dieu qui dévore les pauvres, un Dieu qui n'est autre que la personnification transcendantalisée des lois du marché, un Dieu qui demande des sacrifices et non la miséricorde. La divinisation du marché crée un Dieu-argent: *in God we trust*[148].

Le marché apparaît, indubitablement, le haut-lieu du sacrificialisme de la *«religion économique»*, qui est aussi la *«religion de la vie quotidienne»*[149]. De fait:

> La relation avec le Dieu-marché est totalement sacrificielle. La mort de l'ennemi de ce Dieu est la vie même de Dieu et de ceux avec qui il est en rapport. De la mort naît la vie, de la destruction de la résistance aux résultats destructifs du marché et de la mort de ceux qui s'y opposent naît la splendeur utopique de l'harmonie préétablie du marché. Il ne s'agit pas simplement de destructions, au sens d'incidents de parcours. Le marché lui-même se transforme en autel sacrificiel et la vie en son sein est un acte religieux. Cette théologie part toujours d'une certaine doctrine du Dieu créateur, qui a créé l'homme de telle manière, qu'en se connaissant lui-même, l'homme arrive à comprendre le marché comme la loi fondamentale que le Dieu créateur a établie dans sa nature et dans son âme. Quand l'homme connaît cette loi, son cœur se réjouit dans son accomplissement. Cette loi est la loi de la Valeur, l'unique loi valide de Dieu[150].

La théologie idolâtre du capitalisme a conféré, au *paradigme économique* de *l'intérêt privé* et du *système du marché* élevé au *statut d'idole*, les attributs divins d'*infini* et de *transcendant*. Mais il s'agit, dans les deux cas, d'une *«fausse infinité»* et d'une *«fausse transcendance»*, qui ne sont, en réalité, que *l'absolutisation du relatif* et *la transformation* en *infini* de ce qui est *fini*. En effet, le marché est un *dieu historique*, et son *règne* est bien *de ce monde*. L'illusion artificielle d'*infinité* et de *transcendance* de *ce règne historique*, constitué de *choses* historiquement *variables* et *contingentes*, est opérée et obtenue à travers *l'annulation* pure et simple de cette *variabilité* et de cette *contingence*.

148 Ibid., p. 98-99.

149 Roger Willemsen nous en donne l'illustration, à travers la vie quotidienne allemande : «Les conversations, souligne-t-il, tournent au tour des tarifs, des taxes, des salaires, de maximisation du profit. Il est révélateur que les Allemands aient choisi comme plus beau mot de la langue allemande *Habseligkeiten* (affaires, effets). L'étonnant, c'est que cette position ne les rend pas heureux. Il est extrêmement difficile d'en tirer quelque chose qui soit de la vie» (Peter KREBS, «*Interview avec Roger Willemsen* », in *Via,* n°1, janvier, 2005, p. 30).

150 Hugo ASMANN e Franz J. HINKELAMMERT, *Idolatria del mercato,* op. cit., p. 99.

> Les mécanismes du marché généreront un bien commun *‹sans limites›*. Le capital sera un bienfaiteur absolument *‹universel›*, si on lui permet de réaliser son essence, qui est de *‹travailler›* inlassablement, en s'auto-valorisant indéfiniment. Annuler la finitude des choses finies et contingentes et leur octroyer des dimensions infinies est une opération qui a un coût. Mais le capitalisme retient que pareil coût est dérisoire, par rapport au miracle de construire l'infini à partir des choses finies. Quel est ce coût? C'est la destruction et la négation de la réalité finie. Le travail concret est transformé en travail abstrait. Le travail abstrait devient, alors, le travail *‹vivant›*, qui *‹travaille›* réellement, et le travail concret doit *‹mourir›*, c'est-à-dire, ne vaut plus rien, il est déprécié et, enfin, on ne lui attribue plus la moindre capacité de générer de la valeur. La même chose vaut pour les biens dont l'homme a besoin pour satisfaire ses nécessités vitales. Ils doivent mourir comme valeur d'usage et valoir davantage en tant que valeurs d'échange marchand. Les mêmes nécessités humaines doivent disparaître. Elles seront transformées en simples préférences sur le marché. De cette manière, tout ce qui a rapport avec le lien corporel entre les hommes doit être vidé de sa corporalité et projeté dans l'espace infini des valeurs abstraites. L'être humain lui-même doit abolir sa finitude pour devenir un être humain abstrait, dont la corporalité finie ne peut servir de base pour une quelconque évaluation significative[151].

L'idole, ainsi intronisé, *exige* une *totale dévotion* à son endroit et *ne tolère* guère *l'apostasie*, sinon, au nom de la réaffirmation de la limite et du rééquilibre de son règne.

> Les défenseurs du *marché illimité* rechercheront toute aide nécessaire (protectionnisme, intervention de l'argent public pour sauver les entreprises, subventions à l'exportation, exonérations fiscales et, si nécessaire, putsch militaire) pour *rétablir le marché* et *la ‹liberté›*[152].

À n'en pas douter, le paradigme idolâtrique de la *«religion économique»* se présente aujourd'hui, ouvertement et sciemment, comme une *«bonne nouvelle»*, un *«évangile»* divers, mais pervers, largement diffusé et mettant insidieusement en cause l'*espérance* chrétienne. D'où l'impérieuse nécessité d'une *théologie anti-sacrificielle* et *anti-idolâtrique*, proposant un discours alternatif sur Dieu, solide et convaincant.

3.2.3. La nécessité théologique de conjuration du sacrificialisme idolâtre

La théologie idolatrico-sacrificielle du capitalisme mondialisé opère donc une redoutable inversion des valeurs dans sa représentation cynique de l'image d'un Dieu sadique et sanguinaire, dans tous les cas, totalement

151 Hugo ASMANN e Franz J. HINKELAMMERT, *Idolatria del mercato,* op. cit., p. 319.
152 Ibid., p. 318.

différent et diamétralement opposé au Dieu chrétien miséricordieux, qui a plutôt horreur des sacrifices et de la mort du pécheur appelé en permanence à la conversion, pour la jouissance de la plénitude de la Vie en Christ, mort justement pour que tous – et non une infime minorité (les *maîtres* du monde) – aient la vie en abondance.

> Prendrais-je donc plaisir à la mort du méchant – oracle du Seigneur Yahvé – et non pas plutôt le voir renoncer à sa conduite et vivre? […] Débarrassez-vous de tous les crimes que vous avez commis et faites-vous un cœur nouveau et un esprit nouveau. Pourquoi mourir, maison d'Israël? Je ne prends plaisir à la mort de qui que ce soit, oracle du Seigneur Yahvé. Convertissez-vous et vivez! (*Ezéchiel 18, 23; 31-32*).

Le *sacrifice de Jésus* auquel se réfèrent, de manière impropre, le sacrificialisme des théologies idolâtres, est aux antipodes des sacrifices idolâtriques. Il s'agit bien, dans le cas de Jésus, d'un *sacrifice méritoire, salvifique* et *rédempteur*. Jésus *donne* sa *vie* pour la *reprendre* et la *redonner* à *profusion* à *tous*. Son *sacrifice* de la *croix* est une *affirmation solennelle* de *la Vie*, qui triomphe, à jamais, de la mort, et *non* sa *négation*, comme c'est le cas du sacrificialisme idolâtrique de la théologie du marché totalitaire. Jésus meurt pour ruiner le sacrificialisme sanguinaire et témoigner contre les anti-valeurs et les idoles des religions païennes.

> Les valeurs réelles sont celles qui défendent la vie; les anti-valeurs sont celles qui menacent et détruisent la vie. Mais pour les systèmes de domination, c'est tout le contraire. Est valeur ce que la limite établit comme admissible. Ce qui s'oppose à l'ordre établi ne pourra jamais être une valeur, parce qu'il génère le chaos, qui est l'anomie, c'est-à-dire la négation des valeurs. Du moment que, les valeurs qui ne rentrent pas dans la limite ne sont pas seulement des valeurs mais des anti-valeurs, le fait de les éliminer, même s'il représente un dur sacrifice pour beaucoup, ne signifie pas les reconnaître comme valeurs sacrifiées. Ce qui est sacrifié, parce qu'étant hors de la limite, ne représente jamais un sacrifice méritoire. Est méritoire, au contraire, l'acte d'éliminer de telles anti-valeurs. C'est bien une longue histoire dans les théologies idolatrico-sacrificielle, où se vérifie la négation de tout mérite ou de toute valeur à l'égard des souffrances de ceux qui sont sacrifiés, parce qu'ils ont osé défendre des anti-valeurs, c'est-à-dire des valeurs non admissibles dans le système en vigueur[153].

Dans le cas du sacrifice de Jésus justement,

> on reconnaît de bout en bout que, tout ce que lui soutint a une pleine validité et une valeur réelle, bien qu'il fût immolé comme défenseur des anti-valeurs; bien mieux:

153 Hugo ASMANN e Franz J. HINKELAMMERT, *Idolatria del mercato*, op. cit., p. 320.

on affirme, dans la reconnaissance de la valeur de son sacrifice, que le vrai Dieu qu'il nous révéla est totalement d'accord avec les valeurs qu'il soutint et qui furent considérées comme des anti-valeurs au point de lui valoir la condamnation; en ce sens – et non d'après l'image absurde d'un Dieu sadique qui immole son Fils – Dieu fut d'accord avec ce sacrifice et, dans sa confirmation, il confirma tout ce que Jésus prêcha et défendit, et c'est cela qui rend ainsi centrale, dans notre foi, la résurrection, comme expression de notre certitude de la validation totale, de la part de Dieu, des *‹anti-valeurs›* soutenues par Jésus; la *croix* et la *résurrection valident* ce que la *limite* imposée par le système *invalide* et *réduit* à des *anti-valeurs*, qui ne peuvent jamais être au fondement d'aucune valorisation ni d'aucun sacrifice valide; croire en la croix et en la résurrection signifie, cependant admettre, comme la base la plus solide des critères, ce que le système éjecte et fait mourir à l'extérieur, c'est-à-dire *‹dehors›:* au-delà de la limite, hors de la ville[154].

La terrible perversité de la théologie sacrificielle et idolâtre de la *«religion économique»* réside, précisément, dans la *séquestration* et *l'adultération* de ce qui est *l'essence* même du *Christianisme*: l'*amour* de *Dieu* et du *prochain*. Cette théologie de l'empire promeut donc une éthique individualiste sans cœur, à l'antipode de la charité chrétienne. Une éthique à la limite *misanthrope,* qui tourne le dos aux valeurs fondamentales consacrées de la vie humaine, de fraternité, de solidarité, de partage et de réciprocité.

Dans cette éthique, la justice est celle-ci: propriété privée et respect des contrats. Hors de cette justice, il peut y avoir, toutefois, de la place pour la charité: mais elle n'est pas une norme éthique ni une obligation. Elle n'a rien à voir avec la justice, mais elle se rapporte uniquement à la recommandation relative à des résultats économiques justement obtenus. Chaque résultat obtenu sur le marché est juste, à l'unique condition du respect de la propriété et des contrats. Néanmoins, l'individu est libre dans la destination de ces résultats, qui sont son revenu. Il peut donc en disposer librement, à condition de ne jamais interférer avec la justice, identifiée aux procédés du marché. Il peut même les destiner aux œuvres pies. Mais hors du marché, il n'existe pas d'obligations[155].

En effet:

Il s'agit d'une éthique sans pitié, qui requiert une inversion de toutes les valeurs de la vie concrète. En privatisant l'éthique du comportement quotidien, elle détruit toute relation avec les autres hommes, en la réduisant à une simple relation mercantile. Elle exige une dureté de cœur inouïe, qui transforme toute relation humaine en une

154 Hugo ASMANN e Franz J. HINKELAMMERT, *Idolatria del mercato*, op. cit., p. 321.
155 Ibid., p. 101-102.

relation abstraite entre objets. Elle érige le ‹*ne pas donner*› en *principe suprême* de l'éthique, la *destruction* de *l'autre* en *impératif catégorique*. Face à l'homme désœuvré, elle ne réagit pas en exigeant la solution de son problème, mais en lui demandant de prendre son mal en patience, en attenant que le marché y pourvoie un jour. Il faut bien *laisser agir* le *marché sans interférences*. Si l'on veut, on peut faire l'aumône, mais l'autre ne peut, en aucun cas, l'exiger. De même, on ne doit *pas agir* contre la *misère*, mais plutôt *l'endurer*, dans la même perspective du marché. On peut faire l'aumône, mais l'éthique oblige à ne pas interférer du tout dans la situation de misère. Autant, pour la *dette extérieure*. L'éthique oblige à en exiger le *paiement*, même *au prix* de *la mort* des *trois continents* entiers. La charité peut aider, dans les problèmes qui en résultent, avec une partie de la somme encaissée. Mais la justice exige le *remboursement sans miséricorde*, comme *impératif catégorique*[156].

Pour nos deux auteurs Asmann et Hinkelammert, l'élaboration de la théologie alternative anti-idolâtre et anti-sacrificielle, qu'ils appellent de tous leurs vœux, doit comprendre, entre autres, la *réhabilitation* des *principes théologiques* et *doctrinaux* (concept de l'amour de Dieu et du prochain, conception historique de l'être humain, etc.) et *l'élaboration* d'un *ensemble de critères* centrés sur le lien *corporel interhumain* rendant possible *une organisation* de *l'espérance humaine*, capable d'inclure *l'intensification* d'une *fraternité réelle* à l'intérieur de l'histoire, ainsi qu'une *valorisation* directe *des efforts* et *des sacrifices* que *les hommes* consentent pour *l'amélioration* de leur *existence,* reliant les *espérances* de *cette vie* à *celles relatives* au *nouveau ciel* et à la *nouvelle terre*[157].

Le primat du lien corporel entre les hommes – qui, du reste, est affirmé dans l'unité de l'amour du prochain avec l'amour de Dieu –, la foi en la résurrection du Christ et en la nôtre, le Règne déjà présent, etc., semblent une base suffisante, pour une théologie alternative autour de l'expérience de la transcendance à l'intérieur de l'histoire et donc une base alternative pour parler des sacrifices qu'on affronte effectivement ‹*au nom de la vie*›, par opposition aux sacrificialismes fondés sur la ‹*mort nécessaire*›[158].

Toutefois, une théologie réputée anti-idolâtre et anti-sacrificielle se doit d'éviter toute velléité tendant à sacraliser une institution quelle qu'elle soit. Toute institution humaine est contingente et circonstancielle, en dépit de bons et loyaux services qu'on peut, néanmoins, en tirer. Aucune institution ne peut donc se croire éternelle ni prétendre combler le sens de la vie humaine.

156 Hugo ASMANN e Franz J. HINKELAMMERT, *Idolatria del mercato,* op. cit., p. 102-103.
157 Ibid., p. 324.
158 Ibid., p. 333-334.

> Attribuer des vertus autorégulatrices aux institutions signifie à la fois les sacraliser et adhérer aux théories sacrificielles élaborées à partir de leur limite. Même si l'éventail de critères inspirés par les institutions est exempt de limites dans les réalités institutionnelles, il semble évident qu'aucune institution, comme telle, n'est une source appropriée de critères évaluatifs. En d'autres termes, l'acceptation nécessaire de la fonctionnalité des valeurs dans les rouages institutionnels ne doit pas servir de base pour admettre que la définition des valeurs reste entièrement confiée aux institutions. La source de critères évaluatifs ne pouvant être identifiée avec les mécanismes institutionnels, peut seulement être établie, à partir d'une vision dialectique entre horizons utopiques et projets historiques concrets[159].

Le développement est, d'abord et avant tout, la vocation des hommes et des peuples à la plénitude de la vie, en tant que don de Dieu. Il est aussi corrélativement la libération des hommes et des peuples de toutes les structures humaines aliénantes et destructrices de la vie. Le paradigme économique occupe ici une place prépondérante et déterminante, en tant que lieu de la production et reproduction des éléments matériels de la vie humaine. Cette position stratégique de l'économique a dégénéré aujourd'hui en totalitarisme économique, avec l'idéologie du «tout marché», dont nous venons à la fois de décrire et critiquer, les mécanismes pervers, à travers la Théologie de la Libération. Vocation et libération sont donc, comme les deux moments et les deux modes complémentaires de la vision chrétienne du développement, centrée sur l'homme et son bonheur terrestre, en tant qu'anticipation et prélude de la félicité éternelle promise et attendue, à la fin des temps.

> Ce qu'il s'agit *en dernier ressort* de développer, ce ne sont pas, en dépit d'expressions fréquentes du langage courant, des *pays* ou des *territoires;* ce ne sont pas des économies ou des subsistances. Ce ne sont pas des laboratoires, des bâtiments, des finances, des moyens audio-visuels, des techniques de production; ce sont *des peuples* ou plus exactement *des nations,* en voie de naissance ou de croissance. Ce sont des *communautés.* Un seul but suprême: l'épanouissement universel des hommes. Une seule «préoccupation-de-valeur» dominant et polarisant toutes les autres: mettre sous toutes les latitudes *les hommes* en mesure de pouvoir *devenir librement tout ce* qu'ils *doivent être*, compte tenu de *tout ce* qu'*ils sont*[160].

159 Hugo ASMANN e Franz J. HINKELAMMERT, *Idolatria del mercato,* op. cit., p. 334-335.

160 Alfred DE SORAS, «La conception chrétienne du développement», in *La montée des peuples dans la communauté humaine*, 46 Semaine Sociale de France, Angers, Chronique Sociale, 1959, p. 129-130. C'est l'auteur qui souligne.

Chapitre 12

L'idée du développement dans la vision anthropologique négro-africaine

Le développement au sens occidental de progrès infini et de processus économique d'accumulation des biens est une notion culturellement étrangère aux sociétés traditionnelles africaines. De sorte que, le mot lui-même est quasi intraduisible dans plusieurs langues africaines, comme l'a si bien noté Serge Latouche.

En effet:

> Avant le contact avec l'Occident, le concept de développement était totalement absent. Dans plusieurs sociétés africaines, le terme lui-même n'a aucun équivalent dans les langues locales. Les Bubi de la Guinée Équatoriale se servent d'un terme qui signifie à la fois ‹*croître*› et ‹*mourir*›, et les Rwandais construisent le développement à partir d'un verbe qui signifie ‹*marcher, se déplacer*› [...]. En wolof, on a tenté de trouver l'équivalent du développement dans un terme qui signifie ‹*la voix du chef*›. Les Camerounais de la langue *eton* sont encore plus explicites: ils parlent du ‹*rêve du blanc*›. La catégorie développement n'a pas d'équivalent en *moore* et se traduit le mieux possible par la phrase *tond maoodame tenga taoor kend yinga:* ‹Nous luttons sur la terre (dans le village), pour que les choses aillent pour le corps (pour moi)›. Le comble est atteint avec le *quechua:* on a essayé de rendre l'idée du développement avec l'expression ‹*c'est beau de travailler pour la prochaine aube*›[1].

Considéré, cependant, du point de vue de *sa finalité*, qu'est le *bien-être*, le *développement* est donc *synonyme* de la *vie*, dans la vision anthropologique négro-africaine. L'*anthropologie négro-africaine* est *cosmique*. Elle s'articule autour des trois notions fondamentales, que nous examinerons brièvement dans ce chapitre: la *Vie*, l'*Ancêtre*, la *Communauté*. Ces trois éléments déterminent les traits saillants de la figure de l'homme de cette anthropologie.

Mais une remarque préalable de mise au point s'impose, à nos yeux, avant le développement de ces différents thèmes, quant à leur profondeur

1 Gilbert Rist cité par Serge LATOUCHE, *Il pensiero creativo contro l'economia dell'assurdo,* op. cit., note infrapaginale n°4, p. 43-44. Voir aussi Serge LATOUCHE, *L'altra Africa, tra dono e mercato,* Torino, Bollati Boringhieri, 1994.

spatio-temporelle, à l'actualité des traditions culturelles africaines proprement dites, ainsi qu'à leur haut degré de similitude, aujourd'hui, solidement établi, autorisant de parler justement de l'anthropologie africaine au singulier.

1. L'actualité de la culture négro-africaine

La cosmologie et l'anthropologie négro-africaines proviennent, en effet, des profondeurs de l'antique et glorieuse civilisation égyptienne, dont les thèmes majeurs du *mythe fondateur* d'*Isis* et *Osiris,* se retrouvent dans toutes les cosmogonies de toutes les régions du continent noir[2]. La détermination des thèmes fondamentaux de cette anthropologie cosmologique est le résultat d'un immense et laborieux travail intellectuel de réflexion et de synthèse multidisciplinaire, qui a abouti à l'établissement, aujourd'hui, incontesté de l'origine négro-africaine de la civilisation égyptienne.

> La légende d'Isis et Osiris, comme nous le dit Engelbert Mveng, est peut-être la plus émouvante des légendes qui se racontent depuis la nuit des temps. Égyptienne, africaine et négro-africaine, elle jaillit de la protohistoire, avant les dynasties, avant l'écriture, avant les pyramides. Elle parcourt les théogonies d'Héliopolis et de Memphis, d'Hermopolis et de Thèbes; elle résiste à la réforme d'Aménophis IV, fleurit à l'époque helléniste, elle affronte le christianisme naissant et s'érige en rivale de l'Évangile, jusqu'au VIe siècle après Jésus-Christ[3].

La voici, en résumé, cette légende d'Isis et Osiris, source de la cosmologie et de l'anthropologie négro-africaines:

> À l'origine, il y a *Nun,* le chaos primitif, la matière primitive, sans consistance. De *Nun,* émerge *Atun, la force vitale,* le *principe de vie* autocréateur assimilé à *Ra,* le Dieu-Soleil. De *Atun,* procèdent tous les dieux: il les crée ensemble avec deux principes *Su* (masculin) et *Tefnet* (féminin). De ces deux principes, sortent *Geb* (la terre, principe masculin) et *Nut* (le ciel, principe féminin). De *Geb* et *Nut,* naissent *Osiris* (garçon) et *Isis* (fille), *Nephtys* (fille) et *Seth* (garçon). De *Isis* et *Osiris,* naîtra *Horus,* l'ancêtre des pharaons.

2 Voir Engelbert MVENG, *Identità africana e cristianesimo,* titolo originale: *L'Afrique dans l'Eglise,* trad. ital. di Bruno PISTOCCHI, Torino, Società Editrice Internazionale, 1990, p. 8-9. Voir aussi Blaise CENDRA, *Anthologie Nègre,* Paris, 1926.

3 Engelbert MVENG, *Identità africana e cristianesimo,* op. cit., p. 8.

> *Osiris* était le fils aîné de *Geb* et de *Nut*. À sa naissance, une voix retentit dans le ciel: «*Voici le chef de toute la création!*». L'enfant grandit: il était beau, grand et noir de peau. Il succéda à son père *Geb* sur le trône et prit comme reine sa sœur *Isis*. Premier roi et civilisateur, il enseigna aux hommes les arts et métiers, il conquit l'Asie avec la musique et propagea partout la paix et la prospérité. Son frère *Seth,* jaloux de lui, voulut le renverser du trône; il organisa une rencontre et tua *Osiris*, le 17 du mois d'Hathor, la 28e année de son règne. À l'annonce de sa mort, sa sœur et épouse *Isis* parcourut le monde à la recherche de son corps. Elle le retrouva enfin à Byblos et le ramena en Egypte. *Seth* réussit de nouveau à le soustraire; il le découpa en menus morceaux, qu'il dispersa au milieu des vagues. *Isis* ne désespéra guère; elle sillonna les mers, elle rassembla les morceaux éparpillés du corps de son mari et les reconstitua dans leur forme primitive. Et puis, avec l'aide des magiciens enchanteurs, elle rendit à ce corps le souffle de vie et *Osiris* se leva, ressuscité. Ce jour-là *Isis* enseigna aux hommes l'art d'embaumer les morts; elle fonda le culte d'*Osiris* et le rite initiatique dans lequel l'homme qui revit le drame de la passion, de la mort et de la résurrection d'*Osiris,* devient, à son tour, *Osiris,* c'est-à-dire vainqueur de la Mort[4].

Quant à l'actualité de la culture traditionnelle africaine, elle ne fait l'ombre d'aucun doute, ainsi que le confirment deux éminents historiens du continent, les professeurs Joseph Kizerbo et Cheikh Anta Diop. Pour Joseph Kizerbo:

> L'Afrique d'hier est encore une donnée contemporaine. Elle n'est ni passée ni, à certains égards, dépassée. Il y a des cours des chefs traditionnels africains, où l'on répète les mêmes rites qu'il y a cent ou cinq cents ans. Il y a des formules de sacrifice qui n'ont peut-être pas varié depuis un millénaire[5].

De même, pour Cheikh Anta Diop:

> Ce qui frappe, en Afrique, souligne-t-il, c'est la permanence de nombreuses communautés originelles. Jusqu'au cœur du XXe siècle, les techniques de chasse des Pygmées reproduisent, par-delà les millénaires, les comportements préhistoriques. Par-delà le sommet éblouissant de la civilisation égyptienne et les réalisations éminentes de tant de royaumes et empires africains, cette réalité massive est là qui donne son profil singulier à la ligne de développement des sociétés africaines[6].

Enfin, pour paraphraser le théologien sociologue camerounais Jean-Marc Ela, l'Africain, qu'il habite en ville ou à la campagne, qu'il soit habillé en

4 Engelbert MVENG, *Identità africana e critianesimo,* op. cit., p. 8-9.

5 Joseph KIZERBO, *Histoire de l'Afrique noire. D'hier à demain,* Paris, Hatier, 1978, p. 632.

6 Cheikh ANTA DIOP, *L'Unité culturelle de l'Afrique noire,* Paris, Présence africaine, 1982, p.43.

costume-cravate, ou qu'il porte son pagne noué autour des reins, dans tous les cas, il vit toujours et partout en continuité avec la pensée de ses ancêtres[7]. Cela dit, nous pouvons, maintenant, passer en revue les quatre thèmes indiqués de cet ultime chapitre de notre étude.

2. L'homme cosmique ou microcosme

Les cosmogonies des diverses sociétés traditionnelles, étudiées et compilées par les ethnologues et anthropologues africains ou africanistes présentent essentiellement *l'homme* comme un *être cosmique*, «un microcosme, où aboutissent, invisibles, les innombrables fils que les êtres et les choses tissent entre eux»[8].

Relié originairement à la matrice du mythe fondateur égyptien d'Isis et Osiris, l'homme des cosmogonies négro-africaines est, en même temps, la personnification et le point culminant de l'évolution de la *Vie* récapitulant les diverses étapes de ce processus bio-cosmologique allant du *chaos primordial (Nun)*, en passant par la *force vitale (Atun)*, la *masculinité* et la *féminité* (*Su* et *Tefnet*), la *terre* et le *ciel* (*Geb* et *Net*). Ce processus évolutif de la *Vie* vers sa plénitude réalisée en l'*homme vivant* est attesté, en particulier, dans les cosmogonies de l'Afrique occidentale, chez les Dogons, les Senufu et les Bambaras, et dans celles de l'Afrique centrale, chez les Fangs et les groupes bantous du bassin du Congo[9].

Ainsi donc:

> L'homme apparaît comme le fils de la terre et du ciel, une magnifique synthèse de l'univers auquel nous appartenons. Il appartient au monde céleste, au monde des esprits, du soleil, de la lune et des étoiles, au monde des forces cosmiques et des puissances mystérieuses, où règnent «les *Puissances*, les *Trônes* et les *Dominations*». Il appartient au monde terrestre du pullulement de la vie et de la mort. Il appartient, enfin, au monde sous-terrain du règne des ténèbres, de l'angoisse et de la peur.

7 Voir Jean-Marc ELA, *La ville en Afrique noire,* Paris, Karthala, 1983.

8 Dominique ZAHAN, *La dialectique du Verbe chez les Bambara*, Paris, 1963. Cité par KANGE EWANE, «Religions africaines et écologie», in *Ethique écologique et reconstruction de l'Afrique. Actes du Colloque international organisé par le CIPCRE à Batié – Cameroun du 10 au 17 juin 1996,* Yaoundé, Clé, 1997, p. 123.

9 Cf. Engelbert MVENG, *Identità africana e cristianesimo,* op. cit., p. 10.

> L'homme appartient à la totalité de la temporalité; il est la *racine initiatique* et, en même temps, l'issue et le commencement absolu; il est le fondement de l'histoire, qui donne sens et contenu à la temporalité. Il est, en même temps, terre et ciel, esprit et forces cosmiques, passé, présent et avenir; l'homme est réellement l'*univers en miniature*, un *microcosme* au sein du *macrocosme*[10].

L'homme appartient simultanément au *monde visible* et au *monde de l'invisible*. Le premier comprend hiérarchiquement: l'*ordre minéral*, l'*ordre végétal*, l'*ordre animal*, et l'*ordre humain* (comprenant l'*homme physique* et l'*homme spirituel*). Le second englobe de même, dans l'ordre hiérarchique, les *ancêtres*, les *génies* et les *esprits*. Au cœur de cette *vision du monde vitaliste* négro-africaine, il y a Dieu, le *Créateur*, le *Transcendant*, la *Source de la Vie*, désigné différemment, selon les peuples et les sociétés. L'*homme* y occupe, pour sa part, une *position centrale* entre les trois (3) ordres du *monde visible* (*minéral*, *végétal* et *animal*) et les trois (3) ordres du *monde invisible*, celui des *ancêtres*, des *génies* et des *esprits*[11]. Autrement dit, l'homme est bien au centre de la création, comme le note Kange Ewane[12].

Dans sa double composante physique et spirituelle, l'homme est donc en symbiose avec les éléments des trois ordres minéral, végétal et animal du monde visible, ainsi qu'avec les ancêtres, les génies et les esprits de l'univers invisible. Cette dimension cosmique de l'homme est particulièrement mise en relief dans la célébration du rite africain, qui est une récapitulation du mystère de la *Vie* reliant symboliquement le monde visible et le monde invisible. Les éléments naturels prégnants comme l'eau, le feu et autres sont largement mis à contribution dans le rituel liturgique des religions traditionnelles africaines.

> La liturgie africaine est le cosmos qui emprunte la voix de l'homme pour adorer Dieu et célébrer la victoire de la vie sur la mort. L'habit liturgique est, en même, le masque, la dépouille animale, végétale et minérale; la matière du rite est l'eau, le feu, le sang, les plantes, les animaux; tout ceci récapitule dans l'homme l'univers, qui s'humanise ainsi et devient l'Eglise de la célébration cosmique, c'est-à-dire la communauté de foi dans laquelle toute la création s'exprime dans l'homme vivant[13].

10 Engelbert Mveng, *Identità africana e cristianesimo*, p. 10-11.
11 Kange Ewane, «Religions africaines et écologie», art. cit., p. 125-126.
12 Ibid., p. 126.
13 Engelbert Mveng, *Identità africana e cristianesimo,* op. cit., p. 10.

De cette *anthropo-cosmologie* négro-africaine émerge une vision négro-africaine de l'*environnement* à *trois étages*: l'environnement *humain*, l'environnement *naturel* et l'environnement *spirituel*. Le *premier environnement* de l'homme, ce sont *les autres hommes* proches et lointains, avec lesquels il forme ensemble *la communauté humaine*. Ceci, le négro-africain l'apprend, dès la tendre enfance, à travers l'éducation familiale couronnée dans les meilleurs des cas, encore aujourd'hui, par le traditionnel *rite d'initiation* à *la vie*. L'environnement signifie donc, à ce niveau, *harmonie* au sein de la *communauté* dans la *Solidarité naturelle* entre les *membres*. C'est ici, bien entendu, comme le souligne Kange Ewane, que «l'on appréhende alors, dans sa vraie dimension, cette vertu cardinale africaine: la SOLIDARITÉ, cette nature de toute concaténation qui consiste à rendre SOLIDE»[14].

L'environnement c'est aussi le *milieu physique* ou *naturel,* avec ses trois ordres minéral, végétal et animal. L'environnement physique est naturellement le cadre de la production et reproduction des conditions matérielles de la vie humaine. Mais, par-delà cette fonction purement économique, sans doute, indispensable pour l'entretien et le maintien de la vie matérielle, l'environnement naturel est et demeure, en même temps, le lieu symbolique de manifestation et de célébration du sacré.

Car, comme le dit le père Mveng:

> Puisque l'homme est la récapitulation du cosmos, l'existence humaine exprime le destin du cosmos, qui est le même drame qui oppose la vie et la mort. Garantir la victoire de la vie en l'homme signifie assurer la même victoire dans l'univers. *Se sauver* signifie *sauver le monde*! Puisque le monde est le vaste champ de bataille où s'affrontent la vie et la mort, le *rôle* de *l'homme* dans *le monde* est de *mobiliser les alliés de la vie* contre *ceux de la mort*, et de *garantir* la *victoire* des *premiers.* C'est pourquoi, pour nous autres africains, le *monde matériel n'est nullement une réalité impersonnelle*, mais *un interlocuteur avisé* et *efficace*[15].

L'environnement, c'est enfin, *la présence tutélaire permanente* des puissances du monde invisible constitué des ancêtres, des génies et des esprits. C'est le lieu de le souligner, *le monde invisible* ou *de la nuit* est, pour le Négro-africain, *aussi réel*, sinon *davantage*, que le monde visible. Le monde invisible est donc le monde de l'infini seulement accessible, par la médiation symbolique.

14 KANGE EWANE, «Religions africaines et écologie», art. cit., p. 127.
15 Engelbert MVENG, *Identità africana e cristianesimo,* op. cit., p. 12.

En effet:

> Toute personne humaine en Afrique, comme partout dans le monde, est frappée de l'impossibilité de saisir l'infini dans sa réalité. Pour s'en faire néanmoins une idée qui lui permette de se maintenir en relation avec lui, il passe nécessairement par des symboles variables d'un univers culturel à un autre. Ces pratiques dites *«animistes»* dans le contexte africain ne sont autre chose que cette conviction expérimentalement vécue que l'homme et tous les éléments de l'environnement constituent avec l'invisible un complexe dans lequel les deux phases de la vie se compénètrent à l'instar de l'invisible dans le visible du fondateur du christianisme[16].

Une connaissance approximative et condescendante de l'*anthropo-cosmologie* négro-africaine fort compréhensible, à l'époque coloniale, a conduit les tous premiers missionnaires évangélisateurs du continent noir à ranger, sans autre forme de procès, les *religions africaines ancestrales* dans le lugubre registre de l'*animisme* et du *panthéisme.* Qu'en est-il, au fond, de cet animisme et de ce panthéisme négro-africains? Nous laissons, ici, répondre Engelbert Mveng, l'éminent spécialiste de la religion traditionnelle africaine:

> Cette anthropo-cosmologie, rassure le père Mveng, n'est pas un panthéisme. Dans la généalogie qui va de *Nun* à *Osiris, Atun* représente le *primum vivens*, le principe incréé qui a tout créé. Ce principe, qui apparaît comme la négation du néant primitif *(Nun)*, ne se confond pas avec les divinités. Il est dit en effet que ces dernières sont créées par lui. De fait, les divinités représentent, dans la pensée populaire de l'Egypte et de l'Afrique traditionnelle, ce qu'on appelle ailleurs les héros civilisateurs, ces archétypes d'une humanité exemplaire, l'humanité des fondateurs et des saints protecteurs. Ce principe premier ne se confond pas non plus avec *Su* et *Tefnet*, dont procèdent *Geb* et *Nut* (la terre et le ciel), c'est-à-dire notre univers. Les Dieux eux-mêmes ne s'identifient pas avec ce double principe masculin et féminin. *Tout subsiste sans confusion*, comme dirions-nous aujourd'hui, c'est *la participation* et *non* l'*émanation* ni *la confusion*[17].

L'accusation de paganisme animiste et panthéiste qui a été longtemps portée contre la religion africaine ancestrale est en flagrante contradiction avec le symbolisme biblique tout imprégné de réalités naturelles, lesquelles rappellent en permanence à l'homme, sous toutes les latitudes, les merveilles de la création et lui permettent, en même temps, de rester en contact et en dialogue permanents avec le Seigneur de l'univers. Pour le Christianisme, en l'occurrence, Jésus ne sort pas de l'univers des choses de la vie ordinaire pour décrire le règne de Dieu dans son enseignement. Ainsi,

16 KANGE EWANE, «Religions africaines et écologie», art. cit., p. 124.
17 Engelbert MVENG, *Identità africana* e cristianesimo, op. cit., p. 10.

dans la Bible, Dieu est-il souvent assimilé aux quatre éléments primordiaux de l'univers: la terre, l'air, le feu et l'eau.

En effet, comme le rappelle Jean-Marc Ela:

> Dans la Bible, Dieu est souvent comparé à l'eau. Il suffit de relire les Psaumes (1, 3; 46, 4), Isaïe (27, 3-6; 41, 17-18; 44, 3-4; 55, 1; 58, 11), Ezéchiel (16, 9; 36, 25), Jean (3, 5; 7, 37-39), l'Épître aux Éphésiens (5, 26) et enfin l'Épître aux Hébreux (10, 22). Dieu est assimilé aussi au rocher dans le Deutéronome (32, 4, 15), dans les Psaumes (15; 18, 2; 31, 3; 71, 3), dans la première Épître aux Corinthiens (10, 4) et dans de nombreux autres passages. Pour saint Paul, le Christ est le sol sans lequel sont enracinés les croyants (Ep 3, 17; Col 2, 7). La Bible décrit Dieu comme le feu dans l'Exode (13, 21), les Psaumes (78, 14), Isaïe (4, 4), Zacharie (4) et Malachie (3, 2-3). Le Nouveau Testament reprend cette image dans les Actes des Apôtres (2, 4) et l'Épître aux Hébreux (12, 29).Rappelons également que Dieu est représenté par le vent (1 R 19, 11; Ez 39, 9-14; Ac 2, 2; Jn 3, 8; 1 Co 12, 11). Tout en associant Dieu à l'eau, les écrivains bibliques le comparent à la pluie et à la rosée (Ps 68, 9; 72, 6; 133, 3; Is 18, 4; Ez 34, 26-27; Os 6, 3; 10, 12; 14, 5. Le symbolisme de l'huile est utilisé par la Bible pour parler de Dieu et de son action salvifique (Ps 45, 8). On évoque l'huile qui consacre (Ex 29, 7; 30, 30; Is 61, 1), l'huile qui procure la guérison (Ap 3, 8), réconforte (61, 3; He 1, 9) et qui éclaire (Mt 25, 3-4; 1 Jn 2, 20, 27). Soulignons les images de la colombe (Mt 3,16), du pélican, de l'aigle et surtout de l'agneau (Jn 1, 29)[18].

En définitive, l'anthropologie cosmologique négro-africaine repose sur la notion centrale de *la valeur Vie,* que nous allons examiner dans les lignes qui suivent. La notion de vie, en Afrique subsaharienne, est en effet, en même temps, la clé de voûte et la clef herméneutique de «la vision que le Négro-africain a de Dieu, de l'homme et du cosmos»[19].

3. Le primat de la vie en Afrique noire

C'est tout l'honneur du révérend père belge Placide Tempels d'avoir été le premier intellectuel du système colonial à saisir et traduire de manière systématique, dans le contexte négationniste colonial, le tréfonds de l'âme négro-africaine, qu'est la valeur *Vie* ou la *Force vitale,* abondamment évoquée, par ailleurs, dans la célèbre légende égyptienne d'*Isis* et *Osiris*.

18 Jean-Marc ELA, *Repenser la théologie africaine. Le Dieu qui libère,* op. cit., p. 130-131.

19 Voir Bénezet BUJO et Juvénal ILUNGA MUYA (éd.), *Théologie africaine au XXIe siècle. Quelques figures*, vol. 1, Fribourg, Éditions Universitaires de Fribourg, 2002, p. 114.

> Il est, dans la bouche des noirs, des mots qui reviennent sans cesse. Ce sont ceux qui expriment les suprêmes valeurs, les suprêmes aspirations. Ils sont comme des variations sur un leitmotiv qui se retrouve dans leur langage, leur pensée et dans tous leurs faits et gestes. Cette *valeur suprême* est *la vie*, la *force, vivre fort* ou *force vitale*. De tous les usages étranges, dont nous ne saisissons pas le sens, les Bantous diront qu'ils servent à acquérir *la vigueur* ou la *force vitale*, pour *renforcer la vie*, ou pour *assurer sa pérennité* dans la *descendance*[20].

Ce concept tautologique de *vie* ou de *force vitale* est la pierre angulaire aussi bien de la philosophie que de l'éthique négro-africaine. Elle devrait l'être autant de la théologie africaine. On l'a dit et répété, à la suite du père Tempels:

> Le point de départ de la pensée négro-africaine n'est pas l'être en tant qu'être. Mais c'est l'expérience plus fondamentale de l'homme, l'expérience de la vie, et la vie de l'*Homme vivant. Nous nous trouvons ainsi, non pas, face à une ontologie, mais à une anthropologie*[21].

En effet:

> L'analyse des mythes africains nous met en contact avec le mystère de la vie. Cette vie n'est pas un concept simple et abstrait, mais une expérience vécue de manière dramatique, au sens étymologique du terme. Ce drame met en scène deux forces antagonistes: la vie et la mort. Et c'est bien l'expérience de ce drame qui constitue, à proprement parler, le point de départ de la philosophie et de la religion africaines; l'homme, vivant intensément ce drame, se découvre, dans la totalité de ses dimensions, un microcosme au sein du macrocosme: existence, communauté, histoire, pérennité[22].

Chez le Négro-africain, on le voit, la vie constitue toujours et partout le souverain bien, la valeur absolue de l'existence humaine et donc de l'éthique africaine ou de l'éthique tout court. La langue *yaka* – une langue bantoue de l'Afrique centrale parlée au Gabon, en Angola et dans les deux Congo – a deux termes pour désigner la *valeur Vie:* le vocable populaire *luzingu* et le terme *moyo* de la langue savante. Le terme *luzingu* dérive du verbe *kuzinga* qui signifie, à la fois, vivre, durer, habiter, demeurer, perdurer *(kuzingiila)*, enrouler, embobiner, enlacer *(kuziinga)*.

20 Placide TEMPELS, *La philosophie bantoue*, 2e édition, Paris, Présence Africaine, 1961, p. 30. C'est nous qui soulignons. Pour mémoire, la première édition de *La philosophie bantoue* du père Placide Tempels est parue à Paris, en 1949.

21 Engelbert MVENG, *Identità africana e cristianesimo,* op. cit., p. 9. C'est l'auteur qui souligne.

22 Ibid., p. 9.

D'après l'analyse sémantique élargie du verbe *kuzinga*, on peut déjà cerner, à ce niveau, les *deux idées forces* caractéristiques de la *valeur Vie* en Afrique, à savoir, l'idée de *pérennité/éternité* contenue dans le verbe *kuzingiila (perdurer)*, et l'idée de *trame* et/ou *réseau* évoquée par le verbe *kuziinga (enrouler, enlacer)*. L'idée de *pérennité/éternité* est également véhiculée par le substantif lui-même *luzingu*, utilisé systématiquement par *les anciens* comme synonyme de *maziamu*, pour désigner le *cimetière*, le *séjour des morts*, appelé *ndumba* dans le langage populaire. Le terme *luzingu* appliqué, en l'occurrence, au *séjour des morts* exprime de manière prégnante la *profonde* et *inébranlable croyance* du Négro-africain en *l'immortalité de l'homme. Les morts ne sont donc jamais des morts.* Ils survivent outre-tombe. Cette vive croyance en l'immortalité est renforcée, notamment, par la présence, dans les cimetières africains, des objets significatifs ayant appartenu aux défunts posés sur leur tombe. On trouvera, par exemple, sur la tombe d'un chasseur, son fusil de chasse, qu'il est toujours censé continuer d'utiliser dans le *kalunga* (l'*au-delà*).

Le terme *moyo* désigne l'*âme* et, en même temps, la *vie,* en tant que *souffle (m'pepi)* ou *principe immatériel.* La *vie* comme *moyo* désigne donc le *nœud* ou le *fil* de *l'existence*. Ainsi, *mourir,* au sens d'*expirer,* se dit justement en langue yaka soutenue, *kutabula (moyo)* [littéralement: lâcher l'âme] ou encore *kuzenga (moyo)* [littéralement: couper le souffle vital, trancher le fil de l'existence]. Le terme *moyo* souligne en effet le caractère *transcendant* de la *valeur Vie.* Cette triple dimension de la *Vie,* comme *Pérennité-Réseau-Transcendance*, illustrée par la brève et modeste analyse sémantique de l'univers linguistique *yaka,* explique bien, à notre humble avis, sa place centrale dans l'anthropologie et l'éthique négro-africaines.

> L'Africain se conçoit donc comme vivant dans un courant de vie qu'il reçoit, qu'il partage avec les autres vivants et qui va au-delà de lui. Toute sa vie se manifeste comme une quête profonde de la vie. Celle-ci a une dimension eschatologique. Elle ne se réalise que dans la pleine communion avec les ancêtres. Elle est le bien suprême que Dieu offre aux hommes. Dieu lui-même est la «la force vitale». Il la communique aux hommes par la médiation des ancêtres. Ce n'est donc qu'au sein de la communauté que la vie est possible. Elle- même pourrait être définie comme communauté[23].

23 Bénezet BUJO et Juvénal ILUNGA, *Théologie africaine au XXIe siècle,* op. cit., p. 115.

La complexité caractéristique de cette réalité qu'est la *valeur Vie* nécessite justement, pour sa maîtrise, aujourd'hui encore, dans *l'Afrique des villages*[24], comme jadis, *une éducation appropriée* via le *rite initiatique.*

> L'initiation, dans le rite d'*Osiris,* comme dans tous les rites négro-africains, est la grande école où l'homme apprend ce qu'est la vie et ce qu'est la mort, apprend la vérité sur son destin. Il revit le geste magnifique de la vie surgie du néant primitif, pleine d'embûches et assaillie par la mort, de la vie qui s'est irrésistiblement frayé le chemin à travers la mort, pour atteindre sa plénitude en l'homme. L'homme découvre ainsi qu'il n'est pas un destin fixé par un quelconque déterminisme aveugle et absurde, mais bien une existence, un projet en perpétuel achèvement, qui s'auto-construit et se conquiert pour l'existence. La vie qui se personnalise en lui n'est pas un hasard ni une futilité, et encore moins une distraction. Elle est la célébration du drame d'*Osiris,* la conquête du droit à l'existence. En vainquant la mort, l'homme devient immortel. L'immortalité en Afrique est seulement un simple attribut de l'âme. C'est le statut de la personne qui a su réaliser en soi le triomphe de la vie sur la mort. Un statut qu'on conquiert en mourant[25].

Un haut fonctionnaire colonial français, Robert Delavignette, Gouverneur général honoraire de la France d'Outre-Mer, témoigne, à cœur ouvert, sur la vertu du *rite initiatique* négro-africain:

> Pas d'écriture et pourtant un enseignement. Il formait des hommes, il les formait à la vie sociale du groupe en communion avec le Cosmos. Dans la vieille Afrique, les enfants et les adolescents étaient enseignés. L'enseignement avait un caractère éminemment social, où ne manquaient ni l'instruction civique ni l'instruction sexuelle. Et l'enseignement dégageait les élites pour la direction du groupe et l'alliance avec le Cosmos. [...] Il procédait par initiation. Une initiation, progressive, aux secrets vitaux et aux idéaux du groupe. Une initiation qui n'avait rien de commun avec nos stages professionnels post-scolaires. Elle était inculquée dans un lieu sacré, au cours d'une retraite qui séparait les enfants de leur famille. Et quand il s'agissait de sélectionner les élites, l'initiation devenait ésotérique, elle utilisait une langue spéciale, secrète, et des techniques de noviciat et des rites d'intronisation sacrale.
>
> Nous sommes là dans un autre monde que celui de l'école telle que nous la connaissons. Nous sommes dans un monde où la valeur de l'enseignement n'est pas liée à l'acquisition de notions et de méthodes rationnelles, mais au développement d'une *force vitale* qui sera au service des mythes sur lesquels le groupe est fondé. Dans cette vie globale du groupe négro-africain, l'enseignement initiatique est d'une autre nature, d'une autre essence que l'enseignement scolaire, qui nous est devenu si fami-

24 C'est le titre d'un ouvrage sociologique de Jean-Marc Ela traitant de l'actualité et de la vivacité de la culture africaine ancestrale, auquel renvoie l'autre ouvrage ultérieur intitulé *La ville en Afrique*, reprenant la même analyse de cette thématique dans le contexte urbain.

25 Engelbert MVENG, *Identità africana e cristianesimo,* op. cit., p. 11.

lier que nous le croyons le seul à pouvoir former les jeunes. L'initiation à la vie agraire du groupe n'est pas une série de connaissances agronomiques. L'initiation à la fonction du chef n'est pas réductible à nos instituts de sciences politiques. L'initiation au rôle d'initiateur n'a rien de comparable à la pédagogie des nos normaliens[26].

L'initiation africaine se fait toujours au nom et sous l'égide des *Ancêtres*, selon des canons bien précis établis par eux, depuis la nuit des temps. La figure de l'Ancêtre est ainsi le garant de l'unité et de la vie communautaire. Elle est le trait d'union entre le monde visible des hommes et le monde de l'invisible de Dieu, des génies et des esprits.

4. L'Ancêtre

La *valeur sacrée* de la *vie*, en Afrique, renvoie à la *figure transcendante* et *immanente* de l'*Ancêtre*, perpétuée par la mémoire collective du lignage. La croyance aux ancêtres, et spécialement leur *code de la vie*[27] orientent et déterminent fondamentalement toute l'existence de l'Africain, ainsi que sa conception de l'homme, du monde et de Dieu. Les Ancêtres sont intimement associés à la vie terrestre quotidienne de leurs descendants, tout en étant domiciliés dans le monde invisible des esprits. Mais qui appelle-t-on, en effet, Ancêtre, en Afrique?

L'Ancêtre est donc un homme, qui, à travers la mort, conçue comme un rite de passage, est passé dans la vie de l'au-delà et en tant que tel a d'une part un contact direct à Dieu et d'autre part, participe directement et de manière active à la vie de la famille et aux événements du village. Même dans sa mort, l'homme, pour l'Africain, est un être communautaire. Il demeure toujours en relation avec ceux qui restent sur terre. Il est décrit comme un *‹défunt vivant›*. Nous dirons «celui ou ceux qui vivent dans l'au-delà» pour parler du défunt ou des morts ayant rejoint la communauté des Ancêtres[28].

26 Robert DELAVIGNETTE, «Les problèmes de l'enseignement dans les territoires d'outre-mer», art. cit., p. 349-350.

27 «Aujourd'hui encore, observe Joseph Kizerbo, nous rencontrons des analphabètes qui sont le produit émouvant de ce code de la vie mis en honneur par nos ancêtres: respect d'autrui et de ses biens, respect en particulier des hôtes et des aînés, culte de la vie sous toutes ses formes. Politesse exprimée souvent chez les femmes par des gestes gracieux et exquis, respect de la parole donnée. Et je ne sais encore quelle sympathie charnelle et naïve pour tous ceux qui font partie de la tribu d'Adam» (Joseph KIZERBO, *Histoire de l'Afrique. D'hier à demain,* op. cit, p. 634-635).

28 Bénezet BUJO et Juvénal ILUNGA, *Théologie africaine au XXIe siècle,* op. cit., p. 116.

Il y a toutefois une hiérarchie dans l'ordre des Ancêtres. On distingue ainsi de haut en bas: les fondateurs du clan, les héros de la communauté, les parents défunts et les membres de sa propre famille[29]. À cette diversité catégorielle de la figure d'Ancêtre correspond, également, la diversité de la modalité du culte, dont il est l'objet, de la part de la communauté.

> Les uns ne sont vénérés qu'au niveau de la famille et d'autres le sont par tout le clan ou toute la tribu. En tant que tels, les Ancêtres sont le centre d'attraction et le principe de communion entre leurs descendants; ils sont garants de la vie morale au sein de la communauté. Ils sont considérés comme étant plus proches de Dieu, source de vie, dans le monde invisible et ayant par conséquent la force pour pouvoir intervenir et orienter les événements de la vie quotidienne[30].

Le culte des Ancêtres – qui est, mutatis mutandis, comparable à la vénération des Saints dans notre sainte liturgie chrétienne – est un culte de la célébration solennelle de la vie, dont tout le rituel liturgique déployé vise au renforcement de cette vie, à travers la répétition des gestes des Ancêtres et la remémoration de leurs paroles testamentaires. Par ailleurs, le culte des Ancêtres met en exergue la primauté de la catégorie d'*Ancien* au sein de la communauté. Car, c'est au plus ancien de la famille ou du clan qu'incombe la charge sacerdotale de préposé au culte des Ancêtres, c'est-à-dire de liaison entre les vivants et les Ancêtres.

> Dans le culte des Ancêtres sont ainsi célébrées, avec la vie, également les trois dimensions du temps. En commémorant les Ancêtres, on se souvient qu'ils ne peuvent continuer à vivre que dans la mesure où les vivants maintiennent vivante leur mémoire (leurs prières, rites, gestes, paroles et lois) et continuent à transmettre la vie reçue d'eux. La communauté n'est donc pas communauté seulement dans sa relation au passé (Ancêtres), mais aussi dans sa relation aux générations futures[31].

En résumé, l'on entend par Ancêtres:

> Ces anciens qui, comme le dit Juvénal Ilunga, ont conduit une vie exemplaire et ont réalisé ce que la communauté retient comme l'idéal de la vie et qui, par conséquent, sont, après leur mort, dans le ‹*village de la félicité*›. Le critère décisif pour être retenu comme Ancien est ainsi le fait d'avoir conduit une vertueuse, selon les prescriptions laissées par l'Ancêtre fondateur, originaire. La vie n'est heureuse et réussie que dans la relation avec eux. Ce rôle central revient à l'Ancêtre parce qu'il est conçu

29 Ibid., p. 116.
30 Ibid., p. 117.
31 Ibid., p. 118.

comme médiateur et protecteur de la vie, rôle qui est particulièrement mis en évidence dans le *culte des ancêtres,* lequel entend justement célébrer la vie et la renforcer au sein du corps mystique de l'ancêtre qu'est la communauté[32].

5. La Communauté

Du point de vue de l'anthropologie négro-africaine, la communauté est fondamentalement déterminée par la vie, le milieu de vie, comme cadre d'existence naturel de la personne humaine. En effet, dans la pensée négro-africaine traditionnelle, c'est au sein de la Communauté et à travers le rite initiatique, que l'homme accède au *statut* de *personne* et devient ainsi *une personnalité.* Autrement dit, *l'homme,* en tant qu*'individu, n'est pas* une *personne, mais* un *projet* de *personne.*

Engelbert Mveng appelle, à cet effet, ‹l'homme – individu›, *monade.* Le rite initiatique est basé sur l'éducation à la vie communautaire des jeunes gens et jeunes filles devant intégrer, après l'adolescence, le monde des adultes ou le monde de la responsabilité personnelle et sociale. L'homme y découvre, de manière prégnante, *sa nature communautaire* originaire, en se découvrant comme *dyade,* dans sa double dimension constitutive: *homme/femme.* Et à travers l'institution matrimoniale, l'homme devient *triade:* père/mère/fils. C'est dans l'assomption lucide et responsable de cette double dimension humaine constitutive *homme/femme,* que l'individu se réalise comme personne.

À ce sujet, bien entendu:

> Il n'y a ni opposition, ni conflit, ni même égalité des sexes, mais seulement complémentarité. L'homme sans la femme n'est rien, tout comme la femme sans l'homme n'est rien. Tous les deux sont tout dans leur complémentarité. Quand l'homme s'accepte dans sa double dimension, il accède ainsi à l'amour, à la créativité, à la fécondité. Il devient *triade:* père/mère/fils. Dans cette triple dimension l'homme s'accomplit comme personne. Il plonge ses racines dans la société humaine, une humanité en miniature contenant, à son tour, la totalité de l'histoire et la totalité de l'espèce[33].

La notion de communauté revêt, en Afrique, une triple dimension. Elle englobe, en même temps, les *vivants* (ceux qui sont ici-bas), les *défunts*

32 Bénezet Bujo et Juvénal Ilunga (éd.), *Théologie africaine au XXIe siècle,* op. cit., p. 117.
33 Engelbert Mveng, *Identità africana e cristianesimo,* op. cit., p. 13.

(ceux qui vivent dans le village des Ancêtres) et les *générations* à venir (ceux qui vont naître). Ainsi donc, pour l'Africain:

> La vie n'est possible et ne se réalise pleinement que dans ce faisceau tridimensionnel de relations, brièvement dit la communauté. Alors que le bonheur de ceux qui quittent la terre pour l'autre monde consiste dans le fait de demeurer vivant dans la mémoire de leurs descendants; la vie de ceux qui sont encore sur terre, quant à elle, ne peut être réussie que s'ils sont fidèles à leurs ancêtres, et s'ils tiennent à cœur leurs paroles, gestes actions[34].

La vision communautaire africaine de l'homme s'inscrit fondamentalement en faux contre l'individualisme humain, sous toutes ses formes, proscrit, en tout et pour tout, comme contre-nature. En Afrique, en effet:

> L'individu en tant que tel n'est pas la valeur absolue, mais c'est dans la communauté, lieu de vie par excellence, que sa vie individuelle prend tout son sens. Il sait que ce n'est pas sa vie à lui, mais la vie qui est don de Dieu par la médiation des Ancêtres, don fait à la communauté[35].

Il y a donc, au fondement de cette vision communautaire africaine de l'homme, le *lien familial* qui exprime, de manière évidente, *l'antériorité* de *la relation* sur *l'autodétermination* du *sujet.*

Le *lien familial* nous renvoie à la *catégorie sociologique* de *filiation.* Comme le relève André-Marie Jerumanis dans son article *Bioetica filiale*:

> La filiation situe, en effet, l'être humain au sein de la société parentale, familiale et civile, évitant ainsi de réduire le sujet à n'être uniquement qu'autoréférence. La filiation permet de justifier la dimension ontologique de l'être humain, en tant que son être, est fruit d'un don qui le précède et qui détermine la générosité morale à laquelle je suis appelé. La catégorie de filiation ouvre donc, par-delà la filiation biologique, à la filiation comme catégorie existentielle; mais, en tant qu'elle permet d'exprimer la dépendance au niveau ontologique de l'être humain, la filiation est une catégorie métaphysique, qui renvoie au Transcendant, en raison même de la contingence de l'être humain. Etre fils signifie, alors, avoir reçu l'être d'un Autre Être Personnel, de l'Être absolu, dont l'être subsiste en soi et par soi. Parler de fils, c'est tout simplement inclure dans la définition de l'homme un rapport originaire fondant son être au monde[36].

34 Bénezet BUJO et Juvénal ILUNGA, *Théologie africaine au XXIe siècle*, op. cit., p. 119.

35 Ibid., p. 115.

36 André-Marie JERUMANIS, «Bioetica filiale», in Giovanni RUSSO (a cura di), *La verità vi farà liberi. Ethos cristocentrico e antropologia filiale,* Messina – Torino, Coop. S.Tom – Elledici, 2004, p. 99.

Dans la vision fortement communautaire de l'anthropologie négro-africaine donc, la définition fondamentale de l'homme n'est nullement le *‹cogito ergo sum›* cartésien, mais plutôt le *‹cognatus sum, ergo sum›* ou mieux *‹cognati sumus, ergo sumus›*, c'est-à-dire l'être apparenté, comme l'indique le théologien congolais de Fribourg, Bénezet Bujo[37].

Cette conception communautaire africaine de l'homme *n'est* pas *liberticide*, comme l'on est bien souvent enclin à le penser, vue de l'extérieur, c'est-à-dire en dehors ou indépendamment de sa logique systémique intrinsèque. Elle ne sacrifie aucunement l'individu au profit du groupe. Mais elle situe, au contraire, la liberté de l'individu dans le réseau ontologiquement prédéterminé des relations interpersonnelles, lui rappelant, sans mollesse, sa nature et son destin fondamentalement communautaires. Autrement dit, l'individu qui s'isole délibérément du groupe social pour affirmer son autonomie absolue en tant qu'être singulier, perd en humanité et s'étiole, du même coup, au plan axial et ontologique. Il nuit, bien entendu, par cet isolement contre-nature, à l'ensemble du corps social.

> Par conséquent, c'est dans sa *participation* à la *vie* de la *communauté* que *l'homme* devient *homme*. Il ne devient homme que quand il tient fermement à *la solidarité* avec *ses semblables*. En *maintenant* ce *lien de solidarité*, il *augmente* la qualité de *la vie* non seulement pour lui-même, mais pour *toute la communauté* et *l'humanité entière*. Ce n'est donc pas le simple fait d'appartenir à une communauté qui fonde notre identité, mais notre participation effective à celle-ci.
>
> Le *‹devenir une personne›* en Afrique ne s'interprète pas dans un agir concret au sens d'efficience, mais dans *l'orientation fondamentale de l'individu vers la communauté*. C'est *cette orientation* qui *donne* à *l'agir* toute son *efficacité*. C'est donc dans *l'agir avec* et dans *le parler avec* que l'on devient *homme*. Dans la *solitude* et sans *sollicitude* pour *l'autre*, notre humanité demeure incomplète[38].

L'individu n'est pas, pour autant noyé ou dilué dans l'anonymat communautaire. Il conserve bien sa singularité et son identité personnelle. Le processus de nomination ou l'imposition du nom propre au nouveau-né constitue, dans le contexte négro-africain, le premier indice de l'affirmation de la liberté de l'individu. En effet, comme le souligne Juvénal Ilunga:

> Celle-ci met bien en évidence une certaine culture de la liberté de la personne. L'enfant ne reçoit pas son nom du nom de son père. Son nom personnel le décrit comme individu dans sa singularité et son historicité, de même que la femme n'est pas obligée d'adopter

37 Bénezet BUJO et Juvénal ILUNGA, *Théologie africaine au XXIe siècle*, op. cit., p. 121.
38 Ibid., p. 121.

le nom de son mari. Le nom a toujours un sens personnel. Il n'est pas qu'un rite pour identifier la personne ou la protéger, mais il est porteur d'un agir et d'un message, d'un programme de vie que la personne doit réaliser librement. Il exprime quelque chose de l'essence de la personne et tente de la caractériser dans son essence. Même lorsque le nom renvoie à un membre défunt de la famille, cette singularité et cette historicité demeurent préservées. L'enfant est certainement vu comme un signe qui maintient vivante la mémoire du défunt, il est une anamnèse du défunt, mais il demeure une personne distincte du défunt tout en étant dans une certaine relation de continuité avec lui[39].

Un second indice de l'affirmation de la liberté individuelle nous est fourni par la *palabre.* On entend par palabre, en Afrique, le débat coutumier mobilisant et impliquant dans le processus de résolution d'un problème vital, l'ensemble des membres de la communauté en tant que sujets parlants. En démocratisant la prise de la parole au sein de la communauté, la palabre confirme l'autonomie de pensée de l'individu et concourt ainsi à la sauvegarde de l'unité et de la communion du corps social, par rapport à ses idéaux fondamentaux de vie. L'on trouve d'ailleurs, à ce propos, un bon nombre de proverbes et contes africains qui rappellent clairement à l'individu, qu'il ne doit pas être le mouton de Panurge de la communauté, ou qu'il doit, autrement dit, éviter de suivre aveuglement le groupe.

En tant que telle, la palabre met en jeu une dimension fondamentale de la Parole: sa créativité. La parole est capable de jeter des ponts et produire la communion tout comme elle peut la détruire. Elle est quelque chose de dynamique et d'efficace. La fonction de la palabre est de veiller à ce qu'une parole dite dans la communauté ne soit pas productrice de mort, mais de vie. Dans la logique de la palabre, tous ont droit à la parole. En ce sens, la palabre garantit l'égalité et l'accès de tous à la parole en vue de l'édification de la communauté. La décision finale à laquelle on aboutit au terme du processus ‹palabrique› est le fruit non pas d'un compromis mou ou d'une votation selon le principe de majorité, mais d'un solide consensus entre tous les membres. Un tel consensus redynamise la vie commune en tous et en chacun et ouvre un chemin à parcourir ensemble. L'expérience fondamentale qui est au fondement de la palabre est la communion. Celle-ci exige une prise en considération de tous les membres de la communauté en tant que sujets parlants[40].

Les trois données fondamentales de la culture africaine, que nous venons d'exposer assez brièvement – la *Vie,* l'*Ancêtre* et la *Communauté* – ont fait l'objet d'un développement théologique systématique, notamment,

39 Bénezet Bujo et Juvénal Ilunga, *Théologie africaine au XXIe siècle,* op. cit., p. 123.
40 Ibid., p. 124.

de la part du moraliste congolais Bénezet Bujo, qui les pose au fondement de l'*éthique africaine,* qu'il qualifie, à bon droit, d'*éthique communautaire*, «Wir-Ethik» ou «Palaver-Ethik»[41]. Il s'agit bien, cela s'entend, d'une *éthique fondamentalement anthropocentrique*, une *éthique de la vie* qui permet de revisiter ou de reprendre à nouveaux frais les notions de normes, lois, bien et mal, conscience et liberté, d'autorité et de pouvoir, dans la perspective de la vie et de la communauté au sens africain[42].

En rapport avec cette *éthique de la vie* et la *centralité* du *concept* d'*Ancêtre* pour l'Africain, Bujo a élaboré justement, dans l'intention de comprendre et de vivre ‹*africainement*› le mystère de Jésus, une christologie africaine de Jésus de Nazareth présenté et contemplé comme *«Proto-Ancêtre»*[43]. Cette christologie africaine de Bujo s'articule autour de la question centrale de *l'être chrétien,* que Jésus pose invariablement, à la suite des ses disciples d'alors, aux hommes de tous les temps et de tout lieu qui veulent cheminer avec lui, «la *Voie,* la *Vérité* et la *Vie*»[44]: «Et vous, qui dites-vous que je suis?» (Mt 16, 15).

La réponse à cette question personnelle sur l'identité du Christ est plurielle et variable, selon qu'on est éloigné ou proche du Christ, qu'on est dans son circuit ou hors circuit, comme en témoignent la profession de foi de Simon Pierre, pour qui, Jésus est «le Christ, le Fils du Dieu vivant» (Mt 16, 16) et les dires des gens, pour lesquels, Jésus est à la fois «Jean le Baptiste, Élie, Jérémie ou quelqu'un des prophètes» (Mt 16, 14). Cette pluralité de réponse reflète la singularité de l'expérience personnelle, que chacun des répondants questionnés a ou peut avoir de l'homme Jésus, à partir de son contexte de vie. En l'occurrence:

> L'Africain ne peut pas ne pas y donner sa propre réponse sur base de son expérience de foi et de son contexte de vie. En ce sens, l'Ancêtre permet dans le contexte africain, de mieux mettre en évidence que Jésus est vraiment source de vie, Dieu.

41 Bénezet BUJO, *Wider den Universalanspruch Westlicher Moral. Grundlagen Afrikanischer Ethik* (Quaestiones disputatae 182), Freiburg i. Br. et al., 2004, p. 104. Cité dans Bénezet BUJO et Juvénal ILUNGA, *Théologie africaine au XXIe siècle,* op. cit., p. 126.

42 Cf. Bénezet BUJO et Juvénal ILUNGA, *Théologie africaine au XXIe siècle,* op. cit.,p. 126.

43 Lire Bénezet BUJO, *Afrikanische Theologie in ihrem gesellschaftlichen Kontext.* (Theologie interkulturell 1), Düsseldorf, 1986; trad. it: *Teologia africana nel suo contesto sociale*, Brescia, Queriniana, 1988; trad. angl.: *African Theology in its Social Contest,* Nairobi – Maryknoll N Y, 1992, 1999.

44 SAINT JEAN (BJ) 14, 6.

> Si on tient compte de l'enseignement patristique et même biblique (1 Pie 3, 19-20; 4, 6), rien ne s'oppose à la vénération des ancêtres craignant Dieu et qui se trouve insérés dans le Christ Jésus»[45].

Ainsi donc, pour Bénezet Bujo:

> Attribuer à Jésus le titre de ‹*Proto-Ancêtre*› signifie qu'il est à considérer comme le premier de tous les ancêtres. Il ne s'agit donc pas de considérer Jésus comme un Ancêtre parmi tant d'autres. Il est l'Ancêtre par excellence qui communique aux hommes la vie et le salut de Dieu. Si la centralité du concept d'Ancêtre se justifie en Afrique par sa fonction médiatrice et protectrice de la vie, il faut dire que Jésus réalise excellemment cette fonction. Toute sa vie témoigne qu'il communique effectivement la vie, la protège et la nourrit. Les Évangiles témoignent à travers les paroles mêmes de Jésus, ses miracles, son style de vie et sa résurrection, qu'il est venu pour donner la vie en plénitude (Mt 4, 4; Jn 11, 25; 4, 14). Dans sa vie, sa mort et sa résurrection, il manifeste qu'il est la source de vie, la ‹*Proto-force-vitale*›. Voilà pourquoi Christ est le ‹*Proto-Ancêtre*› au plus haut niveau[46].

Enfin,

> *Proto* est à comprendre au sens de modèle, d'archétype. Dès lors, les ancêtres négro-africains sont seulement des images dérivées du Christ Proto-Ancêtre. Ce titre christologique signifie que Jésus est l'ancêtre par ‹excellence›. Proto-Ancêtre entend donc mettre en évidence le fait qu'en lui l'idéal de vie des Ancêtres est non seulement réalisé, porté à sa plénitude et à son achèvement, mais aussi qu'en Jésus, cet idéal est transcendé et perfectionné. C'est ce qui apparaît dans la relation qui lie Jésus de Nazareth et le règne de Dieu. Il est non seul le messager de ce Règne, mais son achèvement même (Mc 1, 4-15). Si dans sa personne, son style de vie, dans sa prédication et surtout dans sa mort et résurrection, le Règne de Dieu est parmi nous en tant qu'événement de salut, alors il faut dire que Jésus Christ est l'image *(icône)* originaire de toutes les vertus et du salut auquel aspiraient tant nos ancêtres[47].

Cela dit et précisé, il nous faut, à présent, conclure cette dernière partie théologique de notre recherche.

45 Bénezet BUJO et Juvénal ILUNGA, *Théologie africaine au XXIe siècle,* op. cit., p. 127-128.

46 Ibid., p. 128.

47 Ibid., p. 128-129.

Conclusion

Sous les dehors messianiques trompeurs, l'idéologie de la mondialisation véhiculée par le paradigme écologique du développement durable constitue un défi éthico-théologique de taille, pour la foi chrétienne. La *vision dominante* du développement de *l'ingénierie onusienne* est invariablement *technicienne*, malgré et par-delà la variété d'expressions produites en série par ses agences spécialisées. En effet, dans ce «développement à particules» des agences onusiennes, il y est toujours abondamment question des *politiques économiques* et *financières* considérées de manière rituelle comme la *potion magique* du développement toujours promis, mais de plus en plus inaccessible, au fil du temps.

En bref, il s'agit ici de *développer* les *économies* pour *développer* les *peuples* de la misère. Le *Développement durable* de la CMED (1987), tout comme le *Développement humain* du PNUD (1990) s'inscrivent dans cette logique technicienne du développement. Cette vision «orthodoxe» du développement est l'alliée naturelle de l'idéologie totalitaire de la «religion économique» néo-libérale annonçant au monde entier, sous la menace de l'anathème pour les apostats, la «bonne nouvelle» des vertus *messianiques universelles* du «marché-paradis», hors duquel, il n'y a point de salut.

La *pensée catholique* en matière du développement a aussitôt compris que le *développement authentique,* c'est le *développement de l'homme,* c'est-à-dire de *tout l'homme* et de *tout homme.* Le Père Lebret l'appelle, en un mot, le *développement intégral*:

> La *croissance généralisée* de *tout l'humain: chacun* des *hommes* et *tout* dans *l'homme.* C'est un phénomène de civilisation, c'est-à-dire de *croissance solidaire harmonisée* enracinée dans *les appétits disciplinés* et dans *les mœurs collectives*[1].

Dans cette optique donc, le développement est défini *théologiquement* comme une *vocation* et un *processus* permanent de *libération* de l'homme et des peuples du carcan des structures humaines aliénantes et déshumanisantes.

1 Louis-Joseph LEBRET, *Suicide ou survie de l'Occident?,* Paris, 1958, p. 273.

Vu sous l'angle de l'anthropologie cosmique et communautaire négro-africaine, le développement rime avec la vie. La vie appréhendée et reçue comme un *don de Dieu* fait à l'homme à travers les *Ancêtres* et *vécue* de manière *plénière* et *harmonieuse* en *Communauté.* C'est cette anthropologie fondamentalement communautaire qui sous-tend la vision ecclésiologique africaine consacrée de *l'Église Famille de Dieu.* Jean-Paul II le spécifie avec clarté dans son Exhortation apostolique post-synodale *Ecclesia in Africa* du 14 septembre 1995:

> Non seulement le Synode a parlé de l'inculturation, mais il l'a appliquée en prenant, pour l'évangélisation de l'Afrique, l'idée-force de *l'Église Famille de Dieu.* Les Pères y ont vu une expression particulièrement appropriée de la nature de l'Église pour l'Afrique. L'image, en effet, met l'accent sur l'attention à l'autre, la solidarité, la chaleur des relations, l'accueil, le dialogue et la confiance[2].

L'anthropologie communautaire négro-africaine est porteuse d'une *éthique communautaire,* articulée autour de la valeur *vie.* Cette éthique de la vie est compatible, mutatis mutandis, avec la conception biblique de Dieu Créateur et Seigneur de la Vie. Elle constitue, à nos yeux, une des pistes à explorer avantageusement dans la perspective de conception et d'élaboration d'une éthique *holiste* de la v*ie,* à la fois, *promotrice* et *protectrice* de la *vie* de *l'homme* et de *son habitat*, dans la droite ligne de l'intuition fondamentale des concepteurs de l'écodéveloppement.

2 JEAN-PAUL II, *Ecclesia in Africa. Exhortation apostolique post-synodale sur l'Église en Afrique et sa mission évangélisatrice vers l'an 2000,* Kinshasa, Médiaspaul, 1995, n° 63.

Conclusion générale

Deux constats s'imposent, en termes de résultat, au terme de cette étude. Nous étions conduit, dans ce travail, à l'analyse serrée du concept onusien du développement durable, à la lumière de la vision chrétienne du développement. L'idéologie du développement opère sur le registre du religieux. Elle s'est auto-investie, à ce titre, d'une mission messianique de délivrance de l'humanité des affres de la misère, par la science et la technique. Si l'idéal de bienfaisance ou humaniste proclamé par cette idéologie prométhéenne du développement est en soi légitime, cependant, force est de constater, dans le cas de l'Afrique, que la promesse de félicité terrestre, à l'occidentale, réitérée rituellement, depuis les indépendances, s'est totalement évanouie, avec l'avènement du développement durable.

Nous en arrivons ainsi à l'énoncé du premier constat. En effet, il est apparu très clairement, à travers l'herméneutique occidentale du développement durable et la marchandisation du développement par la mondialisation néo-libérale, que *le paradigme onusien du développement durable soulève plus qu'il ne résout le problème écologique, ainsi que la question sur le destin de l'homme et l'avenir de la planète Terre*. Les mesures technocrates et techniciennes préconisées abondamment dans la droite ligne de la pensée développementiste voilent, en quelque sorte, la *cause profonde* du *mal* qui *afflige l'humanité* et *la terre*, et qui est à situer indubitablement dans le *cœur perverti* de l'homme se croyant, aujourd'hui plus que jamais, *omniscient* et *omnipotent,* et dans les *institutions* mises en place pour sa promotion humaine, devenues, de ce fait, des véritables *«structures de péché»*, déshumanisantes et destructrices de la vie.

Le second constat concerne *la valeur* «vie» *bradée par l'anthropologie de l'homo oeconomicus de la mondialisation néo-libérale*. Ainsi, par rapport à ce *double constat* d'une part, de *l'échec patent de la mise en route du développement durable à l'échelle planétaire dans l'optique de l'Agenda 21 de Rio* et, d'autre part, de *la destruction conjointe des vies humaines et de la nature par la mondialisation néo-libérale*, nous proposons ici, en toute modestie, *l'élaboration* d'*une éthique de la vie revisitée, soucieuse* de la *promotion de la vie* et *articulée* autour des *deux concepts clés* de *communauté* et d'*intégralité,* que nous exposerons très brièvement dans les lignes qui suivent. Ces deux concepts constituent, en même temps, la *clé de voûte* de la *promotion de la vie* et de la *durabilité écologique*, *économique* et *sociale* postulée par le paradigme onusien du développement durable.

1. La promotion de la vie

Il nous faut bien, au départ, préciser ici l'usage que nous faisons de la parole *vie*, pour dissiper tout malentendu malencontreux, quant à notre propos. S'agit-il en effet d'une catégorie naturelle ou surnaturelle? Ne faisons-nous pas une confusion entre l'ordre de la nature et l'ordre de la grâce, entre la vie corporelle et la vie spirituelle? Nous renvoyons, en l'occurrence, à l'intention originaire de cette étude, qui était justement de proposer une analyse critique de la notion onusienne de développement durable, marquée par une conception réductrice de l'être humain qui semble être traité comme *quelque chose* d'inanimé, privé de vie.

Dans le christianisme, le thème de la vie est largement tributaire de l'*enseignement biblique* et revêt presque toujours une *consonance religieuse*[1]. La Bible applique ce terme polyvalent aussi bien à l'homme qu'à Dieu en personne. Ainsi, pour le Psaume 18: «Yahvé *vit*» (Ps 18, 47); dans le Psaume 36: Dieu est loué comme la *«source de la vie»* (Ps 36, 10). La dimension religieuse du thème de la vie constitue l'élément essentiel de l'idée de l'*imago Dei*. Cette dimension religieuse de la vie est fortement affirmée chez saint Paul, pour qui la vie est synonyme d'*incorporation*, de *participation* à *la vie* du *Christ ressuscité*. Il est donc question chez saint Paul de la *vie de l'Église* ou de *l'homme spirituel* (Rm 8, 1-30; Eph 4, 1-32).

Chez saint Jean, l'*idée de vie* appliquée à Jésus revêt une *dimension trinitaire*, et donc *communautaire*, au sens précisément de la conception africaine de la vie et de la communauté. La vie vient du Christ en tant que Logos (Parole) de vie (Jn 1, 4). Elle est communiquée par le Père qui en est la source fondamentale (Jn 5, 26). Jésus est venu dans le monde pour donner la vie en abondance (Jn 10, 10), il est la résurrection et la vie (Jn 11, 25sv), il est le pain de vie (Jn 6, 32-58), il est la voie, la vérité et la vie (Jn 14, 6).

1 Cf. Jean-Marie AUBERT, *Abrégé de la morale catholique*, op. cit., p. 277.

En nous mettant à l'écoute de la culture africaine et de sa conception de l'homme, il est apparu clairement que *l'être humain* loin d'être *une chose* ou *un numéro*, est *un être animé de vie*, une vie d'ailleurs qui n'est pas sans lien avec la vie divine. L'on doit éviter, ici comme ailleurs, tout panthéisme. L'homme n'est pas Dieu. Seul Dieu est Dieu. Nous ne pourrions, par conséquent, nier la différence abyssale qu'il y a entre la vie de l'homme et la vie de Dieu. Il n'y a pas non plus de confusion, à ce sujet, dans l'anthropo-cosmologie négro-africaine que nous avons exposée, à grands traits, plus haut. Dieu y est considéré comme le Tout Autre, le Transcendant situé dans le monde spirituel et invisible des Ancêtres. Et ce sont les Ancêtres justement, plus proches de Dieu, qui assurent l'intermédiation entre Dieu et les hommes, entre le ciel et la terre.

Le christianisme a comme spécificité de considérer Dieu non seulement comme *l'origine* de *la vie naturelle* ou *biologique*, en tant que *Créateur*, mais aussi comme *l'origine* de *la communion* par *la grâce*. Bien entendu, nous n'avons pas perdu de vue cette perspective de la *vie théologale* ou *spirituelle*, lorsque nous affirmons que Dieu est *le Seigneur de la vie*. Avec cette expression biblique, nous entendons mettre en évidence le fondement ultime de la vie corporelle ou physique, d'un point de vue de l'ordre de la création, en Dieu.

Comme le rappelle, à propos, Jean-Marie Aubert parlant justement de *la morale de la vie*:

> Cette vie corporelle, physique, ou tout simplement biologique, est la structure de base, *le conditionnement de la vraie vie humaine,* celle d'esprit incarné, de personne humaine appelée à la filiation adoptive de Dieu. Tant que dure cette existence biologique (et physique aussi) rien n'est définitif; et par vie biologique il faut entendre ici non seulement la vie dans ses fonctions purement végétatives (croissance, assimilation, reproduction), mais aussi bien ses fonctions animales (sensibilité, affectivité, fonctionnement du système nerveux, etc.). Ce lien congénital entre le destin surnaturel de l'homme et sa vie biologique (de mammifère supérieur) donne à cette dernière une dignité que n'a pas celle du simple animal, même le plus évolué. Bref, *le biologique en l'homme n'est pas du pur biologique;* il participe directement à la dignité de la personne humaine et à son caractère intangible. Et si Dieu est le maître et la finalité de la destinée personnelle, *il est aussi le maître de la vie corporelle.* Lui seul peut en disposer. Certes l'homme en est le garant; son devoir est de la conserver, l'entretenir, mais en aucun cas il n'a le droit de la supprimer[2].

2 Jean-Marie AUBERT, *Abrégé de la morale catholique,* op. cit., p. 279. C'est l'auteur qui souligne.

C'est justement au niveau de la culture africaine que la valeur de la vie est réaffirmée avec force et correspond à un des thèmes bibliques les plus mis en exergue. La culture africaine permet ainsi, à notre humble avis, de redécouvrir un des éléments fondamentaux de l'*humanum*. Certes, un *humanum*, d'un point de vue chrétien, en attente du salut, même s'il n'en est guère conscient.

Jean-Paul II souligne la *densité* de l'amour des Africains pour *la vie* dans son *Homélie* à l'ouverture de l'Assemblée spéciale pour l'Afrique du Synode des Évêques du 10 avril 1994, reprise dans son exhortation apostolique post-synodale *Ecclesia in Africa*:

> *Les fils et les filles de l'Afrique aiment la vie*. De cet amour de la vie découle leur grande vénération pour les ancêtres. Ils croient instinctivement que les morts ont une autre vie, et leur désir est de rester en communion avec eux. Ne serait-ce pas, en quelque sorte, une préparation à la foi dans la communion des Saints? Les Africains respectent la vie qui est conçue et qui naît. Ils apprécient la vie et rejettent l'idée qu'elle puisse être supprimée, même quand de soi-disant civilisations progressistes veulent les conduire dans cette voie. Des pratiques contraires à la vie leur sont toutefois imposées par le biais des systèmes économiques qui ne servent que l'égoïsme des riches. Les Africains manifestent leur respect pour la vie jusqu'à son terme naturel et, au sein de la famille, ils gardent une place aux anciens et aux parents[3].

Il n'y a pas une dépréciation de la vie corporelle dans la perspective chrétienne, en raison de l'unité de l'être humain qui est une constante biblique. De la sorte:

> La dignité ontologique et de la grâce de la vie spirituelle rejaillit sur la vie corporelle qui est son soubassement cosmique. [...] La cessation de la vie corporelle marque la fin de toute possibilité de changement au plan surnaturel de l'union à Dieu. C'est donc *durant son parcours terrestre que la personne humaine construit sa destinée* et sa participation au Royaume. De là découle l'importance de la vie corporelle pour l'ensemble de la vie morale de la personne[4].

En outre, la valeur de la vie physique apparaît explicitée dans le commandement de l'amour du prochain[5], qui est le commandement du *bien* de la personne, au niveau de nombreux *biens* relatifs à son identité d'être spiri-

3 JEAN-PAUL II, *Ecclesia in Africa. Exhortation apostolique post-synodale sur l'Église en Afrique et sa mission évangélisatrice vers l'an 2000*, op. cit., n° 43, § 1.

4 Jean-Marie AUBERT, *Abrégé de la morale catholique*, op. cit., p. 278. C'est l'auteur qui souligne.

5 «Tu aimeras ton prochain comme toi-même» (Mt 19, 19; Mc 12, 31).

tuel et corporel en relation avec Dieu, avec le prochain et avec le monde matériel[6]. L'amour du prochain est inséparable de l'amour de Dieu. On ne peut aimer Dieu, sans aimer son frère. C'est au nom même de ce *paradigme* de *l'amour* que la notion écologique du développement durable est soumise à un discernement chrétien et humain.

2. La notion de communauté

La communauté est une notion polyvalente et dynamique qui a pour dénominateur commun, dans ses usages variés, l'idée de *communion*, de *cohésion*, de *cohabitation*, de *coexistence harmonieuse* entre les différents membres ou individus d'une entité déterminée. La communauté est donc à la fois un concept biblique, politique et écologique. L'*éthique communautaire de la vie*, postulée par *la question écologique*, est légitimée par ce que René Coste appelle justement l'*ontologie communautaire* de l'être humain, en tant que *esprit-et-corps*.

> Que nous le reconnaissions ou non, l'homme est non seulement être-avec-autrui et pour-autrui, il est aussi *être-en-commun*. Par le plus profond de lui-même il appelle l'interférence de ces liens extrêmement complexes qui naissent à chaque instant de l'appartenance à la communauté de ceux qui portent le même nom que lui. Psychologiquement et physiologiquement, ce n'est pas seulement à la lignée qu'il se rattache, mais aussi à un rameau phylétique. Que serait notre culture, dimension capitale de notre être spirituel, si elle ne nous avait pas été transmise avec le langage par ceux qui nous l'ont enseigné? Par lui des trésors d'expérience et d'intelligence nous ont été communiqués, comme une couronne dans le berceau d'un enfant royal, auxquels nos ancêtres ne sont peut-être parvenus qu'à travers l'effort d'une longue vie et par le biais du génie[7].

René Coste place au fondement de cette éthique communautaire, qu'il appelait particulièrement de tous ses vœux à l'aube des années 1970, au niveau de la communauté politique mondiale, les valeurs de *solidarité* et du *bien commun:*

6 Cf. JEAN-PAUL II, *Veritas Splendor,* 1993, n° 13.

7 René COSTE, *Une morale pour un monde en mutation,* Gembloux, Éditions J. Duculot, 1969, p. 79. C'est l'auteur qui souligne.

> Si l'homme, écrit-il, est vraiment être-en-commun et, par le plus profond de lui-même appel à devenir élément constitutif d'une communauté, il en résulte la nécessité de l'élaboration d'une morale qui tienne compte de cette réalité fondamentale: l'*ontologie communautaire* conduit à la *morale communautaire*. Il s'agit d'une morale qui concerne à la fois la *personne individuelle* et les *communautés* de tous ordres: celles qui existent réellement et celles qui sont à créer. À la base d'une telle morale, il y a la perception d'*une solidarité* et une *volonté* de *visée communautaire*, en tant qu'*exigence dynamique* de *participer* à la *promotion* de la *communauté*. La *personne* individuelle *se perçoit* et *se veut* un *élément actif* de la communauté. Elle accepte les sacrifices qui en découlent pour elle. Les responsables de la communauté ont le souci de sa cohésion et de sa vitalité[8].

Nous avons montré comment dans la culture africaine les valeurs de *solidarité* et du *bien commun* sont articulées et vécues, *en communauté*, autour de la notion de *vie*, qui est le «bien commun» par excellence, qui fonde la solidarité communautaire et humaine. Rien mieux, en effet, que l'idée de *propriété* nous donne toute la mesure de la *vertu cardinale* de *solidarité* dans la culture africaine, comme le souligne Juvénal Ilunga:

> Même la notion de propriété est conditionnée par cette dimension communautaire. La propriété est vue non pas comme quelque chose qui doit enrichir l'individu, mais qui doit servir à l'enrichissement de la communauté. Enrichissement signifie ici aider la communauté à croître, à être vraiment le lieu de plein épanouissement de la vie. En d'autres mots, les biens matériels doivent être considérés à partir de leur relation avec la force vitale. Quiconque détient pour lui-même la richesse et n'est pas prêt à la partager avec les autres détruit la communauté et met en danger sa vie personnelle parce qu'il ne peut exister sans la communauté. Il est vu comme un sorcier qui ne veut pas rendre la vie heureuse aux autres[9].

Jean-Paul II *prie* et rend particulièrement hommage, avec raison, dans son exhortation apostolique post-synodale *Ecclesia in Africa*, à cette *valeur fondamentale* africaine de la *solidarité communautaire*, dans le contexte actuel de la *mondialisation* de l'*individualisme communautaire:*

> Les cultures africaines ont un sens aigu de la solidarité et de la vie communautaire. On ne conçoit pas en Afrique une fête sans partage avec tout le village. De fait, la vie communautaire dans les sociétés africaines est une expression de la famille élargie. C'est avec un ardent désir que je prie et demande des prières pour que l'Afrique préserve toujours ce précieux héritage culturel et pour qu'elle ne succombe jamais à la tentation de l'individualisme, si étranger à ses meilleures traditions[10].

8 René COSTE, *Une morale pour un monde en mutation*, op. cit., p. 82.

9 Bénezet BUJO et Juvénal ILUNGA, *Théologie africaine au XXIe siècle*, op. cit., p. 122.

10 JEAN-PAUL II, *Ecclesia in Africa,* op. cit., n° 43, § 2.

Comme le dit si bien René Coste:

> Plus un homme accepte ces liens communautaires, plus il les veut intenses et constructifs, plus aussi sa personnalité s'épanouit, parce que *l'homme ne peut se construire* qu'*à travers l'amour* et *la communication* des *consciences*. Plus il se replie sur lui-même dans l'ignorance et l'égoïsme, plus aussi il s'étiole. Plus il veut être un profiteur et un tyran, plus il se dénature. Virtuellement, ces liens embrassent l'humanité entière, dans la totalité de l'espace et du temps. Sauf s'il est complètement aveuglé par la passion – nous pensons notamment aux aberrations nazies – l'homme reconnaîtra toujours en l'être humain *son semblable*. Et, s'il est réellement capable d'ouverture, il verra en lui *son frère*[11].

La communauté, au sens africain, est un vaste *réseau de relations innombrables* et *variées* qui lient l'homme ici-bas simultanément à ses semblables, à la nature et au temps. La notion de *communauté* comprend et assume, dans le sens *holiste* de l'anthropo-cosmologie africaine, la *question écologique* dans sa triple dimension *naturelle* (habitat), *sociale* (bien commun) et *temporelle* (générations à venir). La *terre* est un «patrimoine commun», un *bien commun universel*, appartenant à la fois à tous et à chacun, indistinctement. C'est un héritage légué par les Ancêtres à la postérité. À ce titre, la nature est toujours l'objet d'une gestion responsable de la part de la communauté. Bref, les différents problèmes d'écologie naturelle, humaine et sociale sont ici gérés, en termes de *bien commun,* exigeant la *solidarité naturelle* et la *coresponsabilité morale* de tous les *membres* de la communauté.

Comme nous l'avons indiqué, ci-dessus, la *communauté* est aussi un *concept écologique*. Elle a pour synonyme, le terme savant *biocœnose* ou *biocénose*, et désigne *l'ensemble* des *êtres vivants* (animaux, végétaux, micro-organismes) *présents* dans un *même milieu* ou *biotope*[12]. L'*écosystème* ou la *communauté écologique* de base est définie essentiellement par l'*interaction*, l'*interdépendance* et l'*échange réciproque permanent* entre *les individus* qui la composent, d'une part, et entre *ceux-ci* et leur *milieu naturel*, d'autre part.

Ainsi, suivant cette vision écologique, tout ce qui existe coexiste[13]. Tout est corrélé et rien ni personne n'est hors circuit. En écologie, l'interaction

11 René COSTE, *Une morale pour un monde en mutation*, op. cit, p. 80. C'est nous qui soulignons.

12 Voir LE PETIT LAROUSSE 2003, Paris, Éditions Larousse, 2003, p. 135.

13 Cf. Jeorge PEIXOTO, «Il recupero della vita. Per una nuova sensibilità ecologica» art. cit, p. 377.

et l'interdépendance affirment, à la fois, la réciprocité de tous les êtres excluant la domination de l'un sur l'autre, et l'importance de chaque individu incorporé dans le système vital[14].

Enfin, la *communauté* est une *catégorie fondamentalement biblique*. Elle tire, en effet, son origine de l'essence même du *Dieu trinitaire* (Père, Fils, Esprit), qui est ainsi ontologiquement un *Dieu-Communauté*, un *Dieu-Communion* (Mc 1, 10; Lc 10, 21s)[15], à *l'image* et à *la ressemblance* duquel, *l'humanité* fut *créée* comme une *communauté,* constituée de l'*homme* et de la *femme* (Gn 1, 27). Cette notion *caractéristique* et *distinctive* de l'Église primitive (Ac 2, 42-47; 4, 32-37) a été remise en honneur par Vatican II, qui définit, avant tout, l'Église *Peuple de Dieu* comme une *Communauté* de foi, d'espérance et de salut (*Lumen Gentium,* n° 8). Les notions de *Corps mystique* du Christ (*Lumen Gentium,* n° 7; 1 Cor 12, 12-14) et de *Peuple de Dieu* (*Lumen Gentium,* n° 9) désignent la *même idée* d'*unité* et de *communion* caractéristique de la *communauté,* pour laquelle Christ intercède dans sa célèbre prière sacerdotale johannique: «Père Saint, garde-les dans ton nom que tu m'as donné, pour qu'ils soient un comme nous» (Jn 17, 11-23).

3. Le concept d'intégralité

Le concept d'*intégralité* caractéristique du développement humain comporte deux implications, quant à la compréhension et à la mise en route du paradigme du développement durable. La première implication concerne, bien entendu, la *prise en compte,* de la part des *développeurs,* de *chaque personne* et de *la personne* humaine dans *sa globalité,* dans toute *politique* ou *action* du *développement.* C'est le développement de *tout homme* et de *tout l'homme,* au sens du Père Lebret et de *Populorum progressio.* Il s'agit bien dans la perspective chrétienne, du développement *concomitant* de l'*humain* et du *divin* dans *l'homme*[16].

La *préoccupation* de l'*humain* dans l'homme impose le *respect* et la *sauvegarde* de l'*originalité humaine* exprimée par la *diversité culturelle.*

14 Ibid., p. 377.

15 Cf. Michel SCHOOYANS, *Pour relever les défis du monde moderne,* op. cit., p. 25.

16 Cf. Alfred DE SORAS, «La conception chrétienne du développement», art. cit., p. 129.

On *ne développe pas* un *peuple* avec un *plan préétabli* conçu *sur mesure* pour lui, mais *chaque peuple se développe suivant son génie propre* et *ses idéaux fondamentaux de vie*. Le *technocentrisme* et l'*économisme* méthodiques de l'ingénierie onusienne du développement sont, à ce niveau, tout simplement *contre-productifs* et *destructeurs* des sociétés, à l'échelle planétaire.

La *préoccupation* du *divin* dans l'homme doit être le premier souci du chrétien et des organismes chrétiens engagés dans la promotion du développement, étant donné que les ONG et les organismes publiques de développement n'ont pas vocation de faire de l'apostolat missionnaire.

Aux yeux du christianisme, comme le souligne le Père Alfred De Soras:

> Pour faire de son Histoire une entreprise de développement finalement conforme au plan de Dieu, l'Humanité, au fil des siècles et sur toutes les plages du monde, doit se comporter de manière à cheminer authentiquement vers la communion éternelle qui réunira les enfants de Dieu dans le sein du Père, sous le souffle de l'Esprit de Charité, par la médiation du Fils dont tous les hommes sont appelés à constituer de façon mystérieuse, mais réelle, le ‹Corps Mystique›. Aussi le ‹Point Oméga› vers lequel tend un développement de la vie humaine conçu à la chrétienne est ainsi la vie trinitaire de Dieu même. C'est le Royaume de Dieu. Et ce royaume qui n'est pas de ce monde doit être préparé *dès* ce monde et *dans* ce monde par des relations interhumaines qui soient des relations de charité divine[17].

La seconde implication du concept d'intégralité, pour le paradigme du développement durable, est la *prise en compte primordiale* de l'*écologie humaine* et *sociale* dans la problématique actuelle de l'environnement monopolisée par l'*écologie naturelle,* où «le terme même d'*écologiste* comme celui du *défenseur de la nature* peuvent à présent désigner indistinctement ceux qui détruisent les forêts ou tuent les animaux pour récupérer leur peau»[18].

17 Alfred SORAS, «La conception chrétienne du développement», art. cit., p. 138.

18 Sadruddin AGA KHAN, «Le développement durable, une notion pervertie», in *Le Monde diplomatique*, décembre 2002, p. 16-17. Le prince Sadruddin Aga Khan est quarante-neuvième chef spirituel des Ismaéliens, il a travaillé successivement à l'UNESCO, puis comme haut fonctionnaire des Nations unies pour les réfugiés, comme chargé de mission du Secrétaire général des Nations unies et à la Commission des droits de l'homme de l'ONU. Il préside la Fondation Bellerive, qui se consacre notamment aux questions écologiques.

La destruction irrationnelle du milieu naturel mérite, sans conteste, toute l'attention nécessaire. Cependant, la destruction plus grave du milieu humain n'est pas l'objet d'une attention particulière de la part des décideurs internationaux, comme le relève Jean-Paul II dans *Centesimus annus*:

> Alors qu'on se préoccupe à juste titre, même si on est loin de ce qui serait nécessaire, de sauvegarder les habitats naturels des différentes espèces animales menacées d'extinction, parce qu'on se rend compte que chacune d'elles apporte sa contribution particulière à l'équilibre général de la terre, on s'engage trop peu dans la sauvegarde des conditions d'une *‹écologie humaine›*[19].

On reconnaît donc aujourd'hui, de plus en plus, que la problématique environnementale inclut les *valeurs éthiques* et *sociales*, en plus de l'*environnement naturel* et de la *technologie*. Le concept d'*écologie humaine* a été défini pour la première fois, en 1959, par Otis Dudley Duncan de l'Université de Chicago (USA). Il désigne «l'étude de l'interaction entre les populations humaines et les environnements naturels, à travers la technique régulée par l'organisation sociale»[20]. L'écologie humaine comprend donc quatre variables fondamentales: l'*environnement naturel,* la *démographie,* la *technologie,* et l'*organisation sociale*. Le Père jésuite Pedro Beltrao appelle justement l'*organisation sociale*, la *variable éthico-sociale*[21] de l'écologie humaine.

La variable éthico-sociale constitue *l'univers du sens,* qui détermine le choix des comportements sociaux à partir des *principes éthiques* engageant la *responsabilité individuelle* et *sociale*, par rapport à la *nature*. L'écologie humaine est étroitement liée aux *styles de vie* tributaires du *développement technologique* et du *délire consommationniste.* Les styles de vie des pays industrialisés centrés sur la *consommation* et la *mode* stimulées et soutenues en permanence par la publicité posent, de *manière dramatique*, le *problème éthique* de *la faim* dans le monde, corrélat de la *répartition*

19 JEAN-PAUL II, *Centesimus annus,* n° 38.

20 Otis DUDLEY DUNCAN, «Ecologia umana e studi sulla popolazione», in Hauser-Duncan, *Lo studio della popolazione*, Chicago, Chicago University Press, 1959. Cité dans Eleonora BARBIERI MASINI, «L'ecologia umana», in *La Società*, 45 (2001) 5, p.568.

21 C. Pedro BELTRAO s.j., «Concetto e problematica dell'ecologia umana», in C. Pedro BELTRAO (a cura di), *Ecologia umana e valori etico-religiosi,* Roma, Università gregoriana, 1984, p. 52-57.

inégale des *biens de la terre* entre pays riches et pays pauvres[22]. Les *populations locales* des PVD sont soumises à la *misère* et au *manque cruel* des *biens fondamentaux* ou de *première nécessité*, entre autres, du fait du *maintien* de *l'extraversion* de *leurs économies* basées sur *la production* et *l'exportation* des *biens de consommation* destinés aux *pays riches* (par exemple pour l'Afrique: café, arachide, thé, tabac, cacao, coton, etc.), suivant le schéma et la logique du fameux pacte colonial.

L'écologie humaine soulève donc la question de la *durabilité* du *développement* au *plan social*. Il serait, en l'occurrence, purement et simplement, illusoire de s'imaginer, que le moteur du développement technologique et de l'appareil productif de l'économie mondiale tourne pour satisfaire la demande des biens essentiels et éradiquer la faim dans le monde.

> En réalité, ce développement est toujours plus orienté vers la production des biens superflus pour ceux qui vivent déjà dans le superflu. Il le fait, notamment, pour pouvoir maintenir des niveaux d'emploi acceptables dans les pays industriels avancés. Le résultat paradoxal, c'est que, nonobstant l'augmentation vertigineuse de la productivité (et de la consommation), l'humanité dans l'ensemble reste pauvre. Le coût commercial des produits hypersophistiqués de l'industrie électronique est en baisse rapide et continue (grâce aux économies d'échelle rendues possibles par la croissance exponentielle de la production et des consommations), tandis que le coût des biens nécessaires à la vie des deux tiers de l'humanité reste, lui, invariable[23].

Ce sont en effet les populations des pays industrialisés qui sont auteurs et responsables, par leurs styles de vie hyperconsommationnites, du paradoxe cynique d'un monde, où l'on continue de mourir de faim, pendant

22 «La cause principale des hécatombes de la sous-alimentation et de la faim est l'inégale distribution des richesses sur notre planète. Cette inégalité est négativement dynamique: les riches deviennent très rapidement riches, les pauvres beaucoup plus misérables. En 1960, 20% des habitants les plus riches de la terre disposaient d'un revenu 31 fois supérieur à celui des 20% des habitants les pauvres. En 1998, le revenu des 20% les plus riches est 83 fois supérieur à celui des 20% les plus pauvres. Dans soixante-douze pays, le revenu moyen est aujourd'hui plus réduit qu'il n'était il y a vingt ans. Aujourd'hui, selon le PNUD (programme des Nations unies pour le développement), près de 2 milliards d'êtres humains vivent dans la *«misère absolue»*, sans revenu fixe, sans travail régulier, sans logement adéquat, sans soins médicaux, sans nourriture suffisante» (Jean ZIEGLER, *La faim dans le monde expliquée à mon fils,* Paris, Éditions du Seuil, 1999, p. 61-62).

23 Guido GATTI, *Tecnica e morale,* op. cit., p. 116-117.

qu'elles gaspillent irrémédiablement en consommations superflues l'essentiel des ressources indispensables pour l'avenir de l'humanité[24]. La *durabilité* de *l'environnement naturel* ou de *l'écosystème Terre requiert* impérativement *un réel changement de mentalité* orienté résolument vers *l'adoption des nouveaux styles de vie,* inspirés par la *sobriété,* la *tempérance* et l'*autodiscipline*, au plan individuel et social[25]. En d'autres termes, il s'agit ici de sortir de la simple logique mercantile de la consommation, afin de promouvoir des formes de production agricole et industrielle respectueuses de l'ordre de la création et susceptibles de satisfaire les besoins primaires de tous[26]. La *question écologique* nous *interpelle* tous et chacun et nous *oblige*, par conséquent, à une *forte motivation* et *mobilisation collective* pour *une solidarité authentique*, à l'échelle planétaire.

Pour le chrétien et l'Africain, la terre est un don de Dieu fait à l'humanité entière. Aussi, les richesses dont elle recèle appartiennent-elles, dans le plan du Créateur, collectivement à tous et à chacun. C'est là le fondement du *principe de la destination universelle des biens de la terre*, de l'Enseignement social de l'Église[27]. D'autres parlent ici volontiers, en syntonie avec la doctrine chrétienne de la création, d'un *patrimoine commun* de *l'humanité* et *non* d'*un peuple*, d'*un pays*, d'*une nation*, d'*une région*[28]. En ce sens, *nul ne devrait normalement être privé, en droit naturel, des richesses de la terre, sinon par l'appropriation privative et égoïste du droit foncier correspondant généralement aux intérêts privés des plus forts.*

Enfin, pour l'Africain, la *durabilité* ou le *temps impliqué* dans et par le *développement durable*, ce n'est pas de *l'argent* à perdre ou à gagner (*Time is money*), mais c'est *la vie* qui *coule* et *s'écoule*, et qui *ne peut*, d'aucune manière et sous aucun prétexte, *être sacrifiée* sur *l'autel* de l'«argent-dieu» de l'idéologie du marché mondialisé.

24 Ibid., p.118.

25 Cf. PONTEFICIO CONSIGLIO DELLA GIUSTIZIA E DELLA PACE, *Compendio della dottrina sociale della Chiesa*, op.cit, n° 486.

26 Ibid., n° 486.

27 Cf. Gn 1, 28-29; *CA*, n° 31.

28 Cf. Eleonora BARBIERI MASINI, «L'ecologia umana», in *La Società*, 45 (2001) 5, p. 571.

Bibliographie

I. Ouvrages de théologie et d'éthique

AUBERT, J.-M., *Morale sociale pour notre temps*, Paris, Desclée, 1970.

AUBERT, J.-M., *Pour une théologie de l'âge industriel,* t. I, Paris, Éd. du Cerf, 1971.

AUBERT, J.-M., *Abrégé de la morale catholique*, Paris, Desclée, 1987.

APPIAH – KUBI, K., *Libération ou adaptation? La théologie africaine s'interroge. Le colloque d'Accra,* Paris, L'Harmattan, 1979.

BALTHASAR, H. U. V., *La vérité est symphonique,* Saint-Maurice (S.), Parole et Silence, 2000.

BIFFI, F., *Convertitevi e lottate per la giustizia e l'equità. Centodieci anni di Magistero sociale,* terza edizione ampliata, Casale Monferrato, Piemme, 2001.

BIGO, P., *La doctrine sociale de l'Église. Recherche et Dialogue,* Paris, PUF, 1965.

BIMWENY KWESHI, O., *Discours théologique négro-africain. Problème des fondements,* Paris, Présence africaine, 1981.

BRÉGOU, A., *La doctrine sociale de l'Église,* Paris, Éd. Saint Robert de Molesme, 2002.

BRUGUÈS, J.-L., *Dictionnaire de morale catholique,* Chambray-lès-Tours, C. L. D., 1991.

BRUGUÈS, J.-L., *Précis de Théologie Morale Générale,* t. II: *Anthropologie morale,* vol. I, Paris, Parole et Silence, 2002.

BUJO, B., *Morale africaine et foi chrétienne,* Kinshasa, FCK, 1980.

BUJO, B., *Dieu devient homme en Afrique noire,* Kinshasa, Éd. Paulines, 1996.

BUJO, B., *Afrikanische Theologie in ihrem gesellschaftlichen Kontext.* (Teologie Interkulturell 1), Dusseldorf, 1986, trad. it.: *Teologia africana nel suo contesto sociale,* Brescia, Queriniana, 1988; trad. angl.: *African Theology in Its Social Context,* Nairobi – Maryknoll (NY), 1992-1999.

BUJO, B., et ILUNGA, J. (éd.), *Théologie africaine au XXI*[e] *siècle. Quelques figures,* vol. I, Fribourg (S.), Éd. Universitaires de Fribourg, 2002.

CALLENS, C., *Un sens à la société. Essai de synthèse de la doctrine sociale de l'Église sous le pontificat de Jean-Paul II (de 1978 à 1991*), 2e éd., Bruxelles, ASOFAC, 1993.

CALVEZ, J.-Y., *Les silences de la doctrine sociale catholique,* Paris, Éd. de l'Atelier – Éd. Ouvrières, 1999.

CAMP, R. I., *The Papal Ideology of Social Reform: a Study in historical Development 1878-967,* Leiden, Ed. J. Brill, 1969.

CARRIER, H., *Évangile et cultures,* Cité du Vatican – Paris, LEV – Médias Paul, 1987.

CERAS, *Le discours social de l'Église Catholique: de Léon XIII à Jean-Paul II,* Paris, Éd. du Centurion, 1995.

CHABOT, J.-L., *La doctrine sociale de l'Église,* coll. Que sais-je?, n° 2495, Paris, PUF, 1989.

CHENU, M.-D., *La «doctrine sociale» de l'Église comme idéologie,* Paris, Cerf, 1979.

CHENU, B., et al. (sous la direction de), *La foi des catholiques. Catéchèse fondamentale,* Paris, 2e éd., Le Centurion, 1984.

CHENU, B., *Théologies chrétiennes du tiers-monde,* Paris, Le Centurion, 1987.
CLÉMENT, M., *Introduction à la doctrine sociale catholique,* Paris – Montréal, Fides, s. d.
COMITÉ DE THÉOLOGIE DE L'ASSEMBLÉE DES ÉVÊQUES DU QUÉBEC, *Pour un renouveau de l'interpellation morale,* Québec, Fides, 1997.
COMMISSION NATIONALE SUISSE JUSTICE ET PAIX, *Éthique chrétienne et Médecine moderne,* Paris, Labor et Fides, 1999.
COSMAO, V., *Changer le monde. Une tâche pour l'Église,* Paris, Cerf, 1979.
COSTE, R., *Morale internationale. L'humanité à la recherche de son âme,* Paris – Tournai, Desclée, s. d.
COSTE, R., *Une morale pour un monde en mutation,* Préface de Léopold Sédar Senghor, Président de la République du Sénégal, Gembloux, J. Duculot, 1969.
COSTE, R., *Pas de pauvres chez toi. La pensée sociale de l'Église,* Paris, coll. Racines, La Nouvelle Cité, 1984.
COTTA, S., *La sfida tecnologica,* Bologna, Mulino, 1970.
COTTIER, G., *La mort des idéologies et l'espérance,* Paris, Cerf, 1970.
COTTIER, G., *Défis éthiques,* Saint Maurice (S.), Éd. Saint Augustin, 1996.
DAUJAT, J., *L'ordre social chrétien,* Paris, Beauchesne, 1970.
DE LAUBIER, P., *La pensée sociale de l'Église Catholique. Un idéal historique de Léon XIII à Jean-Paul II,* Paris, Albatros, 1980.
DE LAUBIER, P., *La pensée sociale de l'Église Catholique,* coll. Prémices, vol. 4, Fribourg (S.), Éd. Universitaires de Fribourg, 1984.
DE LAUBIER, P. (éd.), *L'enseignement social chrétien. Dimensions actuelles,* Fribourg (S.), Éd. Universitaires de Fribourg, 1988.
DE LAUBIER, P., *Pour une civilisation de l'amour. Le message social chrétien,* Paris, Fayard, 1990.
D'ONORIO, J.-B. (éd.), *Jean-Paul II et l'éthique politique,* Paris, Éd. Universitaires, 1992.
DOOR, D., *Option for the Poor. A hundred years of Vatican Social Teaching,* New York, Orbis Book, 1983.
DURAND, A., *La foi chrétienne avec la mondialisation,* Paris, Éd. du Cerf, 2003.
EBOUSSI BOULAGA, F., *Christianisme sans fétiche. Révélation et domination,* Paris, Présence africaine, 1981.
ELA, J.-M., *Le cri de l'homme africain. Questions aux chrétiens et aux Églises d'Afrique,* Paris, L'Harmattan, 1980, trad. anglaise, néerlandaise, italienne et espagnole.
ELA, J.-M., *De l'assistance à la libération. Les tâches actuelles de l'Église en milieu africain,* Paris, Centre Lebret, 1981, trad. allemande et anglaise.
ELA, J.-M., et LUNEAU, R., *Voici le temps des héritiers. Églises d'Afrique et voies nouvelles,* Paris, Karthala, 1981, trad. italienne.
ELA, J.-M., *Ma foi d'Africain,* Paris, Karthala, 1985, trad. anglaise, allemande et italienne.
ELA, J.-M., *Repenser la théologie africaine. Le Dieu qui libère,* Paris, Karthala, 2003.
EKANGA, O., *Les entrailles du porc-épic, une nouvelle éthique pour l'Afrique,* Paris, Grasset – Le Monde, 1999.
ELLUL, J., *La tecnica: rischio del secolo,* Milano, Giuffrè, 1969.
ELLUL, J., *Le système technicien,* Paris, Calman – Lévy, 1977.
FAIVRE, A., *Ordonner la fraternité. Pouvoir d'innover et retour à l'ordre dans l'Église ancienne,* Paris, Cerf, 1992.

FARRELL, G., *Doctrina social de la Iglesia,* Buenos Aires, 1983.
FUMAGALLI CARRULI, O., *Il governo universale della Chiesa e i diritti della persona,* Milano, Ed. Vita e Pensiero, 2003.
GALBRAITH, J.K., *La république des satisfaits. La culture de contentement aux États-Unis,* Paris, Le Seuil, 1993.
GALBRAITH, J.K., *Pour une société meilleure,* Paris, Le Seuil, 1997.
GARRONE, G.-M. card., *L'Église. 1965-1972,* Paris, Le Centurion, 1972.
GATTI, G., *Soldarietà o mercato?,* Torino, SEI, 1995.
GATTI, G., *Questioni dell'etica dell'economia,* Roma, LAS, 1997.
GATTI, G., *Tecnica e morale,* Roma, LAS, 2001.
GAZZONI, G., *Nuovi temi di morale sociale. Culture, comunicazione, ecologia, chiese e religioni,* Roma, Città Nuova, 1994.
GEFFRÉ, C., *Le christianisme au risque de l'interprétation,* Paris, Éd. du Cerf, 1983.
GEFFRÉ, C., *Croire et interpréter. Le tournant herméneutique de la théologie,* Paris, Éd. du Cerf, 2001.
GEHLEN, A., *L'uomo nell'età della tecnica,* Milano, Feltrinelli, 1999.
GUILLEBAUD, J.-C., *Le principe humanité,* Paris, Le Seuil, 2001.
GUITTON, G., *Pour le règne social du Christ. Si nous savions nous aimer,* 4e éd., Paris, Spes, 1935.
GUTTIÉREZ, G., *Théologie de la libération. Perspectives,* Bruxelles, Lumen Vitae, 1974.
GUTTIÉREZ GARCÍA, J.L., *Introduccíon a la doctrina social de la Iglesia,* Barcelone, Ed. Ariel, 2001.
HÄRING, B., *La théologie morale. Idées maîtresses,* Paris, Éd. du Cerf, 1992.
HEBGA, M., *Émancipation d'Églises sous tutelle, Essai de l'ère post-missionnaire,* Paris, Présence africaine, 1976.
HEBGA, M., *Afrique de la raison, Afrique de la foi,* Paris, Karthala, 1995.
HOTTOIS, G. (sous la direction de), *Évaluer la technique: aspects éthiques de la Philosophie de la Technique,* Paris, J. Vrin, 1988.
IDE, P., et ADRIAN, L., *Les 7 péchés capitaux ou ce mal qui nous tient tête,* Paris, Mame – Edifa, 2002.
JERUMANIS, A.-M., *L'uomo splendore della gloria di Dio*, Bologna, EDB, 2005.
JONAS, H., *Le principe responsabilité. Une éthique pour la civilisation technologique,* Paris, Éd. du Cerf, 1995.
JONAS, H., *Pour une éthique du futur,* Paris, Rivage poche – Petite bibliothèque, 1998.
KÄ MANA, *L'Afrique va-t-elle mourir? Bousculer l'imaginaire africain. Essai d'éthique politique,* Paris, Éd. du Cerf, 1991.
KÄ MANA, *Foi chrétienne, crise africaine et reconstruction. Sens et enjeux des théologies africaines contemporaines,* Lomé – Nairobi – Yaoundé, CTA – Clé – Haho, 1992.
KÄ MANA, *Théologie africaine pour temps de crise, christianisme et reconstruction de l'Afrique,* Paris, Karthala, 1993.
KANAPA, J., *La doctrine sociale de l'Église et le marxisme,* Paris, Éd. Sociales, 1962.
KASPER, W., *Renouveau de la méthode théologique,* Paris, Éd. du Cerf, 1968.
KASPER, W., *Le Dieu des chrétiens,* Paris, Éd. du Cerf, 1985.
KATSIOKO KAPITA, O., et KATSIOKO, J.-L., *La pertinence du christianisme africain de Jean-Paul II,* Maffe, Éd. Ensemble, 2000.

KATSIOKO KAPITA, O., *Jean-Paul II à l'heure de l'Afrique. Un message d'espérance,* Maffe, Éd. Ensemble, 2002.

KÜNG, H., *Progetto per un'etica mondiale,* Milano, Rizzoli, 1991.

LORIZIO, G., e GALANTINO, N., (edd.), *Metodologia teologica,* Cinselo Balsamo, Éd. San Paolo, 1994.

MALNATI, E., *Antropologia teologica,* Casale Monferrato, Piemme, 2002.

MALNATI, E., *La dottrina sociale della Chiesa. Un'introduzione,* Lugano, EUPRESS FTL, 2005.

MANARANCHE, A., *Y a-t-il une éthique sociale chrétienne?,* Paris, Éd. du Seuil, 1969.

MARITAIN, J., *La personne et le bien commun,* Paris, Desclée de Brouwer, 1947.

MELINA, L., *La morale entre crise et renouveau,* Bruxelles, Culture et Vérité, 1995.

MÉTEGO, E. M., *Théologie africaine et ethnophilosophie. Problématique de méthode en théologie africaine,* Paris, L'Harmattan, 1985.

MICHEL, N. (éd.), *L'enseignement social chrétien. Les nouveaux défis,* Fribourg (S.), Éd. de l'Université de Fribourg, 1993.

MIKA MFITZSCHE, R., *Enjeux éthiques de la régulation des naissances en Afrique, sexualité, fécondité, développement,* Louvain-la-Neuve, Actuel, 1998.

MULAGO, V., *Un visage africain du christianisme. L'union vitale bantu face à l'unité vitale ecclésiale,* Paris, Présence africaine, 1965.

MUNONO MUYEMBE, B., *Église, évangélisation et promotion humaine. Le discours social des évêques africains,* Fribourg (S), Éd. Universitaires de Fribourg, 1995.

MVENG, E., *L'Afrique dans l'Église: paroles d'un croyant,* Paris, L'Harmattan, 1985.

MVENG, E., *Identità cristiana e cristianesimo,* Torino, Società Editrice Internazionale, 1990, trad. ital. de *L'Afrique dans l'Église: paroles d'un croyant* (1985).

MVENG, E., et LIPAWING, B., *Théologie, libération et cultures africaines,* Paris-Yaoundé, Présence africaine – Clé, 1996.

NAUD, A., *Le Magistère incertain,* Montréal, Fides, 1987.

NENONENE, J., *Les esprits dans les croyances traditionnelles africaines,* Paris, Faculté de théologie protestante, 1968.

NEWMAN, J., *Religion and Technology: a study in the philosophy of culture,* Westport – Connecticut, Praeger, 1997.

NGINDU MUSHETE, A., *Les thèmes majeurs de la théologie africaine,* Paris, L'Harmattan, 1989.

NOBLE, D. F., *La religione della tecnologia: divinità dell'uome e spirito d'invenzione,* Torino, Ed. di Comunità, 2000.

NOLAN, A., *Jésus avant le christianisme. L'Évangile de la libération,* Paris, Éd. Ouvrières, 1979.

OCKENFELS, W. F., et GOUDJO, R. B., *La doctrine sociale catholique, une piste éthique pour l'Afrique,* Cotonou, Éd. du Flamboyant, 2000.

O'NEIL, L., *Il cristiano nella città della tecnica,* Torino-Leumann, ELLEDICI, 1969.

ORAISON, M., *Une morale pour notre temps,* Paris, Fayard, 1964.

ORAISON, M., *L'apprendista stregone. L'altra faccia del progresso,* Assisi, Citadella, 1977.

PENOUKOU, J., *Église en Afrique, propositions pour l'avenir,* Paris, Karthala, 1985.

PENOUKOU, J., *Foi chrétienne et compréhension africaine. La résurrection à partir de l'analyse critique de 1Co 15,* Paris, Institut Catholique de Paris, 1979.

PINCKAERS, S. Th., *L'Évangile et la morale,* Paris – Fribourg, Éd. du Cerf – Éd. Universitaires de Fribourg (S.), 1991.
PINCKAERS, S. Th., *La morale cattolica,* Cinisello Balsamo (Milano), Ed. Paoline, 1993, (titre original: *La morale catholique,* Éd. du Cerf – Fides, 1991).
PINCKAERS, S. Th., *Les sources de la morale chrétienne,* Paris – Fribourg, Éd. Du Cerf – Éd. Universitaires de Fribourg (S.), 1993.
PINCKAERS, S. Th., et PINTO DE OLIVEIRA, C.-J., *Universalité et permanence des lois morales,* Paris – Fribourg (S.), Éd. du Cerf – Éd. Universitaires de Fribourg.
PINTO DE OLIVEIRA, C.-J., *Éthique chrétienne et dignité de l'homme*, Paris–Fribourg, Éd. du Cerf – Éd. Universitaires de Fribourg (S.), 1992.
PORTELLI, H., *Les socialismes dans le discours social catholique*, coll. Église et Société, Paris, Le Centurion, 1987.
POUPARD, P. card., *Foi et cultures,* Chambray-lès-Tours, C. L. D., 2001.
RATZINGER, J., *Le nouveau peuple de Dieu,* Paris, Aubier, 1971.
REY-MERMET, Th., *Croire*, t. IV: *Pour une redécouverte de* la *morale*, Droguet-Ardent, 1985.
ROCCHETTA, C., *Per una teologia della corporeità,* Torino, Camilliane, 1993.
SANNA, I., *L'antropologia cristiana tra modernità et postmodernità,* Brescia, Queriniana, 2001.
SANON, A., Tierce-Église, *ma mère ou la conversion d'une communauté païenne au Christ,* Paris, Beauchesne, 1972.
SANON, A., et LUNEAU, R., *Enraciner l'Évangile. Initiations africaines et Pédagogie de la foi,* Paris, Le Cerf, 1982.
SCANNONE, J. C., *Teologia de la liberacion y doctrina social de la Iglesia*, Madrid, Ed. Cristiandad, 1987.
SCHALLENBERG, P., *Teologia morale,* Lugano, EUPRESS, 2001.
SCHOOYANS, M., *Maîtrise de la vie, domination des hommes*, Paris, Lethielleux, 1986.
SCHOOYANS, M., *L'enjeu politique de l'avortement*, Paris, L'Œil, 1991.
SCHOOYANS, M., *Bioéthique et population. Le choix de la vie*, Paris, Fayard, 1994.
SCHOOYANS, M., *L'Évangile face au désordre mondial,* Paris, Fayard, 1997.
SCHOOYANS, M., *Nuovo disordine mondiale. La grande trappola per ridurre il numero dei commensali alla tavola dell'umanità,* Cinisello Balsamo (Milano), Ed. San Paolo, 2000, trad. ital de *L'Évangile face au désordre mondial* (1997).
SCHOOYANS, M., *Pour relever les défis du monde moderne. L'enseignement social de l'Église,* Préface de René Rémond, Paris, Presses de la Renaissance, 2004.
SCOLA, A., *Questioni di antropologia teologica*, Roma, Mursia, 1997.
SEMAINE THÉOLOGIQUE DE KINSHASA, *Libération en Jésus Christ,* Actes de la douzième Semaine théologique de Kinshasa du 25 au 30 juillet 1977.
THÉVENOT, X., *Repères éthiques pour un monde nouveau*, Mulhouse, Salvator, 1995.
THOMAS, L.-V., et LUNEAU, R., *La terre africaine et ses religions,* Paris, L'Harmattan, 1992.
TREMBLAY, R., *Voi, luce del mondo. La vita morale dei cristiani: Dio fra gli uomini*, Bologna, EDB, 2003.
TSHIBANGU, T., *La théologie comme science au 20e siècle*, Kinshasa, Saint-Paul Afrique, 1980.

TSHIBANGU, T., *La théologie africaine,* Kinshasa, Saint Paul Afrique, 1987.
VANIER, J., *La communauté, lieu du pardon et de la fête*, Paris, Fleuris – Bellarmin, 1989.
WOJTYLA, K., *I fondamentali dell'ordine etico,* Bologna, CSEO, 1980.
ZAHAN, D., *Religion, spiritualité et pensée africaine*, Paris, Payot, 1970.
ZAMPETTI, P.L., *La dottrina sociale della Chiesa per la salvezza dell'uomo e del pianeta,* Roma, Ed. Dino, 2002.
ZINGALE, S. (sous la direction de), *Piccola guida della morale cattolica,* Roma, Editrice Rogate, 1998.

II. Documents du Magistère

1. Concile Vatican II
   Gaudium et spes, Paris, Spes – Éd. du Centurion, 1966-1967.
   Lumen Gentium, Paris, Éd. du Centurion, 1967.

2. Lettres Encycliques et exhortations apostoliques
   LÉON XIII, *Rerum novarum,* 1891.
   PIE XI, *Quadragesimo anno,* 1931.
   JEAN XXIII, *Mater et Magistra*, 1961.
   JEAN XXIII, *Pacem in terris*, 1963.
   JEAN-PAUL II, *Sollecitudo rei socialis,* 1987.
   JEAN-PAUL II, *Centesimus anno,* 1991.
   JEAN-PAUL II, *Veritatis splendor*, 1993.
   JEAN-PAUL II, *Ecclesia in Africa*, 1995.
   PAUL VI, *Populorum progressio*, 1967.
   PAUL VI, *Evangelii nuntiandi*, 1975.

3. Ouvrages du Conseil Pontifical Justice et Paix
   - *Agenda social. Une collection des* textes *du Magistère*, 2000.
   - *Au service de la communauté humaine*: *une approche de l'endettement international*, 1986.
   - *Our Bishops Speak on Development and Human Promotion. The Bishops of Africa*, Paper 6, 1971.
   - *Care for Creation, Human Activity and the Environnement*, 2000.
   - *Le commerce international des armes*, 1994.
   - *Compendio della Dottrina Sociale delle Chiesa*, 2004.
   - *Da Stoccolma a Johannesburg: un Rapporto storico sulle preoccupazioni della Santa Sede per l'ambiente: 1972-2002*, 2002.
   - *Le développement moderne des activités financières au regard des exigences éthiques* du christianisme, 1994.
   - *Le vere dimensioni dello sviluppo oggi*, 1982.
   - I *diritti dell'uomo nell'insegnamento della Chiesa da Giovanni XXIII* a *Giovanni Paolo II* (*1958-1998*), 2001.

– *Le droit au développement*, 1991.
– *Les droits de l'homme dans l'enseignement de l'Église de Jean XXIII à Jean-Paul II*, 1992.
– *Les droits de l'homme et la mission pastorale de l'Église. Congrès mondial sur la pastorale des droits humains du 1er au 4 juillet 1998*, 2000.
– *Economia internazionale: Interdipendenza e dialogo. Contributi della Santa Sede in occasione dell'UNCTAD VI*, 1984.
– *Economic Transformations and the Subjective Dimensions of Work*, 2002.
– *L'Église face au racisme. Pour une société plus fraternelle*, 1988.
– *Human Rights and the Pastoral Mission of the Church*, 2000.
– *Pensée et action sociale de l'Église en Afrique francophone*, 1994.
– *Pour une meilleure répartition de la terre*, 1997.
– *Self-Reliance: Contare sulle proprie forze. Verso il terzo decennio dello sviluppo*, 1978
– *Qu'as-tu fait de ton frère sans habitat ? L'Église et le problème de l'habitat*, 1987.
– Social *and Ethical Aspects of Economics*, 1992.
– *Temi di Dottrina Sociale della Chiesa*, 1996.
– *The Challenge of Justice and Peace*, 1998.
– *Trade, Development and the Fight Against Poverty*, 1999.
– *World Development and Economic Institutions*, 1994.

4. Ouvrages de l'Académie Pontificale des Sciences Sociales
   – *The Social Dimension of Globalization*, Workshop 21-22 February 2002, 93 p. ISBN 88-86726-06-6.
   – *Globalization and Inequalities*, Proceedings of the Colloquium 8-9 April *2002*, 192 p. ISBN 88-86726-13-9.
   – *Globalization: Ethical and Institutional Concerns*, Seventh Plenary Session, 25-28 April 2001, 408p. ISBN 88-86726-11-2.
   – *Intergenerational Solidarity*, Eight Plenary Session, 8-13 April 2002, 251 + XIV p. ISBN 88-86726-12-0.

III. Ouvrages sur l'économie et le développement

1. Ouvrages sur l'économie

AMIN, S., *L'accumulation à l'échelle mondiale. Critique de la théorie du sous-développement*, Dakar – Paris, IFAN – Athropos, 1970.

AMIN, S., *L'échange inégal et la loi de la valeur. La fin d'un débat*, 2e éd., Paris, Anthropos, 1981.

AMIN, S., *Les défis de la mondialisation*, Paris, L'Harmattan, 1996.

AMIN, S., *Mondialisation et accumulation*, Paris, L'Harmattan, 1993.

ARRIGHI, G., *Sviluppo economico e sovrastrutture in Africa*, Torino, 1969.

Assidon, E., *Les théories économiques du développement,* 3e éd., Paris, La Découverte, 2002.

Assman, H., e Hinkelammert, F. J., *Idolatria del mercato. Saggio su economia e teologia,* trad. ital. di Anita Sorsaja, Assisi, Cittadella Editrice, 1993.

Bairoch, P., *Victoires et déboires. Histoire économique et sociale du monde du XVIe siècle à nos jours,* coll. Folio, 3 vol., Paris, Gallimard, 1997.

Bairoch, P., *Mythes et paradoxes de l'histoire économique,* Paris, La Découverte/Poche, 1999.

Baran, P. A., *Économie politique de la croissance,* trad. franç., Paris, F. Maspero, 1970.

Bezbakh, P., et Gherardi, S. (sous la direction de), *Dictionnaire de l'Économie,* Préface de Jean-Marie Colombani, Paris, Larousse – Le Monde, 2000.

Bourguignat, H., *La tyrannie des marchés. Essai sur l'économie virtuelle,* Paris, Economica, 1995.

Bresso, M., *Per un'economia ecologica,* Roma, La Nuova Italia Scientifica, 1993.

Brown, L. R., *Éco-économie. Une autre croissance est possible, écologique et durable,* traduit de l'américain par Dénis Trierweiler, Paris, Éd. du Seuil, 2003.

Bruni, L., et Pelligra, V. (edd.), *Economia come impegno civile,* Roma, Città Nuova, 2002.

Bruni, L., et Crivelli, L. (edd.), *Per una economia di comunione. Un approccio multidisciplinare,* Roma, Città Nuova, 2004.

Calvez, J.-Y., *L'économie, l'homme, la société. L'enseignement social de l'Église,* Paris, Desclée de Brouwer, 1989.

Chardonnet, J., *Une œuvre nécessaire: L'industrialisation de l'Afrique,* Genève-Paris, Éd. Droz – Librairie Minard, 1956.

Chesnais, F., *La mondialisation du capital,* Paris, Syros, 1994.

Chomsky, N., e Dieterich, *La società globale. Educazione, mercato, democrazia,* Introduzione di Luis Javier Garrido, Roma, La Piccola Editrice, 1997.

Comeliau, C., *Les impasses de la modernité. Critique de la marchandisation du monde,* Paris, Le Seuil, 2000.

Coste, R., *Église et vie économique,* Paris, Éd. Ouvrières, 1970.

Delaunay, J., Meadows, D. L., et al., *Halte à la croissance? Enquête sur le Club de Rome et Rapport sur les limites de la croissance,* coll. Écologie, préface de Robert Lattes, trad. franç. de Jacques Delaunay, Paris, Fayard, 1972.

Deraime, S., *Économie et environnement,* Paris, Le Monde – Éditions, 1993.

Diouf, M., *L'Afrique dans la mondialisation,* préface de Samir Amin, Paris, L'Harmattan, 2002.

Diouf, M., *Échange inégal, ordre économique international,* Dakar, Nouvelles Éditions Africaines, 1977.

Diouf, M., *Économie politique,* t. I: *Économie descriptive,* Dakar, NEA, 1979.

Diouf, M., *Économie politique,* t. II: *Théorie économique,* Dakar, NEA, 1981.

Diouf, M., *Économie politique pour l'Afrique,* Paris – Dakar, UREF– NEA, 1992.

Douthwaite, R., *The Growth Illusion: How Economic Growth has Enriched the few, Impoverished the Many and Endangered the Planet,* Dublin, Lilliput, 1992.

Dumont, G.-F., *Apprendre l'économie,* Paris, Economica, 1982.

Ela, J.-M., *Les Églises face à la mondialisation. Quatre réflexions théologiques,* Bruxelles, Commission Justice et Paix, 2000.

EMMANUEL, A., *L'échange inégal. Essai sur les antagonismes dans les rapports économiques internationaux,* Paris, F. Maspero, 1969.
FAUCHEUX, S., et NOËL, J.-F., *Économie des ressources naturelles et de l'environnement,* Paris, Armand Colin, 1995.
FURTADO, C., *Théorie du développement économique,* Paris, PUF, 1970.
FUTURS AFRICAINS, *Quelques repères. Cinq années d'études nationales des prospectives à long terme en Afrique,* New York, PNUD – Futurs Africains, 1997.
FUTURS AFRICAINS, *La compétitivité future de l'Afrique,* Paris, Karthala, 1999.
GEORGE, S., *Il Rapporto Lugano. La salvaguardia del capitalismo nel XXI secolo,* Trieste, Asterios Editore, 2000, trad. ital. di Laura Pedrotti, titolo oiginale: *The Lugano Report. On Previsïng the Capitalism in the Twenty-first Century* (1999).
GEORGE, S., et SABELLI, F., *Crédits sans frontières. La religion séculière de la Banque mondiale,* Paris, La Découverte, 1995.
GIRAUD, P.-N., *Économie mondiale des matières premières,* Paris, La Découverte, 1989.
GUILLAUMONT, P., *Économie du développement,* 3 tomes, Paris, PUF, 1986.
HAMMOUDA, H. B., *Les pensées uniques en économie,* Paris, L'Harmattan, 1997.
HIRSCHMAN, A. O., *La stratégie du développement économique,* trad. franç., Paris, Éd. Ouvrières, 1964.
HOUTARD, F., et POLET, F. (éd.), *Un autre Davos. Mondialisation des résistances et des luttes,* Paris, L'Harmattan, 1999.
HUGON, P., *L'économie de l'Afrique,* 2e éd., Paris, La Découverte, 1999.
JALÉE, P., *Le pillage du tiers monde,* Paris, F. Maspero, 1965.
KERRY TURNER, R., PEARCE, D. W., e BATEMAN, I., *Economia ambientale,* Bologna, Il Mulino, 2003.
La Découverte, *L'état du monde: annuaire économique géopolitique du monde,* Paris, La Découverte, 2006.
LATOUCHE, S., *Critique de l'impérialisme,* Paris, Anthropos, 1979.
LATOUCHE, S., *L'occidentalisation du monde,* Paris, La Découverte, 2e éd., 1992.
LATOUCHE, S., *La mégamachine,* Paris, La Découverte, 1995.
LATOUCHE, S., *L'économie dévoilée. Du budget familial aux contraintes planétaires,* Paris, Autrement, 159, 1995.
LATOUCHE, S., *L'altra Africa, tra dono e mercato,* Torino, Bollati Boringhieri, 1997.
LATOUCHE, S., *Les dangers du marché planétaire,* Paris, Presses de Sciences Po, 1998.
LATOUCHE, S., *L'invenzione dell'economia,* Bologna, Arianna Editrice, 2001.
LATOUCHE, S., *La fine del sogno occidentale. Saggio sull'americanizzazione del mondo,* Milano, Elèuthera, 2002.
LATOUCHE, S., *Il pensiero creativo contro l'economia dell'assurdo,* Intervista a cura di Roberto Bosio, Bologna, EMI, 2002.
LAUTIER, B., *L'économie informelle dans le tiers monde,* Paris, La Découverte, 1994.
LEBRET, L.-J., *L'economia a servizio dell'uomo,* Roma, Città Nuova, 1969.
MAHIEU, F.-R., *Les fondements de la crise économique en Afrique,* Paris, L'Harmattan, 1990.
MAHIEU, F.-R., *L'éthique économique. Fondements anthropologiques,* Paris, L'Harmattan, 2001.
MARMY, E., *La Communauté humaine selon l'esprit chrétien,* Fribourg – Paris, Saint-Paul, 1949.

MICHALET, Ch.-A., *Le capitalisme mondial,* Paris, PUF, 1976.
MUSU, I., *Introduzione all'economia dell'ambiente,* Bologna, Il Mulino, 2000.
NOHRA, F., *Théories du capitalisme mondial,* Paris, L'Harmattan, 1997.
PATERNOT, J., et VERALDI, G., *Dieu est-il contre l'économie,* Saint Armand – Montrong, Éd. de Fallois – L'Âge d'homme, 1989.
PEARCE, D., MARKANDYA, A., e BARBIER, E., *Progetto per una economia verde,* Bologna, Il Mulino, trad. ital. Di Matteo Cardani, 1991.
PERRIN, J., *Les transferts de technologie,* Paris, La Découverte, 1983.
PERROUX, F., *L'économie des jeunes nations. Industrialisation et groupements de nations,* Paris, PUF, 1962.
PERROUX, F., *L'économie au XXe siècle,* Paris, PUF, 1964 [1961].
PILLET, G., *Économie écologique. Introduction à l'économie de l'environnement et des ressources naturelles,* Genève, Georg Éditeur, 1993.
RAMSEY, S., *Esquisse de l'économie américaine,* version française, Paris, U.S. Information Agency, 1992.
ROSTOW, W. W., *Les étapes de la croissance économique – un manifeste non communiste,* Paris, Le Seuil, 1963.
SADOULET, E., *Croissance inégalitaire dans une économie sous-développée,* Paris, Librairie Droz, 1983.
SCHOOYANS, M., *La dérive totalitaire du libéralisme,* Paris, Mame, 1995.
SEN, A., *Choice, Welfare and Measurement,* Oxford, Basil Blackwell, 1982.
SEN, A., *L'économie est une science morale,* Paris, La Découverte, 1999.
SEN, A., *Un nouveau modèle économique. Développement, justice, liberté,* Paris, Odile Jacob, 2000.
SMITH, A., *Recherches sur la nature et les causes de la richesse des nations,* Paris, Gallimard, 1976 [1776].
SOLOW, R. M., Théorie de la croissance économique, Paris, Librairie Armand Colin, 1972.
SOMMARUGA BODEO, L. (a cura di), *Per un'economia di equità nella dignità. La globalizzazione creata dal basso,* Milano, Stampa Natura e Solidarietà, 2001.
SOROS, G., *Globalizzazione,* Milano, Ponte alle grazie, 2002.
STIGLITZ, J., *La grande désillusion,* Paris, Fayard, 2002.
STIGLITZ, J., *Quand le capitalisme perd la tête,* Paris, Fayard, 2003.
TEULON, F., *Les 100 mots-clés en sciences économiques et sociales,* Paris, Ellipses, 1999.
TIETMEYER, H., *Économie sociale de marché et stabilité monétaire,* Paris, Economica, 1999.
ZIEGLER, J., *La faim expliquée à mon fils,* Paris, Éd. du Seuil, 1999.
ZIEGLER, J., *Les nouveaux maîtres du monde – et ceux qui leur résistent*, Paris, Librairie Fayard Arthème, 2002.
WANDEY NGIZWA, F., *L'idéologie libérale et les rapports Nord-Sud*, Paris, L'Hamarttan, 1999.

2. Ouvrages sur le développement

ALBERTINI, J.-M., *Mécanismes du sous-développement et développement*, Paris, Éd. Ouvrières, 1981.

AMIN, S., *La faillite du développement en Afrique et dans le Tiers Monde, une analyse politique,* Paris, L'Harmattan, 1989.

BANQUE MONDIALE, *Le développement accéléré en Afrique (Rapport Berg).* 1981.

BANQUE MONDIALE, *Rapport sur le développement dans le monde 1993. Investir dans la santé,* Washington, 1993.

BERGERON, R., *L'anti-développement,* Paris, L'Harmattan, 1992

BERTHOUZ, R., et PAPINI, R. (éd.), *Éthique et développement. L'enseignement des évêques des cinq continents* (1891-1991), Fribourg – Paris, Éd. Universitaires de Fribourg (S.) – Éd. du Cerf, 1993.

CARDOSO, F. E., et FALETTO, E., *Dépendance et développement en Amérique latine,* Paris, PUF, 1978 [1969].

CARDOSO, F. E., *Les idées à leur place. Le concept de développement en Amérique Latine,* Paris, Anne-Marie Métailié, 1984 [1980].

CORM, G., *Le nouveau désordre économique mondial. Aux racines des échecs du développement,* Paris, La Découverte, 1993.

DUMONT, R., e MOTIN, M. F., *L'Africa strangolata,* Torino, 1985.

ELA, J.-M., *Guide pédagogique de formation à la recherche pour le développement en en Afrique,* Paris, L'Harmattan, 2001.

État des savoirs sur le développement. Trois décennies de sciences sociales en langue Française (sous la direction de Catherine Choquet, Olivier Dollfus, Étienne Le Roy et Michel Vernières), Paris, Karthala, 1993.

FRANK, A.-G., *Le développement du sous-développement. L'Amérique latine*, Paris, F. Maspero, 1970.

GIRI, J., *L'Africa in crisi. Trent'anni di non sviluppo*, Torino, 1991.

GOSSELIN, G., *L'Afrique désenchantée,* vol. I, Paris, L'Harmattan, 2001.

GRECO, P. (a cura di), *Lo sviluppo sostenibile. Dalla Conferenza di Rio alla Conferenza di Johannesburg*, Napoli, CUEN, 2002.

GUICHAOUA, A., et GOUSSAULT, Y., *Sciences sociales et développement,* Paris, Armand Colin, 1993.

GUICHAOUA, A. (sous la direction de), *Questions de développement,* Paris, L'Harmattan, 1996.

HAMMOUDA, H. B., *Afrique: Pour un nouveau contrat de développement,* Contribution de Samir Amin, Paris, L'Harmattan, 1999.

KABOU, A., *Et si l'Afrique refusait le développement?*, Paris, L'Harmattan, 1991.

LATOUCHE, S., *Faut-il refuser le développement?*, Paris, PUF, 1986.

KÖHN, J. (et al.), *Sustainability in question. The search for a conceptual Framework,* Massachusetts, Edward Elgar Publishing, 1999.

LATOUCHE, S., *La planète des naufragés. Essai sur l'après-développement*, Paris, La Découverte, 1991.

LEBRET, L.-J., *Dynamique concrète du développement*, Paris, Économie et Humanisme / Éd. Ouvrières, 1961.

McNamara, R. S., *Une politique démographique mondiale pour promouvoir le développement au XXe siècle*, New York, ONU, 1991.

Naiaretti, C., e al., *Strumenti operativi per progetti di cooperazione allo sviluppo*, Lugano, FOSIT, 2006.

Niggli, P., *Quale sviluppo dopo l'11 settembre? Per andare oltre la globalizzazione*, Casale Monferrato, Ed. Sonda, 2005.

CMED, *Notre avenir à tous* (titre original: *Our common Future*), Introduction de Gro Harlem Brundtland, Montréal, Éd. du Fleuve, 1989 [1988].

Munono Muyembe, B., *Église, évangélisation et promotion humaine. Le discours social des évêques africains*, Fribourg, Éditions Universitaires Fribourg Suisse, 1995.

Partant, F., *La fin du développement,* Paris, Actes Sud, 1997.

PNUD, *Rapport mondial sur le développement humain 1990*, Paris, Economica, 1990.

Poncelet, M., *Une utopie post-tiers-mondiste,* Paris, L'Harmattan, 1994. *Que faire?, Rapport Dag Hammarskjöld 1975 sur le développement et la coopération internationale* (publié dans la revue de la Fondation Hammarskjöld, *Development Dialogue,* 1975), 136 p.

Rao, P. K., *Sustainable Development. Economis and Policy*, Massachusetts, Blachwell Publishers, 2000.

Rist, G., *Le développement. Histoire d'une croyance occidentale*, 2e éd. Mise à jour, Paris, Presses de Sciences Po, 2001.

Rist, G., et al, *Il était une fois le développement...*, Lausanne, Éd. d'en bas, 1986.

Rist, G. (sous la direction de), *La culture, otage du développement?*, Paris, EADI/L'Harmattan, 1994.

Sabelli, F., *Recherche anthropologique et développement*, Neuchâtel – Paris, Institut d'ethnologie – Maison des sciences de l'homme, 1993.

Sachs, I., *Stratégies de l'écodéveloppement,* Paris, Économie et Humanisme/Éd. Ouvrières, 1980.

Sachs, I., *L'écodéveloppement. Stratégie pour le XXIe siècle*, Préface de Maurice Strong, nouvelle éd., Syros, 1997.

Sanahuja, J. C., *El desarrollo sutentable, La nueva ética internacional*, Buenos Aires, Ed. Vórtice, 2003.

IV. Ouvrages sur l'écologie et l'environnement

Auer, A., *Etica dell'ambiente. Un contibuto teologico al dibattito ecologico*, Brescia, Queriniana, 1988 (titre original allemand: *Umweltethik. Ein theologischen Diskussion,* Düsseldorf, Patmos Verlag, 1984, 1985).

Beltrao, C. P. (sous la direction de), *Ecologia umana e valori etico-religiosi*, Roma, Pontificia Università Gregoriana, 1984.

Biagi, L. (sous la direction de), *L'argomentazione nell'etica ambientale,* Padova, Gregoriana, s. d.

Bourdial, I. (sous la direction de), *La vie et l'écologie,* Paris, Éd. France Loisirs – Larousse – Bordas/HER, 2001.

Caprioli, A. e Vacarro, L., *Questione ecologica e coscienza cristiana*, Brescia, Morcelliana, 1988.

De Roose, F. et Van Parijs, Ph., *La pensée écologique,* Bruxelles, De Boeck Université, 1991.

Brown, L. R., *L'État de la Planète*, Paris, Economica, 1989; 1990; 1991; 1992.

Brown, L. R., *L'État de la Planète*, Paris, Economica, 1992; 1993; 1994; 1996.

Brown, L. R., *L'État de la Planète*, Paris, La Découverte, 1995.

Brown, L. R., *L'État de la Planète*, Paris, Economica, 1997; 1998; 1999; 2001.

Brown, L. R., Flavin, C., et Postel, S., *Le défi planétaire. Comment bâtir une économie mondiale durable,* Paris, Sang de la Terre, 1992.

Brown, L. R., Halweil, B., et Gardner, G., *Malthus au-delà. Les 19 défis de l'explosion démographique*, Paris, Economica, 2001.

Engel, J. R. et Engel, J. G. (sous la direction de), *Ethics of Environment and Development. Global Challenge and International Response*, London, Belhaven Press, 1992.

Guzzetti, G. B., Gentili, E., *Cristianesimo ed ecologia,* Milano, Ancora, 1989.

Harrison, P., *Une Afrique verte,* Paris – Wageningen, Karthala – CTA, 1991.

Kabala Matuka, D., *Protection des écosystèmes et développement des sociétés. État d'urgence en Afrique,* Préface de E. J. Adjanohoun, Paris, L'Harmattan, 1994.

Kä Mana, Kenmogne, J.-B. (sous la direction de), *Éthique écologique et construction de l'Afrique,* Yaoundé, CIPCRE – CLÉ, 1996.

Le Bras, H., *La planète au village*, Paris, Éd. de l'Aube, 1993.

Le Bras, H., *Les limites de la planète. Mythes de la nature et de la population*, Paris, Flammarion, 1994.

Lipietz, A., *Qu'est-ce que l'écologie politique? La grande transformation du XXIe siècle,* Paris, La Découverte, 1999.

Lomborg, B., *L'Écologiste sceptique,* traduit par Anne Terre, Paris, Éd. du Cherche Midi, 2004 (titre original danois: *Sande Tilstand,* Viby, Forlaget Centrum A/5, 1998; trad. angl.: *The Skeptical Environmentalist,* New York, Cambridge University Press, 2001).

Lomborg, B. (sous la direction de), *Global Crisis, Global Solutions,* New York, Cambridge University Press, 2004.

Maldamé, J.-M., *Le Christ et le cosmos. Incidences de la cosmologie moderne sur la théologie*, Paris, Desclée – Mame, 1993.

Novikov, R. (Rédacteur) et al., *Problèmes économiques et politiques de l'environnement,* Moscou, Éd. du Progrès, 1980.

Ost, F., *La nature hors la loi. L'écologie à l'épreuve du droit*, Paris, La Découverte, 1995.

Prades, J. A., *L'éthique de l'environnement et du développement*, Paris, PUF, 1995.

Sabelli, F. (sous la direction de), *Écologie contre nature. Développement et politiques d'ingérence,* Genève – Paris, Nouveaux Cahiers de l'IUED – PUF, 1995.

V. Revues

AfriquÉducation, n° 115, du 1er au 15 septembre 2002.
Asprenas, n°48, 2001
Bulletin de Littérature Ecclésiastique (BLE), n° 3, 2002.
Communio, «L'argent», tome XXI, 4, n° 126, juillet-août 2006.
Communio, «La mondialisation», tome XXV, 1, n° 147, janvier-février 2000.
La Civilità Cattolica, vol. I., quaderno 3662, 18 gennaio 2003.
La Civilità Cattolica, vol. I., quaderno 3688, 21 febbraio 2004.
Le Débat, n° 118, janvier-février 2002.
Le Débat, n° 124, mars-avril 2003.
Le Débat, n° 130, mai-août 2004.
Dimensioni dello sviluppo, «Le sfide sociali dell'Africa», n° 3, 1988.
Dimensioni dello sviluppo, «Sguardi critici sullo sviluppo», n° 4, 1988.
Dimensioni dello sviluppo, «La transizione africana», n° 1, 1993.
Choisir, «Brevet sur la vie, le Sud piégé», n° 497, mai 2001.
Choisir, «Dette des pays africains: l'annulation ne change rien», n° 505, janvier 2002.
Économie & Humanisme, «Dossier: Développement durable, développement humain?», n° 360, mars 2002.
Économie & Humanisme, «Dossier: Solidarités, Action Sociale. De l'aide au Partenariat», n° 364, mars 2003.
Esprit, n° 282, février 2002.
Futuribles, «Prospectives de l'Afrique subsahariennes», n° 257, octobre 2000.
Laval théologique et philosophique, 57, 1 (février 2001).
Nuova Umanità, n° 126, novembre-dicembre, 1999.
Rassegna di teologia moale (Rtd), n° 3, maggio-giugno 2004.
Revue d'éthique et de théologie morale «Le Supplément», n° 224, mars 2003.
Revue Théologique de Lugano, n° 2, novembre 1996.
Revue Théologique de Lugano, n° 1, mai 1997.
Revue Théologique de Lugano, n° 2, novembre 1997.
Rivista di teologia morale (rtm), n° 135, luglio-settembre 2002.
Rivista di teologia morale (rtm), n° 136, ottobre-dicembre 2002.
Sciences et Avenir, «Climat fou: faut-il y croire?», n° 3, février 2006.
Science & Vie, «Spécial Terre: La planète est-elle vraiment malade?», n° 1020, septembre 2002.
Sciences Humaines, «Hors-Série: Sauver la Planète? Les enjeux sociaux de l'environnement», n° 49, juillet – août 2005.
La Società, 45 (2001) 5.
La Società, 49 (2002) 3-4.
Studia Moralia, vol. 42, 2004.

VI. Autres ouvrages intéressant notre sujet

AGUITON, C., *Le monde nous appartient*, Paris, Plon, 2001.

ARUFFO, A., *L'Africa subsahariana. Stati, etnie, guerre a Sud del Sahara*, Roma, Datanews, 2003.

ANTA DIOP, C., *L'Afrique noire précoloniale,* Paris, Présence africaine, 1960.

ANTA DIOP, C., *L'unité culturelle de l'Afrique noire,* Paris, Présence africaine, 1982.

BAUR, J., *2000 ans de christianisme en Afrique,* Kinshasa, Éd. Paulines, 2001.

ELA, J.-M., *L'Afrique des villages,* Paris, Karthala, 1982.

ELA, J.-M., *La ville en Afrique noire,* Paris, Karthala, 1983.

GUITTON, J., *L'absurde et le mystère,* trad. ital. di PRINCIPE, Q., *L'assurdo e il mistero,* Milano, Rusconi, 1986.

GUITTON, J., *Histoire et Destinée,* trad. ital. a cura di ROSSI, R., *Storia e destino,* Casale Monferrato, Piemme, 1992.

HENRY, M., *L'Essence de la manifestation*, Paris, PUF, 1963.

HENRY, M., *Philosophie et phénoménologie du corps*, Paris, PUF, 1965.

HENRY, M., *C'est moi la Vérité. Pour une philosophie du christianisme*, Paris, Éd. du Seuil, 1996.

HENRY, M., *Incarnation. Une philosophie de la chair*, Paris, Éd. du Seuil, 2000.

KIZERBO, J., *L'histoire de l'Afrique noire. D'hier à demain*, Paris, Hatier, 1978.

LAMBIN, F., *Congo belge,* Bruxelles, Éd. Cuypers, 1948.

LUDWIG, G., *Le chrétien et la vision scientifique du monde*, Paris, Éd. du Seuil, 1961.

MESSORI, V., *Uomini, storia, fede,* Prefazione del cardinale Giacomo Biffi, Milano, BUR, 2001.

NDAYWEL È NZIEM, I., *Histoire générale du Congo. De l'héritage ancien à la République Démocratique*, Préface de Théophile Obenga et Postface de Pierre Salmon, Paris – Bruxelles, Duculot, 1998.

ROSANVALLON, P., *La crise de l'État-providence,* nouvelle éd., Paris, Éd. du Seuil, 1981.

ROUVEYRAN, J.-C., *Mémoires et thèses. L'art et les méthodes*, Paris, Maisonneuve et Larose, 1989.

TEDANGA, I. B., *Le retour du Dieu des Nègres. Plaidoyer pour la religion négro-africaine,* Bruxelles, Société ouverte, 2002.

Index des noms propres

FSC
www.fsc.org
MIX
Papier | Fördert gute Waldnutzung
FSC® C083411

Kolibri 360 GmbH
Ferdinand-Jühlke-Straße 7
99095 Erfurt, Deutschland
produktsicherheit@kolibri360.de

Druck:
CPI Druckdienstleistungen GmbH
im Auftrag der
Kolibri 360 GmbH
Ferdinand-Jühlke-Str. 7
99095 Erfurt